O Apicultor Prático

Apicultura Natural
Volumes I, II e III

de Michael Bush

O Apicultor Prático, Apicultura Natural
Volume I, II e III

Traduzido por Paulo Silva

Foto de capa © 2011 Alex Wild www.alexanderwild.com

ISBN: 978-161476-097-9

X-Star Publishing Company
Nehawka, Nebraska, USA
xstarpublishing.com

602 pages
195 illustrations
11 pt make

Dedicatória

Este livro é dedicado ao Ed e Dee Lusby que foram os verdadeiros pioneiros dos métodos da apicultura natural moderna que tiveram sucesso contra os ácaros Varroa e todos os outros novos problemas. Obrigado por partilharem connosco.

Sobre o Livro

Este livro é sobre ter abelhas num sistema natural e prático onde elas não requerem tratamentos de pragas e doenças e apenas com intervenções mínimas. É também sobre apicultura simples e prática. É sobre reduzir o seu trabalho. Não é um livro de apicultura convencional. Muitos dos conceitos são contrários aos da apicultura "convencional". As técnicas apresentadas foram simplificadas através de décadas de experimentação, ajustes e simplificação. O conteúdo foi escrito e depois aperfeiçoado a partir das respostas a questões em fóruns sobre abelhas durante anos então está adaptado às questões que os apicultores, novos e experientes têm.

No lugar do índice há uma Tabela de Conteúdos muito detalhada.

Está dividida em três volumes e esta edição contém todos os três: Inicio, Intermédio e Avançado.

Agradecimentos

Tenho a certeza que me vou esquecer de muitos que me ajudaram ao longo deste caminho. Uma coisa é certa, muitos foram frequentemente conhecidos apenas pelos nomes usados nos muitos fóruns sobre abelhas onde partilharam as suas experiências. Mas entre os que ainda ajudam, Dee, claro, Dean e Ramona, e todas as maravilhosas pessoas do grupo *Organic Beekeeping* no *Yahoo*. Sam és sempre uma inspiração. Toni, Christie obrigado pelo vosso encorajamento. Todos vocês nos fóruns me perguntaram as mesmas questões várias vezes, porque me mostraram o que deveria estar neste livro e motivaram-me a escrever as respostas. E claro, todos vocês que insistiram que eu colocasse isto na forma de um livro.

Prefácio

Sinto-me como G.M. Doolittle quando ele disse já tinha oferecido tudo o que tinha a dizer de forma livre nos jornais de abelhas mas mesmo assim as pessoas continuaram a pedir um livro. Eu tenho virtualmente tudo isso no meu sítio da internet e coloquei tudo muitas vezes nos fóruns de abelhas. Mas muita gente pediu um livro. Há pouca coisa nova aqui e a maioria está disponível livremente no meu sítio da internet (www.bushfarms.com/bees.htm). Mas muitos de nós entendemos a natureza transitória do meio da internet e queremos um livro em papel para colocar na nossa prateleira. Sinto o mesmo. Então aqui está um livro que já pode ter lido livremente mas que pode segurar nas mãos, colocar na prateleira e saber que o tem.

Fiz muitas apresentações e algumas foram colocadas na internet. Se tem o interesse de ouvir algumas delas apresentadas por mim tente uma procura na internet pelos vídeos usando os termos "Michael Bush beekeeping" ou outros tópicos tais como "queen rearing". Veja também o material no sítio da internet www.bushfarms.com/bees.htm juntamente com as apresentações em PowerPoint das minhas palestras públicas.

Prefácio da edição portuguesa

Este livro contem muitas referências a empresas e elementos que podem estar apenas disponíveis nos Estados Unidos da América (EUA). Você pode, ou não, ser capaz de encontrar fornecedores locais para tudo. O que é necessário para obter abelhas de forma natural, sem problemas, pode ser obtido de qualquer fabricante em qualquer lugar. Este livro também se baseia na minha experiência onde vivo e você deve fazer ajustes para o próprio seu clima. Os valores monetários mencionados neste livro estão todos em dólares tal como estavam no livro original em inglês, não foram convertidos para outras moedas pois existem muitos países cujas pessoas falam português mas que possuem moedas diferentes e os câmbios mudam muito frequentemente, se você deseja saber o equivalente para a sua moeda terá de fazer a conversão (use o motor de busca da Google na internet por exemplo).

As unidades de medida foram todas convertidas para as unidades mais usadas nos países cujas pessoas falam português, mesmo nas citações por exemplo os valores em polegadas foram convertidos para o sistema métrico. Nessa conversão por vezes houve necessidade de arrendondar os valores, por exemplo 0.555mm é arredondado para 0.6mm enquanto 0.5444mm é arredondado para 0.5mm. Tal arredondamento é necessário pois a conversão de polegadas para o sistema métrico dá valores similares aos dois exemplos dados e numa carpintaria comum não é necessária tanta precisão. Por outro lado torna-se mais fácil e simples de ler.

Diversos termos usados pelo autor deste livro não têm uma tradução para português e como tal foram mantidos inalterados. Outros termos têm várias traduções e foi escolhida a palavra mais usada nos dias de hoje.

Certas plantas dos EUA não sendo comuns nos países onde se fala Português não possuem assim nome comum e a sua tradução foi feita usando o nome científico dessas plantas.

Tabela de Conteúdos

Início do Volume I

BLUF

Aprenda com as abelhas

"Deixe as abelhas lhe ensinarem"-Brother Adam

BLUF (*Bottom Line Up Front*) significa que vamos começar pelas conclusões. É o assunto deste capítulo. Vou dar-lhe o atalho para o sucesso na apicultura aqui e agora. Não que o resto não valha a pena ler, mas o resto é meramente elaborado e detalhado. Com desculpas a C.S. Lewis (que disse em *A Horse and His Boy*, *"ninguém ensina melhor a montar que um cavalo"*). Eu penso que você precisa de saber que *"ninguém ensina apicultura melhor que as abelhas.".* Escute-as e elas vão ensinar-lhe.

Confie nas Abelhas

"Há algumas regras de ouro que são boas guias. Uma é que quando for confrontado com algum problema no apiário e não sabe o que fazer, então não faça nada. Os problemas raramente ficam piores não fazendo nada mas podem ser piorados por intervenção inadequada." —The How-To-Do-It book of Beekeeping, Richard Taylor

Se a questão na sua mente começa com "como obrigo as abelhas a ..." então está já a pensar da forma errada. Se a sua questão é "como posso ajudar as abelhas a fazer o que estão a tentar fazer ..." está no caminho para ser apicultor.

Recursos

Aqui, agora, é a simples resposta para todos os problemas apícolas. *Dê-lhes os recursos para resolver o problema e deixe-as em paz. Se não lhes puder dar os recursos, então limite a necessidade deles.* Por exemplo se estão a ser pilhadas, o que precisam é de mais abelhas para defender a colmeia, mas se não lhes conseguir dar abelhas, então reduza a entrada para a largura de só uma abelha e assim cria a "passagem em Termópilas onde os números não contam para nada". Se elas estão com um problema de traça da cera na colmeia, o que elas precisam é de mais abelhas para guardar os favos. Se não lhes pode dar mais abelhas então reduza a área que elas precisam de guardar removendo favos vazios e espaço vazio.

Em outras palavras, dê-lhes os recursos ou reduza a necessidade desses recursos que elas não possuem.

Panaceia
A maioria dos problemas devem-se à rainha.

Há poucas soluções tão universais na sua aplicação e no seu sucesso que adicionar um quadro com cria aberta de outra colmeia uma vez por semana durante três semanas. É uma panaceia virtual para qualquer problema com a rainha. Dá às abelhas as feromonas para suprimir abelhas zanganeiras. Dá-lhes mais obreiras a emergir num período onde não há uma rainha em postura. Não interfere se há uma rainha virgem. Dá-lhes os recursos para criar uma rainha. É virtualmente infalível e não é preciso encontrar a rainha ou ver ovos ou diagnosticar cuidadosamente o problema. Se tem algum problema com rainha, sem criação, preocupado que não haja rainha, isto é uma simples solução que não requer preocupação, não precisa esperar, não precisa ter esperanças nem adivinhar. Você apenas lhes dá o que elas precisam para resolver a situação. Se tem algumas dúvidas em relação à rainha numa colmeia, dê-lhes alguma cria aberta e durma descansado. Repita uma vez por semana durante mais duas semanas se ainda não tiver a certeza. Nessa altura as coisas estarão encaminhadas para ficarem bem.

Se você tem medo de transferir a rainha da colmeia dela, porque não é bom a encontrar rainhas, então sacuda ou use uma escova para tirar todas as abelhas do favo antes de colocar o favo em outra colmeia.

Se vocês está preocupado em tirar ovos de outro pacote de abelhas ou pequena colónia, tenha em atenção que as abelhas investiram pouco nos ovos e a rainha pode pôr muitos mais ovos que uma pequena colónia pode aquecer, alimentar e criar. Tirar um quadro de ovos de um pequeno novo enxame em dificuldades e trocar por um favo vazio ou qualquer favo com cera puxada terá pequeno impacto na colónia dadora e poderá salvar a que recebeu se estiver mesmo sem rainha. Se a que recebeu afinal não precisava de rainha vai preencher o vazio enquanto a nova rainha acasala e não interfere com nada.

Isto salva muita preocupação e decisão. Em vez disso você pode dar-lhes os recursos e depois observar o que elas vão fazer o que lhe dará uma boa pista do que realmente se passava. Se elas não criarem uma rainha, há provavelmente uma rainha virgem à solta na colmeia. Se elas criam uma rainha, obviamente não tinham uma ou a que tinham não era suficiente.

Porquê este livro?

Eu suponho que você vive debaixo de uma rocha nestes dias para não ter ouvido que as abelhas melíferas e os apicultores estão com problemas. Os problemas são complexos, chegam longe e são na sua maioria recentes. Eles são certamente uma ameaça para a sobrevivência da indústria apícola mas, mais ainda, para a sobrevivência de muitas plantas que precisamos ou queremos como comida e muitas outras plantas, que são uma parte necessária do ambiente.

"As pessoas que dizem que algo não pode ser feito não devem interromper os que estão a fazer isso mesmo."-George Bernard Shaw

Parece que há alguma controvérsia acerca se será possível manter as abelhas sem tratamentos. Mas há muitos de nós que estão a fazer isso e com sucesso.

Enquanto a maioria de nós apicultores fazemos muito esforço na luta contra o ácaro Varroa, eu estou contente por dizer que os meus maiores problemas na apicultura são agora coisas como tentar invernar núcleos aqui no Sudeste do Nebrasca e conseguir ter colmeias que não me magoem as costas ao levantar ou formas mais simples de alimentar as abelhas.

Então o meu propósito é primeiro de tudo falar sobre as formas de lidar com os problemas atuais da apicultura, e segundo de tudo como trabalhar menos e conseguir mais na apicultura.

Vamos fazer um breve resumo dos problemas na apicultura e as suas soluções. Os detalhes estão nos capítulos seguintes e respetivos volumes.

Sistema de apicultura insustentável
Pragas na apicultura

Então porque é que estamos com um problema? Nós temos muitas pragas recentes e doenças que chegaram à América Do Norte (e à maioria dos outros locais do mundo) mais ou menos nos últimos 30 anos. (Veja o capítulo sobre os *Inimigos das Abelhas*) Como alguém uma vez disse, "Não pode ter abelhas como o avô tinha pois essas abelhas dele estão mortas." A maioria de nós apicultores já perdemos todas as nossas abelhas algumas vezes nas últimas décadas e tal coisa parece estar a piorar. Então parte do problema para os apicultores são as pragas, mas há outros problemas.

Baixa Diversidade Genética

Nós temos um banco de genes pouco diverso para começar na América do Norte, e entre pesticidas, pragas, e programas demasiado zelosos de controlo da abelha melífera Africanizada, muitas zonas de abelhas selvagens foram esgotadas deixando apenas as rainhas que as pessoas compram. Quando você considera que há apenas uma mão cheia de criadores de rainhas que providenciam 99% das rainhas, isso é um banco de genes muito pequeno. Esta deficiência era colmatada no passado pelas abelhas selvagens e pessoas que criavam as suas próprias rainhas. Mas a tendência recente é encorajar toda a gente a não criar as suas próprias rainhas e apenas a comprá-las; especialmente em zonas AMA (Abelha Melífera Africanizada).

Contaminação

O outro lado do problema das pragas é a resposta habitual dada pelos peritos é o uso de pesticidas nas colmeias pelos apicultores para matar os ácaros e outras pragas. Mas estes acumulam-se na cera e causam a esterilização de zangões, que resulta em rainhas que falham. Uma estimativa que eu ouvi de um perito no assunto é que a média de troca de rainha pelas próprias abelhas é de três vezes por ano. Isso significa que as rainhas estão a falhar e a ser trocadas três vezes por ano. Isto é invulgar para mim uma vez que a maioria das minhas rainhas tem três anos de idade.

Banco de Genes Errado

O outro lado de ajudar as abelhas com tratamentos de pesticidas e antibióticos é que propaga as abelhas que não conseguem sobreviver. Isto é o contrário do que precisamos. Nós apicultores precisamos propagar aquelas que *conseguem* sobreviver. Também continuamos a propagar as pragas que são suficientemente fortes para sobreviver aos nossos tratamentos. Então nós continuamos a criar abelhas medíocres e super-pragas. Também durante anos criamos abelhas que não produzem zangões, abelhas maiores e que usam menos própolis. Alguns destes aspetos causam-lhes problemas reprodutivos (menos zangões e abelhas maiores consequentemente zangões maiores e mais lentos) e alguns aspetos fazem com que elas sejam menos capazes de lidar com vírus (menos própolis).

A Ecologia da colónia de abelhas fica perturbada

Uma colónia de abelhas é um sistema completo nele mesmo composto por fungos benéficos e benignos, bactérias, leveduras, ácaros, insetos e outra flora e fauna que depende das abelhas na sua vivência e da qual as abelhas dependem também, por exemplo das leveduras para processar o pólen e controlar os organismos patogénicos. Todos os controlos de pragas tendem a matar os ácaros e os insetos. Todos os antibióticos usados pelos apicultores tendem a matar as bactérias (Terramicina, Tilosina, óleos essenciais, ácidos orgânicos e o timol fazem isto) ou os fungos e leveduras (Fumidil B, óleos essenciais, ácidos orgânicos e timol fazem isto). Todo o equilíbrio deste precário sistema foi perturbado por todos os tratamentos colocados na colmeia. E recentemente os apicultores mudaram para um novo antibiótico, a Tilosina, ao qual as bactérias benéficas não tiveram hipótese de ganhar resistência e que perdura mais tempo na colmeia, e mudaram para ácido fórmico como tratamento o qual muda o pH radicalmente para ácido e mata muitos dos micro-organismos na colmeia.

A Apicultura é como uma casa feita de cartas

Então os apicultores, com o conselho e assistência do DAEU e das universidades, construíram este precário sistema de apicultura que confia nos químicos, antibióticos e pesticidas para o manter a funcionar. E os apicultores continuam a criar pragas resistentes que podem sobreviver aos tratamentos, contaminando toda a cadeia de fornecimento de cera com venenos (e nós fazemos a nossa própria cera estampada dessa cera contaminada, então é um sistema fechado) e criando rainhas que não conseguem sobreviver sem todo este tratamento.

Como conseguir um sistema de apicultura sustentável?
Pare de Tratar

A única forma de ter um sistema de apicultura sustentável é parar de tratar. Tratar é a espiral da morte que agora está a colapsar. Para equilibrar isto, então, você precisa de criar as suas próprias rainhas a partir de sobreviventes locais. Apenas se fizer isso pode obter abelhas que podem sobreviver através da sua genética e parasitas que estão em sintonia com o seu hospedeiro e também com o seu ambiente. Enquanto tratarmos obtemos abelhas mais fracas, e parasitas mais fortes que podem apenas sobreviver ao reproduzirem-se suficientemente depressa para suportar os nossos tratamentos. Nenhuma relação estável se pode desenvolver até pararmos de tratar.

O outro problema, claro, é que se pararmos agora com o nosso sistema de apicultura que temos, as abelhas com a genética e condições ambientais fracas vão geralmente morrer. Mesmo se forem geneticamente capazes de sobreviver num ambiente limpo (sem estar contaminado), nós temos de conseguir um ambiente onde elas consigam sobreviver ou elas morrerão na mesma. Então qual é esse ambiente?

Cera Limpa

Nós precisamos de cera limpa. Usar cera estampada feita de cera reciclada e contaminada não é o caminho. O fornecimento de cera mundial está contaminado com acaricidas. Favo natural dá-nos cera limpa.

Tamanho natural dos alvéolos

De seguida nós apicultores precisamos de controlar as pragas de uma forma natural. Nós vamos dar mais detalhes sobre o assunto de seguida, mas Dee e Ed Lusby chegaram à conclusão de que a solução para isto é voltar ao alvéolo natural. A cera estampada (uma fonte de contaminação na colmeia por causa da acumulação de pesticidas no fornecimento global de cera) é desenhada para guiar as abelhas a construir alvéolos do tamanho que queremos. Uma vez que as obreiras são de um tamanho e os zangões de outro e uma vez que os apicultores por mais de um século têm visto os zangões como um inimigo da produção, os apicultores usam a cera estampada para controlar o tamanho dos alvéolos que as abelhas fazem. No início isto era baseado no tamanho natural dos alvéolos. A cera estampada inicial tinha alvéolos com cerca de 4.4mm a 5.05mm. Mas alguém depois (François Huber foi o primeiro) observou que as abelhas constroem uma variedade de tamanhos de alvéolos e que abelhas maiores emergiam dos alvéolos maiores e abelhas mais pequenas emergiam dos alvéolos mais pequenos. Então Baudoux decidiu que se aumentasse mais os alvéolos podia obter abelhas maiores. Esta suposição era que abelhas maiores podiam trazer maiores quantidades de néctar em cada viagem e assim seriam mais produtivas. Então agora, hoje, nós temos um tamanho de alvéolos estandardizados na cera estampada de 5.4mm. Quando você considera que um favo de alvéolos de 4.9mm tem cerca de 20mm de grossura e com alvéolos de 5.4mm tem 23mm de grossura isto faz a diferença no volume. De acordo com Baudoux o volume de alvéolo com 5.6mm é de 301mm³. O volume de um alvéolo de 4.7mm é de 192mm³. Alvéolos naturais têm tamanhos desde cerca de 4.4mm a 5.1mm em que 4.9mm ou menor é o tamanho mais comum dentro do ninho.

Então o que temos são alvéolos grandes que não são naturais a fazer abelhas grandes que também não são naturais. Vamos falar mais detalhadamente no assunto sobre porquê e como no capítulo *Tamanho natural dos alvéolos* no Volume II. A versão simples é que com alvéolos naturais temos controlo sobre a população de Varroa e podemos manter finalmente as nossas abelhas vivas sem todos os tratamentos.

Alimento Natural

O mel e o pólen verdadeiro são a comida apropriada para as abelhas. Xarope de açúcar tem um pH de 6.0 que é muito mais alto que o mel (3.2 até 4.5 ou seja o açúcar é mais alcalino). Isto afeta a capacidade reprodutiva de possivelmente toda a doença da criação nas abelhas mais o Nosema. As doenças da criação todas se reproduzem mais no pH do açúcar (6.0) que no pH do mel (~4.5). E ainda nem mencionamos que o mel e pólen verdadeiro são mais nutritivos que os substitutos do pólen e o xarope de açúcar. Pólen artificial como substituto causa abelhas que vivem menos tempo e com má saúde.

Aprendizagem

Os aprendizes em qualquer campo parecem sempre sentir-se um pouco sobrecarregados, então antes que entremos demasiado no assunto, vamos falar de aprendizagem.

A coisa mais importante que você pode aprender na vida é como aprender. Eu ensino informática muitas vezes e eu próprio tenho sempre sido um aprendiz. Eu adoro aprender. Eu também descobri, então, que a maioria das pessoas não sabe como aprender. Aqui ficam algumas regras sobre aprendizagem que eu penso que muitas pessoas não sabem.

Regra 1: Se não está a cometer erros, não está a aprender nada. Eu tive um patrão na construção que gostava de dizer "Se você não está a cometer erros não está a fazer nada." Que pode até ser verdade, mas algumas vezes você está a fazer tarefas repetitivas e pode chegar ao ponto que não comete erros, mas se está a aprender vai cometer erros! Isto é um facto. Cometer erros e aprender são coisas inseparáveis. Se você não está a cometer erros você não está a passar dos limites daquilo que sabe e se não está a passar esses limites, não está a aprender.

Os meus alunos das aulas de informática muitas vezes comentam em como os seus filhos aprendem como mexer nos computadores muito depressa e facilmente, desejam assim que fosse tão fácil para eles próprios. Eu digo-lhes o porquê de ser tão fácil para as crianças. Elas não têm medo de cometer erros. As crianças estão habituadas a cometer erros. Os adultos não. Se você quer aprender, habitue-se a cometer erros. Aprenda com eles.

Eu ouvi uma história de um jovem rapaz que estava a iniciar o cargo de presidente de um banco. A pessoa que estava nesse cargo antes estava lá há quarenta anos e fez com que o banco ganhasse muito dinheiro. O jovem pediu-lhe conselhos antes de ele sair. O velhote disse para que o banco ganhe muito dinheiro o presidente deve fazer boas decisões. O jovem perguntou "como você faz boas decisões?" O velhote disso, "você faz más decisões e aprende com elas." No final, esta é a única forma de aprender. Cometa erros e aprenda com eles. Eu não estou a dizer que não pode aprender com os erros dos outros ou com livros, mas no final você tem de cometer os seus próprios erros.

Regra 2: Se não está confuso, você não está a aprender nada. Se você vai ser um aprendiz você tem de se habituar a estar confuso. A confusão é o sentimento que você tem quando tenta saber como as coisas são. Os adultos acham isto desconcertante, mas não há outra maneira de aprender. Se você pensa no último jogo de cartas que aprendeu, foram-lhe ensinadas as regras, que não se conseguiu lembrar, mas começou a jogar na mesma. Os primeiros jogos foram terríveis, mas depois começou a entender as regras. Mas isso foi apenas o início. Mais tarde jogou até entender o jogo de forma estratégica, mas até ficar mesmo bom no jogo continuou confuso. Gradualmente a imagem geral das regras e as estratégias e como tudo encaixa começa a solidificar na sua mente até que faça sentido. A única forma de lá chegar, todavia, é aquele período de confusão.

O problema com a aprendizagem e a nossa visão do mundo é pensarmos que as coisas podem ser feitas de forma linear. Você aprende este facto, adiciona outro e mais outro e então finalmente conhece todos os factos. Mas a realidade não é uma coleção de factos lineares; é um conjunto de relações. É esse conjunto de relações e princípios de que a compreensão é feita. É necessária muita confusão para finalmente escolher todas as relações. Não há um ponto de início e um de fim, porque não é uma linha, são círculos dentro de círculos. Então começa algures e continua até ter as relações básicas.

Regra 3: A aprendizagem real não é baseada em factos, mas sim em relações. É similar à montagem de um *puzzle*. Você começa por um lado qualquer, mesmo que não se pareça com nada ainda. Você escolhe as peças por cor e padrão e depois começa a tentar encaixá-las. Tudo o que você aprende sobre um assunto qualquer faz parte de todo o puzzle e é relacionado com tudo o resto de alguma forma.

Os factos são apenas parte do puzzle. Você precisa deles para descobrir as relações, mas as peças propriamente ditas não fazem muito sentido até as juntar. A conetividade de todas as coisas é uma das primeiras coisas que você deve aprender de forma a poder aprender.

Um jornalista inteligente perguntou uma vez a Albert Einstein quantos pés há numa milha. Einstein disse que não sabia. O jornalista depois repreendeu-o, porque ele não sabia. Einstein disse que era para isso que ele tinha livros, para encontrar respostas a essas perguntas. Ele não queria encher a sua memória com factos.

É muito mais importante ter alguns factos e compreender as relações do que muitos factos e nenhuma relação. Uma pequena parte do *puzzle* montada é melhor que muitas peças soltas. Conhecimento e entendimento não estão relacionados. Não procure conhecimento; procure entendimento e o conhecimento toma conta de si próprio.

Regra 4: Não é muito importante saber as coisas mas sim saber como encontrar as coisas. Eu li *Field Guide to Wilderness Survival* de *Tom Brown*. Eu leio guias de sobrevivência muitas vezes, mas eles muitas vezes causam-me frustração porque dão receitas. Pegue nisto e naquilo, faça isto e terá um abrigo. O problema é que na vida você usualmente não tem acesso a um dos ingredientes. Tom Brown, contudo, no seu capítulo sobre abrigos, mostrou como ele *aprendeu* como construir um abrigo. Dizer-lhe como você *pode* construir um abrigo e como *aprender* a construir um abrigo são coisas tão diferentes como a noite e o dia. O que você quer aprender na vida não são as respostas mas sim como encontrar as respostas. Se você sabe que se pode ajustar aos materiais e situações disponíveis.

O método habitual é olhar à sua volta e prestar atenção. Tom Brown aprendeu como construir um abrigo observando os esquilos, mas podia ter observado qualquer animal que precisasse de abrigo e aprendia com ele. Observando como outras pessoas e animais resolvem os seus problemas e encontram soluções é uma das formas de aprender.

O Básico sobre as Abelhas

De forma a fazer apicultura, você precisa de um conhecimento básico do seu ciclo de vida e do seu desenvolvimento dentro da "colónia". Você tem dois níveis do organismo—a abelha individual (que não consegue existir sozinha por muito tempo) e o superorganismo colónia.

O ciclo de vida da abelha

Cada abelha pertence a uma de três castas: rainha, obreira e zangão. A rainha é a única abelha que se reproduz, mas mesmo isso ela não consegue fazer sozinha. É a única abelha que sai e acasala, durante um período da sua vida, que dura alguns dias e depois ela põe ovos para o resto da sua vida. As obreiras, dependendo da sua idade, alimentam a criação, fazem favos, guardam mel, limpam a casa, guardam a entrada e trazem néctar, pólen, água e própolis. Os zangões passam a sua vida a voar para zonas de congregação (ZCZ) no início da tarde e regressam a casa antes da noite. Eles passam as suas vidas na esperança de encontrar a rainha e acasalar com ela. Vamos então acompanhar cada casta do ovo até à sua morte:

Rainha

Nós vamos começar pela rainha pois é a mais importante de todas as abelhas porque há geralmente apenas uma por colónia. As razões pelas quais as abelhas criam uma rainha são: orfandade (emergência), rainha a falhar (troca de rainha) e enxameação (reprodução da colónia).

Orfandade

Os alvéolos reais aparecem em locais ligeiramente diferentes ou pelo menos ocorrem em diferentes condições que podem ser observadas. Uma colónia órfã não vai ter rainha que possa ser encontrada, pouca cria aberta e sem ovos por eclodir. Os alvéolos reais parecem amendoins pendurados nos lados ou fundos dos favos. Se a rainha morreu ou foi morta as abelhas vão pegar numa larva jovem e alimentá-la com muita quantidade de geleia real e construir um grande alvéolo real para ela.

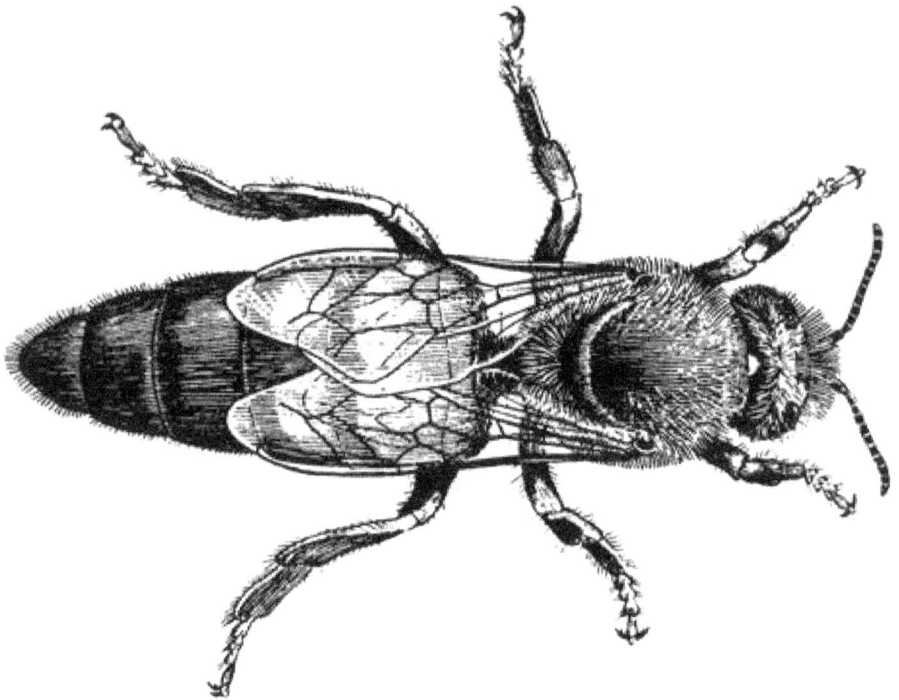

Rainha

Troca de rainha

Na troca de rainha as abelhas estão a tentar substituir uma rainha que sentiram estar a falhar. Ela terá provavelmente entre 2 e 4 anos e não está a pôr tantos ovos férteis e não produz tanta Feromona Mandibular de Rainha (FMR). Estes alvéolos reais estão usualmente nas faces laterais dos favos a cerca de $^2/_3$ do topo do favo. Há, claro, exceções. Jay Smith teve uma rainha chamada Alice que ainda estava em plena postura ao fim de 7 anos, mas três anos parece ser a norma quando as abelhas trocam as rainhas.

Enxameação

Os alvéolos de enxameação são feitos de forma a facilitar a reprodução do superorganismo. É como a colónia inicia novas colónias. Os alvéolos de enxameação estão usualmente no fundo dos favos do ninho. Eles são usualmente fáceis de encontrar inclinando um pouco o ninho e examinando o fundo dos quadros.

Círculo de Amas (por vezes chamadas de atendentes)

As larvas que fazem as boas rainhas são provenientes dos ovos de obreira recém-eclodidos, que acontece no dia $3^1/_2$ desde o dia que o ovo foi colocado no alvéolo. No dia 8 (para alvéolos grandes) ou dia 7 (para alvéolos naturais) o alvéolo é selado. No dia 16 (para alvéolos grandes) ou dia 15 (para alvéolos naturais) a rainha usualmente emerge. No dia 22, se o tempo permitir, ela pode voar. No dia 25, se o tempo permitir, ela pode acasalar e também nos dias seguintes. No dia 28 podemos ver ovos de uma rainha fértil. A partir desse momento, ela vai pôr ovos (se o tempo e reservas permitirem) até falhar ou enxamear para um novo local e começar a pôr ovos lá. A rainha vive dois ou três anos no estado selvagem, mas quase sempre falha no terceiro ano e é substituída pelas obreiras. Num enxame forte a rainha velha sai com o primeiro enxame (enxame primário). As rainhas virgens saem com os enxames seguintes, que se chamam de garfas (enxames secundários).

Obreira

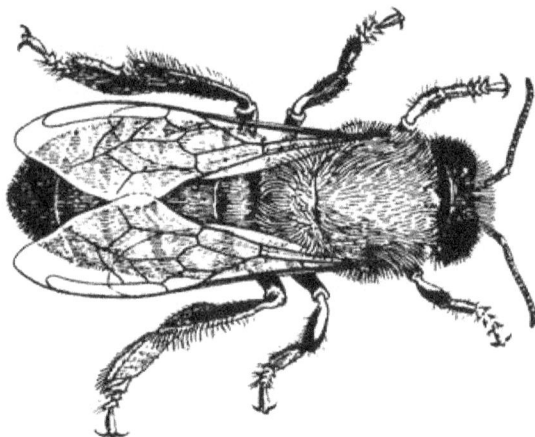

Obreira

Um ovo de obreira começa inicialmente tal como um de rainha. É um ovo fertilizado. Ambas as larvas são alimentadas com geleia real no início mas a obreira vai recebendo cada vez menos geleia real conforme vai crescendo. Ambas eclodem no dia $3^1/_2$ mas a obreira desenvolve-se mais devagar. Do dia 3 $^1/_2$ até ao alvéolo ser selado é chamada de cria aberta. Só é selada no dia 9 (para alvéolos grandes) ou no dia 8 (para alvéolos naturais). Desde o dia em que foi selada até emergir é chamada de cria selada. Emerge no dia 21 (para alvéolos grandes) ou no dia 18 ou 19 (para alvéolos naturais). Desde quando as abelhas novas começam a mastigar os opérculos até emergirem chama-se cria a nascer. Depois de emergir uma obreira começa a vida como ama, alimentando as larvas jovens (cria aberta). Para aqueles que dizem que uma obreira é uma fêmea incompleta enquanto uma rainha é uma fêmea completa, considerem que apenas a obreira consegue produzir "leite" para alimentar as larvas. Apenas uma obreira pode alimentar e tomar conta das larvas. Uma rainha não tem as glândulas certas para produzir alimento para as larvas nem a habilidade de tomar conta delas. Nem a obreira nem a rainha é uma "mãe completa"; são ambas necessárias para criar mais abelhas. Obreiras e rainhas são anatomicamente diferentes de várias formas. Apenas as obreiras têm glândulas hipofaríngeas para alimentar as larvas. Apenas a obreira tem os cestos para carregar pólen e própolis. Apenas a rainha pode pôr ovos fertilizados. Apenas a rainha pode produzir feromonas suficientes para manter o enxame a trabalhar corretamente.

Durante os primeiros 2 dias uma obreira recém-emergida vai limpar alvéolos e gerar calor no ninho. Nos próximos 3 a 5 dias vai alimentar as larvas mais velhas. Nos próximos 6 a 10 dias vai alimentar as larvas mais jovens e rainhas (se é que há alguma). Durante este período desde o dia 1 até ao 10 vai ser uma Abelha Ama. Desde o dia 11 até ao 18 a obreira vai fazer mel, não vai buscar néctar mas sim amadurecer o néctar e recebê-lo das abelhas campeiras quando o trazem para dentro da colmeia e constrói favo. Desde o dia 19 até 21 as obreiras ventilam a colmeia, guardam-na, ajudam na limpeza e tiram lixo da colmeia. Desde o dia 11 até 21 elas são Abelhas Caseiras. No dia 22 até ao fim da sua vida são campeiras. Excetuando durante o inverno, as obreiras vivem cerca de seis semanas ou menos, trabalhando até à sua morte devido às asas que se estragam com o uso e deixam de poder voar. Se a rainha falha uma obreira pode desenvolver ovários e começar a pôr ovos. Usualmente são ovos de zangão e usualmente são colocados muitos nos alvéolos de obreira.

Zangões nascem de ovos não fertilizados. Para quem estudou genética, eles são haplóides, o que significa que apenas têm um único par de genes, enquanto as obreiras e a rainha são diplóides, o que significa que têm pares de genes (o dobro deles). Os zangões são maiores que as obreiras mas proporcionalmente mais largos, menos compridos que a rainha, têm o final do abdómen arredondado, têm olhos enormes e não possuem ferrão. O ovo eclode no dia $3^1/_2$. O alvéolo é selado no dia 10 (para alvéolos grandes) ou o mais cedo no dia 9 (para alvéolos naturais) e emergem no dia 24 (para alvéolos grandes) ou entre dia 21 e 24 (para alvéolos naturais). A colónia vai criar zangões quando os recursos são muitos para que hajam zangões para acasalar com as rainhas se forem precisos. Não são claros outros motivos para que servem os zangões, mas um enxame típico cria 10000 ou mais deles no decorrer do ano e só 1 ou 2 chegam a acasalar, podem servir outros propósitos. Se há uma escassez de recursos os zangões são expulsos da colmeia e morrem de frio e fome. Nos primeiros dias das suas vidas eles pedem comida às amas. Nos dias seguintes eles comem dos alvéolos abertos no ninho (que é geralmente onde eles andam). Após uma semana mais ou menos eles começam a voar e a conhecer a zona. Após duas semanas eles voam regularmente para ZCZ (Zonas de Congregação de Zangões) no início da tarde e por lá ficam até ao fim da tarde. Essas são zonas onde os zangões se congregam e onde as rainhas vão para acasalar. Se um zangão tem "a sorte" de acasalar, a sua recompensa é que a rainha agarra o seu membro e arranca-o do seu interior. Ele vai morrer dos ferimentos causados. A rainha armazena o esperma num recetáculo especial (espermateca) e distribui esse esperma nos seus ovos. Quando a rainha fica sem reserva de esperma, ela não acasala de novo, ela falha e é trocada. Eu penso que os zangões têm uma reputação de serem inúteis mas não é merecida. De facto eles são essenciais. Não só não têm a reputação de serem inúteis como de preguiçosos. Eles não são preguiçosos. Eles voam até estarem exaustos todos os dias se o tempo permitir, tentando assegurar a continuação da espécie.

Zangões

Ciclo anual da colónia

Por definição isto é um ciclo então vamos começar o ano pelo seu inicio, no inverno. Eu posso falar do que acontece no Nebrasca. Para a sua localização eu consultaria um apicultor local.

Inverno

A colónia tenta entrar no inverno com reservas suficientes, não só para sobreviver o inverno, mas também para aumentar o efetivo suficientemente na primavera para que a colónia se reproduza. Para isso a colónia precisa de uma boa quantidade de mel e pólen. A colónia de abelhas parece estar inativa todo o inverno. Elas usualmente não voam a menos que as temperaturas subam acima de 10°C. Mas na verdade as abelhas mantêm o calor no grupo todo o inverno e todo o inverno a colónia irá produzir pequenas quantidades de criação em lotes para repor as abelhas jovens. Estes lotes usam muita energia e o grupo tem de ficar muito mais quente durante o seu crescimento. A colónia faz uma pausa entre lotes. Logo que haja uma entrada de novo pólen a colónia começará a aumentar a quantidade de abelhas. Usualmente o primeiro pólen do ano vem do ácer e do salgueiro. Na minha localização isto acontece no fim de Fevereiro ou início de Março. É claro que se o tempo não estiver quente o suficiente para voarem, as abelhas não têm forma de obter esse pólen. Os apicultores muitas vezes colocam bifes proteícos nas colmeias nessa altura para que o tempo não seja uma limitação no aumento do efetivo.

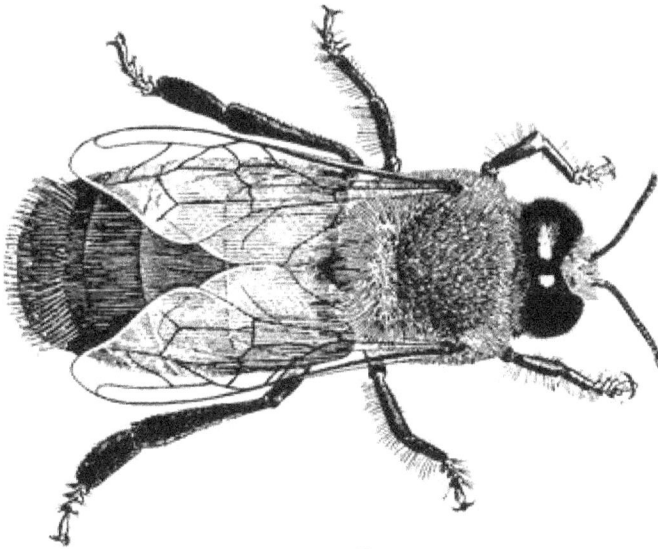

zangão

Primavera

Na primavera a colónia está a aumentar bem o efetivo. Elas devem ter criado pelo menos uma volta de cria nesta altura. Elas vão realmente levantar voo com as primeiras florações. Isto é usualmente com os dentes-de-leão ou as primeiras árvores. Aqui no Nebrasca, é a ameixeira selvagem e *Prunus virginiana* que florescem a meio de Abril. Entre agora e meio de Maio a colónia vai tentar preparar-se para enxamear. Elas vão tentar atingir um pico de população e depois começam a encher o ninho com néctar para que a rainha não consiga pôr ovos. Isto inicia uma reação em cadeia que leva à enxameação. Quanto menos ovos a rainha põe mais peso ela perde para que possa voar. Quanto menos cria houver para cuidar, mais abelhas ama desempregadas haverá (as que vão enxamear). Quando for atingida a massa crítica de abelhas amas desempregadas, elas vão construir alvéolos de enxameação, a rainha vai pôr ovos neles e a colónia vai enxamear mesmo antes de eles serem selados. Tudo isto assumindo, claro, que há recursos abundantes e que o apicultor não intervém. Se elas decidem não enxamear então vão bem depressa recolher néctar. Se decidem enxamear então a rainha velha sai com uma grande quantidade de abelhas novas e tenta iniciar uma casa algures. Entretanto a nova rainha emerge ao fim de algumas semanas e começa a pôr ovos ao fim de mais algumas semanas e as restantes abelhas campeiras trazem os recursos para usarem no próximo inverno.

Verão

O nosso fluxo, aqui no Nebrasca, é realmente maior no verão. Isto é usualmente seguido por uma calma de verão. Parece ser conduzido, pelo menos aqui na minha localização por uma paragem na chuva. Por vezes se a chuva cai na altura certa não há uma calma de verão, mas geralmente há. O nosso fluxo começa cerca do meio de Junho e acaba quando as coisas secam o suficiente. Por vezes há mesmo um período de escassez onde não há néctar nenhum e as rainhas param a postura. Eu diria que a maioria do meu néctar é de feijão-soja, alfalfa, trevo e mesmo de ervas daninhas. Isto varia muito com o clima.

Outono

Nós usualmente obtemos um fluxo de outono no Nebrasca. É na maioria persicária, tágueda, áster e chicória com alguns girassóis e *Chamaecrista fasciculate* e outras ervas daninhas. Alguns anos é suficiente para uma cresta. Alguns anos não é suficiente para elas invernarem e tenho de as alimentar. Por volta do meio de Outubro, usualmente, as rainhas param de pôr ovos e as abelhas começam a acomodar-se para o inverno.

Produtos da colmeia

As abelhas produzem uma variedade de coisas. A maioria destas é recolhida pelas pessoas.

Abelhas

Muitos produtores criam abelhas e vendem-nas. Abelhas em pacote estão disponíveis do Sul dos Estados Unidos usualmente em Abril.

Larvas

Muitas pessoas de todo o mundo comem larvas de abelha. Não é algo muito popular nos EUA. Para criar larvas (algo que as abelhas têm de fazer para criar mais abelhas) as abelhas precisam de néctar e de pólen. Alimentar com xarope ou mel e pólen ou substituto de pólen é uma forma de as estimular na primavera para criarem mais cria e assim mais abelhas.

Própolis

As abelhas fazem isto da seiva de árvores que é processado por enzimas que as abelhas produzem e misturam com ela e por vezes também adicionam cera. A substância é na sua maioria recolhida de rebentos de plantas da família do choupo, tais como o próprio choupo, faia, *hibiscus tilliaceus*, *liriodendron tulipifera* e outros. É usada na colmeia para cobrir tudo. É uma substância antimicrobiana e é usada tanto para esterilizar a colmeia como também para fortalecer a sua estrutura. Tudo na colmeia é colado com isto. Aberturas que as abelhas pensam serem demasiado grandes são fechadas com isto. O ser humano usa-a como suplemento alimentar e como cobertura antimicrobiana em cortes e para constipações, etc. Mata bactérias e vírus. Existem "armadilhas" para recolher Própolis. Uma bastante simples é uma rede no topo da colmeia, depois pode enrolá-la e colocar no frigorífico, ao desenrolar a rede enquanto está congelada a própolis estala e pode recolhê-la facilmente.

Recolhendo própolis em material velho

Cera de abelha

Sempre que uma abelha tem o estômago cheio de mel, xarope ou néctar e não tem onde onde o colocar, vai começar a produzir cera no seu abdómen. A maioria da cera é então usada para fazer favos. Alguma cai no chão da colmeia e é perdida. Para os humanos, a cera de abelha é comestível, no entanto não tem valor nutricional. É usada na cera estampada, velas, para polir mobílias e em cosméticos. As abelhas precisam dela para armazenar mel e criar mais abelhas. Para a obter das abelhas, ou esborracha a cera e deixa o mel escorrer, ou usa a cera dos opérculos que se tiram antes de usar o extrator, derrete-a e filtra-a.

Pólen

Pólen tem muito valor nutritivo. É alto em proteínas e aminoácidos. É um alimento popular como suplemento e muitos acreditam que os ajuda com as suas alergias, especialmente quando é pólen obtido localmente. As abelhas precisam dele para alimentar as mais jovens. Armadilhas para pólen estão disponíveis comercialmente ou pode encontrar os planos para fazer as suas próprias. O princípio de uma armadilha para pólen é forçar as abelhas a entrar num buraco pequeno (o mesmo que a rede metálica com buracos de 5mm) e no processo elas perdem o seu pólen que cai num recipiente protegido por uma rede que deixa passar o pólen mas não as abelhas (o mesmo que a rede metálica com buracos de 3.6mm). Algumas armadilhas de pólen têm de ter uma passagem secundária para que o enxame não perca a sua cria por falta de pólen. Uma semana com a armadilha e outra sem a armadilha parece resultar. Outros problemas tais como os zangões não conseguirem passar e se uma rainha for criada, ela vai ter dificuldade em passar. Se você é alérgico e tenta tratar as alergias com pólen tome-o em muito pequenas doses até ganhar uma tolerância ou até ter uma reação que não quer. Se você tiver uma reação então ou toma menos ou deixa de tomar, tudo depende da severidade.

(Foto de Theresa Cassiday)

Polinização

Um "produto" de ter abelhas é que elas polinizam flores. A polinização é muitas vezes um serviço que é pago. $50 até $150 dólares (dependendo do fornecedor das abelhas) para caixas fundas de 38mm é um valor típico cobrado pela polinização. Os encargos da polinização são usualmente baseados em ter de mudar as colmeias para dentro e para fora num intervalo de tempo específico para que as árvores (ou outras plantas) possam ser pulverizadas, etc. É menos provável que haja encargos pela polinização se as abelhas podem ficar o ano todo e não são usados pesticidas. Neste caso é uma situação mutualmente benéfica para o apicultor e para o agricultor e não há usualmente nada a pagar ou alugar, no entanto é comum o apicultor dar ao agricultor 3.8L de mel de vez em quando.

Mel

Este é o que usualmente se considera como produto da colmeia, em qualquer formato, é o maior produto da colmeia. As abelhas guardam-no para comida de inverno e nós apicultores recolhemo-lo como se fosse uma "renda" da colmeia. É feito a partir do néctar, que é na sua maioria sacarose diluída, que é convertida em frutose por enzimas das abelhas e desidratado para ficar mais grosso.

O mel é usualmente vendido como Extraído (mel líquido em frasco), mel com cera (um pedaço de favo dentro de mel num frasco), Mel em favo (o mel ainda dentro do favo. Mel em favo pode ser feito usando *Ross Rounds*, caixas seccionadas, favos *Hogg Half*, favo cortado, e mais recentemente em *Bee-O-Pac*. É vendido também em creme (onde está cristalizado em pequenos cristais).

Uma vez que o assunto aparece sempre, todo o mel (excetuando talvez o de Nyssa) eventualmente cristaliza. Algum faz isso mais cedo e outro mais tarde. Algum cristaliza ao fim de um mês; algum demora um ano mais ou menos. Ainda é comestível e pode voltar ao estado líquido se for aquecido a quase 40ºC. O mel cristalizado pode ser comido dessa forma, ou esborrachado para fazer mel em creme ou usado para alimentar as abelhas para reforçar as reservas de inverno. Ele cristaliza mais depressa e de forma mais uniforme a 14ºC. Quanto mais perto dessa temperatura for guardado mais depressa cristaliza.

Geleia real

A comida dada às larvas de rainha em desenvolvimento é muitas vezes recolhida em países onde a mão-de-obra é barata e é vendida como suplemento.

Quatro Passos Simples para ter Abelhas Saudáveis

Eu toquei brevemente neste assunto no capítulo *Porquê este Livro* mas iremos abordar o assunto mais detalhadamente aqui.

Neste momento, vamos abordar estes quatro assuntos: favo, genética, alimento natural e sem tratamento. Vamos analisar os argumentos e focar apenas nos que sabemos que são factos e o que podemos fazer acerca deles.

Favo

Eu cheguei à conclusão que todos os argumentos sobre o tamanho dos alvéolos e se ajudam ou não com o seu problema com Varroa e tudo o resto são um pouco cansativos. A Varroa deixou de ser um problema nos meus apiários e ainda assim eu descubro que a obsessão em cada reunião de apicultores é a Varroa e metade das minhas conversas são sobre a Varroa. Eu mudei para alvéolo natural e alvéolo pequeno numa altura em que ninguém acreditava que era possível manter abelhas vivas sem tratamentos. Após deixar de tratar com resultados desastrosos anteriormente, eu cheguei à mesma conclusão. Mas após mudar para alvéolos pequenos e alvéolos naturais eu fiquei satisfeito em voltar a ter abelhas em vez de controlar ácaros. Esta evidência anedótica não é suficiente para alguns, até porque o mesmo de outros não foi suficiente para mim até eu experimentar, mas ao contrário de mim eles não parecem ter vontade de tentar. Mas vamos considerar as suas escolhas:

Pode assumir que o tamanho dos alvéolos é irrelevante para tudo, se desejar. Isto parece uma suposição duvidosa pois sabemos como facto que tem tudo a ver com o tamanho das abelhas. Se o aumento do corpo inteiro de uma abelha para 150% do que era natural não é mudança significante, então não sei o que considera significante. Nós sabemos que é um facto desde as observações de Huber e adicionalmente temos resmas de pesquisas de Baudoux, Pinchot, Gontarski e outros tal como pesquisas recentes de McMullan e Brown (*The influence of small-cell brood combs on the morphometry of honeybees (Apis mellifera)—John B. McMullan and Mark J.F. Brown).*

Escolhas
Alvéolo Natural

Você pode assumir tudo o que quiser sobre que tamanho é natural. Mas no fim a única forma é obter alvéolo natural, deixar as abelhas acabarem com o debate, é parar de dar às abelhas cera estampada e deixar que construam o que quiserem. Pois é o que as abelhas fazem se as deixar, vai ser menos trabalhoso para si do que usar cera estampada, menos dispendioso, é a única forma de obter favos não contaminados (faça uma pesquisa na internet sobre o vídeo de Maryann Frazier acerca da contaminação por acaricidas em cera estampada nova) e isso parece-me uma situação onde apenas se pode ganhar. Mesmo permitindo a suposição que o tamanho do alvéolo não importa, ninguém está a dizer que o tamanho dos alvéolos sejam maus para as abelhas, ninguém que eu conheça pensa que a cera limpa é má para as abelhas e a maioria está convencida neste momento que a cera limpa é essencial para ter abelhas verdadeiramente saudáveis.

Porque não deixá-las construir o que querem?

Porque é que você não as deixa construir o que querem? Parece que há muito medo que as abelhas apenas criem zangões. Eu ouvi isto de muitos apicultores. Obviamente isto não é verdade. Se fosse verdade nunca haveriam abelhas selvagens. Se quer saber quanto favo para zangão elas vão construir, quantos zangões vão criar e quanta influência você pode ter no processo, leia a pesquisa de Clarence Collison acerca do assunto *(Levin, C.G. and C.H. Collison. 1991. The production and distribution of drone comb and brood in honey bee (Apis mellifera L.) colonies as affected by freedom in comb construction. BeeScience 1: 203-211.)*. O ponto é que no fim a quantidade de zangões é controlada pelas abelhas e deixá-las fazer isso mesmo vai simplificar a vida delas e a sua. A coisa a fazer quando as abelhas puxam um favo com alvéolos de zangão no meio do ninho é movê-lo para uma parte lateral e dar-lhes um favo vazio. De outra forma, se tirar esse favo com alvéolos de zangão, a sua necessidade de criar zangões não é satisfeita, elas vão puxar outro favo com alvéolos de zangão e contribuir para o mito que se as deixar elas puxam apenas alvéolos de zangão.

Favos em quadros?

Outro medo parece ser que as abelhas não vão puxar favos nos quadros. Elas fazem um mau trabalho nos favos sem cera estampada da mesma forma que o fazem em quadros com cera estampada. Elas vão fazer um mau trabalho em quadros com cera estampada em plástico muito mais frequentemente do que em quadros sem cera estampada. Mas se as deixar fazer, você apenas corta o favo e ata-o a um quadro, se tiver criação, ou retira o mel se for um favo de mel.

Puxar favo sem cera estampada?

Eu até já ouvi velhotes dizerem aos novos apicultores que sem cera estampada as abelhas não fazem favos de forma nenhuma. Isto é um óbvio absurdo que eu nem acho que mereça uma resposta.

Arame?

O último parece ser o mito que o arame é necessário para extrair o mel. O arame foi adicionado à cera estampada para evitar que ela deforme antes de a cera ser puxada pelas abelhas (veja em qualquer livro *ABC XYZ of Bee Culture*). Não foi adicionada para permitir a extração. A extração é feita em quadros sem arame nem cera estampada por muita gente, incluindo eu. Mas se para si o arame é necessário, coloque algum arame nos quadros, endireite a colmeia e durma descansado. Eu prefiro usar apenas caixas médias, consigo levantar as caixas e não tenho necessidade nenhuma de arames.

Como faz quadros sem cera estampada?

_ Com uma cunha dos favos comuns, simplesmente tire-a e pregue-a de lado.

_ Com barras com uma ranhura no meio, coloque paus de gelado nessa ranhura ou metade de um pau de mexer tinta ou uma tira de uma tábua.

_ Com cera já puxada, simplesmente corte o centro do favo deixando uma linha de alvéolos em todos os lados.

_ Com um quadro velho sem favo, coloque-o simplesmente entre dois quadros já com favo puxado.

_ Com cera estampada/quadro de plástico, corte o centro da cera estampada deixando apenas uma fila de alvéolos em todos os lados.

_ Quando faz o seu próprio, corte os lados de uma barra das de cima de forma a ficarem inclinados e se encontrem a meio da barra, ficando uma forma triangular. Pode também fazê-los com 3.2cm de largura.

Menos trabalho

Então quanto trabalho dá não usar cera estampada? Falámos sobre *como* fazer mas quanto trabalho dá? Se você comprar quadros com cunha dos normais, vira a cunha 90 graus, cola e prega a cunha e fica com um quadro sem cera estampada. Isso é bastante simples. Você ia tirar a cunha e prega-la de qualquer forma? Os outros métodos mencionados dão menos trabalho que colocar cera estampada e arame. O único ligeiramente complicado seria o da folha estampada de plástico. Então você teria de cortar e tirar o centro da folha estampada. Isso pode ser feito com várias ferramentas mas eu suponho que uma faca bem quente cortaria o plástico rapidamente. Um suporte com uma tupia provavelmente seria uma boa combinação e ainda mais pois os cantos podem ficar tais como as cunhas para ficar mais forte e também para servirem de guias. Então como é que isto se compara a colocar arame, cravar, colocar cera estampada, embutir a cera estampada, etc? Ou usar plástico? Você poupou cerca de $1 na folha de cera se quer alvéolos pequenos ou um valor similar se quer usar plástico.

O ponto fraco?

Então, por menos trabalho e menos dinheiro você pode acabar por ter cera limpa, alvéolos de tamanho natural e um ninho natural no que respeita à distribuição de alvéolos de vários tamanhos e quantidade de zangões. Qual o ponto fraco? Se você não colocou arame nos quadros fundos pode acabar por ter favos partidos se fizer transumância, por causa das estradas com buracos, dias quentes e claro por serem quadros fundos, mas nesse caso poderá colocar os arames e isso deixará de ser um problema. Você poderá também ter de nivelar bem as caixas, que num apiário fixo não é grande problema; você apenas nivela os suportes, tal como costuma fazer. Mas numa apicultura transumante daria mais trabalho a nivelar do que apenas pousar as paletes no chão e não se preocupar em nivelar.

Calendarização

O pior caso da calendarização é fazer as alterações ao seu próprio passo usando um método qualquer. Você compra a cera estampada e coloca-a a toda a hora, certo? Alguns fazem a reciclagem da cera a cada cinco anos ou menos. Alguns simplesmente trocam os favos quando precisam mas de qualquer forma se parar de usar alvéolos grandes, parar também de tratar vai eventualmente ter favos naturais e limpos pelo único método possível de ter favos limpos a menos que alguém encontre uma fonte de cera limpa e fizer a sua própria cera estampada.

Se tiver muita cera estampada com alvéolos grandes, pode vendê-la a alguém da sua zona que ia comprar alguma de qualquer forma a preço de catálogo e assim essa pessoa poupa no envio da cera. Ou, se for impaciente, venda-a barata, se estiver disposto a perder algum dinheiro para ter abelhas mais saudáveis. Pode recuperar a diferença em todos os produtos que já não estavam sequer a funcionar pois não os terá de comprar.

O pior cenário

Vamos então olhar para o pior cenário. Vamos assumir que o tamanho dos alvéolos não são um problema de forma nenhuma. É razoável assumir que as abelhas não vão ficar *menos* saudáveis em alvéolos naturais, então no pior cenário elas ficarão em alvéolos que não são melhores. No pior caso o custo é menor que reciclar os seus favos com cera contaminada por cera de cera estampada contaminada. Dificilmente haverá uma desvantagem para isso. O trabalho é menor que cera estampada com arame. O *custo* é menor que a cera estampada com arame. A cera não vai estar contaminada (pelo menos até *você* a contaminar) e *sabemos* que a contaminação da cera contribui para a falta de longevidade e fertilidade das rainhas e zangões. Então sabemos que as abelhas vão ser mais saudáveis e as rainhas vão ser mais produtivas.

O melhor cenário

Este é o pior cenário em toda a especulação sobre o tamanho do alvéolo e favo natural. O melhor cenário é que vai resolver todos os seus problemas com a Varroa.

Sem tratamentos

Eu não sei o que o resto de vocês já experimentaram, mas sem tratamentos (com alvéolos grandes) eu perdi todas as minhas abelhas quando não tratei durante alguns anos. Mas finalmente eu perdi-as mesmo tratando com Apistan. Era óbvio que os ácaros tinham adquirido resistência. Eu ouvi que grandes empresas perderam todos os enxames *enquanto* tratavam com Apistan ou CheckMite. Então nós chegamos a um ponto onde quer trate ou não, elas frequentemente morrem na mesma. Eu penso que o problema aqui resulta de não querermos "não fazer nada". Nós queremos atacar o problema e assim fazemos tudo o que os peritos nos dizem porque estamos desesperados. Mas o que eles nos dizem também está a falhar de qualquer forma. Uma vez eu perdi-as todas *após* as ter tratado, eu deixei de ver alguma razão para as tratar. Tratar apenas perpetua o problema. Cria abelhas que não conseguem sobreviver aquilo para que as trata, contamina o favo e perturba todo o equilíbrio na colmeia.

Ecologia dentro da colmeia

Não há forma de manter a complexa ecologia numa colmeia natural enquanto deita venenos e antibióticos. A colmeia tem uma rede de vida micro e macro. Há mais de 30 espécies de ácaros benignos ou benéficos, tantos ou mais insetos, 8000 ou mais micro-organismos benignos ou benéficos que foram identificados até agora, alguns dos quais sabemos que as abelhas não conseguem viver sem eles e alguns dos quais suspeitamos que mantêm organismos patogénicos controlados. Cada tratamento que nós deitamos na colmeia, desde óleos essenciais (que interferem com os cheiros das abelhas, que é a forma como tudo no escuro da colmeia é comunicado, matam micro-organismos, benéficos ou outros); até aos ácidos orgânicos (que matam também os micro-organismos tal como muitos insetos e ácaros benignos) aos acaricidas (que são sempre apenas químicos que matam artrópodes que inclui os insetos e ácaros mas os ácaros morrem um pouco mais depressa); até aos antibióticos (que matam a microflora que na sua maioria é benéfica ou benigna mas útil para manter o equilíbrio e controlar os agentes patogénicos); até o xarope de açúcar (que tem um pH que é prejudicial ao sucesso de muitos dos organismos benéficos e vantajoso para muitos dos organismos patogénicos: Loque Europeia, Loque Americana, Ascoferiose, Nosema etc. Ao contrário do pH do mel que é baixo e prejudicial para os organismos patogénicos e acolhedor para muitos organismos benéficos). Eu penso que nós chegámos ao ponto em que é parvoíce pensar que nós andamos a fazer alguma coisa boa quando as abelhas estão em colapso apesar de, se não mesmo por causa disto tudo.

A parte má de não tratar

Então qual é a parte má de não tratar? O pior que pode acontecer é as abelhas morrerem. Elas parecem que já fazem isso de forma regular não é? Eu não me vejo a contribuir para isso pois dou-lhes a oportunidade de restabelecer um sistema sustentável e natural. Eu não estou a destruir esse sistema de forma arbitrária para me livrar de uma coisa sem ter em conta o equilíbrio do sistema. Das pessoas que conheço que não tratam nada, mesmo os dos alvéolos grandes; as suas perdas são *menores* que aqueles que *estão* a tratar. Em alvéolos pequenos ou alvéolos naturais as perdas são ainda menores. Mas mesmo se não concorda com o debate sobre o tamanho dos alvéolos, não tratar está a funcionar tão bem como tratar. Eu vou a reuniões de apicultores por todo o país e oiço pessoas que, tal como eu, perderam as suas abelhas quando as tratavam sem falhar e depois decidiram parar. As suas novas abelhas estão agora a viver melhor do que quando eram tratadas. Eu sinto-me mal quando vejo uma colmeia com um enxame morto, mas eu também digo "boa viagem" à genética que não conseguiu lidar com os problemas.

Se você pensa que tem demasiadas perdas (o meu palpite é que *tem* mesmo demasiadas perdas) e não consegue aguentar essas perdas, o que teria de fazer para desdobrar e invernar suficientes núcleos para colmatar essas perdas em cada primavera com o seu próprio efetivo local e adaptado? Alguns desdobramentos "às cegas" feitos no meio de Julho, após a cresta do fluxo principal, usualmente invernam, pelo menos nesta zona e não reduzem a quantidade de mel. Pode também desdobrar os enxames medíocres mais cedo pois não fazem grande coisa, troque a rainha usando as larvas do dia dos seus melhores efetivos. Também pode fazer desdobramentos de redução dos enxames mais fortes mesmo antes do fluxo principal e obter bons desdobramentos, rainhas bem alimentadas, mais mel e mais enxames.

A parte boa de não tratar

Qual é a parte boa de não tratar? Não terá de *comprar* os tratamentos. Não precisa de *conduzir* até ao apiário para colocar os tratamentos dentro das colmeias e *conduzir* até ao apiário para tirar os tratamentos. Não tem de contaminar a sua cera. Não perturba o equilíbrio natural ao matar micro e macro organismos que não era o seu objetivo matar mas que são mortos pelos tratamentos de qualquer forma. Isso parece-me uma parte suficientemente boa, mas dá também ao ecossistema na colmeia uma oportunidade de encontrar um equilíbrio natural de novo.

Mas a parte boa mais óbvia é que até não parar de tratar não consegue criar abelhas que sobrevivam aos problemas que existirem. Enquanto trata sustenta genética fraca e você não consegue saber que fraqueza elas têm. Enquanto você as trata cria abelhas fracas e super-ácaros. Quanto mais cedo parar, mais cedo começa a criar ácaros adaptados ao seu hospedeiro e abelhas que conseguem sobreviver com eles.

Criar rainha adaptadas à zona

Criar rainhas adaptadas à zona a partir das que sobrevivem melhor é outra coisa que não tem mal nenhum. Se criar a partir das que sobrevivem sem tratamentos vai ter abelhas que sobrevivem nessa zona onde está contra o que elas encontram aí. Elas acasalam com as abelhas selvagens que também sobrevivem. A propaganda diz que você não consegue criar rainhas tão boas ou melhores do que as que se vendem é apenas isso— propaganda. O mesmo é verdade com a necessidade de trocar de rainha cedo na primavera. Rainhas obtidas cedo muitas vezes não acasalaram bem e muitas vezes também foram mal alimentadas. Assumindo que você não as trata, você não troca de rainha regularmente e usa as sobreviventes que têm o maior sucesso, as suas rainhas serão certamente melhores porque:

Estão adaptadas à zona.

_ Foram criadas por sobreviventes.

_ Você pode cria-las na altura ótima para terem muito boa alimentação e uma grande quantidade de zangões.

_ Elas nunca foram colocadas em gaiolas e passam do núcleo para a colmeia sempre a pôr ovos sem parar. Isto desenvolve melhores ovários e isso resulta em melhores feromonas. Isto resulta em que elas vivam mais tempo, melhores padrões de postura, menos enxameações e melhor aceitação por parte das abelhas.

_ Você poupa muito trabalho. Se mantem as rainhas mais tempo e cria as abelhas que têm sucesso na troca de rainha na altura apropriada, tem abelhas que conseguem trocar de rainha sozinhas. Isto vai poupar-lhe muito trabalho a encontrar as rainhas e a introduzir rainhas pois as abelhas tratam desse assunto sozinhas.

_ Mesmo nos enxames que trocar a rainha, você pode poupar muito trabalho ao usar alvéolos reais e não precisa de se preocupar em achar a velha rainha. A nova rainha é normalmente aceite e não precisará de perder o dia a procurar a rainha velha.

_ Vai poupar muito dinheiro. Rainhas de acasalamento aberto custam entre $15 e $40 e as melhores custam muito mais.

_ Pode facilmente manter suplentes em núcleos e ter rainhas sempre que precisar delas.

Então e as abelhas africanizadas?

Quem vive em zonas de abelhas africanizadas parece preocupado acerca desta forma de fazer as coisas. Eu não estou numa dessas zonas mas parece-me que os antepassados não são motivo da minha preocupação. O temperamento é. A produtividade é. A sobrevivência é. Se você apenas fica com as mais mansas e troca a rainha das mais agressivas eu penso que vai funcionar bem. Aqueles que eu conheço que fazem isto em zonas de abelha africanizada chegaram a essa conclusão. Outra coisa a considerar é que os cruzamentos F1 resultam em abelhas demasiado agressivas. Então se continua a trazer efetivo de fora você pode estar a contribuir para a sua agressividade. Você pode mais facilmente selecionar por mansidão e trocar a rainha de todos os enxames que sejam mais agressivos com efetivo local que seja manso.

Alimento Natural

É muito simples, dá menos trabalho usar alimento natural. Se eu preciso alimentar com substituto de pólen na primavera eu não tenho de fazer bifes proteicos, etc. Se eu não alimento com xarope, eu não tenho de comprar açúcar, eu não tenho de conduzir até aos apiários para as alimentar. Se eu deixo mel para elas consumirem no inverno, há menos mel para eu tirar, levar para casa, extrair, trazer de volta para elas limparem e tirar para guardar, fazer xarope, conduzir até aos apiários para as alimentar, etc. Isto dá menos trabalho de todas as maneiras. Mesmo se você não acredita que o mel é mais nutritivo para as abelhas (apesar de eu ficar admirado porque é que produz mel se você pensa que não há diferença entre mel e açúcar). É definitivamente menos trabalhoso deixá-lo lá. Mesmo se acredita que a diferença no pH é irrelevante (o que eu duvido seriamente), dá menos trabalho que fazer xarope e alimentar as abelhas com ele. Mesmo se a sua obsessão é a diferença de preço ($0.40 por meio quilo de açúcar comparado com um valor entre $0.90 a $2.00 por meio quilo de mel) quando extrair o mel, comprar o açúcar, fizer o xarope, levar tudo para os apiários, alimentar as abelhas com ele, voltar para buscar os alimentadores, etc. Será que você pensa honestamente que ganhou alguma coisa com isso? Não é apenas a diferença de $0.60 por cada meio quilo, quando fizer as contas, a menos que o seu trabalho não tenha valor. Vamos então assumir que a diferença na saúde das abelhas é pouca entre alimentar com mel e com açúcar e que o Nosema se multiplica melhor no pH do açúcar do que no do mel tal como a cria giz e as loques. Nós vamos ignorar isso tudo e apenas assumir que é pouca a diferença. Se há ALGUMA diferença isso pode desequilibrar a balança entre uma colónia que sobrevive e uma que morre e os pacotes custam a partir de $80 quando entregues aqui.

Olhando mais para o pH

O xarope de açúcar tem um pH (6.0) mais alto que o Mel (3.2 to 4.5) (O açúcar é mais alcalino e o mel mais ácido). Isto afeta a capacidade de reprodução de virtualmente qualquer doença de cria nas abelhas e ainda o Nosema. Todas elas se reproduzem melhor a um pH de 6.0 que a 4.5.

Cria giz por exemplo

"Valores baixos de pH (equivalentes aos do mel, pólen e alimento da cria) reduzem drasticamente a abertura e propagação de germes. A ascosphaera apis aparenta ser um organismo patogénico altamente especializado para viver na larva de abelha melífera." — Author. Dept. Biological Sci., Plymouth Polytechnic, Drake Circus, Plymouth PL4 8AA, Devon, UK. Library code: Bb. Language: En. Apicultural Abstracts from IBRA: 4101024

Informação similar está disponível em relação a outras doenças das abelhas. Tente uma pesquisa na Internet sobre o pH, as loques e nosema e vai encontrar resultados similares na sua capacidade reprodutiva em relação ao pH.

As diferenças no pH afetam outros organismos benéficos e benignos na colmeia. Os outros mais de 8000 micro-organismos na colmeia são também afetados pelas mudanças no pH. Usar xarope de açúcar também perturba o equilíbrio ecológico na colmeia pois o pH do alimento altera o pH no intestino da abelha.

Pólen

Se você não usa substituto de pólen pode na mesma deixar pólen nas colmeias e se desejar mesmo pode colocar uma ou duas colmeias de parte ou mais ainda (dependendo do tamanho da sua empresa apícola) e recolher alguns quilos de pólen através dos capta-pólen para usar num alimentador aberto na primavera. Congele esse pólen entretanto. Eu coloco um estrado sanitário por cima de um estrado normal com uma caixa vazia por cima com tampa. A rede do estrado mantem o fundo seco e a caixa com tampa impede que lhe chova em cima.

Recolha do pólen

O custo de recolher pólen é sobretudo o do capta-pólen. Se você o faz num apiário próximo da sua casa ou num apiário por onde passe todos os dias é muito fácil despejar os capta-pólen todas as noites. E agora você não precisa comprar bifes proteicos e terá nutrição muito superior.

Se você dúvida que haja diferença, veja a pesquisa sobre nutrição das abelhas que compara substitutos de pólen. Abelhas criadas com substitutos vivem menos tempo e são fracas.

Sinopse

Então o que você tem a perder? Você pode obter genética melhor para as suas abelhas criando as suas próprias rainhas; favos mais limpos usando quadros sem cera estampada e sem as tratar; abelhas que vivem mais tempo por causa da cera limpa e com alimento derivado de pólen real; e menos trabalho deixando o mel que não tem de tirar e depois alimentar com xarope; para ter isto tudo você trabalhará menos e a melhor parte é que tudo terá um impacto muito positivo na saúde das suas abelhas. A parte pior, se você implementa isto um pouco de cada vez, você perde algumas abelhas, que de qualquer forma já estava a perder.

Uma Fórmula diferente de obter rendimento

Vamos tentar uma fórmula diferente de obter rendimento. Quanto tempo, combustível, trabalho, dinheiro você gasta com o xarope, alimentação, colocar os bifes proteicos, colocar tratamentos, tirar os tratamentos, recolher aquele resto de mel para mais tarde ter de alimentar com xarope, colocar cera estampada, etc? Quanto dinheiro e tempo poderá poupar se parar de fazer isso tudo? Quantas colmeias mais pode ter e quanto mel podem essas abelhas fazer?

Escolhas

Demasiadas Escolhas?

Eu descobri que muitas pessoas simplesmente querem que alguém lhes diga para fazer "a" ou "b" ou "c" e vai funcionar para elas. Também descobri que no contexto de um aprendiz isto pode ser a melhor indicação que você lhe pode dar, mas por outro lado eu nunca apreciei essa forma de fazer as coisas "um tamanho serve para todos" e sempre preferi saber quais são as minhas opções. Talvez eu tenha confundido os novos apicultores com demasiadas opções, mas por outro lado não sinto que eu posso dizer que há apenas uma resposta certa quando na verdade há várias. Talvez eu deva deixar de fora as coisas que deixei para trás, mas eu tenho uma lista de coisas que ainda uso e é difícil dizer que uma é melhor ou pior que a outra quando há coisas boas em ambas.

A Filosofia da Apicultura

Algumas destas opções estão relacionadas com a sua filosofia e a sua energia. Nestes exemplos eu vou assumir que você quer ter alvéolos do tamanho natural ou alvéolos pequenos e sem tratamentos. Então, por exemplo, se você não consegue lidar com a ideia de usar plástico, então não vale a pena considerar Honey Super Cell ou Mann Lake PF120s ou PF100s ou PermaComb ou PermaPlus como opções. Você pode também limitar-se a usar cera estampada com alvéolos de 4.9mm ou mesmo quadros sem cera estampada. Mas se o plástico não for contra as suas convicções, o PF120s vai-lhe poupar muito trabalho em relação a quadros sem cera estampada e também fica mais barato que os Honey Super Cell. Então se você sabe que tem essa opção pode ser vantajoso para si ao fazer a sua escolha.

Tempo e Energia

Mais sobre a energia o tempo de seguida, se tem a energia e o tempo, eu prefiro cortar os meus quadros até à largura de 32mm em vez do normal que é 35mm mas é preciso tempo, energia e ferramentas. Então eu tenho bastante da Mann Lake PF120 que é de largura normal e provavelmente nunca terei tempo para a cortar.

Alimentando as Abelhas

Isto também está relacionado com alimentadores e outras coisas. Por exemplo, ter alimentadores em cima da colmeia que levam até 19L o que é bom para alimentar um apiário no início do outono, mas é também dispendioso. Alimentar enxames no meu apiário pode funcionar bem com alimentadores de entrada (que não custam nada) e visitas mais frequentes. Tendo estas opções não significa que uma é melhor que a outra, mas que uma serve melhor o seu caso que a outra. Comprar alimentadores para 200 colmeias não é prático para mim, então eu alimento as abelhas dos meus apiários quando necessário, com açúcar granulado dentro de caixas vazias. Elas tendem a comer o açúcar mas não o guardam. Isto evita-me a compra de alimentadores, fazer xarope, assim as abelhas não enchem os alvéolos com xarope e eu não preciso ter o cuidado de não retirar quadros com xarope a pensar que têm mel. Será que isso é a melhor solução? Parece funcionar bem para mim, mas pode ou não funcionar bem para si.

Demore o seu tempo

O meu ponto de vista é que as opções, na minha opinião são boas, mas elas também por vezes criam muitas decisões complicadas para um novo apicultor que não tem um ponto de referência para fazer essas decisões. Uma boa forma de iniciar é começar devagar a sua apicultura e não investir demasiado em seja lá o que for de equipamento especial até ter tempo de o testar completamente. A maioria dos apicultores gasta muito dinheiro em equipamento que eventualmente não vai usar. É claro que parte disto é descobrir as coisas que não precisa em vez de testar tudo que há nas lojas. Por exemplo, alimentar com uma caixa vazia e açúcar granulado é muito mais barato e tem um investimento menor que comprar alimentadores de topo.

Decisões Importantes

Uma das coisas mas importantes a fazer é ordenar as decisões mais difíceis das menos importantes, decisões sobre coisas fáceis de mudar.

Se você prestar atenção ao resto disto tudo vai ver que dificilmente alguma coisa que eu *vá* comprar se encontra nos conjuntos de equipamentos para novos apicultores.

Há muitas coisas na apicultura que você pode alterar mais tarde. Não vale a pena preocupar-se demasiado com estas coisas. Há outras coisas na apicultura que são um investimento e mais tarde difíceis de alterar.

Coisas Fáceis de Alterar na Apicultura:

Você pode sempre fazer entradas de topo. Você apenas tem de bloquear a entrada no fundo (com um bloqueador de entrada com 19mm por 19mm por 374.7mm num estrado normal) e levantando um pouco a prancheta. Nem tudo está desatualizado se decidir que quer entradas de topo.

Você pode sempre escolher se quer colocar ou não excluídor de rainha. A tendência é, que mais tarde ou mais cedo, você vai precisar de um excluídor de rainha para alguma coisa. Eles dão jeito para colocar no fundo de uma tina de desoperculação improvisada ou para reter um enxame quando colocado no fundo pois impede a saída da rainha, etc. Não é um investimento muito grande ter um ou dois (ou nenhum). Nem é um problema muito grande comprar um mais tarde caso precise.

Você pode mudar a raça das abelhas *muito* facilmente. Você provavelmente troca as rainhas de vez em quando mesmo quando *não* tente trocar as raças, e tudo o que você faz é comprar a rainha da raça que escolheu e faz a troca. Então não é assim tão critica a raça que você escolheu. Eu duvido que fique desapontado com as raças: Italiana, Carniola e Caucasiana. E se decidir que afinal quer outra raça, não é difícil trocar.

Coisas Difíceis de Mudar na Apicultura:

Os maiores problemas são as coisas nas quais investiu e tem de viver com elas ou que tem de resolver muitos problemas para modificar ou desfazer.

Se você pensa que quer alvéolo pequeno (ou alvéolo natural) você está um passo à frente para o usar desde o início. De outra forma você terá de gradualmente ir retirando os favos de alvéolos grandes ou despejar as abelhas e fazer tudo de uma vez só. Se você investiu dinheiro em cera estampada de plástico, isto é dececionante (eu tenho centenas de folhas de cera estampada com alvéolos grandes na minha cave que nunca usarei). Mas pelo menos nunca terá de cortar todo o seu equipamento.

Se você compra o "típico" equipamento inicial vai ter dez quadros dos fundos para o ninho e quadros pouco fundos para o mel. Os dez quadros fundos cheios de mel pesam 41Kg. Alguns vão discutir que quando esses quadros têm criação neles pesam menos que isso. Isso é verdade. Mas mais cedo ou mais tarde terá um cheio de mel e não o conseguirá levantar. Se mudar para quadros médios terá de ser capaz de levantar alças de 27Kg cheias de mel. Se mudar para caixas de oito quadros médios terá de levantar apenas caixas com 22Kg. Eu comecei com a combinação de caixas fundas e pouco fundas e tive de cortar todas as caixas fundas e os seus quadros para médios. Depois cortei todas as caixas de dez quadros para apenas oito quadros. De certeza que teria sido mais fácil comprar apenas caixas médias de oito quadros logo no início. Poder trocar todos os quadros entre todas as nossas caixas é uma coisa muito boa.

Estrados sanitários é melhor comprar. Pois a sua conversão a partir de fundos de madeira não é fácil.

Se você comprar muito de *alguma coisa*, pode descobrir mais tarde que odeia essa coisa. Faça as alterações lentamente. Teste as coisas antes de investir muito nelas. Lá porque alguém gosta de algo, não significa que você também vai gostar.

Escolhas que Eu recomendo

Então, se você quer minimizar as suas escolhas e maximizar o seu sucesso eu vou dizer-lhe as coisas que eu recomendaria com apenas algumas escolhas:

Profundidade do Quadro

Eu vou recomendar que você use quadros do mesmo tamanho para tudo, uma vez que quadros médios parecem ser o melhor compromisso para todas as coisas, eu vou-lhe recomendar quadros médios para tudo, principalmente porque as caixas são mais leves. Isso inclui mel em favo, mel extraído, criação, etc. Estes quadros médios são muitas vezes chamados de "Illinois supers". Ou alças $^3/_4$ (1.9cm). Elas têm 168.3mm de profundidade com quadros de 160mm de profundidade.

Razões para terem todos o mesmo tamanho: Você pode atrair as abelhas para as alças usando criação, ou outros quadros de ninho. Você pode retirar os quadros com mel das alças para colocar em núcleos como alimentação para o enxame, etc. Você pode ter um ninho ilimitado e se a rainha coloca ovos nas alças, você simplesmente troca esses favos com criação por quadros com mel do ninho. Tamanhos diferentes são realmente algo que impede uma boa gestão da colmeia .

Razões para usar médios em vez de fundos: Uma caixa funda de 10 quadros cheia de mel pode pesar até 41Kg. Uma caixa média cheia de mel pode pesar até 27Kg. Não vale a pena falar mais no assunto.

Número de Quadros

Agora que já escolhemos um tamanho de quadro você precisa de escolher um tamanho de colmeia . As normais têm 10 quadros. Há muito a dizer sobre esse número de quadros. Por outro lado há muito que dizer sobre colmeias mais leves (22Kg em vez de 27Kg). O equipamento de 8 quadros da empresa Brushy Mountain ou da Miller Bee Supply ou da Walter T. Kelley ou outras é muito bom para reduzir o trabalho. Você precisa de escolher entre caixas mais leves ou as normais. Eu converti todas para 8 quadros. Uma das vantagens de ter equipamento de 8 quadros é que é um tamanho muito versátil. Tem o mesmo volume de um núcleo de 5 quadros e pode ser usado como núcleo. Com um divisor pode ser usado como núcleo de fecundação de 2 quadros e depois expandido, se necessitar, para oito quadros eventualmente.

Vários quadros desde os pouco fundos até aos Dadant

Várias caixas com profundidades diferentes desde as fundas até às pouco fundas

Várias caixas com diversas larguras, de dois quadros até aos dez quadros.

Estilos de Quadros e o Tamanho dos Alvéolos da Cera estampada

Quadros, cera estampada, tamanho dos alvéolos, etc. Você precisa decidir se quer colocar folha de plástico estampado, quadros de plástico, favos de plástico completos com cera, etc. E também qual o tamanho desses alvéolos. Eu recomendaria comprar apenas de alvéolos pequenos ou PermaComb ou Honey Super Cell. Se você quer usar cera, compre de alvéolos pequenos, como as da Dadant ou de outras empresas. A folha estampada de plástico com alvéolos pequenos já não está disponível na Dadant. Mas a Mann Lake's PF120's tem alvéolos de 4.95mm e são quadros completos numa peça só com cera estampada. Se você não quer fazer os seus quadros, não quer esperar que as abelhas puxem a cera e nunca ter de se preocupar com as traças da cera ou o pequeno escaravelho (Aethina tumida) então compre PermaComb ou Honey Super Cell. Eu pessoalmente aqueço o PermaComb até 93ºC, mergulho-o em cera a 100ºC e sacudo o resto da cera. Isto resulta em alvéolos de 4.9mm e parece ajudar com todos os problemas de ácaros. Por agora não se preocupe sobre a regressão ou todas as coisas que parecem complicadas, mas mantenha-se com cera estampada com alvéolos naturais ou pequenos (de tamanho 4.9mm). Ou não use cera estampada (veja o capítulo da cera estampada para mais informação).

Caixas Médias de Oito Quadros

Para minimizar problemas de costas ao levantar caixas pesadas e para tornar a vida mais simples, compre todas as caixas das médias e de oito quadros. Escolha uma empresa que tenha preços razoáveis e que envie para sua casa ou apiário.

Quadros de Plástico com Alvéolos Pequenos

Se você não se importa de usar plástico, compre tudo Mann Lake PF120, quadros e cera estampada para que não tenha de aprender a, e arranjar tempo para, construir quadros, colocar arame na cera estampada, etc. Estas têm sido as melhores formas de conseguir favos com alvéolos pequenos logo de início, segundo a minha experiência.

Da esquerda para a direita, oito quadros, dez quadros, oito quadros.

Se não gosta da ideia de usar plástico

Então não use cera estampada. Não usar cera estampada para mim é o mais apelativo pois não é possível fazer as coisas de forma mais natural do que isso. Eu compraria quadros com uma cunha (usada para segurar a cera estampada) na barra de topo e rodaria essa cunha 90° de forma a servir de guia de favo.

Alimentador de fundo do tipo Jay Smith

Alimentadores de fundo

Eu compraria fundos de madeira e converteria-os para alimentadores de fundo. Não há razão para gastar muito dinheiro em alimentadores se planeia deixar-lhes mel suficiente e alimentar apenas em caso de emergência.

De que forma eu faria esses alimentadores? Sem entrada, com um buraco tapado no fundo e faria também tampas com entradas de topo para eliminar problemas com doninhas, ratos, ervas, neve e condensação.

Equipamento Essencial

Aqui ficam alguns equipamentos essenciais para o apicultor:

Fumigador Grande

Eu compraria um bom fumigador. Um dos grandes. Os grandes são fáceis de acender e manter acesos. Os pequenos são difíceis de acender e manter acesos. Eu acenderia o fumigador sempre que fizer mais do que levantar tampas e acenderia também na maioria das vezes em períodos de escassez de néctar no campo ou outra razão qualquer que possa colocar as abelhas em modo defensivo. Não lhes aplique demasiado fumo. Tenha a certeza que está bem aceso antes de abrir qualquer colmeia, aplique um pouco de fumo na entrada da colmeia e depois de abrir a colmeia mais um pouco de fumo sobre as barras de topo. Pouse o fumigador no chão e deixe-o estar a menos que as abelhas comecem a ficar muito agitadas.

Chapéu com máscara, casaco, ou fato

Eu preferiria, no caso de ter apenas um equipamento de proteção, um casaco com chapéu e máscara unidos por um fecho de correr. É o que eu uso mais, mas é bom ter também um fato completo com chapéu e máscara unidos por um fecho de correr. Dessa forma eu posso estar completamente descansado no meio das abelhas. Se fizer com que as abelhas se zanguem, durante o tempo suficiente, elas encontram forma de entrar, mas isso demoraria bastante tempo. Se tem dinheiro para gastar, eu sugiro que comprare ambos. Eu gosto dos com capuz, em vez dos com capacete/chapéu. Eu no início tinha uma paranoia porque o capuz estava em contato com a minha cabeça, mas eu tenho três equipamentos de *nylon* (um casaco e dois fatos), dois de algodão, todos com capuz, mas nunca fui ferrado por trás da cabeça como esperava. O meu casaco favorito é um *Ultra Breeze* pois como tem uma rede é à prova de ferrão e fresco num dia quente. É simples e vale bem todos os cêntimos gastos.

Luvas

Eu usaria as luvas normais de cabedal por baixo das mangas do fato. Elas são mais fáceis de colocar e tirar que as mais longas e são mais baratas.

Algum tipo de ferramenta de apicultor

Qualquer pequena barra espalmada serve. Uma das minhas grandes favoritas é um cutelo muito velho e leve (a lâmina tem cerca de 4cm de largura e 15cm de comprimento) que eu afiei na ponta. Eu posso abrir uma caixa ou raspar as coisas. Não remove pregos facilmente e se tiver de fazer muita força com ele a abrir uma caixa preocupo-me que ele possa partir. Se você tiver de comprar um, eu gosto bastante da ferramenta de apicultor Italiana que comprei na *Brushy Mountain* pois tem um gancho numa ponta, é leve, é longa e bem equilibrada. Mas não a encontro no mais recente catálogo da empresa. A minha favorita seguinte é a versão *Thorne* com um levanta quadros e a seguinte é a *Maxant's Frame Lifter*. Mas eu gosto mesmo é da Italiana da *Brushy Mountain* porque o gancho encaixa mais facilmente entre as barras.

Uma escova para sacudir abelhas

Pode comprar uma, ou se é caçador ou se tem aves pode usar penas das grandes. Mas tem de ser uma pena forte para funcionar bem. Vai necessitar de escovar as abelhas de vez em quando. Quando precisa de fazer a cresta e quando faz outras manipulações. Sacudir pode funcionar às vezes, mas outras vezes precisa mesmo de uma escova ou pena forte. Por exemplo quando as abelhas fazem cacho numa ponta da colmeia você pode escová-las antes de colocar a prancheta de agasalho ou tampa.

Equipamento Apícola que é Bom Ter:

Esta lista é sobre equipamento que é bom ter, mas não essencial, pode fazer um bom trabalho sem ele mas eu não penso que se arrepende em comprá-lo.

Caixa de ferramentas

Pode colocar as suas ferramentas num balde dos de 20L, mas se quer mesmo uma caixa de ferramentas boa, a *Brushy Mountain* tem uma que também pode funcionar como caixa para colocar um enxame, tem um compartimento para a ferramenta de apicultor, para o alicate levanta-quadros, para o fumigador, para colocar um quadro e espaço interior para tudo e mais alguma coisa. Funciona também como um bom banco. Se você quiser construir a sua própria caixa, veja com atenção a da *Brushy Mt* e converta um dos seus próprios núcleos.

Apanha-Rainhas

Os tipos em forma de mola para o cabelo são os melhores que já vi para apanhar uma rainha sem a magoar. Você terá de ser um pouco cuidadoso na mesma, mas é desenhada para não magoar a rainha e deixar as obreiras sair. Há alturas em que precisa apenas de saber onde a rainha está enquanto faz alterações ou faz desdobramentos e no fim pode libertar a rainha. Isto mais uma manga de marcação de rainhas, um marcador e você poderá também marcar a rainha.

Manga de Marcação de Rainhas

Eu tenho uma da *Brushy Mountain*, permite que você apanhe a rainha com a mola de cabelo (apanha-rainhas) e faz o que tem a fazer como por exemplo marcar a rainha sem se preocupar pois ela não consegue fugir para fora da manga.

Um dispositivo para pregar quadros

Este dispositivo (a empresa Walter T. Kelley e a empresa Brushy Mt vendem) é muito bom para fazer quadros. Ele suporta vários quadros de forma a você poder prega-los. É um pouco complicado de usar no início, mas poupa-lhe muito tempo e frustração.

Uma pistola de agrafos pneumática de 6.5mm e um compressor

Todos que possuem um carro precisam de um compressor de qualquer forma. Uma pistola de agrafos custa menos que $100. A empresa Walter Kelley tem uma do tamanho correto. Suporta agrafos desde 38mm até 16mm (que eu compro na loja de ferragens local). Os de 25mm são perfeitos para os quadros. Os de 38mm são perfeitos para as caixas. Os de 16mm são bons para quando não quer que eles atravessem uma tábua de 19mm e os de 32mm para quando não quer que atravessem duas tábuas de 19mm (como quando você coloca o suporte numa pega de uma caixa feita em casa). Então você não precisa de furar previamente todos os buracos nos quadros. Eu fui carpinteiro vários anos e ainda sou bastante bom a pregar, mas quando faço quadros entorto tantos pregos como os que prego bem. Metade deles ficam dobrados e puxo-os quando prego à mão. Mas talvez o meu problema seja segurar um prego barato e falta-me a delicadeza.

Um Extrator

Eu evitaria especialmente a compra de um *novo* extrator se tem apenas algumas colmeias. Se você descobrir um com bom preço, aproveite e compre-o, mas comprar um novo é desperdiçar dinheiro. Com certeza que pode manter-se atento por algum usado a bom preço. Eu apenas esmagava e filtrava os favos, fiz também mel em favo nos primeiros 26 anos da minha apicultura. Eu finalmente comprei um extrator radial de 9/18 quanto comecei a ter mais colmeias. Eu estou contente por ter esperado por um verdadeiro extrator quando finalmente comprei um.

Evite Engenhocas

Eu evitaria todas as engenhocas que se vendem pois são inúteis e caras. Eu gosto da ferramenta de apicultor Italiana da Brushy Mountain mas eu não compraria suportes para quadros e alicates levanta-quadros, etc.

Engenhocas úteis

De todas as engenhocas, que eu já disfrutei. Eu gosto dos calendários de núcleos *Ready Date* ou os *Hive Minders* de James Littley (jarsa.net/burkes.pdf) que são usados como forma de você manter-se ao corrente do que se passa na colmeia. Se você tem apiários e anda com um fumigador então uma caixa para fumigador das da *betterbee.com* pode ser útil pois garante a segurança. Pode colocar o fumigador dentro da caixa e não se tem de preocupar mais com o perigo de incendiar o seu carro.

Iniciar

Agora que já falámos sobre as decisões em relação ao equipamento vamos iniciar a apicultura.

Recomendações Apícolas Iniciais

Eu pensei sobre isto e tenho a certeza que muita gente vai discordar mas vou dar na mesma o meu conselho de como eu começaria a apicultura como se eu estivesse de novo a começar. Isto é o que eu gostaria de ter feito da primeira vez.

Primeiro você tem de decidir de que forma quer as abelhas. É muito difícil obter abelhas de uma árvore ou da casa de um vizinho quando você realmente não sabe nada sobre elas. Isto é mesmo uma tarefa mais avançada. Dito isto, eu admito que foi isso mesmo que fiz. Eu tirei-as de casas e árvores e comprei algumas rainhas. Mas eu na verdade não tive grande êxito e fui muitas vezes ferrado. Então pensando bem eu acho que não foi bom para as abelhas, apesar de ter sido muito educativo para mim.

Se você tem apicultores locais pode conseguir um núcleo ou alguns quadros com criação, etc. O lado mau disto é que são provavelmente quadros fundos (quadros de 23.5cm que entram em caixas de 24.5cm). Eu não vou recomendar caixas fundas. Elas estão provavelmente em favos com alvéolos grandes e vou recomendar alvéolos naturais ou alvéolos pequenos.

Pode encomendar abelhas em pacotes. Eu estava habituado a recebê-las por correio mas recentemente isso tornou-se cada vez mais caro. Na maioria dos locais pode encontrar uma empresa que traz um camião cheio de pacotes de abelhas na primavera. Se você encontrar uma associação de apicultores eles provavelmente podem ajudar e aconselhar. Dois pacotes seria um bom começo.

Quantas Colmeias?

É um bom conselho dizer para começar com pelo menos dois enxames. Eu penso que alguns dos novos apicultores não entendem o *propósito* pois muitas vezes querem experimentar com dois tipos *diferentes* de colmeias, como por exemplo uma colmeia top bar e uma Langstroth ou uma Langstroth média de oito quadros e uma Langstroth funda de dez quadros. Mas isso anula o propósito de ter duas colmeias. A razão principal de ter duas colmeias é que o recurso mais difícil de ter e que muitas vezes é preciso para resolver problemas de falta de rainha fecundada, são quadros de criação. Mas estes quadros de criação não são de muito valor se não puderem ser usados em todas as colmeias. Se você quer realmente uma colmeia top bar e uma Langstroth, então faça-as com pelo menos as mesmas dimensões para que os quadros da Langstroth se possam trocar pelas barras da top bar e vice-versa.

Pacote ou Núcleo?

Outro problema que os novos apicultores muitas vezes entendem mal é a diferença entre núcleo e pacote. Resumidamente é isto: se você quer abelhas em algum tipo de quadro ou favo para além do que elas já têm, compre um pacote. Noutras palavras, se um núcleo é do tipo Langstroth fundo em favo de alvéolo grande e você quer uma colmeia top bar ou colmeia de alvéolo pequeno ou ainda uma colmeia média, então não é prático comprar núcleo com favo de alvéolo grande e esperar que se coloque o enxame numa caixa média ou colmeia top bar.

Por outro lado se você pode obter um núcleo com o tamanho de alvéolo que quer, ou tamanho do quadro que quer, um bom núcleo terá um avanço de duas semanas em relação a um pacote e se forem abelhas *locais*, em núcleo, especialmente abelhas locais que já invernaram em núcleo, você vai ter uma grande vantagem pois elas já estão habituadas ao seu clima e um enxame invernado em núcleo parece sempre que aumenta muito o efetivo na primavera muitas vezes passando mesmo à frente dos enxames que invernaram em colmeias.

Não se distraia demasiado com esse avanço de duas semanas. É bom como já referi, se elas estiverem já com o tamanho de alvéolos e quadros que quer, mas se não estiverem, não vai ter apenas muito trabalho para as converter para outro tamanho de quadro, tamanho de alvéolo, ou tipo de colmeia, mas você vai atrasá-las pelo menos essas duas semanas ou mais se você usar núcleos, nesse processo. Então tenha isso em conta quando decidir.

Raça de Abelhas

Assumindo que você vai comprar um pacote de abelhas, a decisão seguinte é a raça delas. Eu odeio quando não tenho uma opinião sobre algo, mas eu realmente ainda não vi uma raça de abelhas da qual não gostasse. No entanto, eu tive algumas abelhas muito agressivas, mas eram da mesma raça que eu criava há várias dezenas de anos. Eu vou recomendar que você compre uma raça que não seja hibrida e que possa acasalar livremente com bons resultados. Caucasiana, Italiana, Cordovanas (Italiana), Russas e Cárnicas são todas boas. Escolha uma delas. Se você conseguir rainhas criadas na sua zona, isso é melhor mas para quem viva no Norte (dos EUA), há poucos pacotes disponíveis com rainhas do Norte. Você pode trocar a rainha mais tarde depois delas se ambientaram ao seu apiário e começarem a trabalhar.

Continuação da Iniciação

Nós falámos das escolhas no capítulo anterior, agora que já fizemos todas as escolhas, aqui fica a ordem com que eu faço as coisas.

Colmeia de Observação

Eu sei que muitas pessoas vão discordar mas eu compraria uma colmeia de observação. Elas vão dizer, corretamente, que uma colmeia de observação precisa de mais habilidade para manter. Mas você vai aprender *muito* em apenas alguns dias de observação de um enxame em uma, e muito mais no primeiro ano, terá assim um valor inestimável. Mesmo se as abelhas morrerem ou enxamearem, você aprendeu muito. Por exemplo você pode comprar uma boa colmeia de quatro quadros do tipo *Von Frisch* da Brushy Mountain. Eu não tenho a certeza que eles ainda as tenham disponíveis pois não as tenho visto nos catálogos. Ela suporta quatro quadros médios (lembre-se que queremos todos os quadros do mesmo tamanho). Você terá de fazer a ligação para o tubo mas o resto já vem feito. Para ligar o tubo eu pego num pedaço de tubo galvanizado dos da água com o comprimento de 2,5cm e de diâmetro 2,5cm com ponta onde se podem enroscar outros tubos. Faço um buraco de 2,9cm com uma broca craniana e colo um pedaço de madeira de pinheiro no fim da colmeia de Von Frisch, faço um buraco de 2,9cm e uso alicate de tubos para enroscar o tubo. Use um pedaço de tubo de 2,3cm e aperte-o com uma abraçadeira de tubos. Corte um pedaço de madeira com 2,5cm por 10cm que encaixe debaixo da sua janela e outra que encaixe debaixo das portadas exteriores e fure um buraco de 3,5cm em ambas as madeiras para que com as janelas completamente fechadas eles fiquem alinhados. Passe o tubo de 3,2cm (um tubo de uma bomba submersível funciona bem) pela janela. Eu coloco também perfis de madeira por detrás das dobradiças e por detrás do batente da porta para aumentar o espaço entre favo e vidro mais 0,6cm. Isto funciona perfeitamente. O espaçamento de 3,8cm com que a colmeia vem funciona bem se as abelhas estiverem a puxar a cera do seu próprio favo. Mas se você trocar os quadros da colmeia fica demasiado próximo tal como os do tipo PermaComb ou do tipo Honey Super Cell ficam também demasiado próximos.

Se entrar nos fóruns de apicultura encontra pessoas que fazem colmeias de observação, muitas vezes até lhes pode pedir para fazerem uma segundo as suas próprias medidas.

Eu colocaria também um pequeno parafuso ou agrafo na parte de trás e na porta onde o quadro assenta para que o quadro fique com o espaçamento correto. Eu estou sempre a trazer a colmeia do exterior e a dar-lhe pancadas, por vezes os favos encostam-se mais para um dos lados e isso faz com que o espaço-abelha não seja respeitado.

Faça alguns quadros (ou mergulhe PermaComb em cera quente) e coloque cera estampada com alvéolos pequenos neles. Coloque-os na colmeia de observação. Corte um pedaço de pano preto para que dobrado e colocado sobre a colmeia a tape completamente. Isto será uma cortina de privacidade.

Colmeia Núcleo

Quando as abelhas já não cabem na colmeia de observação vai necessitar de algum sítio para as colocar. Se usarmos caixas de oito quadros médios nós podemos apenas usar esse equipamento como núcleo e tudo o resto será igual. Se não, vamos construir ou comprar um núcleo médio. Arranje um estrado e tampa (ou faça-os). Isto vai servir bem para as colocar quando já não couberem na colmeia de observação. Um núcleo também lhe dá um sitio onde mantem uma rainha extra ou onde fazer um pequeno desdobramento e não lhes dá demasiado espaço. Tenha isso já preparado antes de ter as abelhas. Agora você espera pela primavera.

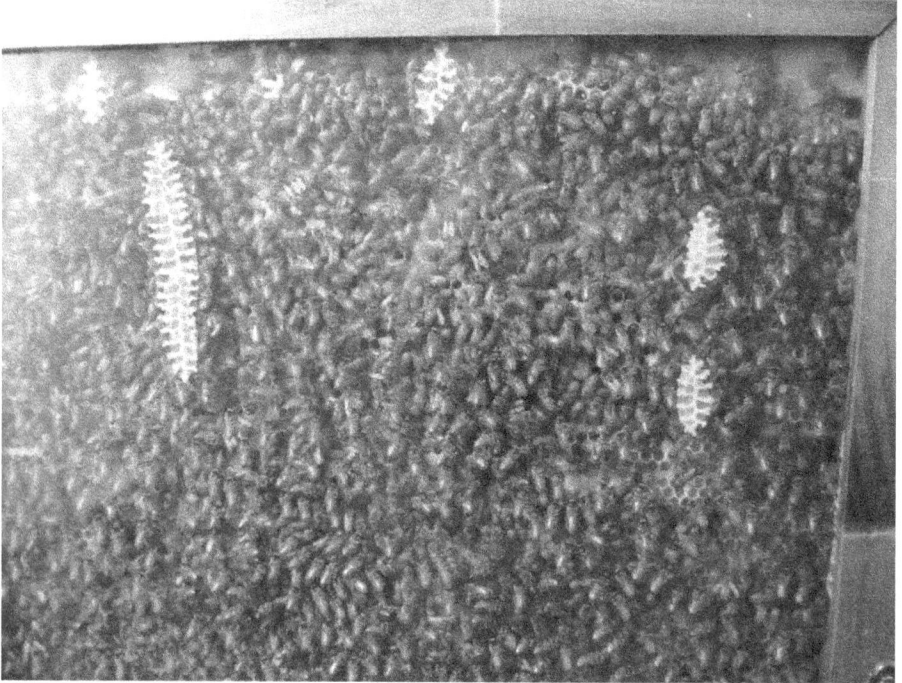

Um exemplo de colmeia de observação

Colocar Abelhas na Colmeia de Observação

Na primavera coloque as abelhas na colmeia de observação. Eu assumo que se trata de um pacote de abelhas, então precisa de ter a certeza que elas estão bem alimentadas. Pulverize a rede com um pouco de xarope de açúcar esperando um pouco e pulverizando de novo até as abelhas deixarem de ter interesse em beber o xarope que fica na rede. Pegue nas abelhas e na colmeia de observação, coloque tudo na rua perto da entrada da colmeia de observação. Tape a saída da colmeia com um pedaço de pano e um elástico forte (são mais fáceis de manejar). Faça o mesmo com a entrada exterior para dentro do tubo e a outra saída do tubo para dentro de casa. Deite a colmeia de observação de lado no chão e abra a porta. Coloque o seu equipamento de proteção. Abra a tampa da caixa e com cuidado pegue na caixa da rainha e coloque-a em lugar seguro. Agora retire a lata e sacuda as abelhas para dentro da colmeia de observação. Bata a caixa com força no chão para desalojar o cacho de abelhas e depois vire a caixa ao contrário e despeje o resto das abelhas na colmeia de observação. Bata a caixa de lado para tirar o resto das abelhas e despeje-as na colmeia. Se ficarem cerca de 20 abelhas na caixa, não se preocupe. Se ficarem centenas de abelhas na caixa, repita os mesmos passos até ficarem muito poucas.

Pulverize a rainha levemente com alguma água para que ela não consiga voar. Cuidadosamente abra a caixa da rainha retirando os agrafos, com muito cuidado para não abrir a rede e deixar fugir a rainha. Coloque a caixa sobre um cacho de abelhas e mantenha a rede virada para baixo, abra a rede e coloque a caixa perto das abelhas observando sempre a caixa para ver a rainha a sair. (Tarefa difícil, eu sei). Se você não viu a rainha a sair, não a viu a sair a voar e não a viu a entrar na colmeia, então tem de continuar a observar durante mais tempo. Assumindo que ela entrou, use o fumigador para afastar as abelhas do quadro junto à porta para que elas não fiquem esmagadas e feche a porta (pode esmagar algumas abelhas mais teimosas e indecisas, mas espero que não sejam muitas). Agora use uma escova para sacudir todas as abelhas do lado de fora da colmeia e leve-a para casa. Levantando o tubo da colmeia até ao tubo na janela, retire o pano das duas partes, encaixe-as e use a abraçadeira para ficar bem seguro (a abraçadeira tem de estar dentro do tubo antes de fazer isso).

Você tem agora uma colmeia de observação. Encha um quarto de um jarro com xarope 2:1 (2 partes açúcar para 1 parte de água) e alimente as abelhas. Agora finalmente tire o último pano do tubo exterior.

Se você não viu a rainha a entrar, procure cachos de abelhas no exterior em arbustos e no chão. Se você viu algum cacho, veja cuidadosamente se tem rainha. Se tem, apanhe-a com a mola de cabelo e coloque-a na entrada do tubo e veja se ela entra. Se ela não entra, você poderá ter de levar a colmeia para o exterior e fazer tudo de novo, mas provavelmente tem agora uma rainha na colmeia.

Se você comprou dois pacotes (recomendado) então coloque o outro enxame num núcleo e compre o material para fazer uma colmeia e construa-a.

Continue a alimentá-las e a observá-las. Conte os dias até a rainha iniciar a postura. (usualmente demora de três a quatro dias mas por vezes pode demorar até duas semanas), quantos dias até os ovos eclodirem, quantos dias até ver cria selada e quantos dias demoram a emergir. O enxame vai crescer lentamente de início mas quando começarem a emergir abelhas a população dentro da colmeia vai aumentar exponencialmente.

Desdobramento para Dentro de uma Caixa Núcleo

Quando elas encherem praticamente toda a colmeia com mel, criação e pólen você precisa de tirar três quadros e a rainha para uma colmeia de oito quadros. Alimente-as e continue a alimentar a colmeia de observação. Verifique se o quadro que deixou na colmeia de observação tem ovos. Agora pode observar as abelhas a criarem uma nova rainha. Quando a nova rainha da colmeia de observação iniciar a postura toda a criação já terá emergido. O enxame da colmeia de observação vai estar em dificuldades de avançar, mas o núcleo de cinco quadros vai encher depressa e quando quatro quadros e meio estiverem cheios, adicione a próxima caixa e encomende quatro caixas médias e quadros suficientes para elas, estrados normais ou sanitários, pranchetas e tampas normais ou de transumância. Quando duas das caixas de oito quadros estiverem cheias coloque a rainha e tudo exceto dois quadros na outra colmeia. Certifique-se que um desses quadros tem ovos e criação aberta e que o outro tem pólen e mel. Coloque esses dois em uma caixa com fundo e topo e deixe-as criar uma rainha.

Agora você tem uma colmeia, um núcleo e uma colmeia de observação (e se você comprou outro pacote terá uma nova colmeia). Se você precisa de uma rainha pode unir o núcleo com a colmeia, ou retirar um quadro de cria do núcleo ou da colmeia de observação para elas criarem uma rainha. Você pode observar em detalhe o que se passa com as abelhas na colmeia de observação. Você pode ver o pólen a entrar, pode ver o néctar a entrar, você pode ver quando elas estão a ser pilhadas, pode ver se elas estão com algum problema. Você pode ver a rainha a pôr ovos. Você pode praticar a procura da rainha sem incomodar o enxame.

Gerir o Crescimento

Quando o enxame da colmeia de observação ficar muito forte pode retirar quadros e coloca-los numa outra colmeia normal para fortalecer o enxame. Quando o núcleo ficar muito forte pode retirar quadros e coloca-los também numa colmeia normal. Você pode substituí-los por quadros com cera estampada. Se você apenas quer uma colmeia, você tem uma e algumas partes suplentes para a arranjar. Se você quer outra colmeia, apenas precisa deixar o enxame do núcleo crescer e coloca-lo também numa colmeia normal. Depois começa outro núcleo a partir de alguns quadros da colmeia de observação para que fique com duas colmeias, um núcleo e uma colmeia de observação.

Começar com Mais Colmeias

É claro que se você quer começar com várias colmeias, o que é na verdade uma boa ideia, você pode colocar um pacote na colmeia de observação e outro pacote no núcleo ou logo numa colmeia ao mesmo tempo. Uma maior redundância permite que você tenha recursos suficientes para as ajudar se ocorrer algum contratempo. Eu não começaria com mais de quatro colmeias.

Cera estampada e Quadros

Que tipo de cera estampada e quadros você deve comprar? Obviamente se houvesse uma resposta "certa", apenas haveria um tipo de cera estampada e um tipo de quadros. A razão por que não há é porque os apicultores têm diferentes preferências, diferentes filosofias e diferentes experiências.

Vamos começar por aprender a terminologia para que possamos passar à frente. Com a cera, acerca da grossura a única que eu vejo agora disponível é *Medium Brood*, *Surplus* e *Thin Surplus*. *Medium Brood* não significa que seja para quadros médios. Significa que é de grossura média. *Surplus* é mais fina e *Thin Surplus* é ainda mais fina. *Surplus* é destinada para mel em favo.

Cera estampada para Criação

A coisa que as abelhas mais gostam de fazer é construir favo sem cera estampada. Quadros sem cera estampada são mais facilmente aceites e os mais naturais. Eles têm muitas vantagens, para o controlo da Varroa por terem alvéolos mais pequenos, por conseguir facilmente cortar alvéolos reais do favo sem preocupação em tocar num arame ou plástico.

A coisa que as abelhas gostam a seguir é cera estampada. Elas podem alterar a cera para aquilo que precisarem. Mas quanto mais perto estiver do que elas querem melhor pois aceitam mais facilmente. Eu diria, com abelhas não regredidas ("normais") com alvéolos de 5.1mm seria melhor aceite pois parece ser aquilo que elas querem construir. A empresa Dadant vende cera estampada com alvéolos de 4.9mm que também serviria para essas abelhas e alvéolos de 5.4mm. Mas eu quero os alvéolos de 4.9mm para a parte de controlo da Varroa. Então um dos aspetos da cera estampada é o material (cera ou plástico) e outro é o tamanho dos alvéolos.

Outro problema da cera estampada é o reforço. *DuraComb* e *DuraGilt* têm um interior de plástico liso. Isto funciona bem até as abelhas tirarem a cera para usar noutro lado qualquer ou as traças da cera comerem a cera até ao plástico. Depois as abelhas não voltam a puxar cera no plástico. Arames são muitas vezes usados com a cera estampada. Alguma cera estampada vem com arames na vertical e as pessoas usam-na dessa forma. Alguma cera estampada vem sem arames e as pessoas colocam arames na horizontal nesses quadros. Os arames reduzem a velocidade com que a cera estampada fica ondulada com o calor.

O material que as abelhas parecem gostar menos e os apicultores parecem gostar mais é o plástico. As traças da cera não conseguem destruir esse material (apesar delas *conseguirem* destruir a cera do favo). As abelhas não conseguem alterar o tamanho desses alvéolos facilmente. O tamanho dos alvéolos em plástico varia de 5.4mm até 4.95mm. Está disponível em folhas de plástico ou quadros inteiros de plástico.

Favos completamente "puxados" também existem à venda em plástico. Existe também a *PermaComb* (equivalente a alvéolos de 5.0mm) que está disponível em tamanho médio e *Honey Super Cell* (equivalente a alvéolos de 4.9mm) em quadros fundos. Completamente puxados, significa que as abelhas não lhe puxam a cera, já está na grossura final e elas apenas a usam a selam.

Cera Estampada para Alças

Ter favos completamente puxados é sem dúvida uma vantagem nas alças (quando as abelhas aceitam e usam-na) pois as abelhas só têm de guardar néctar nelas e não precisam de construir favo. As traças da cera não lhe conseguem pegar nem o pequeno escaravelho (Aethina tumida).

Os vários quadros de plástico e folhas estampadas em plástico para as alças são os mesmos que estão disponíveis para os ninhos, com o uso adicional de favo para zangão (mais fáceis de extrair) e *Honey Super Cell* com alvéolos de 6.0mm e um falso ovo no fundo do alvéolo. Este falso ovo supostamente engana a rainha e ela não coloca lá ovos. O alvéolo de 6.0mm também desencoraja a rainha pois não é bem o tamanho de zangão (6.6mm) nem de obreira (4.4mm até 5.4mm), então a rainha não gosta de pôr ovos nesses alvéolos.

Para mel em favo, há *Surplus* e *Thin Surplus*. Isto para que o mel em favo seja mais fácil de mastigar e não tenha um interior grosso. Está disponível na maioria dos fabricantes. A Walter T. Kelley tem em tamanhos 7/11 que, mais uma vez, são tamanhos de alvéolos onde a rainha não gosta de fazer a postura permitindo que não seja preciso usar excluídor de rainha e mesmo assim não haja criação nas alças.

Tipos de quadros

Há diferentes tipos de quadros e muita da cera estampada foi planeada para ser usada em um tipo ou mais de quadros. Você pode usualmente adaptar se desejar, mas você deve ter isso em conta quando encomendar quadros e cera estampada.

As barras de topo vêm com uma ranhura, cunha, e *split* (o *split* também está disponível na empresa Walter T. Kelley). A ranhura é usualmente usada por plástico ou para aplicar cera com um tubo de cera (em inglês é chamado de *wax tube fastener*). Eu prefiro os que usam a cunha. Eu posso colocar mais cera estampada e fica melhor apoiada, para que não caia, com um tubo de cera do que só com a cunha. O tipo de cunha tem um encaixe que sai e é pregado ao quadro para segurar a cera estampada. O *split* é usualmente usado para mel em favo. A cera estampada é apenas colocada no *split* em cima de uma barra lisa e o quadro é colocado na colmeia sem ser preciso pregar nada.

As barras de baixo vêm com o *split*, ranhura e sólidas. Eu prefiro as solidas pois as traças da cera não entram nelas. Mas a sua cera estampada pode não caber dentro da barra solida (dependendo daquilo que comprar). Os com *split* não são muito fortes e parece que partem sempre da primeira vez que os tento limpar e colocar cera estampada nova neles. Os com ranhura são usualmente usados com plástico para que as folhas de plástico encaixem no quadro. O outro problema é o tamanho exato da cera estampada que está a usar. Alguma é cortada de cima a baixo nos quadros com *split*. Alguma é cortada para encaixar na ranhura. A empresa Walter T. Kelley parece ser a única que cuidadosamente sabe o que encaixa onde no seu catálogo.

Quadros totalmente de *plástico*. Estes eliminam todos os problemas, para alem de poderem não ser bem aceites pelas abelhas e ser muito difícil ou impossível cortar alvéolos reais. Não tem de construir quadros. A folha de plástico estampada encaixa obviamente pois já lá está. Se comprar a Mann Lake PF120 (profundidade média) ou PF100s (funda) elas têm alvéolos de 4.95mm assim você pode usufruir de alvéolos pequenos. Eles são baratos (se comprar em grandes quantidades custam-lhe pouco mais de $1 cada da última vez que vi). Não precisa colocar arame e são bem aceites pelas abelhas.

Onde colocar as colmeias?

"Onde é que eu coloco a minha colmeia?" O problema é que não há uma resposta simples nem uma localização perfeita. Mas numa lista de importância decrescente eu escolheria o critério seguinte, com uma vontade de sacrificar os aspetos menos importantes todos se não houver melhor solução:

Segurança

É essencial ter a colmeia onde as abelhas não sejam uma ameaça para animais que estão presos com corrente ou fechados numa estrutura e não podem fugir se forem atacados, ou onde elas possam ser uma ameaça para quem passa e não sabe que estão lá colmeias. Se a colmeia está próxima de um caminho onde as pessoas andam você precisa de ter uma vedação ou algo que faça as abelhas subir por cima da cabeça das pessoas. Para segurança das abelhas as colmeias devem estar onde o gado não se encoste e as deite para o chão ou simplesmente as vire, o mesmo para os cavalos e se a zona tem ursos tem de ser um local onde os ursos não consigam chegar às colmeias.

Acesso Conveniente

É essencial ter a colmeia onde o apicultor possa conduzir o seu carro até ela. Carregar alças cheias que podem pesar até 41Kg (fundas) até 22Kg (médias de oito quadros) onde qualquer distância dará demasiado trabalho. A mesma razão se aplica a trazer equipamento apícola e alimentar os enxames. Você pode ter de alimentar cada enxame com 23Kg ou mais de xarope e carregar isso longe não é prático.

Também vai aprender muito mais sobre abelhas com uma colmeia no seu jardim do que com uma a 32Km numa casa de um amigo. Também um apiário a 2Km ou 3Km de casa vai ser receber muito mais atenção do que um a 97Km de casa.

Boa pastagem apícola
Se você tem muitas opções, então escolha um local com muita pastagem apícola. Meliloto, alfalfa criada para semente, *Liriodendron tulipifera*, etc. Podem fazer a diferença entre uma super-colheita de mel de 91Kg ou mais por colmeia sem dificuldades. Mas esteja atento que as abelhas não pastam somente no seu terreno, elas pastam os 32Km² em volta das colmeias.

Que não fique no seu caminho
Eu penso que é importante que a colmeia não interfira com a vida de ninguém. Em outras palavras, não as coloque ao pé de um caminho muito usado onde quando lhes falta alimento no campo e quando estão agressivas as abelhas possam incomodar ou até ferrar alguém, ou noutro lado qualquer onde possa mais tarde desejar que elas não estivessem naquele local.

Completamente ao sol
Eu descobri que as colmeias completamente ao sol têm menos problemas com doenças e pragas e fazem mais mel. Ao escolher um de dois locais e a diferença for apenas a exposição solar eu escolho completamente ao sol. A única vantagem de as colocar à sombra é que você pode trabalhar nelas à sombra ou pode ajudar a cumprir outro critério mais importante.

Se você vive num clima muito quente, sombra a meio da tarde pode ser bom, mas eu não me importaria muito com isso a menos que seja uma colmeia top bar; então eu escolheria a sombra para prevenir favos colapsados.

Não colocar em zona baixa
Eu não me importo se estão entre uma zona baixa e alta, mas não quero mesmo que fique numa zona onde o orvalho e nevoeiro se acumulem tal como não quero a colmeia numa zona onde eu tenha de a mudar caso haja a ameaça de inundação.

Fora do vento

É bom ter as abelhas onde o vento frio do inverno não sopre sobre as colmeias de forma tão forte que possa virar as colmeias ou remover as tampas. Isto não é o requisito número um mas se um local tem um quebra vento isso é bom. Isto usualmente faz com que não se possam colocar as colmeias no cimo do monte.

Água

As abelhas necessitam de água. Um dos problemas é providenciar água para elas. Outra é que seja água mais atrativa que a banheira do vizinho. Para conseguir isso você precisa de entender que as abelhas são atraídas pela água por várias coisas:

_ Cheiro. Elas podem recrutar outras para uma fonte de água que tenha um odor. Cloro tem odor. Também a água do esgoto tem odor.

_ Temperatura. Água quente pode ser levada para a colmeia mesmo em dias moderadamente frios. A água fria não porque quando as abelhas ficam geladas não conseguem voar de volta para a colmeia.

_ Confiança. As abelhas preferem água permanente e que seja segura.

_ Acessibilidade. As abelhas precisam de conseguir chegar à água sem cair nela. Um tanque de água dos cavalos ou balde sem nada a flutuar não funciona bem. Uma margem de ribeiro é boa pois tem acesso onde elas podem pousar e andar até à água. Um barril ou balde não tem bom acesso a menos que coloque escadas e flutuadores ou ambas as coisas. Eu uso um balde de água cheio de paus velhos. As abelhas podem pousar nos paus e descer até à água.

Conclusão

No fim, as abelhas são muito adaptáveis, então tenha a certeza que é conveniente para si e se não for muito difícil de providenciar tente cumprir alguns dos outros critérios.

É duvidoso que consiga um local que cumpra todos os critérios citados anteriormente.

Instalar Pacotes

Ao "ouvir" todos os novos apicultores em fóruns apícolas, ao ver vídeos no YouTube de apicultores sem experiência a instalarem os primeiros pacotes e ao ouvir os conselhos dos apicultores experientes quando dão as suas aulas aos novos apicultores, etc. Fico com a ideia que há muitos maus conselhos por aí. Por vezes é apenas porque um novo apicultor não sabe o que é um compromisso satisfatório para algo, mas apesar de tudo eu penso que são apenas maus conselhos. Então de seguida vou dar a minha opinião sobre muitos desses conselhos sobre o que fazer e o que não fazer:

O que não fazer:
Não as pulverize com xarope

Certamente se insiste em fazer isto não o faça muito e não use xarope muito concentrado. Com 2 partes de água para 1 parte açúcar é suficiente. Pessoalmente eu não as pulverizaria e é algo que não faço de forma nenhuma. Se você precisa de as alimentar porque não as pode instalar imediatamente pulverize um pouco na rede e espere que elas limpem tudo. Repita até elas não quererem mais. Mas eu penso que é melhor plano voltar a encher a lata com xarope. Tire-a, é claro que as abelhas podem agora sair, coloque então um pedaço de madeira ou algo similar a tapar o buraco. Se você tem o tipo de lata com um buraco redondo com um o-ringue que segura um pedaço de pano tire-o e coloque o xarope. Troque o o-ringue e pano e depois a lata. Se a lata apenas tem buracos pequenos, faça então um buraco suficiente grande para encher a lata de xarope. Depois tape o buraco com cera de abelha macia. Verifique se não há fugas de xarope e coloque a lata cheia no sítio.

Porquê? Eu já vi muitas abelhas afogadas e pegajosas por causa de latas que entornam ou que pulverizarem as abelhas ou algo pior, abelhas cheias de calor que regurgitam o conteúdo do seu estômago de mel de forma a se tentarem arrefecer. Eu não quero ver mais abelhas afogadas. Eu vi um vídeo no YouTube no outro dia de alguém a bater a caixa para que as abelhas caiam todas para o fundo, é bom se você está prestes a despeja-las na colmeia, molhando-as literalmente com xarope, virando a caixa e molhando-as um pouco mais do outro lado, depois após mexer um pouco na colmeia molhou-as de novo. Eu duvido que metade delas tenha sobrevivido.

Eu nunca vi abelhas morrerem por *não* as ter pulverizado com xarope.

Não as deixe na caixa onde as recebeu

Não as coloque dentro da colmeia na caixa onde as recebeu para evitar despeja-las— especialmente se a caixa ficar em cima das barras de topo com uma caixa vazia por cima. Isto é o mesmo que desejar ter problemas. Assumindo que você coloca a rainha dentro da gaiola de rainha na colmeia, as abelhas fazem cacho na prancheta de agasalho ou tampa e depois fazem favos na caixa vazia. As abelhas preferem sempre os seus próprios favos do que puxar cera sobre cera estampada e vão aproveitar todas as oportunidades que lhes der para o fazer. Não lhes dê essa oportunidade. As abelhas não são difíceis de despejar da caixa. Sim, esta é uma dessas coisas onde a gentileza e a graciosidade não ajudam mas isso não faz mal às abelhas nem as perturba. Você pode mesmo habituar-se à ideia de que um dia vai despejar um enxame numa caixa em vez de um para fora de uma caixa. Se você realmente insiste em deixá-las sair da caixa sozinhas então coloque uma caixa funda vazia (ou média ou algo parecido) no *fundo*, coloque a caixa com as abelhas lá dentro e depois coloque a caixa com os quadros por *cima*. Isto tira partido do facto que as abelhas vão tentar formar cacho no topo e assim penduram-se. Então esperemos que seja a prancheta e não as barras do fundo. Tenha a certeza que removeu a caixa em que as abelhas chegaram e a caixa vazia no *dia seguinte*. E não quatro dias mais tarde. Nem cinco dias mais tarde— *No dia seguinte*. De outra forma arrisca-se a que elas construam favos no espaço vazio.

Não pendure a rainha entre os quadros

Isto resulta quase sempre em favo extra entre dois quadros que é puxado a partir da gaiola. Liberte a rainha e não se terá de preocupar com favos irregulares. Isto é ainda mais importante quando não se usa cera estampada, por exemplo numa colmeia top bar ou quadros sem cera estampada pois basta um favo irregular para as abelhas repetirem o erro no resto dos favos seguintes. Despeje as abelhas. Deixe-as acomodar um pouco. Para a rainha não voar, puxe a rolha de cortiça da parte sem doce (de onde ela não consegue sair imediatamente) e enquanto mantem o polegar sobre o buraco deite a gaiola no fundo da colmeia e deixe-a. Coloque os quadros de volta, a tampa e vá-se embora. Não a tente libertar em cima das barras de topo. Liberte-a lá em baixo sobre o estrado.

Um dos problemas parece ser que as pessoas pensam que as abelhas ou emigram ou matam a rainha. Na minha experiência deixar a rainha na gaiola não resolve esses problemas. Se elas querem abandonar a colmeia, elas mudam-se para a colmeia do lado e abandonam a rainha. Se você libertar a rainha não impede que isso aconteça mas também não causará o problema. Eu nunca tive o problema de um enxame em pacote matar a sua rainha. Quando muitas abelhas são sacudidas a partir de colmeias diferentes para dentro de uma caixa as abelhas ficam confusas e nessa confusão elas ficam contentes por encontrarem uma rainha. Mesmo se elas matarem a rainha é quase sempre porque há já uma rainha à solta no pacote. As abelhas preferem essa rainha pois já tiveram contato com ela.

Não use um excluídor como incluídor demasiado tempo

Não use um excluídor como incluídor (para manter a abelha rainha *dentro*) após haver cria aberta na colmeia. Eu jamais usaria mas não há motivo para o manter depois de haver cria aberta e ele faz com que os zangões não possam voar.

Não pulverize a rainha com xarope

Vai causar problemas. Sim, isso vai impedi-la de voar, mas pode também magoá-la. Eu sei que algumas pessoas pensam que não mas aparentemente ainda não viram uma rainha meio morta e pegajosa. Eu já vi muitas. Eu não pulverizo a rainha com nada, mas se você insiste, use apenas água ou no máximo 2 partes água para 1 parte açúcar.

Não instale as abelhas sem equipamento de proteção

Você tem coisas suficientes para se preocupar e uma delas não precisa ser acerca das abelhas lhe poderem ferrar.

Não fumigue o pacote

Elas já estão mansas e precisam das feromonas para se organizarem, encontrar a rainha, etc. Não há necessidade de interferir com essas feromonas e de qualquer forma o fumo fará pouco para acalmar um enxame em cacho ou dentro do pacote.

Não adie

Não adie a instalação de um pacote porque está a chuviscar ou o dia é frio. A menos que estejam -12ºC ou menos eu instalaria e consideraria isso como uma vantagem pois elas não vão voar e acomodam-se melhor. Apenas tenha a certeza que você lhes deu comida para elas não morrerem de fome. O mel selado é o melhor. Açúcar granulado pulverizado com água suficiente para ficar húmido e se aglomerar também serve.

Não alimente de uma forma que lhes dê espaço excessivo

Um pacote tem lá dentro uma equipa de construção de favos. Elas tentam construir favos em todo o lado que possam. Não lhes dê espaço para construírem em lugares onde elas não o devam fazer. Isto inclui colocar caixas vazias por cima onde as abelhas tenham acesso ou um espaçador para um alimentador de saco, etc. Um alimentador de quadro, um frasco por cima da prancheta de agasalho com fita isoladora a tapar todos os acessos ou algo similar são boas hipóteses. Um alimentador de fundo é bom. Alimentador de saco sobre o estrado é bom *se* colocar as abelhas primeiro e o alimentador de saco depois das abelhas saírem do fundo.

Não deixe quadros de fora

Nunca. Nem mesmo por alguns minutos. Muitas vezes a sua intenção é deixa-los fora alguns minutos mas esquece-se de voltar. Quando fecha a colmeia ela deve ficar sempre com os quadros todos lá dentro, ou no caso de uma colmeia top bar todas as barras. Mesmo se usar separadores para limitar temporariamente o espaço encha o espaço vazio com quadros ou barras. Você nunca sabe quando as abelhas vão descobrir uma forma de lá chegar.

Não despeje as abelhas sobre um alimentador de saco

Elas vão ficar cobertas de xarope pois há sempre algum xarope que esguicha por causa do peso das abelhas que caem sobre o saco.

Não feche a colmeia depois de ter instalado o enxame

Deixe-as voar, respirar e se orientarem.

Não deixe gaiolas de rainha perdidas

As abelhas vão formar cacho sobre as gaiolas e agir como se fossem um enxame pensando que a gaiola é uma rainha pois ainda cheira a rainha.

Não deixe que um favo irregular cause mais favos irregulares

Se você não usa cera estampada ou tem colmeia top bar isto é ainda mais critico. Com cera estampada cada quadro tem uma base onde as abelhas começam o trabalho. Mesmo assim eu endireitaria qualquer irregularidade nos favos bem depressa. As abelhas constroem favos paralelos, então sem cera estampada um mau favo dá origem a outro mau favo. Da mesma forma que um bom favo dá origem a outro bom favo. Quanto mais depressa se certificar que o último favo do qual o "próximo" vai ser construído está direito e centrado; melhor você estará pois o próximo favo vai ficar paralelo a esse. Se você tem uma colmeia top bar, certifique-se que tem alguns quadros construídos onde possa atar favos se eles ficarem tortos ou se partirem. Dessa forma você pode pelo menos ter o último favo da fila direito de novo ou, ainda melhor, todos direitos. Especialmente quando não usa cera estampada. Eu inspecionaria logo após a instalação para ter a certeza que elas estão a começar bem, os favos têm de ser começados nas barras e alinhados corretamente. Quando mais depressa se certificar, melhor será.

Se você usa cera estampada e as abelhas fazem "barbatanas" nos favos ou favos paralelos onde há espaço vazio e você não consegue lá chegar, raspe isso antes que haja criação neles. A cera não é um investimento assim tão grande como é a criação. Mantenha a colmeia limpa destes favos irregulares ou isso vai assombrar-lhe a vida por muito tempo. Com folha de plástico estampado você pode simplesmente raspar até chegar ao plástico. Com cera estampada vai necessitar de mais gentileza.

Não destrua alvéolos de troca de rainha

Os enxames em pacote muitas vezes constroem alvéolos de troca de rainha e muitas vezes destroem-nos após alguns dias, mas se for você a destruí-los arrisca-se a que o enxame fique sem rainha. Por vezes há algo de errado com a rainha que você desconhece. Assumindo que as abelhas estão enganadas e você está correto acerca da qualidade da rainha, na minha experiência, é uma má aposta.

Não entre em pânico se a rainha está morta dentro da gaiola

Não entre em pânico nem assuma que elas estão sem rainha quando recebe o pacote e vê que a rainha na gaiola está morta. É provável que exista uma rainha à solta dentro do pacote. Mesmo assim eu contataria o vendedor na mesma, entretanto instale as abelhas do pacote, volte e verifique mais tarde se não têm mesmo rainha antes de lá colocar outra rainha. Você pode simplesmente estar a condenar uma rainha à morte.

Não entre em pânico se a rainha não iniciar logo a postura

Algumas iniciam a postura logo que haja um pedaço de favo com 6mm de profundidade na colmeia. Algumas demoram até duas semanas antes de iniciarem postura. Se elas não iniciarem a postura em duas semanas então provavelmente não iniciam mesmo e é altura de entrar em pânico.

Não entre em pânico se um enxame está melhor que o outro

Há muitos fatores que contribuem para isso. Se elas têm ovos e criação então provavelmente estão bem.

Não comece só com uma colmeia

Comece com pelo menos duas. Você terá recursos para lidar com os problemas que possam aparecer.

Não alimente de forma constante

Não alimente de forma constante a pensar que elas deixam de beber o xarope quando não precisarem. Eu já vi enxames de pacotes que enxamearam quando ainda nem tinham completado a primeira caixa porque encheram tudo de xarope. Alimente até ver reservas seladas. Isto é o sinal que as abelhas colocaram parte do xarope em "armazenamento de longa duração" o que significa que elas o consideram um excedente. Se há um fluxo de néctar nesse momento, eu pararia de alimentar.

Não as incomode todos os dias

Elas podem emigrar se você as incomodar com muita frequência.

Não as abandone por muito tempo

Você vai perder a oportunidade de aprender e não se vai aperceber quando as coisas não estão corretas. Eu faria uma inspeção a elas ao fim de três ou quatro dias e depois esperava pelo menos esse tempo para as próximas visitas e tentaria não observar tudo ao detalhe. Tenha apenas uma ideia geral de como as coisas estão.

Não as fumigue demasiado

Não as fumigue demasiado quando fizer a inspeção à colmeia após a instalação do pacote. Os erros mais comuns são:

_ As pessoas têm o fumigador demasiado quente e queimam as abelhas com a sua chama, funciona como um lança-chamas.

_ As pessoas usam demasiado fumo causando pânico em vez de apenas interferir com a feromona de alarme das abelhas. Um sopro na entrada é suficiente. Outro sopro por cima se elas estiverem muito ativas também é suficiente e depois basta ter o fumigador aceso por perto.

_ As pessoas não acendem o fumigador porque pensam que o fumo chateia as abelhas, provavelmente por uma das razões já mencionadas.

_ As pessoas fumigam a colmeia e abrem-na imediatamente. Se você esperar um minuto a reação será completamente diferente. Se você faz algo que não demora muito tempo, como encher alimentadores de quadro ou algo similar é um bom plano fumigar a colmeia seguinte antes de abrir a tampa da colmeia onde está a trabalhar. Dessa forma o minuto vai passar enquanto trabalha na colmeia anterior.

_ As pessoas não fumigam porque têm a ideia que faz mal às abelhas ou não é de alguma forma natural. Só lhes aplicam no máximo um sopro ou dois de fumo por semana. As pessoas fumigam as abelhas pelo menos desde há 8000 anos pois está documentado e a razão para isso é boa. Nada funciona melhor para as acalmar.

O que fazer:
Instale-as sempre no mínimo de espaço possível

É necessário calor e humidade para criar abelhas e fazer cera. Instale-as sempre no mínimo de espaço possível que seja suficiente para o enxame e também que seja conveniente para você lhes dar. Em outras palavras, se você tem um núcleo de cinco quadros, isso é excelente. Se você não tem, então use apenas uma caixa. Sim, uma só caixa média é suficiente grande se você não tem favos puxados nos quadros. Uma caixa média de oito quadros é suficientemente grande se tiver cera puxada nos quadros. Embora não haja nada de mal, por si só, em dar-lhes mais espaço, no clima do norte (EUA), especialmente, é muito trabalho para elas e elas começam muito melhor em espaços mais pequenos. Enquanto eu provavelmente não *compraria* um núcleo de cinco quadros apenas para isto, eu usaria se os tivesse.

Tenha o seu equipamento pronto

Tenha o seu equipamento pronto antes das abelhas chegarem. Tenha o local escolhido e o equipamento já lá colocado. Tenha também o equipamento de proteção preparado.

Use o seu equipamento de proteção

Você tem coisas suficientes para se preocupar para além de pensar em ser ferrado pelas abelhas.

Como instalar:

Quando você tiver tudo lá, abelhas, equipamento, etc. Retire então quatro ou cinco quadros, retire a lata e a gaiola com a rainha, bata a caixa contra o chão para as abelhas se soltarem das paredes da caixa e despeje-as para dentro do núcleo ou colmeia como se fosse uma lata de óleo denso, ou como se tirasse uma palheta de dentro de uma guitarra. Incline a caixa onde as abelhas vieram para um lado e para o outro conforme necessário e quando deixarem de cair bata de novo com a caixa no chão e despeje as abelhas restantes. Quando você tiver apenas dez ou vinte abelhas restantes na caixa, coloque a caixa no chão. Pegue na gaiola da rainha, retire a rolha de cortiça da parte sem o doce (se a gaiola tiver o doce) mantenha um dedo a tapar o buraco e coloque a gaiola no fundo do núcleo ou colmeia sobre o estrado. De forma suave coloque os quadros no núcleo ou colmeia. Não os empurre para baixo pois haverá abelhas no fundo. Deixe as abelhas subir e os quadros entram no sitio sozinhos.

Se você libertar a rainha (é complicado ter a certeza que ela não vai voar) então *não* deixe a gaiola. Sacuda todas as abelhas de cima dela, coloque-a no bolso e leve-a para casa quando terminar. Se não o fizer as abelhas formam cacho sobre a gaiola e você acaba por ficar com um enxame sem rainha sobre a gaiola.

Os quadros bem juntos

Por uma razão desconhecida isto parece ser ignorado nos livros e causa problemas sem fim aos apicultores. Os quadros devem ser colocados bem juntos no centro da caixa. Todos os quadros pertencentes à caixa (10 para uma caixa de 10 quadros). Se você lhes der espaço a mais, as abelhas vão fazer certamente algo de estranho entre os quadros, como um favo extra ou um favo fora do lugar, ou "barbatanas" a saírem de um favo. A sua melhor prevenção para este tipo de construção "criativa" é juntar bem os quadros. Melhor ainda, reduza-os a uma largura de 32mm e coloque mais um quadro dentro da caixa.

Alimente as abelhas

Um enxame em pacote vai consumir muito alimento especialmente se não tiverem favos nem reservas. Alimente o enxame até começar a ver mel operculado ou as abelhas começarem a encher o ninho onde deveria haver criação. Verifique como estão a progredir para que tenha a certeza que as coisas estão a evoluir corretamente. É melhor descobrir as coisas mais cedo que mais tarde, especialmente coisas como favos irregulares.

Inimigos das Abelhas

Os Tradicionais Inimigos das Abelhas

Tradicionalmente as abelhas têm inimigos; pragas, predadores e oportunistas. Alguns são grandes como os ursos e alguns são pequenos como os vírus.

Ursos

Urso. Os ursos não são um problema para mim. Algumas pessoas vivem onde há ursos e eles são o seu maior problema. Todos os tipos de urso adoram comer as larvas de abelha e também não se importam nada em comer mel. Os sintomas de que você tem um problema com os ursos: Colmeias viradas no chão e bocados grandes dos favos do ninho comidos. Por vezes os vândalos viram as colmeias, mas os humanos usualmente não comem as larvas de abelha. A única solução que eu ouvi para os ursos são cercas elétricas bem fortes com vários fios de ligação à terra (para ter a certeza que fica bem ligada à terra) e um isco na cerca (toucinho parece ser dos preferidos) para que o urso coloque a sua boca na vedação pois é onde é mais sensível. Isto parece funcionar na maioria das vezes. Algumas pessoas colocam colmeias em plataformas demasiado altas para os ursos chegarem mas é difícil tirar de lá o mel e colocar lá as caixas. Mas claro que muitas vezes a única forma de parar o problema é matar o urso e comê-lo. No entanto isso deixa um vazio na zona e usualmente outro urso muda-se para lá. A legalidade, dificuldades e perigos desse método são assuntos que devem ser abordados mais em revistas de caça.

Pilhagem

BLUF: se você deteta pilhagem você precisa de pará-la imediatamente! Os danos aumentam rapidamente e pode devastar uma colmeia. Primeiro tenha a certeza que elas estão a pilhar e não se trata de voos de orientação, depois se for mesmo pilhagem faça algo drástico. Feche a colmeia e tape-a com um pano húmido. Abra todas as outras colmeias fortes para que as abelhas dessas colmeias fiquem em casa a guardar as suas próprias colmeias. Mas faça algo mesmo que seja apenas fechar a colmeia a ser pilhada com uma rede metálica. Depois você pode avaliar o que quer fazer quando abrir de novo (entrada reduzida, proteção anti-pilhagem, etc.). O importante, é que você não pode deixar que a pilhagem continue. Você tem de a parar imendiatamente.

Por vezes durante uma falta de alimento no campo os enxames mais fortes roubam os mais fracos. As abelhas Italianas são particularmente más nesse aspeto. Alimentar parece que piora a situação ou por vezes é o que desencadeia a pilhagem. A prevenção é a melhor coisa a fazer. Quando vê que o alimento no campo começa a escassear, reduza as entradas de todas as colmeias. Isto vai atrasá-las. Mas você precisa de estar atento a elas para ver quando a falta de alimento termina para abrir as entradas durante um fluxo de néctar.

Eu notei que enxames sem rainha são roubados com maior frequência que enxames com rainha fecundada. Eu sempre pensei que as abelhas que pilham matam a rainha, e elas provavelmente fazem isso, mas quando faço um núcleo sem rainha no outono antes de o juntar com o enxame de outro núcleo elas parecem que são roubadas quase de forma instantânea.

Uma das dificuldades é em ter a certeza que há pilhagem. Por vezes as pessoas confundem os voos de orientação durante a tarde com a pilhagem. Cada tarde quente e ensolarada em que haja criação você vai ver abelhas jovens a orientarem-se. Elas flutuam no ar e voam em volta da colmeia. Isto é facilmente confundido com pilhagem pois elas também flutuam no ar em volta da colmeia. Mas na prática você aprende como as abelhas jovens são. As abelhas jovens são peludas. As abelhas jovens são calmas comparadas com as que pilham. Olhe para a entrada. As que pilham estão num furor. As abelhas locais ficam presas em filas na entrada mas mesmo assim mantêm-se ordenadas. Lutas na entrada são sempre indicador de pilhagem, mas se não há luta na entrada isso não prova que não há pilhagem; só prova que as abelhas que estão a pilhar venceram a luta contra as abelhas de guarda. Uma forma *certa* de saber se estão a ser pilhadas é fechar a entrada da colmeia à noite. Todas as abelhas que de manhã tentarem entrar na colmeia são provavelmente as que vêm pilhar.— Especialmente se são muitas.

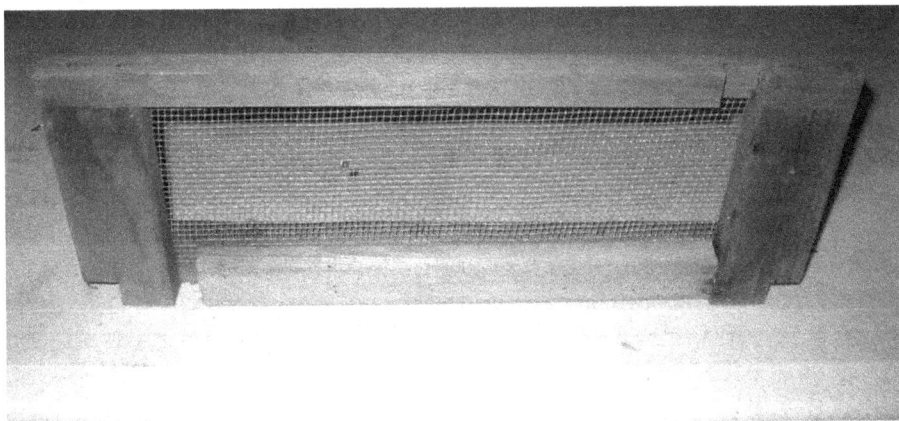

Para de dentro de um protetor anti-pilhagem.

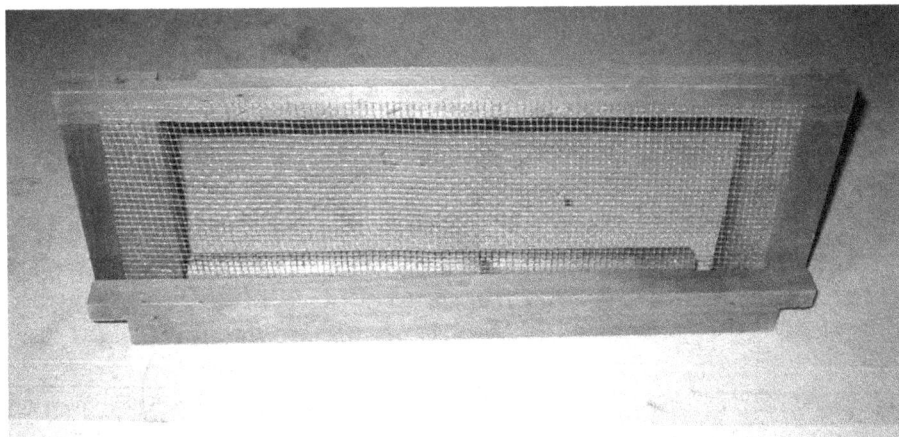

Parte de fora de um protetor anti-pilhagem

Se a pilhagem já está a decorrer, aqui ficam algumas formas de a parar. Uma colmeia muito fraca pode ser fechada com rede metálica com buracos de 3.2mm por um dia ou dois.

As abelhas que estavam a pilhar não conseguem entrar e vão eventualmente cansar-se. Ajude as abelhas da colmeia pilhada dando-lhes alimento e água. Um pouco de pólen e algumas gotas de água vão ajudar bem um enxame em núcleo. Mais será necessário se forem muitas abelhas. Depois de voltar a abrir a colmeia certifique-se que reduziu a entrada. Se você pode alimentar, dê água e ventilação por 72 horas, você pode fechá-las quando estão cheias de abelhas que estavam a pilhar e obriga assim essas abelhas a juntarem-se ao enxame pilhado. Outra forma de fechar a colmeia é encher a entrada com erva. As abelhas eventualmente conseguem limpar a entrada mas esperançosamente as abelhas que estavam a pilhar nessa altura já terão desistido.

Uma "proteção anti-pilhagem " pode ser construída do nada ou você pode comprar uma proteção de entrada da empresa Brushy Mountain (eles parecem ter modificado a sua versão para funcionar como proteção anti-pilhagem). É uma rede que tapa a zona em volta da porta e tem uma entrada no topo (você terá de construir tudo). Isto força as abelhas que tentam pilhar a terem de percorrer um percurso maior e mais complicado para entrar. Uma vez que elas parecem saber o caminho através do cheiro isso vai confundi-las. Também funciona contra doninhas.

O produto *Vicks Vaporub* em volta da entrada vai também confundir as abelhas que pilham porque deixam de conseguir cheirar a colmeia. Não vai confundir as abelhas que lá vivem porque elas lembram-se do caminho por onde saíram.

Um enxame fraco por vezes é completamente pilhado e não fica nem um pingo de mel. As abelhas rapidamente morrem de fome. Se você não consegue controlar a pilhagem é melhor juntar alguns dos enxames fracos do que deixar que sejam pilhados e morrerem de fome. Se você apenas tem um enxame forte e um fraco, você pode roubar alguma cria pronta a nascer do enxame forte para fortalecer o enxame fraco e despejar algumas abelhas amas (as que estão junto à cria aberta) do enxame forte para o fraco. Ou pode simplesmente juntar o enxame fraco ao forte. É melhor que haver luta e morte por fome

Doninhas

Mephitis mephitis e outras variedades. As doninhas são um predador muito comum das abelhas na América do Norte. Os sintomas são abelhas muito zangadas, arranhões na frente das colmeias, pequenos montes de abelhas mortas no chão perto das colmeias com abelhas cuja hemolinfa foi sugada. Muitas soluções funcionam razoavelmente bem. Colocar as colmeias mais altas ou usar entradas de topo, tiras de aderência de tapete na tábua de voo, rede de galinheiro na tábua de voo, proteção anti-pilhagem, capturar, envenenar e matar com arma de fogo. Eu apenas matei com arma de fogo e usei proteção anti-pilhagem e acabei por fazer entradas de topo. Mas muitos juram que há outras soluções. Um ovo cru na casca com uma ponta removida e três aspirinas esmagadas lá dentro, a outra ponta do ovo enterrada no chão em frente à colmeia (ou colmeias) que está a ser atacada é uma solução que já ouvi, eu provavelmente já teria tentado essa solução se as minhas entradas de topo tivessem falhado. Outros venenos preocupam-me por causa do meu cão, galinhas e cavalos.

Gambás

Didelphis marsupialis. Os mesmos problemas e soluções que as doninhas.

Ratos

Género **Mus.** Muitas espécies e variedades. Também os musaranhos (*Cryptotis parva*). São um problema acima de tudo no inverno quando as abelhas formam cacho e os ratos entram na colmeia. Usualmente rede metálica com buracos de 6.35mm sobre as entradas permite que as abelhas entrem e saiam mas não os ratos. Ou use apenas entrada de topo para que os ratos não consigam entrar.

Traças da cera

As traças da cera do género *Galleria mellonella* (**maior**) e *Achroia grisella* (**menor**) são realmente oportunistas. Elas tomam partido de enxames fracos e vivem do pólen, mel e furam a cera. Elas deixam um rasto de teias e fezes. Por vezes são difíceis de ver porque se tentam esconder das abelhas. Elas furam o meio dos favos (quase sempre no ninho mas também por vezes nas alças) e furam também nas ranhuras dos favos. Isto parece preocupar muito bastantes apicultores e é a causa de muita contaminação química na colmeia, então vamos ver o que fazer de seguida.

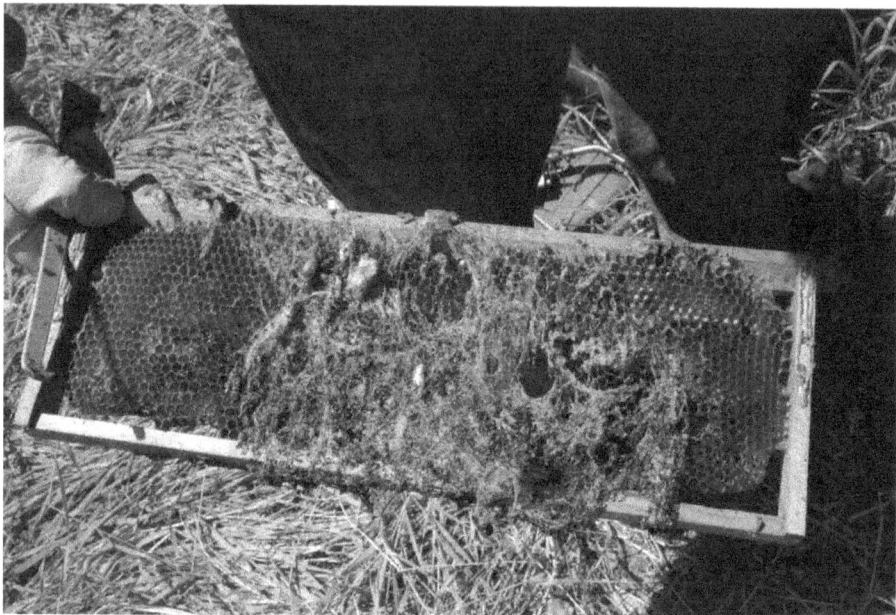

(Fotografia de Theresa Cassiday)

Clima

Primeiro, entenda que isto é um problema que depende muito do clima. Num clima onde raramente há uma geada as traças da cera podem viver o ano todo o que é uma situação totalmente diferente de um clima onde há geadas e um longo inverno. Eu vou partilhar o que faço e como funciona, mas tenha em atenção que você vai ter de ajustar isso ao seu clima, à sua situação e certamente se você vive onde as traças da cera nunca morrem de frio o método que eu uso não vai funcionar de forma nenhuma, um método diferente terá de ser usado.

Causas da Infestação de Traças da Cera

Primeiro, vamos falar um pouco sobre as traças. A *Galleria mellonella* (traça da cera maior) e *Achroia grisella* (traça da cera menor). Ambas invadem favos que não estejam bem guardados durante o tempo que estão ativas. Elas preferem favos com pólen e como segunda escolha favos com casulos ou restos de casulos da cria de abelhas mas elas conseguem viver mesmo em cera pura sem mais nada. A maioria dos meus problemas com traça da cera são quando os enxames dos meus desdobramentos "às cegas" falham na criação de nova rainha e o enxame morre, ou um enxame em núcleo de fecundação fica fraco demais para guardar os favos. Eu realmente não tenho outros problemas com traça da cera mas no passado tive quando cometi grandes erros.

Erros Apícolas

Num ano, baseado na partilha de experiência de alguém, eu deixei as caixas molhadas de mel na minha cave. As traças da cera não só destruíram todos os favos como também infestaram a minha casa e nunca mais me livrei delas. Tenho traças da cera a voar pela casa desde essa altura e isso foi em 2001. Nunca coloque alças, especialmente molhados de mel, em locais quentes. Especialmente se você tem a opção de os colocar na rua onde vão congelar e as traças vão morrer. A necessidade de favo de cria para as traças sobreviverem é um mito. Sim, elas preferem favo de cria, mas não é uma exigência.

Controlo da Traça da Cera

O meu método atual é o seguinte. Eu espero até tarde para fazer a cresta. As razões para isto são que eu posso saber bem o que lhes deixar para o inverno, assim não preciso de as alimentar com tanta frequência, eu poupo na cresta e na alimentação, o que resulta em menos trabalho. Eu não tenho de afugentar as abelhas das alças pois eu simplesmente espero por um dia frio quando as abelhas estão juntinhas e retiro as alças todas sem abelhas. Depois da cresta eu posso colocar as alças com quadros molhados de mel nas colmeias e esperar por alguns dias quentes para elas as limparem, depois das abelhas as limparem, tire-as, empilhe-as sem medo das traças da cera pois já está muito frio e não há traças a voar. Se eu quero fazer a cresta cedo, então eu coloco as alças com quadros molhados de mel nas colmeias e deixo-as até passar um dia de geada.

As traças da cera, na minha zona do país, não aparecem até cerca do fim de Julho ou Agosto e eu tento ter todo o favo puxado de volta às colmeias a meio de Junho pelo menos, onde as abelhas os podem guardar. Então, eu não tenho traças nos favos durante a época mais quente do ano, Junho até Setembro, porque os favos estão guardados pelas abelhas. Eu não tenho traças da cera nos favos de Outubro a Maio porque o tempo é muito frio que mata as traças da cera e destrói os seus ovos. Eu não tenho nenhuma de Maio a Junho porque a população de traças da cera ainda não é grande.

Colónia de Abelhas Infestada

O que fazer com uma colónia infestada. A razão pela qual uma colónia fica infestada é porque é fraca. A prevenção não é dar-lhes mais o que guardar, noutras palavras, não deixe muito favo puxado numa colmeia com enxame pequeno e fraco. Logo que esteja infestada, a solução é reduzir o espaço a algo que as abelhas possam cobrir. Remova todo o resto de favo. Se você tem congelador, congele os favos para matar as traças, ou se já estiver muito destruído, deixe as traças acabar de o limpar. Se as deixar trabalhar elas tornam o favo todo em teias que saem facilmente dos quadros. Se tem apenas um túnel ou dois, congele para salvar o resto do favo. Eu usualmente só tenho problemas com colónias que morreram por falta de rainha ou foram roubadas. No meu estilo de gestão das colmeias, eu descobri outra coisa boa nos quadros sem cera estampada, você pode dar um desses quadros a um enxame e será apenas espaço vazio para uma expansão futura, não há muita superfície para guardar das traças da cera como tem quando usa cera estampada. Também é bom nas caixas isco porque as abelhas constroem os seus favos nos quadros sem cera estampada e você não terá traças da cera a destruírem a cera estampada.

Bt também conhecido pelo nome *Bacillus thuringiensis*

Algumas pessoas usam Bt (*Bacillus thuringiensis*) em produtos com os nomes *Certan* e *Xentari* nos favos. Ambos os produtos matam as larvas da traça da cera e não parece ter efeitos nocivos nas abelhas e estudos têm confirmado esse facto. Pode ser pulverizado em favos infestados mesmo com as abelhas neles para acabar com a infestação. Pode ser aplicado na cera estampada antes de ser colocada na colmeia.

Pode ser pulverizado também nos favos já com a cera puxada antes de os guardar. Eu simplesmente não tive tempo para fazer isso nos últimos anos, mas tal como eu digo, a minha forma de trabalhar parece manter a traça controlada exceto com enxames fracos. Mas poderia ajudar esses enxames fracos se eu já tivesse o produto nos favos antecipadamente. O Certan estava aprovado para uso contra as traças da cera nos EUA mas a certificação terminou e não houve dinheiro para a renovar, então já não está disponível nos EUA, mas está disponível para esse uso no Canada e no rótulo diz que é para uso contra a larva da traça (mas não traça da cera propriamente) nos EUA com o nome Xentari.

Controlo da Traça da Cera em zonas Tropicais

O que eu faria se vivesse numa zona mais tropical onde as traças não morrem no inverno: Eu colocaria os favos vazios por cima das colmeias com enxames fortes para que as abelhas possam guardar os favos. Isto não é um bom plano em climas temperados.

O que não fazer às traças da cera

O que eu não faria, e está no topo da minha lista de coisas a não fazer, é usar bolas para traça, particularmente as de Naftalina. Um pouco melhor, e na lista da FDA como aprovado, é o PDB (Para Dichlorobenzene). Ambos os produtos são carcinogénicos e eu não tenho uso para tais coisas na minha alimentação e as minhas colmeias também fazem parte dessa alimentação.

Odiando as Traças da Cera

Eu desisti de odiar as traças da cera, que não é uma coisa fácil de fazer quando se vê elas a destruírem os favos que as abelhas trabalharam a construir. As traças da cera fazem parte do ecossistema da colmeia. Elas fazem o seu trabalho e é provavelmente útil. Elas livram-se de favos velhos que podem conter alguma doença nos casulos. Se você realmente os odeia e quer mantê-los ainda mais sobre controlo, que eu já desisti, pode fazer armadilhas. Basicamente é uma garrafa de dois litros com pequenos buracos nos lados e uma mistura de vinagre, casca de banana e xarope lá dentro parece funcionar bem. Também captura muitas vespas. As traças voam lá para dentro através dos buracos nos lados, bebem e quando voam para cima ficam presas.

Nosema

Causado por um fungo (era classificado como um protozoário) chamado Nosema apis. Nosema está sempre presente e é na verdade uma doença oportunista. A solução química comum (que eu não uso) era Fumidil que foi recentemente renomeado para Fumagilin-B. Na minha opinião a melhor prevenção é ter a certeza que o enxame está saudável, não há um *stress* nas abelhas por algum motivo e estão alimentadas com mel. A pesquisa mostra que alimentar com mel, especialmente mel escuro, como alimento de inverno baixa a incidência do Nosema. Também uma pesquisa feita da Rússia nos anos 70 mostrou que o espaçamento natural (32mm em vez do que se usa atualmente que é 35mm) reduz a incidência de Nosema.

Na minha opinião a humidade na colmeia no inverno, demasiado tempo fechada e qualquer tipo de *stress* e alimentação com xarope de açúcar aumenta a incidência. De qualquer das formas, alimente com xarope de açúcar se você não tem mel se isso ajudar um enxame fraco de pacote, núcleo ou desdobramento. De qualquer das formas, se você não tem mel, alimente com xarope de açúcar no outono em vez de as deixar morrer de fome, mas na minha opinião se você puder deixe-lhes mel como alimento de inverno.

Se você quer uma solução e não quer usar "químicos" mas sim óleos essenciais e similares, timol ou óleo de erva-príncipe em xarope são tratamentos eficazes. Mas tenha em atenção que estes produtos vão matar também muitos micróbios benéficos na colmeia.

Os sintomas são os intestinos das abelhas inchados (se dissecar uma abelha) e disenteria. Não dependa apenas da disenteria. Todas as abelhas fechadas muito tempo ficam com disenteria. Por vezes as abelhas alimentam-se de fruta podre ou outras coisas que lhes causam disenteria mas pode não ser Nosema. O único diagnóstico fiável é encontrar o organismo do Nosema com um microscópio.

Se você quer compreender como é necessário (ou não) dar tratamentos para o Nosema, eu vou dizer algumas coisas que podem ajudar a clarificar isso para si. Primeiro, saiba que muitos apicultores nunca trataram o problema, incluindo eu. Não só há muitos apicultores que não querem colocar antibióticos nas suas colmeias mas de facto muitos apicultores estão proibidos por lei de usar Fumidil. Eu não sou certamente a pessoa que pensa que é má ideia colocar Fumidil na sua colmeia. A União Europeia baniu o seu uso na apicultura. Então nós sabemos que eles não estão a usar o produto de forma legal. As razões deles? É suspeito de causar defeitos em recém-nascidos. A Fumagilin pode bloquear a formação de veias e artérias por se ligar a uma enzima chamada *methionine aminopeptidase*. A disrupção do gene alvo *methionine aminopeptidase* resulta em um defeito de gastrulação embriónica e paragem do crescimento das células do endotélio. O que fazem para tratar na EU? Xarope de timol.

Então porque é que você quer evitar o uso de Fumidil?

Qual o perigo de usar Fumidil dentro da sua colmeia? É difícil dizer exatamente, mas de todos os químicos que as pessoas colocam nas colmeias é provavelmente um dos menos perigosos. Também desaparece rapidamente. Não parece ter muitos aspetos negativos à superfície de qualquer maneira. Mas se a sua filosofia é Biológica ainda deve estar a pensar, porque é que eu quero colocar antibióticos na minha colmeia? Eu certamente não os quero no meu mel e há minha vista; tudo o que entra na colmeia pode ir parar ao mel. As abelhas mudam as coisas de sitio o tempo todo. Todos os livros que vi acerca de mel em favo falam de que as abelhas mudam o mel do ninho para as alças durante um desdobramento para redução do efetivo. Ter uma parte da colmeia como único sítio onde coloca químicos é uma boa ideia, mas é como ter uma zona de uma piscina onde se pode urinar.

Equilíbrio Microbiano

O que é que os antibióticos fazem ao equilíbrio natural do sistema? A experiência com antibióticos diria que eles perturbam a flora natural de qualquer sistema. Eles matam muitas das coisas que talvez devam lá estar e não devem ficar ausentes pois o seu espaço pode ser preenchido por outra coisa qualquer. Os Probióticos apareceram como uma coisa fantástica para as pessoas, cavalos e outros animais, principalmente porque nós usamos antibióticos todos os dias e perturbamos a flora natural do nosso sistema digestivo. Será que existem micro-organismos benéficos a viver nas abelhas e nas colmeias? Será que são afetados pelo Fumidil? Sim, não é científico da minha parte assumir isso sem um estudo que confirme, mas a minha experiência diz que todos os sistemas naturais são muito complexos até ao nível microscópico. Eu não quero correr o risco de perturbar esse equilíbrio.

Por fim há a razão por que foi proibido na maioria dos países, que é por causar defeitos nos recém-nascidos dos mamíferos.

Sustentar abelhas fracas

Sim, aqueles com uma filosofia Cientifica vão achar essa afirmação ofensiva. Mas eu não tenho melhor forma de o dizer. Criar um sistema de criação de abelhas que está dependente de antibióticos e pesticidas; que perpetua abelhas que não conseguem sobrevivem sem intervenção constante; é na minha vista biológica da apicultura, contra produtivo. Nós continuamos apenas a criar abelhas que não conseguem viver sem a nossa ajuda. Talvez algumas pessoas fiquem satisfeitas por as suas abelhas precisarem delas. Eu não sei. Mas eu prefiro ter abelhas que podem tomar conta de si próprias.

Que práticas não orgânicas podem contribuir para o Nosema?

Encorajar o Nosema?

Enquanto o grupo não biológico tende a querer acreditar que alimentar com açúcar em vez de deixar mel para as abelhas previne o Nosema, eu nunca vi evidência disso. O mel pode ter mais sólidos e pode causar mais disenteria, mas enquanto a disenteria é um sintoma de Nosema, não é nem a causa nem a evidência de Nosema. Em outras palavras, apenas porque elas têm disenteria não significa que tenham Nosema.

Muitos dos inimigos das abelhas, tais como o Nosema, ascoferiose, loque europeia e Varroa, tudo vive e se reproduz bem com o pH do xarope de açúcar e não se reproduz bem no pH do mel. Isto, no entanto, parece ser ignorado universalmente no mundo da apicultura. A teoria prevalecente em como o método de pingar com ácido oxálico é que a hemolinfa das abelhas fica demasiado ácida para a Varroa e ela morre, enquanto as abelhas sobrevivem. Então será mesmo bom alimentar as abelhas algo que tem um pH em que a maioria dos inimigos, incluindo Nosema, prosperam, em vez de lhes deixar mel que tem um pH onde a maioria dos seus inimigos falha?

A Conclusão

A conclusão é esta. Você tem de decidir acerca dos riscos. O que você está disposto a colocar dentro das suas colmeias e por consequência no seu mel. Como você quer ter as abelhas. Qual a sua confiança no sistema natural e qual a sua vontade de lutar por "uma vida melhor através da química."

Cria Petrificada

Isto é causado por vários fungos incluindo *Aspergillus fumigatus* e *Aspergillus flavus*. Extratos destes fungos são usados para fazer Fumagilin usado para tratar o Nosema. Larvas e pupas são suscetíveis. Causa mumificação da cria afetada. As múmias ficam rijas e sólidas, não parecem esponjas como com a Cria Giz (ascoferiose). A cria afetada fica coberta com um pó verde que é constituído por esporos fúngicos. A maioria dos esporos encontram-se junto à cabeça da cria afetada. A causa principal é demasiada humidade na colmeia. Aumente a ventilação. Retire a prancheta de agasalho ou tire o estrado sanitário. Tratamento não é recomendado. O problema vai desaparecer sozinho.

Cria Giz (ascoferiose)

Isto é causado por um fungo, *Ascosphaera apis*. Chegou aos EUA em 1968 mais ou menos. A causa principal é demasiada humidade na colmeia, cria arrefecida e genética. Aumente a ventilação (mas não muito). Retire a prancheta de agasalho ou tire o estrado sanitário. Se você tem pequenas bolas brancas na frente da colmeia que parecem pequenos grãos de milho, você provavelmente tem Cria Giz. Colocar a colmeia ao sol e aumentar a ventilação usualmente resolve o problema. Mel em vez de xarope pode contribuir também para

Inimigos das Abelhas

resolver o problema, uma vez que o xarope de açúcar é muito mais alcalino (maior pH) que o mel.

Cria Petrificada

"*Valores baixos de pH (equivalentes aos encontrados no mel, pólen e comida das crias) reduzem drasticamente o aumento e produção das células dos fungos. Ascosphaera apis parece ser um organismo patogénico altamente especializado para a vida nas larvas das abelhas melíferas.*"— *Autor. Dept. Biological Sci., Plymouth Polytechnic, Drake Circus, Plymouth PL4 8AA, Devon, UK. Library code: Bb. Language: En. Apicultural Abstracts from IBRA: 4101024*

Rainhas de genética mais higiénica também contribuem para resolver o problema. Abelhas mais higiénicas vão remover a larva antes que o fungo tenha criado esporos. O lado bom da Cria Giz é que previne a Loque Europeia.

Loque Europeia

Causada por uma bactéria. Era chamada de *Streptococcus pluton* mas agora foi renomeada para *Melissococcus pluton*. A Loque Europeia é uma doença da criação. Uma larva infetada fica castanha e a sua traqueia fica com uma cor castanha ainda mais escura. Não confunda isto com uma larva que é alimentada com mel escuro. Não é só a comida que é castanha. Olhe para a traqueia. Quando piora, a criação vai morrer, pode ficar preta e talvez os opérculos fiquem côncavos. Os opérculos no ninho vão ficar espalhados, sem padrão uniforme, porque as abelhas removem as larvas mortas. Para diferenciar a loque europeia da loque americana use um palito, introduza-o dentro de um alvéolo infetado e puxe-o lentamente. A loque americana faz um "fio" com 5cm a 8cm. Isto é causado por *stress* e remover esse *stress* é a melhor coisa. Você pode também, tal como com qualquer doença de cria, parar o ciclo de criação colocando a rainha numa gaiola ou mesmo removendo-a da colmeia e deixar as abelhas criar uma nova rainha. Quando uma nova rainha emergir, acasalar e iniciar a postura toda a criação anterior já terá emergido ou morrido. Se você quer usar químicos, o tratamento é a Terramicina. A Estreptomicina é ainda mais eficiente mas não está aprovada pela FDA nem pela EPA.

Loque Americana

Causada por uma bactéria que forma esporos. Era chamada de *Bacillus larvae* mas foi renomeada para *Paenibacillus larvae*. Com a Loque Americana a larva usualmente morre após ser operculada, mas antes disso aparenta estar doente. O padrão da criação vai estar irregular. Os opérculos vão estar côncavos e por vezes furados. As larvas mortas formam um fio de muco quando remexidas e puxadas com um pau de fósforo. O cheiro é a podre e muito distinto. As larvas mortas há mais tempo formam umas escamas que as abelhas não conseguem remover.

Teste de Holst usando leite:

No livro de Dadant chamado *The Hive and The Honey Bee*. Edição "Extensamente corrigida em 1975". Pagina 623.

"O teste de Holst usando leite foi criado para identificar as enzimas produzidas pela B. larvae quando se suspeita da doença (Holst 1946). Uma escama ou palito com o muco de larva morta é colocado num tubo que contem 3 a 4 milímetros de 1 por cento de leite desnatado e incubado à temperatura corporal. Se os esporos de B. larvae estão presentes, a suspensão turva vai desaparecer em 10 a 20 minutos. As escamas da Loque Europeia ou Cria Ensacada dão negativo neste teste."

Estão disponíveis *kits* de várias empresas. Testes a custo zero estão disponíveis através do laboratório Beltsville (www.ars.usda.gov/Services/docs.htm?docid=7473).

A Loque Americana é também uma doença causada pelo stress. Em alguns estados dos EUA você é obrigado a queimar a colmeia infetada, abelhas e tudo o que estiver dentro dela. Em alguns estados dos EUA você é obrigado a sacudir as abelhas para equipamento novo e queimar todo o equipamento velho. Em alguns estados dos EUA é obrigado a remover os favos e abelhas e depois eles fumigam todo o equipamento num tanque grande. Alguns estados dos EUA apenas requerem que você use Terramicina para tratar as abelhas. Alguns estados dos EUA se você está a tratar permitem que continue mas se o inspetor apícola descobre é obrigado a destruir as colmeias. Muitos apicultores tratam com a Terramicina (por vezes abreviada para TM) de forma preventiva. O problema é que isto pode mascarar a presença da Loque Americana. Os esporos da Loque Americana vão, de todas as formas práticas, viver para sempre, então qualquer equipamento contaminado vai continuar assim a menos que seja fumigado ou queimado. Água a ferver não os destrói. Nem a TM nem a Tilosina destroem os esporos, apenas matam as bactérias vivas. Os esporos de Lorque Americana estão presentes em *todas* as colmeias. Quando um enxame está em *stress* é muito provável que surja nessa colmeia um surto. A prevenção é o melhor. Tente não deixar as colmeias serem pilhadas ou ficarem sem reservas. Roube reservas e abelhas a outras colmeias para fortalecer enxames fracos para que não fiquem *stressados*. O que você pode fazer se tiver Loque Americana varia em cada estado dos EUA, certifique-se que obedece às leis do seu estado. Pessoalmente, eu nunca tive Loque Americana. Eu não tenho tratado com TM desde 1976. Se eu tivesse um surto eu teria de decidir o que fazer. Poderia depender da quantidade de colmeias afetadas, mas se eu tivesse mesmo o surto eu provavelmente sacudiria as abelhas para dentro de equipamento novo e queimaria o equipamento velho. Se eu tivesse um grande surto, eu tentaria parar o ciclo de criação e trocaria os favos infetados. Se nós apicultores matamos todas as abelhas com Loque Americana não criamos abelhas resistentes à doença. Se nós apicultores continuarmos a usar Terramicina como preventivo, vamos espalhar Loque Americana resistente à Terramicina.

A pesquisa mais recente sobre o assunto que eu já vi mostrava que usar Terramicina contribui para a suscetibilidade das abelhas à Loque Americana. A razão é que as bactérias benéficas no intestino das abelhas amas estimula o sistema imunitário das larvas dando-lhes proteção. A falta dessas bactérias deixa as larvas suscetíveis à doença. O facto que uma falta de bactérias benéficas nos intestinos contribui para a propagação da Loque Americana foi descoberto por Martha Gilliam e estudos mais recentes encontraram que essas bactérias formam um biofilme que protege as abelhas do Nosema e notaram que também protege a colónia da Loque Americana e Loque Europeia. Finalmente um estudo ainda mais recente encontrou os mecanismos de proteção contra a Loque Americana e Loque Europeia que são baseados na estimulação do sistema imunitário das larvas de abelha.

ParaLoque

Esta doença é causada pelo *Bacillus para-alvei* e possivelmente por combinações de outros micro-organismos e tem sintomas similares à Loque Europeia. A solução mais fácil é parar o ciclo de criação. Coloque a rainha em gaiola e espere que as abelhas criem uma rainha nova. Se você colocar a rainha velha num núcleo ou num banco de rainhas, você pode devolver a rainha mais tarde se as abelhas não conseguirem criar uma rainha nova.

Cria Ensacada

Causada por um vírus usualmente chamado de VCE (Vírus da cria ensacada). Os sintomas são padrões de cria irregulares e outras doenças de criação mas as larvas ficam num saco com as cabeças levantadas. Como em qualquer doença de criação, parar o ciclo da criação pode ajudar. Usualmente o problema desaparece no fim da primavera. Trocar a rainha por vezes também ajuda.

Parar o ciclo de criação para ajudar a combater doenças de criação

Para todas as doenças de criação isto ajuda. Até para o problema da Varroa pois sem cria de abelha a varroa não se consegue reproduzir. Para fazer isso apenas precisa ter um enxame sem criação. Especialmente sem criação aberta. Se você está a planear trocar a rainha de qualquer forma, apenas mate a rainha velha, espere uma semana e depois destrua todos os alvéolos reais. Não espere três semanas porque nessa altura já é tarde demais. Espere mais duas semanas e introduza a rainha nova (encomende a quantidade de rainhas que vai precisar antecipadamente). Se você quer criar as suas próprias rainhas, remova apenas a rainha velha (coloque-a numa gaiola ou coloque-a num núcleo algures para o caso de elas terem falhado a criação de nova rainha) e deixe-as criar a nova rainha. Quando a nova rainha iniciar a postura já não haverá criação. Uma gaiola de rainha com o formato de mola de cabelo funciona bem. As abelhas que cuidam da rainha entram e saem mas a rainha não consegue sair.

Alvéolos Pequenos e Doenças de Criação

Os apicultores que usam alvéolos pequenos dizem que ajuda com as doenças de criação. Especialmente quando o tamanho está perto dos 4.9mm. Nós sabemos que quando os alvéolos ficam pequenos demais as abelhas mastigam-nos e deitam fora e obviamente haverá muito mais casulos em alvéolos grandes que nos alvéolos pequenos. (Veja a pesquisa de DeGrout sobre o assunto). Eu não sei se ajuda com as doenças de criação ou não, mas a minha especulação (e é meramente especulação) sobre isto é que o alvéolo pequeno é mastigado pelas abelhas antes que tenha muitos casulos acumulados enquanto os alvéolos de 5.4mm ficam cheios de casulos de várias gerações de abelhas até ficarem apenas com o tamanho de 4.8mm ou menos antes de serem mastigados e deitados fora. Isto deixa muitos mais lugares para os organismos patogénicos que afetam a criação se acumularem.

Vizinhos

Já aconteceu que vizinhos assustados pulverizaram as nossas colmeias com *Raid*, mas usualmente eles têm demasiado medo de o fazer e usam apenas pesticidas nas suas flores para se livrarem das abelhas. Se eles usarem o produto *Sevin* muitas das nossas abelhas podem morrer. Crianças "Corajosas" da vizinhança por vezes derrubam as nossas colmeias numa demonstração de bravura. Oferecer frascos de mel aos vizinhos e talvez ter boas relações públicas é uma estratégia que ajuda. Se alguém vê você a abrir uma colmeia sem proteção na cabeça isso muitas vezes faz com que a pessoa perca o medo. Mas você pode ter o azar de abrir a colmeia num dia em que as abelhas estejam zangadas e ser ferrado o que vai apenas reforçar o medo das pessoas. Eu usaria máscara mas não as luvas e tentaria não reagir caso fosse ferrado. Dessa forma eles observam que não é difícil e as abelhas não estão sequer com vontade de o matar.

Inimigos recentes

Recentemente novos inimigos chegaram.

Ácaros Varroa

A *Varroa destrutor* (previamente chamada de *Varroa jacobsoni*, que é uma variedade diferente de ácaro da Malaysia e Indonesia) é uma invasora recente das colmeias na América do Norte. Ácaros Varroa chegaram aos EUA em 1987. Elas são como carraças. Elas prendem-se às abelhas e sugam a hemolinfa das abelhas adultas e depois entram nos alvéolos antes de serem selados e reproduzem-se durante a fase em que a criação está selada. A fêmea adulta entra no alvéolo 1 a 2 dias antes de ser selado, sendo atraída pelas feromonas produzidas pelas larvas antes de serem seladas. A fêmea alimenta-se da hemolinfa da larva durante algum tempo e depois começa a pôr ovos durante 30 horas. A primeira Varroa a nascer é um macho (haploide) e o resto são fêmeas (diploide).

Varroa

Num alvéolo grande (veja o Capítulo *Tamanho de Alvéolo Natural* no Volume II) a fêmea pode pôr até 7 ovos e visto que as varroas imaturas não sobrevivem logo que a abelha emerge, um ou dois ácaros fêmea vão provavelmente sobreviver. Estas acasalaram, antes de a abelha emergir e emergem também com a própria abelha.

Os ácaros Varroa são suficientemente grandes que você os consegue ver. São como uma sarda numa abelha. Elas são de cor castanha e de forma oval. Se você olhar para uma de perto com uma lupa você pode ver usualmente a pernas curtas delas. Para monitorizar a infestação de Varroa precisa de uma colmeia com estrado sanitário e um pedaço de cartão branco. Se você não tem estrado sanitário então precisa de um cartão pegajoso. Você pode comprar um pedaço de rede metálica com buracos de 3.2mm com um pedaço de papel pegajoso por baixo. O papel que usa para forrar gavetas serve. Coloque o cartão ou papel por baixo, espere 24 horas e conte os ácaros. É melhor fazer isso durante vários dias e depois fazer uma média, mas se você tem poucas varroas (0 a 20) você não está com problemas mas se você tem (50 ou mais) em 24 horas você precisa de fazer algo ou aceitar as perdas.

Vários métodos químicos estão disponíveis.

Eu penso que o objetivo deve ser o de não usar tratamentos. Mas estes são os tratamentos mais comuns.

Apistan (fluvalinato) e CheckMite (coumaphos) são os acaricidas mais usados para matar os ácaros. Ambos se acumulam nas ceras e ambos causam problemas para as abelhas e contaminam a colmeia. Eu não os uso.

Produtos mais fracos para controlo dos ácaros são Timol, ácido oxálico, ácido fórmico e ácido acético. Os ácidos orgânicos já existem naturalmente no mel e assim não são considerados contaminantes para algumas pessoas. O Timol é aquele cheiro a Listerina (um antisséptico bucal) e apesar de existir no mel de Tomilho, não está presente noutros méis. Eu já usei ácido oxálico e gostei, foi no controlo da varroa enquanto fazia a regressão pra alvéolos pequenos. Eu usei um simples vaporizador feito de tubo de bronze. As minhas preocupações sobre todos estes produtos são os seus impactos nos micróbios benéficos na colmeia.

Químicos inertes para o controlo do ácaro varroa
Óleo Mineral Alimentar é uma das escolhas mais populares. O Dr. Pedro Rodriguez, DVM, tem sido um

proponente e pesquisador neste assunto. O seu sistema original era o uso de fios de algodão embebidos em óleo mineral alimentar, cera de abelhas e mel numa emulsão. O objetivo era manter o óleo mineral alimentar nas abelhas por um longo período para que as abelhas se limpassem ou as varroas sufocassem no óleo. Mais tarde um nebulizador para controlo de insetos a gás propano foi usado como suplemento aos fios de algodão. Outra vantagem de usar a nebulização com óleo mineral alimentar é que aparentemente mata também os ácaros da traqueia. Mas isto pode também ser interpretado como mau pois você pode estar a perpetuar genética nas suas abelhas que não conseguem lidar com os ácaros da traqueia.

Pó Inerte. O pó inerte mais comum é o açúcar em pó. O tipo que você compra nas mercearias. O pó é aplicado sobre as abelhas para desalojar os ácaros. De acordo com uma pesquisa de Nick Aliano, na Universidade do Nebrasca, este método é mais eficiente se você remover as abelhas da colmeia, aplicar-lhes o pó em cima e depois as colocar de novo na colmeia. Também é sensível à temperatura. Demasiado frio e os ácaros não caem. Demasiado quente e as abelhas morrem.

Métodos físicos

Alguns métodos são apenas o uso de acessórios das colmeias e outras coisas. Alguém observou que havia menos varroas nas colmeias com capta-pólen e pensou que talvez as varroas caiam para dentro do capta-pólen. O resultado foi a criação dos estrados sanitários (em inglês usualmente abrevia-se para SBB). Isto é um fundo na colmeia com rede metálica de buracos com cerca de 3mm. Isto permite que os ácaros que caiam das abelhas acidentalmente ou porque as abelhas se estavam a limpar e onde eles não conseguem voltar para as abelhas. A pesquisa mostra que isto elimina 30% dos ácaros. Eu duvido seriamente desse valor mas eu gosto dos estrados sanitários para monitorizar a infestação de ácaros, para controlar a ventilação e ajudar em qualquer controlo que você possa fazer.

O que eu faço. Eu uso alvéolos pequenos/naturais, algumas colmeias com estrados sanitários e monitorizo os ácaros com uma tábua por baixo do estrado sanitário. O meu plano é enquanto os ácaros estiverem controlados, e até agora, desde 2002 estão controlados, é tudo o que eu faço. Eu nunca precisei de fazer nada mais e a infestação de varroa baixou ao ponto de serem difíceis de detetar. Se o número de ácaros aumenta enquanto as colmeias têm alças em cima eu removo a cria de zangão e talvez nebulize com óleo mineral alimentar ou aplique açúcar em pó. Se ainda estiverem com muita varroa após a cresta de outono, eu talvez use ácido oxálico vaporizado mas também planeio trocar de rainha. Até agora eu não precisei de tratar desde que as abelhas terminaram a regressão. Apenas o uso de alvéolos pequenos tem sido eficiente para mim, para ambos os tipos de ácaros e adequado em condições normais.

Mais acerca da Varroa

Sem entrar no assunto sobre quais os melhores métodos, eu penso que é significante para o sucesso e por vezes a subsequente falha de muitos dos métodos que nós como apicultores tentamos usar. Eu usei nebulização de óleo mineral alimentar apenas durante dois anos e depois matei os ácaros todos com ácido oxálico, no fim desses dois anos havia uma média de 200 ácaros por colmeia. Isto é uma contagem muito baixa de ácaros. Mas algumas pessoas observaram um aumento súbito de ácaros num curto espaço de tempo. Parte disso é, claro, devido a toda a cria que emerge com mais ácaros. Mas eu acredito que o problema é também devido ao óleo mineral alimentar (e outros sistemas também) conseguir criar uma população estável de ácaros dentro da colmeia. Em outras palavras, os ácaros que emergem estão a substituir os ácaros que morreram. Este é o objetivo de muitos dos métodos. Há rainhas cuja genética providencia características muito higiénicas às obreiras, por outras palavras, as obreiras removem cria com varroa e assim reduzem a capacidade da varroa se reproduzir (em inglês usam-se as siglas VSH e SMR para designar essas rainhas e abelhas). Mas mesmo se você conseguir uma reprodução estável dos ácaros, isso não evita que centenas de ácaros entrem na colmeia à boleia das abelhas. Usando açúcar em pó, alvéolos pequenos, óleo mineral alimentar ou outra coisa que ajude as abelhas retirando uma quantidade de ácaros, ou prevenindo a reprodução dos ácaros parece funcionar em algumas condições. Eu acredito que essas condições são em circunstâncias onde não há um número significante de ácaros a entrar na colmeia vindos de outras colmeias.

Todos estes métodos parecem falhar quando por vezes há um aumento súbito de ácaros no outono.

Depois há outros métodos usando "força bruta". Em outras palavras, eles matam virtualmente todos os ácaros. Até mesmo estes parecem falhar por vezes. Nós temos assumido que é por causa da resistência e talvez isto seja um fator que contribui. Mas será que por vezes não é mesmo o entrar de ácaros vindos de fora da colmeia? Admito que ter o veneno na colmeia durante um período de tempo em que o aumento significativo de população ocorre parece ajudar mas por vezes também falha.

Uma explicação para isto pode ser que as abelhas que estão a pilhar ou se enganam na colmeia estão a causar o problema.

"A percentagem de abelhas campeiras originárias em colónias diferentes no apiário vão desde 32 a 63 por cento"— Boylan-Pett & Hoopingarner, Acta Horticulturae 288, 6th Pollination Symposium, 1991 (veja na revista Bee Culture, 36, Jan 2010)

Eu ainda não vi isso acontecer em alvéolos pequenos...até agora. Nem vi isso acontecer com tratamento de óleo mineral alimentar. Eu vi isso acontecer quando usava alvéolos grandes. Mas outros já observaram isso acontecer com o óleo mineral alimentar e eu interrogo-me quanto é que isso afeta o sucesso de muitos métodos desde *Sucracide* até às rainhas com genética para comportamento higiénico, desde o Óleo Mineral Alimentar até ao Alvéolo Pequeno. Parece que existem pelo menos dois componentes para o sucesso. O primeiro é criar um sistema estável para que a população de ácaros não aumente dentro da colmeia. O segundo é descobrir uma forma de monitorizar e recuperar os enxames de aumentos ocasionais de ácaros vindos do exterior. As condições que causam aumentos grandes de ácaros parecem acontecer no outono quando os enxames roubam outros enxames cheios de ácaros e trazem para casa muitos ácaros à boleia enquanto ao mesmo tempo todos os ácaros que têm estado nos alvéolos selados estão a emergir junto com novas abelhas e não há mais criação onde os ácaros se possam reproduzir.

Ácaros da Traqueia

Os ácaros da traqueia (*Acarapis woodi*) são pequenos demais para serem vistos a olho nu. Isto foi chamado primeiro de "doença da ilha de Wight" pois foi lá que foi primeiro observada e a causa naquela altura não era conhecida. Mais tarde descobriram que era causada por um ácaro, foi chamado então de "Doença Acarina" pois na altura era o único ácaro conhecido que era mau para as abelhas melíferas. Os sintomas são abelhas a rastejar, abelhas que não formam cacho no inverno e abelhas com as asas de cada lado separadas em forma de um "K". Os ácaros da traqueia estão nos EUA que nos saibamos desde 1984. Se você quer descobrir se as suas abelhas têm esses ácaros terá de usar um microscópio. Não é preciso ser um muito potente, mas mesmo assim precisa de um pois elas são pequenas demais para ver a olho nu. Você não precisa de ver detalhes de uma célula, apenas uma criatura que é bastante pequena.

Os ácaros da traqueia precisam de entrar na traqueia para se alimentar e reproduzir. A abertura para a traqueia de um inseto é chamada de espiráculo. As abelhas possuem vários espiráculos e possuem também um sistema muscular com o qual podem fechar os espiráculos se quiserem. Uma vez que os ácaros são maiores que o espiráculo de maior dimensão (o primeiro espiráculo torácico) elas têm de encontrar abelhas jovens, as quais ainda têm a quitina macia e assim podem mastigar o primeiro espiráculo torácico o suficiente para entrarem. Uma vez lá dentro, a traqueia é muito mais espaçosa e providencia-lhes espaço para viver e se reproduzirem. Os ácaros da traqueia têm de fazer isso enquanto as abelhas têm 1 a 2 dias de vida antes que a sua quitina endureça. Um método de controlo para esses ácaros é um doce com óleo de cozinhar (feito com açúcar e óleo de cozinhar), porque isso esconde o cheiro que os ácaros da traqueia procuram de forma a encontrar abelhas jovens. Se eles não conseguem encontrar abelhas jovens, não conseguem mastigar o espiráculo das abelhas velhas para entrar e então não se conseguem reproduzir. Mentol é usado bastante para matar os ácaros da traqueia. Óleo mineral alimentar e há alguns relatos que indicam que ácido oxálico também as mata. Criar abelhas resistentes e alvéolos pequenos também é útil. A teoria em que o alvéolo pequeno ajuda é baseada nos espiráculos (as entradas na traqueia) com os quais as abelhas respiram são mais pequenos e os ácaros não conseguem entrar. Mas já que elas são demasiado pequenos é mais certo que entradas pequenas sejam menos atrativas para os ácaros que procuram entradas que possam alargar para entrar, ou a quitina fica mais grossa quanto mais longe da ponta e elas não conseguem mastigar a entrada o suficiente para entrar. É necessária mais pesquisa sobre este assunto. Mas basicamente, eu estou apenas a usar alvéolos pequenos e os ácaros da traqueia não têm sido um problema.

A resistência aos ácaros da traqueia não é algo difícil de selecionar e pode explicar o porquê dos apicultores que usam alvéolos pequenos não terem esse problema. Se você nunca trata e cria as suas próprias rainhas você vai acabar por ter abelhas resistentes. O mecanismo da resistência aos ácaros da traqueia não é conhecido. Uma teoria é que são abelhas mais higiénicas que limpam os ácaros da traqueia antes deles puderem entrar. Outra é que as abelhas têm espiráculos menores ou mais rijos e os ácaros não conseguem entrar. Outra é similar ao tratamento do doce com óleo, é que as abelhas mais jovens podem não produzir o odor que faz com que os ácaros da traqueia as procurem.

Acarapis dorsalis e *A. externus* são ácaros que vivem nas abelhas e que não se conseguem distinguir dos ácaros da traqueia (*A. woodi*). Eles são classificados de forma diferente simplesmente baseado no local onde são encontrados. O que leva à questão óbvia, será que são os mesmos mas não conseguem entrar nas traqueias?

O Pequeno Escaravelho da Colmeia

Outra praga recente que não é até agora um problema onde estou é o pequeno escaravelho (*Aethina tumida Murray*), ou SHB (termo usado em inglês). A larva come favo e mel, parecida com a da traça da cera, mas são mais móveis, mais em grupos e rastejam para fora da colmeia e para o chão onde entram no estado de pupa. Os escaravelhos adultos enganam as abelhas a fim de os alimentarem mas as abelhas também gostam de os encurralar em cantos apertados. Há alguma controvérsia acerca desses cantos, se são maus pois dão aos escaravelhos um lugar para se esconderem, ou são bons pois são locais onde as abelhas os podem encurralar.

Os danos que eles fazem são similares aos da traça da cera mas mais extensivos e eles são mais difíceis de controlar. Se você cheira uma fermentação e encontra muitas larvas a rastejar nos favos você pode ter escaravelhos na colmeia. Os únicos controlos químicos aprovados para uso em armadilhas feitas com *CheckMite* e desparasitação do solo para matar as pupas, que necessitam de completar a sua metamorfose fora da colmeia no solo.

Eles já foram identificados no Nebrasca mas eu ainda não tive de lidar com eles, mas eu provavelmente irei usar mais PermaComb no ninho se eles se tornarem num problema. Enxames fortes parecem ser a melhor proteção.

Algumas pessoas usam armadilhas diversas (algumas feitas em casa e outras compradas em lojas) e algumas pessoas simplesmente ignoram-os. Eles parecem prosperarem solos arenosos e tempo quente mas podem sobreviver mesmo em solos argilosos e a invernos muito frios. Em que medida são um problema e quanto esforço é preciso para os controlar parece estar ligado a essas duas coisas principais: solo argiloso e inverno frio.

Será necessário tratar?

Os livros mais comuns sobre apicultura indicam que tratar é algo absolutamente necessário e que as abelhas acabam por ficar extintas sem a intervenção humana. Apenas para dar uma ideia, aqui fica a minha história completa sobre os tratamentos que fiz:

1974 usei Terramicina porque os livros me assustaram e me levaram a pensar que elas morriam sem o tratamento.

1975-1999 nada de tratamentos mas perdi as abelhas todas em 1998 e 1999 por causa da Varroa.

2000-2001 usei Apistan para a Varroa. Em 2001 as abelhas morreram todas por causa da varroa de qualquer forma.

2002-2003 usei ácido oxálico em algumas das colmeias, óleo mineral alimentar noutras, óleo de gualtéria (em inglês denominado por "wintergreen oil") em algumas e nada no resto que estavam em regressão para alvéolo pequeno.

2004 até hoje deixei de fazer tratamentos.

Então os únicos 3 anos em que todas as minhas colmeias foram *todas* tratadas para alguma coisa foi em 1974, 2000, 2001.

Os únicos 5 anos em que *algumas* das minhas abelhas foram tratadas para *alguma coisa* foram 2002, 2003.

Os 40 anos (até à impressão deste livro) que *nenhuma* das minhas abelhas foi tratada para *alguma coisa* foram: 1975,1976, 1977, 1978, 1979, 1980, 1981, 1982, 1983, 1984, 1985, 1986, 1987, 1988, 1989, 1990, 1991, 1992, 1993, 1994, 1995, 1996, 1997, 1998, 1999, 2004, 2005, 2006, 2007, 2008, 2009, 2010, 2011, 2012, 2013, 2014, 2016, 2017, 2018.

Eu procuro ácaros (tal como o inspetor faz todos os anos) e eu olho bem para enxames que morreram para ver se eles morreram devido à Varroa. Eu já não encontro problemas com a Varroa. Eu ocasionalmente encontro uma Varroa.

Eu nunca tratei o Nosema ou fiz tratamento propositado contra ácaros da traqueia (apesar do óleo de gualtéria, o óleo mineral alimentar e o ácido oxálico as podem ter afetado).

Eu comprei alguns pacotes algumas vezes, mas eu estava também a expandir de cerca de quatro colmeias para 200, eu estava a vender alguns núcleos de alvéolos pequenos e ao mesmo tempo a criar rainhas.

Encontrar a Rainha

Você Precisa Mesmo de Encontrar a Rainha?

Eu vou dizer que você não tem de encontrar a rainha sempre que abre a colmeia e olha lá para dentro. De facto eu mudei os métodos para eliminar a necessidade de encontrar a rainha o quanto possível por demorar muito tempo. Se há cria aberta havia rainha pelo menos alguns dias atrás. Mas há situações onde precisa mesmo de encontrar a rainha. Troca de rainha sendo a mais provável. Então aqui ficam algumas dicas.

Use o Mínimo de Fumo

Primeiro, não as fumigue muito, se é que fumiga, ou a rainha vai correr e não terá forma de saber onde ela andará.

Olhe para Zonas com Muitas Abelhas

A rainha está usualmente num quadro do ninho que tem a maior quantidade de abelhas. Isto nem sempre é verdade mas se você começa nesse quadro e a partir dele vai procurando nos outros você vai encontra-la nesse quadro ou no seguinte 90% do tempo.

Abelhas Calmas

As abelhas estão mais calmas junto à rainha.

Maior e mais Longa

É claro que a rainha é obviamente mais longa e especialmente o seu abdómen é mais longo mas isso nem sempre é fácil de ver quando há abelhas a subir para cima dela. Olhe para os "ombros" mais largos. A largura das suas costas, aquele pedaço de tórax sem pelos. Estes são todos maiores e muitas vezes você consegue ver num instante a rainha debaixo das abelhas. Por vezes também o abdómen a sobressair quando não consegue ver o resto dela.

Não conte com ela estar marcada

Não conte com a presença da sua rainha marcada. Lembre-se que elas pode ter enxameado e você não apanhou o enxame ou elas podem ter trocado a rainha e assim a sua rainha marcada já lá não está.

As abelhas em volta da rainha agem de forma diferente

Olhe como as abelhas agem de forma diferente em volta da rainha. Muitas vezes há várias, nem todas, mas várias viradas para a rainha. As abelhas em volta da rainha agem de forma diferente. Se você olhar para as abelhas sempre que vir uma rainha vai começar a notar como elas agem e como se movem de forma diferente em volta dela.

A Rainha Anda de Forma Diferente

As outras abelhas ou estão a andar depressa ou apenas paradas. As abelhas movem-se como se estivessem a ouvir a banda Aerosmith. A rainha move-se como se estivesse a ouvir os trabalhos dos compositores Schubert ou Brahms. Ela move-se de forma lenta e graciosa. É como se ela estivesse a dançar uma valsa enquanto as obreiras dançam ao estilo bossanova. Da próxima vez que você encontrar uma rainha note como as abelhas no geral se movem, como as abelhas em volta dela se movem e como ela se move.

Coloração Diferente

Usualmente a rainha é ligeiramente diferente na cor. Eu não acho que isso ajude porque a rainha usualmente tem cor muito parecida o que a faz na mesma difícil de encontrar através da cor.

Acredite que há uma Rainha

Também a atitude mental faz a diferença quando se tenta encontrar algo, desde as chaves do carro, caçar veados ou encontrar uma rainha. Enquanto você vai olhando aqui e ali pensando que ela não está lá você não a vai encontrar. Você tem de acreditar que as chaves ou o veado ou a rainha *está* lá. Que você está a olhar para ela e você apenas tem de a ver. E subitamente você vê a rainha. Você tem de se convencer que ela está lá e também de se convencer que a vai encontrar. Eu não sei como explicar suficientemente bem mas você precisa de aprender a pensar dessa maneira.

Você consegue encontrar a rainha?

Aqui está ela.

Onde estará a rainha?

Será que isto ajuda?

Prática

É claro que a melhor solução para aprender a encontrar a rainha é uma colmeia de observação. Você pode encontrar uma rainha cada manhã quando se levanta, toda a noite quando chega a casa, toda a noite antes de se ir deitar e não perturba em nada as abelhas. Mesmo assim não lhe dá a prática de achar o favo certo na primeira ou segunda tentativa mas ajuda você a encontrar a rainha. Ter a rainha marcada na colmeia de observação é bom para mostrar a rainha a visitas mas *não* a ter marcada funciona melhor para praticar a encontra-la. Mesmo se você comprar todas as suas rainhas marcadas você muitas vezes acaba por encontrar uma rainha não marcada que resultou de uma troca natural de rainha.

Falácias

Eu tenho a certeza que algumas pessoas acreditam em falácias e não vão concordar comigo mas aqui ficam algumas ideias que eu considero mitos da apicultura:

Mito: Os Zangões são maus.

Zangões, claramente são algo normal. Um enxame normal e saudável vai ter uma população na primavera com cerca de 10% a 20% de zangões. O argumento de há um século para cá ou até mais cedo que isso (realmente apenas uma coisa supostamente boa para venderem mais cera estampada) foi que os zangões comem mel, usam energia e não fazem nada pelo enxame, então o controlo do favo de zangão e assim o número de zangões torna um enxame mais produtivo. Toda a pesquisa que eu conheço diz que o contrário é verdadeiro. Se você tenta limitar o número de zangões a sua produção vai diminuir. As abelhas por instinto tentam fazer um certo número de zangões e lutar contra isso é um desperdício de esforço. Outra pesquisa que eu vi diz que você vai acabar por ter o mesmo número de zangões não importa o que faça.

Mito: O favo de Zangão é mau.

É claro que isto, tal como dito anteriormente é um mito. A forma como o apicultor tenta controlar os zangões é ter menos favo de zangão. Mas o controlo do favo de zangão é exatamente a razão pela qual você acaba por ter favo de zangão nas alças e depois acaba por necessitar de colocar um excluídor de rainha. As abelhas querem um ninho bem consolidado, mas a falta de zangão é mais preocupante para elas, então se não as deixa fazer isso no ninho, elas vão fazê-lo em zonas onde conseguirem puxar alvéolos de zangão. Se você quer que as abelhas parem de fazer alvéolos de zangão então pare de lhes retirar esses alvéolos. Se você quer que a rainha pare de tentar depositar ovos nas alças, deixe as abelhas terem zangões suficientes no ninho.

Mito: Os Alvéolos Reais são maus

...e os apicultores deve destruí-los se os encontrarem.

Parece que a maioria dos livros que já li convencem os novos apicultores que os alvéolos reais devem ser sempre destruídos. As abelhas ou vão enxamear, e você não quer que isso aconteça, ou elas vão tentar trocar essa preciosa rainha que comprou por uma rainha de linhagem desconhecida que vai acasalar com os terríveis zangões selvagens. Na maioria das vezes quando você destrói alvéolos reais as abelhas enxameiam de qualquer forma, ou elas já enxamearam antes de você destruir os alvéolos reais, e assim não só enxameiam como também ficaram sem rainha. Eu vejo os alvéolos reais como rainhas grátis e da maior qualidade. Eu coloco cada quadro que tem alvéolos reais no seu próprio núcleo. Usualmente eu tenho de deixar um na colmeia e a rainha velha em um núcleo. Dessa forma eu faço bastantes desdobramentos pequenos e o enxame original "pensa" que houve enxameação. Os alvéolos de troca de rainha, eu deixo porque as abelhas aparentemente precisam mesmo de trocar a rainha e eu confio nas abelhas. Destruir um alvéolo de troca de rainha também vai provavelmente deixar as abelhas sem rainha. A rainha está provavelmente prestes a falhar, ou ela já falhou ou morreu e você removeu a única esperança do enxame conseguir uma nova rainha.

Mito: As rainhas feitas em casa são más

...e os apicultores devem comprar rainhas porque o acasalamento com zangões locais é mau.

É claro que este mito segue as razões dadas pelas quais a troca natural de rainha é algo mau. Eu penso que o acasalamento com as abelhas locais é o melhor método. Você fica apenas com abelhas que conseguem sobreviver na sua zona. Eu conheço bastantes pessoas que compram rainhas muito frequentemente por causa desta falácia. A frequência de troca natural de rainhas aumentou ao longo dos anos ao ponto que uma rainha recentemente introduzida é quase imediatamente trocada. Se isso é verdade (e alguns peritos dizem-me que é mesmo verdade) então você já terá de qualquer forma uma rainha caseira, então para quê gastar o seu dinheiro? Há muita pesquisa sobre quanto é que uma rainha é melhor se você a deixar continuar a pôr ovos desde que iniciou a postura em vez de a colocar em gaiola num banco de rainhas mal iniciou a postura. Quando compra uma rainha numa loja você recebe uma que esteve num banco de rainhas logo após iniciar a postura. Eu tenho sérias dúvidas que você poderá comprar uma rainha melhor do que uma que você criou, especialmente se você tem cera limpa. E mais especialmente se você tem apanhado enxames de abelhas que vivem no seu clima.

Mito: Abelhas selvagens são más

...pouco produtivas, enxameiam muito e são agressivas.

Eu já ouvi repetirem muitas vezes isto— isto ou outras coisas vergonhosas. As abelhas selvagens provavelmente foram assim por um tempo mas recentemente não têm sido, crie abelhas pela sua disposição. Eu tenho removido e apanhado muitos enxames. Alguns são agressivos. Alguns são bastante calmos. Alguns são nervosos mas não agressivos. Alguns são calmos. Estes traços eu sei que são fáceis de encontrar em abelhas selvagens e fáceis de selecionar. Apenas fique com os bons e troque as rainhas dos maus. Da minha experiência elas são muitas vezes mais produtivas porque estão mais acostumadas ao clima local e o número de abelhas aumenta na altura apropriada para fazerem uma boa colheita. Em relação a "enxamearem muito" eu penso que todas as abelhas são assim. É a forma de se reproduzirem. Eu ainda não tive nenhum problema a controlar a enxameação de qualquer tipo de abelha.

Mito: As abelhas selvagens estão cheias de doenças

...e devem ser deixadas, mortas ou tratadas imediatamente para todas as doenças conhecidas pelo Homem.

Eu não entendo o conceito. Um enxame saudável e produtivo produz enxames. Então a conclusão lógica seria que esses enxames selvagens são saudáveis e produtivos.

Mito: A alimentação artificial não pode causar problemas nenhuns

Eu oiço este muitas vezes. Mas eu penso que alimentar *pode* causar muitos problemas. A alimentação artificial é uma das causas de muitos problemas. Atrai pragas como as formigas, desencadeia pilhagens, muitas vezes afoga um grande número de abelhas, e pior, muitas vezes resulta num ninho bloqueado com néctar e enxameação. Se a colmeia está leve no outono o apicultor deve alimentar. Se as abelhas estão a passar fome, alimente-as. Se você está a instalar um novo pacote de abelhas ou enxame, alimente até elas terem algumas reservas operculadas. Mas mal elas tenham um pouco guardado e começa um fluxo de néctar, deixe as abelhas fazerem o seu trabalho— recolher néctar. Uma regra de ouro é que as abelhas devem ter pelo menos algum favo selado e um fluxo de néctar antes que você para de as alimentar.

Mito: Colocar alças previne a enxameação.

Este é o mito mais comum da apicultura. Funciona depois da época de enxameação de reprodução ter terminado, mas na época de enxames primários tem pouco a ver com as alças. Tem tudo a ver com o plano de reprodução das abelhas. Se você quer evitar uma enxameação a solução do problema é você manter o ninho aberto. Parte do plano é colocar as alças antes das abelhas encherem o ninho mas não pode depender apenas disso para as impedir de enxamear.

Mito: Destruir alvéolos reais previne a enxameação.

Na minha experiência isto não funciona. Elas vão enxamear na mesma e acabam por ficar sem rainha.

Mito: Alvéolos de enxameação estão sempre no fundo.

A outra parte disto é que, eu penso que os alvéolos de troca de rainha estão sempre no meio. Isto pode ser bom na generalidade mas você precisa de ver todo o contexto da situação. Eu assumiria que os alvéolos reais no fundo são alvéolos de enxameação se o enxame está a crescer depressa e está muito forte ou a colmeia está demasiado cheia. Por outro lado se o enxame não está forte ou a colmeia demasiado cheia ou a aumentar a população, então eu assumiria que não são alvéolos de enxameação. Se os alvéolos estão mais no meio e as condições forem outras isso indica-me que podem ser alvéolos de enxameação. Se o enxame não estiver a aumentar a população e a colmeia não estiver demasiado cheia eu assumiria que são alvéolos de troca de rainha ou alvéolos de emergência. Os alvéolos de enxameação também tendem a ser mais numerosos.

Mito: Cortar a ponta das asas da rainha previne enxameação.

Na minha experiência elas enxameiam na mesma. Pode ganhar algum tempo se você prestar atenção (como no caso das abelhas no seu quintal e você verifica o seu estado todos os dias em busca de enxames). Elas vão tentar enxamear e a rainha com a ponta das asas cortadas não consegue voar. As abelhas voltam à colmeia e vão sair com a primeira rainha virgem que emergir formando um enxame. Contar com o corte das asas da rainha para evitar que elas enxameiem vai acabar por falhar.

Mito: Dois metros ou dois quilómetros

...você tem de deslocar as colmeias dois metros ou dois quilómetros ou você perde muitas abelhas.

Eu já ouvi esta muitas vezes. Sempre que você desloca as abelhas vai haver algum caos pelo menos durante um dia, mas eu desloco abelhas todos os dias 46 metros, 100 metros ou mais. O truque é colocar um ramo na frente da colmeia para iniciar uma reorientação das abelhas. Se você fizer isto resulta bem. Se você não fizer isto a maioria das abelhas campeiras voltam ao local onde estava a colmeia. Isso e aceitar que haverá alguma confusão por um tempo, então não as desloque se você não tiver uma boa razão para fazê-lo.

Mito: Você tem de extrair o mel

...ou que é de alguma forma cruel para as abelhas não extrair o mel.

Todos os novos apicultores parecem pensar que têm de comprar um extrator. A culpa não é deles. É o que todos os livros dizem, certo? Você não tem. Eu tive abelhas durante 26 anos sem um extrator. Você pode fazer mel em favo ou esborrachar e filtrar com pouco investimento e sem mais trabalho do que dá usando extrator.

Mito: 7 quilos de mel = 0.5 quilo de cera.

Este é um velho mito que ainda é passado aos apicultores e os valores variam. Eu não conheço nenhum estudo que prove isso. Também não é relevante. O que é relevante é a produtividade de um enxame com e sem favos puxados. Não há dúvida nenhuma que elas produzem mais mel com favos puxados. Mas teria de ter muitas colmeias antes de ser vantajoso comprar um extrator. Este conceito é também usado para vender cera estampada. Na minha experiência as abelhas puxam cera nos favos mais depressa sem cera estampada do que com ela e quanto mais depressa tiverem onde colocar o néctar mais mel vão fazer.

Mito: Pode produzir mel e enxames

…em outras palavras, fazer desdobramentos e obter produção.

Tem tudo a ver com fazer as coisas no momento certo. Se você desdobrar antes do fluxo de néctar começar e deixar todas as abelhas campeiras voltarem à colmeia inicial, você pode conseguir mesmo ter mais mel e mais abelhas.

Mito: Duas rainhas podem coexistir na mesma colmeia.

As pessoas colocam de propósito duas rainhas na mesma colmeia muito frequentemente. Mas se você procurar cuidadosamente pode encontrar muitas vezes enxames naturalmente com duas rainhas. Usualmente uma mãe e uma filha onde a nova rainha está em postura e ao seu lado a rainha velha também em postura.

Mito: Rainhas nunca põem dois ovos no mesmo alvéolo

…em outras palavras, todos os ovos múltiplos por alvéolo são sinais de obreiras poedeiras.

Eu vejo muitas vezes alvéolos com dois ovos postos por uma rainha. Poucas vezes vi três. Raramente vi mais de três. Obreiras poedeiras vão pôr desde dois ovos até algumas dúzias de ovos por alvéolo. Eu procuro por mais de dois e ovos nos lados dos alvéolos e não no fundo. Também ovos no pólen. Estes eu considero sinais de obreiras poedeiras.

Mito: Se não há criação não há rainha.

Há várias razões pelas quais você pode encontrar uma colmeia sem criação mesmo havendo uma rainha. Primeiro, pelo menos no meu clima, de Outubro a Abril pode haver ou não criação porque as abelhas pararam em Outubro e apenas criam pequenas quantidades de criação de vez em quando com períodos sem criação pelo meio. Segundo, algumas abelhas mais económicas param de criar mais abelhas quando há falta de alimento no campo. Terceiro, um enxame que perdeu a rainha e as abelhas criaram uma nova num alvéolo de emergência, muitas vezes fica sem criação porque quando a nova rainha emerge, matura, acasala e começa a pôr ovos passaram 25 dias ou mais e *toda* a cria emergiu. Quarto, a enxameação pode ocorrer mesmo que a nova rainha ainda não tenha iniciado a postura. Ela não põe ovos provavelmente pelo menos três semanas após enxameação. Muitas vezes um principiante (ou até um experiente) apicultor encontra um enxame neste estado, compra uma rainha, introduze-a e as abelhas matam-na, compra outra rainha, introduze-a e as abelhas matam-na também, finalmente nota que há ovos. Rainhas virgens e sem estarem marcadas são difíceis de encontrar mesmo pelo apicultor mais experiente. Um quadro com ovos e criação teria sido uma forma mais segura. Dessa forma *se* o enxame está sem rainha as abelhas podem criar uma, e se elas não tiverem rainha não vai causar problema nenhum e saberá a resposta à questão. Veja a parte *Panaceia* no Capítulo *BLUF.*

Mito: As Abelhas apenas gostam de construir de baixo para cima

…em outras palavras, as abelhas expandem os favos e a sua criação para cima e não para baixo ou para os lados.

Se você instalar um pacote de abelhas em cinco caixas empilhadas, como eu já fiz numa ocasião, você pode facilmente provar que não é verdade. Mas assim se você pensar num enxame no tronco de uma árvore já sabe que não é verdade. As abelhas formam um cacho no topo de qualquer local onde se encontrem e constroem favo de cima para baixo até encherem o vazio ou chegar a um tamanho que lhes satisfaça.

As abelhas começam por trabalhar em cima onde estiverem e trabalham até ao fundo. Numa árvore não há outra escolha pois não há forma de trabalhar de baixo para cima. Uma vez que o enxame se instalou elas movem-se para qualquer espaço que consigam encher. Então no caso de uma árvore quando elas chegam ao fundo o ninho expande para qualquer espaço disponível e depois contraem quando a época termina. No caso de uma colmeia, contudo, os apicultores continuam a adicionar e retirar caixas. Nós colocamos as caixas por cima porque é conveniente fazer dessa forma e verificar o seu estado. As abelhas não se importam. Elas trabalham onde houver espaço disponível.

Mito: Um enxame zanganeiro tem uma pseudo-rainha

...e você está a tentar ver-se livre dela para corrigir o problema.

Um enxame zanganeiro tem muitas obreiras poedeiras. A única forma de corrigir o problema é causar uma disrupção tão grande que as faça aceitar uma rainha ou dar-lhes feromonas suficientes de criação aberta para suprimir as obreiras poedeiras o suficiente que as leva a aceitar uma rainha. Em outras palavras, dê-lhes um quadro com criação aberta uma vez por semana até as abelhas criarem uma nova rainha. Depois você pode deixar que elas acabem de criar a rainha ou introduzir uma nova rainha.

Mito: Sacudir o enxame zanganeiro de uma colmeia funciona

...porque uma obreira poedeira fica para trás pois não sabe o caminho para casa.

Eu não confirmo que seja verdade e a pesquisa que li diz que não é verdade. Há muitas abelhas poedeiras e elas vão descobrir o caminho para casa facilmente. Sacudir um enxame apenas funciona algumas vezes pois você desencorajou as abelhas o suficiente que no caos elas por vezes aceitam a rainha.

Mito: As abelhas precisam de rampa de voo.

Obviamente elas não têm uma na maioria das situações, então isto não é uma afirmação racional. Eu não penso apenas que elas precisam de uma, eu penso que a rampa ajuda ratos e doninhas e não ajuda as abelhas.

Mito: As abelhas precisam de muita ventilação.

As abelhas precisam de ventilação. Mas o que elas precisam é a quantidade certa de ventilação. É claro que no inverno, demasiada ventilação significa demasiada perda de calor. Mas mesmo no verão as abelhas arrefecem a colmeia por evaporação, então num dia quente o interior da colmeia pode estar mais frio que o ar de fora. Então demasiada ventilação pode resultar nas abelhas não conseguirem manter uma temperatura mais baixa dentro da colmeia. Quando a cera aquece acima da temperatura normal da colmeia (> 34ºC) fica muito fraca e os favos colapsam.

Mito: As abelhas precisam de apicultores.

Na verdade as abelhas precisam de apicultores da mesma forma que "os peixes precisam de bicicletas". Conforme a forma como você vê o mundo, as abelhas sobrevivem há milhões de anos por sua conta ou pelo menos desde que se tornaram abelhas. Foram os verdadeiros apicultores que as espalharam por todo o mundo, mas as abelhas eventualmente acabariam por fazer o mesmo sozinhas. Como é que as abelhas de África chegaram recentemente à Flórida? Elas vieram à boleia.

Mito: Você tem de trocar a rainha todos os anos.

Eu conheço muitos apicultores que só trocam a rainha se virem que há um problema. Usualmente antes que você encontre um problema as abelhas já trocaram a rainha problemática. Se elas já o fizeram, você manteve as abelhas com genética que lhes permite fazer isso. Se você tem cera limpa (sem químicos na colmeia) as suas rainhas duram geralmente cerca de três anos. Se você não tem cera limpa, as suas rainhas duram usualmente apenas alguns meses. De qualquer forma, como é que a troca de rainha todos os anos ajuda? A afirmação mais comum é que rainha no seu primeiro ano não vai enxamear, algo fácil de refutar alimentando o enxame de um pacote sem parar, ou que uma rainha do segundo ano garantidamente vai enxamear, que pode também ser facilmente refutado pelo facto de que a maioria das minhas rainhas têm três anos de idade.

Mito: Uma colónia pouco produtiva deve ser sempre submetida à troca de rainha.

Eu já vi muitas colónias que lutavam pela sobrevivência e em pouco tempo ganham muita população e dão uma boa colheita. Elas muitas vezes lutam pela sobrevivência porque a quantidade de abelhas diminuiu ao ponto de não existirem abelhas suficientes para trazerem alimento e cuidarem da criação. Muitas vezes um quadro com criação a emergir vai dar-lhes a energia para superar o problema. Por outro lado *algumas* colónias enfraquecem quando deveriam recuperar. A estas eu trocaria a rainha.

Mito: Você tem de alimentar com substituto de pólen

...os enxames de pacotes e os restantes enxames na primavera e outono.

Eu nunca tive a sorte das abelhas comerem sequer esse pólen quando há pólen natural no campo. Eu não vejo razão para alimentar um enxame de um pacote com substituto de pólen quando isso tem uma nutrição inferior ao pólen verdadeiro que está prontamente disponível nessa altura do ano. Alimentar pólen verdadeiro cedo na primavera por vezes parece ser um meio efetivo de estimular a criação de mais abelhas. Por vezes parece não fazer diferença nenhuma.

Mito: Você deve alimentar com xarope de açúcar no inverno.

Eu suponho que o seu clima esteja diretamente relacionado com isto, mas você não consegue fazer com que as abelhas consumam o xarope no inverno aqui no Nebrasca e mesmo se você conseguisse, não tenho a certeza que seja bom para as abelhas por causa de tanta humidade que vai gerar. Açúcar granulado elas podem consumir não importa se está muito frio, mas o xarope elas só podem consumir com temperaturas acima dos 10ºC. Não é uma ocorrência comum aqui mesmo se as temperaturas durante o dia chegarem aos 10ºC o xarope vai demorar a chegar a essa temperatura.

Mito: Você não pode misturar plástico estampado com cera estampada.

Isto não é tanto um mito como uma simplificação demasiado grande. Colocar plástico estampado ao lado de cera estampada é como colocar um pedaço de tarte de cereja ao lado de uma tijela com brócolos na frente dos seus filhos ao mesmo tempo. Se você quer que eles comam os brócolos deve esperar antes de colocar a tarte de cereja.

Se você mistura plástico estampado com cera estampada as abelhas vão trabalhar na cera e ignoram o plástico. Se você coloca tudo de plástico elas vão usar quando precisarem de mais favos.

Não é um desastre iminente se misturar as duas coisas. As abelhas apenas têm a suas próprias preferências e se você quer que elas sigam as *suas* preferências deve limitar as escolhas.

Quando o favo está puxado ou a ser usado, você pode misturar tudo à vontade e sem receio de problemas.

Mito: Abelhas mortas dentro dos alvéolos com apenas a ponta do abdómen de fora.

Isto é uma crença comum. Todos os enxames mortos durante o inverno terão muitas abelhas com apenas as pontas dos abdómens de fora. É essa a forma como elas formam um cacho bem apertado para se manterem quentes. Eu pesquisaria mais acerca de elas estarem ou não em contato com as reservas de alimento.

Expectativas realistas

"Abençoado seja o homem que não espera nada, pois nunca ficará dececionado"—Alexander Pope

Eu penso que é importante em todos os aspetos da apicultura ter expetativas realistas. Não digo que essas expectativas não possam ser excedidas por vezes, mas também por vezes nem sequer nos aproximamos delas, o fracasso e o sucesso estão dependentes de muitas variáveis relacionadas.

Como exemplo, vamos considerar os resultados variáveis.

Quantidade de Mel

Tipicamente as pessoas dizem aos novos apicultores que não devem esperar mel no primeiro ano. Isto é uma tentativa de criar expectativas realistas. No entanto um bom enxame de pacote com uma boa rainha num ano bom (quantidades apropriadas de chuva no momento certo e tempo bom para as abelhas voarem) pode exceder essas expectativas ou pode mesmo nem ficar bem estabelecido. Mas genericamente é uma expectativa realista para o apicultor que elas devem primeiro ficar bem estabelecidas para invernarem e talvez fazerem um pouco de mel.

Plástico Estampado

As pessoas compram plástico estampado (e outros equipamentos de plástico como *Honey Super Cell* que são favos totalmente puxados) e por vezes ficam muito desapontados. As abelhas tipicamente hesitam em puxar cera no plástico (ou usar o *Honey Super Cell*) e isto atrasa-as um pouco. Por vezes as abelhas puxam favos entre duas folhas de plástico estampado de forma a evitarem o seu uso. Por vezes elas constroem "barbatanas" a partir do lado do plástico. Nada disto é incomum mas muitas vezes elas também puxam bem a cera por cima do plástico. A forma como o fazem depende da genética das abelhas e do fluxo de néctar. Muitas pessoas ao ver a hesitação das abelhas decidem não usar mais o plástico. Mas na verdade quando as abelhas o usam, favo sobre plástico estampado ou até favos completamente de plástico é tudo como qualquer outro tipo de favo. O atraso parece à primeira vista ser um grande revés, e para um enxame de pacote, talvez seja, mas logo que passe essa fase não há problema em as abelhas os usarem no futuro.

Cera Estampada

As pessoas usam cera estampada e muitas vezes quando ela aquece fica deformada, ou as abelhas roem-na toda ou não querem puxar cera sobre ela e depois fazem "barbatanas" ou favos entre a cera estampada. Elas fazem isto menos do que no plástico mas mesmo assim por vezes fazem. A cera estampada deformada muitas vezes dá origem a favos deformados. Muitas pessoas após uma experiência como esta dizem que nunca mais vão usar cera estampada. Mas realmente foi apenas devido às circunstâncias. Se colocar a cera estampada durante um bom fluxo de néctar as abelhas não a roem e puxam a cera do favo antes da cera estampada se deformar. O meu ponto de vista é que as pessoas muitas vezes têm expectativas não realistas e que essas expectativas não acontecem, ficam desapontadas com o método quando foram as circunstâncias que originaram o problema.

Sem Cera Estampada

Algumas pessoas não usam quadros com cera estampada. Muitas têm muita sorte com isto mas algumas terão abelhas que simplesmente não entendem o conceito e constroem favos cruzados. Uma vez que isto acontece com a mesma frequência no plástico estampado, e cera estampada que deforma ou colapsa, etc. Isso não seria tão significante para mim, mas se a única experiência que você tem é sem usar cera estampada ou plástico estampado, você pode assumir que os outros métodos não têm estes problemas. Mas eles têm. Mais uma vez, a genética e a altura do fluxo de néctar têm muito a ver com o sucesso ou insucesso.

O conceito mais importante a saber com qualquer colmeia com favos naturais é que as abelhas constroem favos paralelos, um favo bem construído origina outro bem construído da mesma forma que um favo mal construído origina outro mal construído. Você não pode deixar de prestar atenção à forma como elas começam a trabalhar. A causa mais comum de favos mal construídos é deixar a gaiola da rainha dentro da colmeia pois elas começam a partir daí o primeiro favo e depois começa tudo mal. Eu não consigo acreditar no número de pessoas que querem "jogar pelo seguro" e penduram a gaiola da rainha. Elas obviamente não compreendem que é quase uma garantia de mau começo do primeiro favo, que sem intervenção garante que todos os favos da colmeia ficam mal construídos. Quando os favos estão mal construídos a coisa mais importante é garantir que o *último* favo está direito pois serve de guia para os favos *seguintes*. Você não pode ter "esperança" que as abelhas sozinhas endireitem os próximos favos. Elas não vão endireitar. Você tem de as ajudar a construir bem os favos.

Isto não tem nada a ver os favos terem ou não arames. Nada a ver com ter ou não quadros. Tem a ver com o último favo estar direito.

Perdas

Os novos apicultores muitas vezes assumem que cada enxame deve viver para sempre e cada enxame deve sobreviver ao inverno. Alguns invernos, elas sobrevivem. Mas muitos invernos matam pelo menos alguns enxames. Obviamente quanto mais colmeias tiver mais isto acontece. Eu passei anos sem perder um enxame, mas eu apenas tinha alguns e sempre juntei enxames fracos com os fortes e aqueles eram os dias antes dos ácaros da traqueia, ácaros Varroa, Nosema ceranae, pequeno escaravelho e muitos dos vírus que temos agora. Agora eu tenho cerca de duzentas colmeias e tento invernar muitos núcleos, ligeiramente fracos e há aquelas novas doenças e pragas para stressar as abelhas. Nenhuma perda de inverno é uma expectativa não realista. Mas altas perdas de inverno são um sinal que você está a fazer algo de errado ou o tempo fez algo muito peculiar.

Eu tento sempre saber a causa das perdas de inverno. Muitas vezes morrem de fome por ficarem presas na criação. Por vezes com núcleos ou pequenos cachos de abelhas a causa são dias seguidos de muito frio (-23ºC até -34ºC) e o cacho de abelhas não tinha abelhas suficientes para se manterem quentes. Eu procuro sempre Varroa morta. Encontrar centenas de Varroas mortas nas abelhas mortas é uma boa indicação de que a Varroa foi a causa primária da sua morte. Uma falta de tal evidência é provavelmente uma boa evidência que foi outra coisa qualquer.

Mais uma vez, o ponto é que por vezes invernar excede ou não chega às expectativas mesmo quando elas são realistas. Mas ajuda começar ter expectativas realistas e trabalhar a partir daí. Expectativas realistas para enxames saudáveis em relação a perdas são provavelmente algo próximo dos 10% em que alguns anos são piores e outros anos são melhores.

Desdobramentos

Uma das questões mais comuns que eu oiço de novos apicultores é "quantos desdobramentos" posso eu fazer?" É claro que a resposta terá provavelmente muitas versões diferentes, talvez, "quanto mel a minha colmeia vai produzir?" A diferença entre um bom e um mau ano na apicultura varia muito mais que 10 vezes. Eu tive anos em que cada enxame produziu 91Kg e anos em que não tirei mel nenhum e alimentei com 27Kg de açúcar (entre a primavera e o outono) por cada enxame. Os desdobramentos são similares. Alguns enxames não podem ser desdobrados de forma nenhuma. Alguns podem ser desdobrados cinco vezes num ano. A maioria pode apenas ser desdobrado uma vez e mesmo assim produzem bom mel e ficam com boas reservas para o inverno.

O ponto disto tudo é que os resultados na apicultura variam drasticamente e são baseados no que acontece em volta das abelhas tal como coisas como a altura do ano, a forma como toma conta das abelhas e outras coisas. É muito difícil prever quais serão os resultados, então não vale a pena ter expectativas muito altas ou baixas. Leve as coisas conforme chegam a si e faça ajustamentos. Esteja preparado para ter muito sucesso e também insucesso e faça ajustamentos.

Cresta

Os novos apicultores estão muitas vezes convencidos que têm de ter um extrator. Há muitas outras opções que fazem mais sentido. Uma delas é o mel em favo.

Mel em Favo

Normalmente eu não sou tímido quando digo as coisas à minha maneira, mas Richard Taylor disse isto tão bem, eu nem sequer vou tentar fazer melhor. Para ler mais da sua sabedoria leia os seus livros incluindo *"The How-To-Do-It Book of Beekeeping"*, *"The Joy of Beekeeping"* e *"The Comb Honey Book"*.

Richard Taylor sobre mel em favo e extratores:

"...vejo frequentemente novos apicultores, logo que tenham acabado os seus apiários com cerca de meia dúzia de colmeias, começarem a procurar um extrator. É como alguém que começa um pequeno jardim à porta da cozinha e começa logo a procurar um trator para lavrar o jardim. A menos que, você planeie ter eventualmente, talvez cinquenta ou mais colónias de abelhas, você deve tentar resistir a ver os extratores em catálogos apícolas e outras ferramentas tentadoras que são oferecidas, em vez disso deve ver com renovado carinho o seu canivete de bolso, tão simbólico da simplicidade que é a marca de uma vida verdadeiramente boa."

Custo de fazer cera

Richard Taylor sobre o custo de fazer cera:

"A opinião dos peritos era que a produção de cera numa colónia requeria grandes quantidades de néctar que, uma vez transformado em cera, nunca mais seria transformado em mel. Até bastante recentemente pensava-se que as abelhas podiam guardar 3Kg de mel por cada 0.5Kg de cera, cera essa que é precisa para fabricar os seus favos— Valores que nunca parecem ter tido qualquer base

científica e que de qualquer forma está certamente errado."

De *Beeswax Production, Harvesting, Processing and Products*, Coggshall and Morse, página 35.

"A sua grande eficiência a produzir cera, que é quantos quilogramas de mel ou xarope de açúcar são necessários para produzir um quilo de cera, não é clara. É difícil demonstrar isso experimentalmente porque existem muitas variáveis. A experiência citada com mais frequência é a de Whitcomb (1946). Ele alimentou quatro colónias com mel fino, escuro e forte que ele chamou de "unmarketable" (mel que não é apreciado pelos clientes e por isso nem vale a pena vender). A única falha que pode ser encontrada com o teste é que as abelhas voaram livremente, que foi provavelmente necessário para que as abelhas possam despejar as suas fezes; foi dito que não havia qualquer fluxo de néctar. A produção de 0.5Kg de cera necessitou de uma média de 3.8Kg de mel (desde 3Kg até 4Kg). Whitcomb encontrou uma tendência na produção de cera que se torna mais eficiente com o passar do tempo. Isto também enfatiza que um projeto com o objetivo de determinar o rácio de açúcar para cera, ou um designado para produzir cera com uma fonte barata de açúcar, requer tempo para as glândulas ceríferas se desenvolverem e talvez para as abelhas entrarem na rotina de segregar cera e produzir favos."

O problema com a maioria das estimativas no que é preciso para fazer meio quilo de cera é que eles não levam em conta quanto mel esse meio quilo de cera pode suportar.

Citação de *Beeswax Production, Harvesting, Processing and Products*, Coggshall and Morse página 41.

"Meio quilo de cera, quando transformada em favo pode suportar 10 quilos de mel. Num favo

sem suporte o stress nos alvéolos de cima é o maior; um favo com 30cm de profundidade suporta 1320 vezes o seu próprio peso em mel."

Fazendo o balde de cima para a filtragem com balde duplo. Faça os buracos. Se você fizer os buracos suficientemente pequenos você pode simplesmente usar o fundo do balde como filtro sem necessitar de outro filtro qualquer ou rede. Você pode remover a cera de cima e deixar que o resto escorra para o fundo. Corte o meio da tampa (deixando um rebordo de 3cm para que o balde assente por cima do de baixo).

Usando o filtro de balde duplo para filtrar o mel.

Esborrachar e Filtrar

Eu tive abelhas durante 26 anos sem ter um extrator. Eu fazia mel em favo, esborrachava e filtrava para obter mel líquido. Quando eu finalmente comprei extrator eu escolhi um dos radiais com motor do tipo 9/18 (dá para 9 favos fundos ou 18 favos médios).

O método que eu preferi para esborrachar e filtrar foi o de filtrar com balde duplo. Eu uso esse método mesmo quando uso extrator porque eles suportam muito mel e é a única forma que eu consigo fazer a filtragem enquanto trabalho na extração.

Extração

Extração é um processo onde os opérculos são cortados dos favos e são girados num esquipamento centrifugador designado por extrator.

Cortando partes mais baixas.

Cortando os opérculos com faca aquecida.

Este é um tópico que sempre desencadeia desacordos. Muito disto deve-se a experiência pessoal. Fazer estes métodos na altura certa muda tremendamente os resultados.

Carregando os favos no extrator

Abandono

O método favorito de C.C. Miller's é usualmente chamado de "abandono" (em inglês diz-se "abandonment"). Consiste em retirar cada caixa da colmeia e coloca-la deitada de lado para que o topo e o fundo fiquem expostos. Isto é melhor ser feito no fim do fluxo mas não durante um período de escassez de néctar no campo, depois do pôr-do-sol mas antes de ficar escuro. As abelhas tendem a voltar para a colmeia e você pode tirar as alças. Se houver criação nelas, as abelhas não saem. Se não há alimento no campo você vai desencadear um furor de pilhagem. Se você o fizer no meio da tarde vai ser mais difícil lidar com as abelhas. Isto requer manipular as caixas duas vezes. Uma vez para tirar as caixas e outra vez para as carregar. (Eu não estou a contar com o resto do processo)

Extraindo o mel.

Escovar e/ou sacudir

Algumas pessoas simplesmente retiram cada quadro, sacodem e escovam as abelhas e colocam o quadro noutra caixa com uma tampa. Isto faz com que muitas abelhas voem e é um pouco intimidante e tedioso. Você retira de cada caixa um quadro de cada vez e depois você carrega as caixas uma de cada vez.

Escapa-abelha

Há vários tipos de escapa-abelha e o resultado pode variar conforme o tipo. Eu nunca tive sorte com o tipo *Porter* que entra no buraco da prancheta de agasalho. Mas eu tenho gostado mais dos tipos triangulares da Brushy Mountain. Usualmente as alças são removidas, o escapa-abelha é colocado (cuidado pois é colocado de uma forma especifica pelo que deve ter a certeza que é a forma certa, deixando as abelhas sair, mas não entrar) e você espera um dia ou dois para que as abelhas saiam. De novo, elas não vão sair se há criação nas alças. Eu prefiro colocar um desses no estrado (com o escapa-abelha em baixo) e empilho as alças o mais alto que consigo chegar e depois coloco uma por cima (com o escapa-abelha virado para cima) e deixo durante a noite. Se você vive em zonas onde exista o pequeno escaravelho, eu não as deixaria durante mais tempo. A maior desvantagem é você ter de manipular cada caixa três vezes se você as colocar na colmeia (uma vez para as tirar, depois para recolocar na colmeia e por fim as carregar) e duas vezes se você as colocar sobre o seu próprio estrado (uma vez para as empilhar sobre o estrado e outra vez para as carregar).

Soprar

O conceito é simplesmente soprar todas as abelhas dos favos. Algumas pessoas usam um soprador de folhas e outras compram um soprador de abelhas. Um argumento contra é que algo tão forte que sopre as abelhas também as pode cortar ao meio. Eu nunca usei um por isso não posso dizer mais coisas.

Ácido Butírico

Eu coloco este ácido separado do produto *Bee Quick* (um produto que repele as abelhas) apesar de terem algumas coisas em comum. Eu não os considero sequer como produtos similares. Ambos são repelentes de abelhas que se usam para enxotar as abelhas das alças. Os produtos *Bee Go* e *Honey Robber* contêm ácido butírico que não é um produto químico seguro para consumo humano e cheira a vómito. *Honey robber* cheira a vómito com sabor a cereja. O produto químico é colocado numa prancheta de fumigação que é colocada sobre a colmeia. As abelhas fogem para baixo e as alças são removidas e carregadas. São apenas manipuladas uma vez. Eu já cheirei esse produto mas nunca o usei.

Fischer Bee Quick

O Jim Fischer não quer revelar os segredos do seu produto pelo que não se sabe o que contem. Mas para mim cheira a Benzaldeído. Benzaldeído tem o cheiro de Cereja Marrasquino ou extrato de amêndoa. Após fazer benzaldeído numa aula de química orgânica eu nunca mais consegui comer Cereja Marrasquino. É também o ingrediente principal do sabor de amêndoa artificial. Mas o Jim Fischer assegura-nos que não é mais do que óleos essenciais aprovados para consumo humano. Isto certamente cheira melhor, de todas as formas, é muito mais seguro que Ácido Butírico. No entanto funcionam com base no mesmo princípio. Você coloca-o numa prancheta de fumigação sobre a colmeia e as abelhas fogem para baixo. As alças apenas precisam de ser manipuladas uma vez ao serem retiradas e carregadas. Eu já cheirei o produto e para mim não cheira mal mas nunca o usei.

Perguntas Mais Frequentes

Como moderador e participante de vários fóruns apícolas, eu oiço estas questões muitas vezes, então eu decidi falar sobre algumas delas aqui.

Podem as rainhas ferrar?

Eu tenho manipulado rainhas desde 1974. Desde que eu comecei a criar rainhas em 2004 já me passaram pelas mãos centenas por ano. Nunca uma rainha me ferrou. No entanto já as vi agirem como se fossem ferrar.

O Jay Smith, um apicultor que criou centenas de rainhas por ano durante décadas, disse que apenas foi ferrado uma vez por uma rainha e que ela ferrou no preciso local onde ele esborrachou uma rainha anteriormente, talvez ela tenha sentido o cheiro da rainha que ele esborrachou nas mãos e pensado que se tratava mesmo de outra rainha.

Elas podem? Sim. Vão ferrar? Extremamente duvidoso. Algumas pessoas que eu conheci que foram ferradas por uma abelha rainha dizem que não dói tanto como um ferrão de uma obreira.

Então e se a rainha levanta voo?

Isto muitas vezes começa com questões do tipo, a rainha voou e será que ela volta. Primeiro vamos ver o que fazer. Se uma abelha rainha voar, a primeira coisa que você faz é ficar quieto. Ela vai-se orientar na sua posição e provavelmente encontra o caminho de volta. A segunda coisa é encorajar as abelhas a guiar a rainha com a feromona de *Nasonov*. Para fazer isto, pegue num quadro cheio de abelhas e sacuda-as para dentro da colmeia. Isto causa uma libertação da feromona de *Nasonov* por parte das abelhas. Terceiro, se você não vê a rainha a voar de volta para dentro da colmeia (esteja atento e você pode ver) então espere dez minutos com a colmeia aberta para que ela possa cheirar a feromona de *Nasonov*. Se você fizer estas três coisas a probabilidade da rainha achar o caminho de volta é muito grande.

Se você não fizer essas coisas, a probabilidade é um pouco melhor do que 50%, de que ela encontre o caminho de volta de qualquer forma.

Como você evita que ela voe? Mantenha-se vigilante quando retira a rolha de cortiça da gaiola. As rainhas são rápidas. Se você coloca a gaiola por cima do monte de abelhas que despejou na colmeia, ela fica no fundo da colmeia e você está dobrado por cima da colmeia, então ela dificilmente voará.

Abelhas mortas na frente da colmeia?

Com a rainha a pôr 1000 a 3000 ovos por dia e as abelhas a viverem cerca de seis semanas, há *sempre* algumas abelhas mortas na frente da colmeia. Muitas vezes você não as vê pois estão nas ervas daninhas ou relva. *Muitas* das abelhas mortas (montes delas) poderá ser uma causa de preocupação porque pode ser sinal de envenenamento por pesticidas ou outro problema. Mas apenas algumas abelhas é normal.

Espaçamento entre quadros de alça e de ninho?

A questão parece surgir muitas vezes. A questão é formulada usualmente desta forma "devo eu colocar 9 ou 10 quadros nas minhas alças" ou "devo eu colocar 9 ou 10 quadros nas minhas caixas ninho?"

A resposta para as caixas ninho é que eu coloco 11 quadros. Pelo menos numa caixa de 10 quadros. Eu desgasto os lados de forma a poder fazer isso e eu faço-o porque é o espaço que as abelhas usam se as deixar trabalhar. Mas 10 chegam. Os quadros devem estar bem juntos no centro, e sem um espaçamento uniforme. Eles já estão mais espaçados do que as abelhas preferem e aumentar esse espaço ainda mais usualmente resulta em escadas de cera ou até em um favo extra entre dois quadros. A teoria de colocar apenas 9 quadros no ninho é que assim haverá mais espaço para as abelhas formarem cacho, menos enxameação e menos morte de abelhas quando retira e coloca favos no ninho. Na realidade, a minha experiência, é que isso requer mais abelhas para aquecerem a criação, a superfície dos favos é mais irregular e isso causa a morte de mais abelhas quando se retiram favos. Essa irregularidade é devida ao facto que o favo onde as abelhas armazenam o mel pode variar em grossura mas o favo de criação tem sempre a mesma grossura. Os resultados são que onde elas tiverem mel e você 9 quadros, elas ficam com espaço extra para encher e fazem-no com mel. Se elas têm criação então os favos não são tão gordos como quando têm mel dentro. Eu tentei 9 quadros no ninho e não fiquei impressionado. Eu agora tenho caixas de 8 quadros com 9 quadros nelas (que requer o desgaste lateral dos favos). Com 11 quadros numa caixa de 10 quadros você obtém favos muito direitos e consistentes e você consegue alvéolos pequenos mais facilmente.

A minha resposta relativamente às alças é que *quando os favos estão puxados* você pode colocar 9 ou até 8 nas alças de 10 quadros e vai funcionar bem pois os favos vão simplesmente ficar mais grossos. Mas quando é cera estampada as abelhas muitas vezes não fazem favos como queremos se você colocar mais que dez. Dez quadros de cera estampada devem estar sempre bem juntos no meio de uma alça ou ninho de forma a prevenir que as abelhas tentem construir favo entre cera estampada em vez de o fazerem na própria cera estampada. Com caixas de oito quadros você pode fazer sete quadros com favos puxados ou até seis.

Um assunto relacionado são as ceras dos favos mal puxadas.

Porquê é que as abelhas puxam mal a cera dos favos?

Parte disto é genético. Algumas abelhas constroem favos direitos e paralelos não importa o que você faça. Outras fazem escadas de cera por todo o lado não importa o que você faça. Mas há coisas que você pode fazer para as orientar no caminho certo.

Parte do problema é dar-lhes a liberdade para puxarem mal a cera dos favos. Junte bem os quadros. Os espaçadores dos quadros estão lá por uma razão. Use-os. Não faça um espaçamento uniforme dos quadros na caixa. Quando você tem cera estampada por puxar, *não* coloque menos quadros na caixa. As abelhas se não gostarem da cera estampada que lhes deu (e elas realmente nunca gostam) e se você lhes deu espaço (colocando os favos separados mais de 3.5cm) elas vão tentar fazer um favo entre dois quadros em vez de fazer os favos sobre a cera estampada. Então forçando-os a ficar bem juntos faz com que o espaço entre a cera estampada suficientemente pequeno para desencorajar isto porque não tem espaço suficiente para um favo de criação.

Parte do problema é que elas não gostam que seja você a decidir o tamanho dos seus alvéolos. Elas vão construir os seus próprios favos com muito maior entusiasmo do que o fazem com cera estampada. Então elas tentam evitar fazer os favos em cera estampada. Uma solução é deixar de usar cera estampada e deixá-las fazer favos naturais. Outra é adquirir cera estampada com alvéolos de tamanho mais próximo aos que as abelhas desejam. O tamanho de alvéolo normal hoje em dia é 5.4mm em cera estampada mas é muito maior que o tamanho típico natural para obreira. O tamanho 4.9mm para alvéolo de obreira é mais próximo.

Elas usualmente não gostam muito de plástico. A solução para elas puxarem cera sobre plástico é dar-lhes os quadros com plástico quando elas precisam de puxar cera de novos favos. Não lhes dê cera estampada misturada com quadros de plástico estampado pois elas ignoram o plástico e puxam só sobre a cera estampada. Compre o plástico estampado com uma camada de cera por cima para que as abelhas o aceitem melhor. Pulverize algum xarope sobre esses quadros ou xarope com óleos essenciais como o *Honey Bee Healthy* para ocultar o cheiro do plástico. Depois de lamberem esses quadros elas aceitam-os mais facilmente.

Algumas vezes elas fazem um mau trabalho na mesma.

Como é que eu limpo equipamento usado?

Equipamento usado tem sido um assunto controverso durante mais de um século. Loque Americana (em inglês diz-se *American foulbrood* ou AFB) é ainda um problema mas em tempos foi um problema bem maior. A única preocupação real em usar equipamento usado é a Loque Americana. Os esporos da Loque Americana vivem virtualmente para sempre (muito mais tempo que nós pelo menos) e equipamento infetado é provavelmente um dos fatores que contribui para ter Loque Americana. Muitas pessoas com Loque Americana apenas queimam os equipamentos. Alguns passam o equipamento a fogo. Alguns colocam os equipamentos em soda cáustica a ferver. Alguns "fritam" os equipamentos em parafina e resina.

Então o problema é que usualmente você tem ao seu dispor (ou a custo zero ou barato) equipamento usado. Limpar os resíduos deixados pelos ratos não é muito complicado. Deixo o equipamento à chuva até cheirar bem. Limpar os resíduos das traças da cera é apenas cortar as teias (que são difíceis para as abelhas removerem) e raspar os casulos. Se os favos estão duros e quebradiços, deixe as abelhas os repararem, elas farão um bom trabalho. Se os favos têm pó, as abelhas limpam-nos. O risco real é a Loque Americana. Se você tem favo velho de criação, eu procuraria por escamas no fundo dos alvéolos que indicam a presença de Loque Americana. Se há escamas, você tem de tratar a ameaça da Loque Americana muito seriamente. Alguns queimariam logo os equipamentos nesse caso. Então, assumindo que você não encontra escamas então o que você faz? Eu não lhe posso dizer o que você deve fazer porque há sempre o risco de você ficar com Loque Americana e eu não quero que você me culpe. Mas eu digo a você o que eu faço. Eu arranjo sempre equipamentos usados de pessoas nas quais eu acredito serem honestas, usualmente a muito baixo preço ou sem custo e uso os equipamentos sem lhes fazer nada. Eu nunca tive Loque Americana nas minhas colmeias.

Agora que mergulho o meu equipamento, eu mergulharia qualquer equipamento, pois tenho os recursos para o fazer.

Como é que eu preparo as colmeias para o inverno?

Mais detalhes sobre isto no Volume 2 no Capítulo chamado *Invernar as Abelhas*.

O problema em responder a esta questão é que vai depender da sua localização. Há uma grande diferença entre os problemas que um apicultor enfrenta no sul da Geórgia ou no sul da Califórnia, comparado com um do norte do Minesota ou em Anchorage (Alasca).

Então eu posso apenas dar uma generalização e falar da minha própria experiência no meio do país (EUA). Eu estou no sul do Nebrasca e vivi no oeste do Nebrasca e na parte da frente das Montanhas Rochosas. Então este conselho é muito útil para essas zonas.

Reduza o espaço. Não há razão para ter espaço extra na colmeia no inverno no norte. Qualquer caixa com quadros vazios ou com cera estampada eu retiraria antes do inverno.

Não deixe entrar ratos. Os ratos podem devastar uma colmeia. Se você tem entradas no fundo das colmeias certifique-se que você tem proteção contra ratos nas colmeias. Um pedaço de rede metálica com buracos de 6.35mm funciona bem contra os ratos.

Remova excluídores de rainha. Se você usa excluídores eles precisam de ser retirados antes que o inverno chegue. Uma rainha pode ficar presa do outro lado do excluídor e morrer de frio.

Certifique-se que tem algum tipo de entrada de topo. Eu gosto de ter tudo com entradas de topo e nada com entradas no fundo, mas independentemente disso você deve ter pelo menos uma entrada pequena para a humidade sair e não ter condensação na tampa e assim as abelhas podem sair quando a neve é muita ou há demasiadas abelhas mortas no estrado. É comum perguntarem-me se o calor não escapa. O calor é raramente o problema, a condensação que pinga sobre as abelhas é que usualmente mata as abelhas no inverno.

Certifique-se que elas têm reservas suficientes. Na minha parte do país (EUA) com as abelhas Italianas você precisa que a colmeia pese cerca de 68Kg para elas passarem bem o inverno. Elas provavelmente aguentam-se com apenas 45Kg mas elas podem também comer isso tudo na primavera com a criação e não chegará. Menos de 45Kg preocupar-me-ia bastante. A altura de alimentar é quando o tempo ainda está quente pois elas não bebem o xarope quando está tempo frio. Quando você vê que o peso está acima do valor mínimo que deseja não precisa de alimentar mais. Usualmente uma colmeia que pese 68Kg aqui terá duas caixas fundas com 10 quadros cada uma, ou três caixas médias de 10 quadros cada uma ou quatro caixas médias de oito quadros cada uma, na sua maioria cheias de mel.

Eu apenas uma vez embrulhei as colmeias e não fiquei impressionado de forma favorável, mas se é a norma dos apicultores da sua zona pode considerar fazê-lo também. O material que se usa é membrana (ou tela) impermeabilizante pois ajuda a aquecer a colmeia nos dias de sol. Eu descobri que este método não deixa a humidade sair. Outros materiais que se podem usar são cartão impregnado com cera pois deixa um espaço com ar em volta da colmeia. Isto parece ser uma escolha mais sábia para o problema da humidade. Se eu tentasse de novo envolver as colmeias usaria cartão com o tal espaço com ar ou colocaria primeiro uns pedaços de madeira com 3.5cm de espessura nos cantos e depois colocaria a membrana ficando assim um espaço com ar entre a membrana e a colmeia.

Evite a tentação de pensar que aquecer um enxame forte o vai ajudar. Na verdade não ajuda. Um isolamento térmico bom também não. Com o isolamento elas não se vão aquecer nos dias de sol e não fazem voos para defecar. Não mude as colmeias para dentro de casa, as abelhas precisam de voar. Não coloque fardos de palha em volta das colmeias pois apenas atrai ratos. Um quebra-vento é bom se você pode dar-lhes um. Se você está a usar fardos de palha para esse efeito, construa isso longe das colmeias.

Até que distância as abelhas campeiras podem ir?

De acordo com o Frei Adam, ele tinha abelhas e sabia que elas voavam até 8Km para buscar néctar de urze. De acordo com Huber, ele marcou abelhas campeiras, levou-as a diferentes distâncias, libertou-as e esperou que elas voltassem para a colmeia. Ele disse que as abelhas encontraram sempre o caminho de volta quando libertadas a 2.4Km da colmeia, mas mais longe que isso elas não encontravam o caminho. Ele disse também, e faz sentido, que depende do alimento disponível. Também parece depender do tamanho das abelhas. O Frei Adam diz que a sua abelha nativa *Apis mellifera mellifera*, que era mais pequena, voava os 2.4Km para chegar à urze, mas as abelhas Italianas com as quais as trocou, que eram maiores, já não. A Dee Lusby diz que as suas abelhas de alvéolos pequenos, após a regressão, voltaram com pólen totalmente diferentes que antes e baseado nas florações e na diversidade da flora da zona que depende da polinização ela está confiante que as abelhas dos alvéolos mais pequenos pastam muito mais longe que as dos alvéolos maiores. Isto é consistente com as observações do Frei Adam.

Até que distâncias os zangões voam para acasalar?

Eu penso que ninguém sabe realmente. Eles voam para zonas de congregação de zangões (em inglês diz-se *Drone Congregation Area* ou abreviado é DCA) e há algumas pistas topográficas que eles procuram bem como traços de feromonas que eles usam de forma a encontrar uma dessas zonas. Essas zonas encontram-se usualmente onde filas de árvores se juntam a outras filas de árvores. A pesquisa parece indicar que os zangões voam para a zona de congregação mais próxima. A localização, sendo dependente do terreno e a quantidade de colmeias na zona, a distância é difícil de prever. A maioria dos cientistas, no entanto, dizem que eles voam, em média, menos distância que as rainhas.

A que distâncias as rainhas voam para acasalar?

Tal como muitas questões sobre abelhas, é uma coisa muito variável para começar; é difícil dizer. De acordo com Jay Smith, que tentou usar uma ilha para o seu apiário de fecundação, ele diz que as rainhas voaram pelo menos tão longe como 3.2Km. Algumas estimativas que eu vi indicam 6.4Km ou 8Km. Mas eu já ouvi apicultores dizerem que viram acasalamentos (como prova viram zangões a caírem mortos e a rainha a voltar para o núcleo de fecundação) que ocorreram mesmo nos seus apiários.

Quantas colmeias posso ter em 32m²?

O problema com esta questão é que assume que as abelhas ficam apenas nesses 32m². Elas vão pastar nos 32Km² que estão em volta do apiário.

Quantas colmeias posso ter num local?

Outra questão muito comum na apicultura é "quantas colmeias posso ter num local?" Com muito boa pastagem (como no meio de 32Km^2 de meliloto), e com bom tempo, é provavelmente impossível ter demasiadas colmeias num local. Com pouca pastagem e uma seca, pode ser que apenas algumas colmeias sejam demasiadas. Um número típico que costuma ser referido é 20. Isto é um bonito número redondo que é aplicado na generalidade, mas para ser realista vai depender de muitas coisas e muitas dessas coisas variam de ano para ano.

Com quantas colmeias devo começar?

A resposta mais comum para um novo apicultor é duas. Eu diria de duas a quatro. Menos de duas e você não terá os recursos para resolver problemas típicos da apicultura como enxames sem rainha, enxames que suspeita não terem rainha, obreiras a pôr ovos (enxames zanganeiros), etc. Mais de quatro já começa a ser demasiado para um novo apicultor gerir.

Plantar para as abelhas

Os apicultores parecem sempre querer saber o que plantar para as suas abelhas. Tenha a certeza que você entende que as suas abelhas não trabalham apenas nas flores do seu terreno. Elas pastam num raio de 3.2Km que dá uma área de 32Km^2. É difícil, a menos que você seja dono desses 32Km^2, plantar o suficiente para depois colher o mel. Mas não é difícil plantar coisas que ofereçam alimento durante o ano às abelhas. As alturas que as abelhas precisam de alimento são no início do ano (Fevereiro a Abril), mais tarde (Setembro até começarem dias muito frios) e durante secas (que é a meio do verão por aqui e requer plantas que dão flores quando há pouca chuva). Então eu focaria a minha atenção em plantas que tenham floração nessas alturas. Uma variedade de plantas apícolas no geral tendem a colmatar falhas que uma ou duas plantas. Certamente não faz mal plantar algum meliloto (tanto o amarelo como o branco pois dão flor em alturas diferentes), algum trevo-branco, cornichão, borragem, *Agastache*, tulipeiro, *Robinia Pseudoacacia*, mas estes não tendem a encher as faltas no início e fim do ano, mas tendem a fazer algum mel e *podem* encher alguma falha. Plantas de floração no início do ano que oferecem pólen são *Acer rubrum*, salgueiros, ulmeiros, crocus, *Cercis canadensis*, ameixeiras bravas, *Prunus virginiana* e outras árvores de fruto. Dentes-de-leão são sempre bons de ter por perto. Você pode apanhar as cabeças secas de relva cheia deles. Apenas puxe as cabeças, coloca-as num saco das compras, leve para casa e espalhe as sementes. A chicória e o *solidago* muitas vezes florescem em tempo de seca e de Julho até às primeiras geadas. As plantas do género *Aster* são boas pois dão flores tarde. O principal a ter em atenção, contudo, é que você está apenas a tentar preencher falhas, não a tentar criar um recurso que vai produzir mel.

Excluídores de rainha?

O uso de excluídores de rainha tem sido muito controverso entre os apicultores desde os primeiros anos que foi inventado. Eu deixei de os usar muito cedo na minha apicultura. As abelhas não queriam passar através deles e não queriam trabalhar nas alças do outro lado deles. Eles sempre pareceram muito pouco naturais e eram um constrangimento para mim. Eu penso que eles dão jeito para ter por perto para coisas como criação de rainhas e tentativas desesperadas de achar a rainha mas não recomendo o seu uso.

A razão de os usar:

A rainha é mais fácil de encontrar quando se reduz a zona onde eu tenho de procurar. Mas eu já tenho uma zona onde procuro por ela bastante pequena. Eu raramente a encontro em outros locais onde não haja concentração máxima de abelhas e isso muitas vezes reduz a zona de procura a apenas alguns quadros. Mas isto é uma boa razão se você precisa de encontrar a rainha muitas vezes. Na criação de rainhas isto pode ser uma vez por semana ou algo similar e um excluídor de rainha pode poupar-lhe muito tempo.

Prevenir a presença de criação nas alças. As únicas razões pelas quais vi rainhas a porem ovos nas alças são: ela ficou sem espaço no ninho, então ela enxameava se não pudesse, ou ela queria espaço para colocar ovos de zangão mas não havia favo de zangão no ninho. Devido ao favo de criação ser difícil de desfazer por causa dos casulos e as alças usualmente têm cera macia sem casulos que as abelhas facilmente alteram, as abelhas fazem nas alças favo para zangão se não tiverem espaço suficiente no ninho. Se você não quiser criação nas alças, dê às abelhas algum favo de zangão no ninho e terá muita sorte neste assunto. Também se você usar caixas todas do mesmo tamanho, você não terá problemas *se* ela colocar ovos nas "alças" pois pode colocar esses quadros de novo em baixo no ninho, e se você não usa químicos, você pode roubar um quadro de mel do ninho e coloca-lo na alça.

Se você quer usar excluídores

Se você quer usar excluídores, lembre-se que as abelhas têm de conseguir passar por ele. Usando tudo caixas do mesmo tamanho, mais uma vez, vai ajudar nesse aspeto pois você pode colocar alguns quadros de criação do lado de cima do excluídor (tendo o cuidado de não levar a rainha nesse quadro) o que fará com que elas comecem a passar pelo excluídor. Quando as abelhas começarem a trabalhar na alça você pode voltar a colocar esses favos com criação no ninho. Outra opção (especialmente se você não tem todas as caixas do mesmo tamanho) é tirar o excluídor até elas começarem a trabalhar na primeira alça e depois coloca-lo (mais uma vez tendo o cuidado de deixar a rainha no ninho e que os zangões têm uma passagem no topo).

"Os novos apicultores não devem tentar usar excluídores de rainha para prevenir criação nas alças. No entanto eles provavelmente devem ter um excluídor à mão para usar como auxílio para encontrar a rainha ou restringir o seu acesso a quadros que o apicultor deseja mover para outro lado" -The How-To-Do-It book of Beekeeping, Richard Taylor

Abelhas sem rainha?

BLUF: Coloque um quadro de cria aberta e ovos na colmeia e não precisa de se preocupar com este problema.

Uma questão que surge quase sempre em fóruns apícolas: "Estarão as minhas abelhas sem rainha?" Os sintomas que originam esta pergunta variam muito e a altura do ano varia ainda mais, mas é uma questão muito importante para obter uma resposta, ou pelo menos uma forma de resolver e por vezes é muito mais complicado do que aparenta.

A causa mais provável para a questão é a falta de ovos e criação. Muitos dos novos apicultores não conseguem sequer encontrar uma rainha que você marcou, cortou-lhe as pontas das asas e a colocou num quadro para eles a encontrarem, e mesmo os apicultores experientes quando é um enxame forte num dado dia podem ter dificuldades em achar a rainha. Então não ver a rainha não prova nada. Não ver ovos e criação é uma pista importante, mas não significa que não haja rainha. Significa que não há uma rainha em postura e não tem havido uma por algum tempo, ou você não consegue ver os ovos. Mas pode muito bem haver uma rainha virgem que ainda não iniciou a postura.

Vamos fazer alguns cálculos apícolas. Se você acidentalmente matou a rainha hoje, daqui a quanto tempo vai voltar a ver ovos de uma rainha que essas abelhas criaram? Cerca de 26 dias. Quanta criação aberta e selada vai restar quando voltar a ver ovos da nova rainha? A resposta é nenhuma. Se as abelhas perderem a rainha hoje e começarem com larvas com quatro dias (quatro dias desde a postura do ovo) para criar a rainha, serão mais 12 dias antes de ela emergir. Mais uma semana para ela maturar e se orientar. E mais uma semana para ela acasalar e iniciar a postura. Isso dá aproximadamente 26 dias (mais ou menos uma semana). Ao fim de 26 dias todos os ovos já eclodiram, foram selados e as abelhas emergiram. Não resta agora criação dentro da colmeia, mas, neste caso, há uma rainha.

O problema ocorre quando a nova rainha voa para acasalar, não volta à colmeia e o enxame fica realmente sem rainha, tudo parece igual. Sem ovos, sem criação, nem mesmo criação selada. Então como é que você responde à questão? Você dá-lhes um quadro com criação e ovos e vê o que elas fazem. Se você tem um alvéolo real ao fim de alguns dias então elas estão sem rainha. Você pode dar-lhes uma rainha ou deixá-las criar a sua própria rainha a partir desse alvéolo.

Outro problema é quando você encontra alguns ovos, algumas larvas e está tudo espalhado. Isto é por vezes devido a obreiras poedeiras mas as abelhas continuam a remover os ovos dos alvéolos reais, exceto alguns. Mas não poderá ser uma nova rainha que começou a postura? Usualmente ela vai pôr os ovos juntos num pedaço de favo e não espalhados pelos favos. As obreiras poedeiras requerem muito mais esforço para resolver o problema.

Uma forma de ter a noção se o enxame está ou não sem rainha é ouvir o som que as abelhas produzem. Se você não sabe o som de um enxame sem rainha, tente apanhar uma rainha e retire-a da colmeia, espere alguns minutos e escute. O enxame produz um rugido. Isto por vezes é chamado de "rugido de enxame sem rainha".

Outra pista é a presença de uma nova rainha prestes a iniciar a postura, é ver uma zona de alvéolos vazios rodeados por néctar, num cacho, onde elas abriram uma zona para a rainha colocar os ovos.

Um enxame irritado é muitas vezes sinal da falta de rainha ou então quando o enxame está num estado letárgico. Mas você precisa na mesma de procurar ovos e larvas.

Resumindo e concluindo a falta de rainha é difícil de diagnosticar. Uma combinação de vários destes sintomas (falta de ovos e criação, rugido, letargia ou raiva) tende a convencer-me. Mas apenas um sintoma ou dois, eu dou-lhes um quadro com cria aberta e ovos e vejo o que acontece.

É claro que isto ilustra a razão pela qual precisa de mais que uma colmeia.

Para mais informação veja a secção *Panaceia* e o Capítulo *BLUF*.

Troca de rainha

Há várias questões relacionadas com isto. Uma é "com que frequência devo eu trocar a rainha?". Os apicultores têm opiniões variadas sobre este assunto desde a resposta onde dizem que são duas vezes por ano ou até nunca. Eu deixo as próprias abelhas trocarem as suas rainhas, mas depois eu manipulo a enxameação e troco as rainhas quando as abelhas estão demasiado defensivas ou não estão bem.

A segunda questão é "como é que eu troco a rainha?". Isto pode envolver várias questões do tipo "o que é que eu faço se não consigo encontrar a rainha velha?" ou "como é que eu sei se elas vão aceitar a nova rainha?"

Eu não tive sorte até agora em libertar uma rainha num enxame com rainha. Talvez a única forma de fazer isso é criar as suas próprias rainhas e você introduzi-las em alvéolos ou rainha virgem usando muito fumo para disfarçar a sua entrada na colmeia. Dessa forma é mais provável elas verem essa rainha como uma que elas próprias criaram. De outra forma você precisa de remover a rainha velha de forma a introduzir a nova rainha já em postura. Se você não consegue mesmo encontrar a rainha velha e tem a certeza que precisa de introduzir a rainha nova, eu usaria uma gaiola de rainhas. Afinal de contas é o método mais seguro.

O método mais comum usando o doce funciona bem geralmente desde que não existam complicações (tais como obreiras poedeiras, abelhas irritadas, abelhas que já rejeitaram uma rainha, sem rainha à muito tempo, você não consegue encontrar a rainha velha, etc.). A gaiola tem uma rolha do lado onde se coloca o doce que você tira, (ou no caso das gaiolas da Califórnia, você adiciona um tubo de plástico que tem o doce por dentro ou enfia um *marshmallow* em miniatura no buraco) coloca a gaiola na colmeia e espera que as abelhas comam o doce todo e libertem a rainha. É vantajoso para melhor aceitação libertar as obreiras que estão junto à rainha na gaiola, mas se você for um novo apicultor pode achar isto intimidante. Uma Manga de Marcação de Rainhas (por exemplo as da empresa Brushy Mountain) ajuda muito nisto pois você pode fazer todas as manipulações numa situação em que a rainha não pode voar. Se você apanhar a rainha e colocar a cabeça dela na gaiola ela usualmente vai entrar a correr para a gaiola.

Colocar um alvéolo real em qualquer sítio onde existam abelhas suficientes para manter a futura rainha quente também funciona.

Gaiola Sobre o Favo

Esta é a forma mais fiável de libertar uma rainha em postura. O conceito disto é dar à rainha algumas novas amas que a vão alimentar e que a vão aceitar pois nunca tiveram outra rainha, alguma comida e um local para fazer a postura. Logo que ela estiverem em plena postura com novas amas o resto do enxame vai usualmente aceitá-la sem protestar.

Fazendo uma Gaiola Sobre o Favo

A maioria das pessoas fazem as gaiolas com cerca de 10cm quadrados. Eu prefiro fazê-las maiores. Quanto maiores forem mais fácil é ter algum mel (para que ela não morra de fome) alguns alvéolos abertos (para que ela tenha onde colocar os ovos) e alguma cria prestes a emergir (para que ela tenha amas que a alimentem). Eu gosto de as fazer com cerca de 12.5cm por 25cm. Corte uma rede metálica com buracos de 3.2mm ou 16cm por 29cm. Retire os primeiros três arames em volta deixado o resto dos arames com 9mm de fora e sem arames cruzados. Isto é para enfiar a gaiola no favo para que as abelhas não consigam entrar facilmente. Agora os arames dos cantos com 19mm (mais três arames) e faça um corte de 19mm (mais três arames) nos quatro cantos. Não importa a direção, mas você terá de dobrar em volta do canto. Dobre a ponta 19mm. Uma tábua ou esquina de uma mesa ajuda a fazer isso. Dobre os cantos 19mm. Você tem agora uma caixa sem fundo que tem 19mm de altura e 12.5cm por 25cm.

Usando a Gaiola Sobre o Favo

Encontre um favo com criação a emergir. O favo terá abelhas felpudas e a lutar para sair do alvéolo que abriram com as suas mandibulas. Uma abelha com a cabeça a sair do alvéolo é uma cria a emergir. Uma abelha com o seu abdómem fora do alvéolo é uma abelha ama a alimentar uma larva ou uma obreira a limpar o alvéolo. Sacuda (se houver muita abelha no favo) ou passe com uma escova para retirar as abelhas do favo. Liberte a rainha de um lado do favo onde há abelhas a emergirem e algum mel aberto. Coloque a gaiola por cima para que fique mel e cria a emergir por baixo dela. Alguns alvéolos abertos também são bons. Empurre a gaiola sobre o favo. Deve ficar 9.5mm sobre o favo para a rainha tenha espaço para se mover lá dentro. Arranje espaço na colmeia para esse quadro mais os 9.5mm. Algumas vezes haverá espaço suficiente e outras vezes terá de retirar um favo, mas você precisa ter o favo com a gaiola e mais 9.5mm entre a gaiola e o favo seguinte (19mm no total) para que as abelhas tenham acesso à caixa para conhecer a rainha e alimentar as ocupantes da caixa se quiserem. Volte ao fim de quatro dias e liberte a rainha removendo a gaiola.

Como é que eu mantenho rainhas alguns dias?

Se você precisa de manter rainhas em gaiola alguns dias com amas e doce, você pode minimizar o *stress* mantendo-as num local fresco (16°C a 21°C), escuro (como um armário), sossegado (como um armário ou cave) e dê-lhes uma gota de água cada dia para que consigam digerir o doce e assim elas aguentam-se por umas duas semanas se não começarem muito stressadas e as amas estão saudáveis. Dê-lhes uma gota de água logo que as receba e uma por dia nos dias seguintes. Se o doce parecer que está a acabar, você poderá ter de lhes dar uma gota de mel e uma gota de água por dia. Se todas as amas morrerem as rainhas vão necessitar de novas amas.

Para que serve a prancheta de agasalho?

A prancheta de agasalho foi inventada para criar uma zona de ar para reduzir a condensação na tampa. As primeiras eram de pano mas com o tempo as de madeira passaram a ser mais usadas. No norte o problema no inverno é a condensação e localiza-se mais na tampa. O ar quente e húmido do cacho de abelhas toca na tampa fria, condensa e pinga sobre o cacho de abelhas. A prancheta de agasalho foi criada para prevenir isto. Ao longo dos anos, muitos outros usos foram encontrados para ela. Você pode colocar um frasco invertido sobre o buraco da prancheta. Você pode colocar alças com quadros molhados de mel (após a cresta e extração) sobre as pranchetas para as abelhas limparem os quadros. Você pode colocar um escapa-abelha do tipo Porter no buraco da prancheta para tirar as abelhas da alça (Eu nunca tive muita sorte com isto). Você pode colocar uma rede dupla no buraco e colocar um núcleo por cima da colmeia na primavera ou outono para ajudar o enxame do núcleo a manter-se quente. (Isto não tem funcionado bem para mim no inverno devido à condensação).

Será que eu *posso não usar prancheta de agasalho*?

Se você usa tampas de transumância nas suas colmeias, você não precisa de uma e provavelmente não vai querer uma. Se você usa tampas telescópicas elas mantêm-se sem serem coladas pelas abelhas com própolis. É difícil remover uma tampa telescópica que está propolizada à caixa sem prancheta de agasalho pois não tem onde introduzir a sua ferramenta de apicultor para separar as partes propolizadas. Se você tem uma tampa telescópica, eu recomendo que você use uma prancheta de agasalho. Se você vive a norte e quer usar tampas de transumância, certifique-se que há algum tipo de entrada (você pode cortar um entalhe na tampa para fazer essa entrada. Veja as tampas de transumância da Brushy Mountain como exemplo) e coloque poliestireno expandido sobre a tampa com um tijolo por cima. O poliestireno expandido vai manter a tampa menos fria e a entrada por cima (através do entalhe) permite que o ar húmido saia.

Que cheiro é esse?

Os cheiros devem ser investigados. Eles são muito subjetivos e por isso é melhor você investigar as suas causas e associar um dado cheiro a uma dada ocorrência. O cheiro mais comum que preocupa as pessoas é o cheiro do mel de solidago (em inglês diz-se *goldenrod*) a amadurecer. Isto acontece por vezes entre o verão e o outono. Para mim, cheira como meias velhas de ginásio. Algumas pessoas dizem que cheira a doce de manteiga (em inglês chamam-lhe de *butterscotch*). A maioria das pessoas pensa que cheira a azedo.

Se você sente o cheiro de carne pútrida, eu investigaria. Por vezes você tem montes de abelhas mortas por causa de pesticidas ou pilhagem. Por vezes você tem doenças de criação. Vale sempre a pena investigar para saber qual é a causa.

Qual é o melhor livro de apicultura?

Todos eles. Leia todos os livros de apicultura que conseguir. Mas os meus favoritos são o velho *ABC and XYZ of Bee Culture*, *Hive and the Honey-Bee* e Langstroth, todos os do Richard Taylor e Frei Adam e os que eu coloquei na minha página sobre os livros clássicos de apicultura (bushfarms.com/beesoldbooks.htm). Adicionalmente se você já leu os livros de apicultura todos e quer saber ainda mais, todos os da Eva Crane são fascinantes.

Um bom livro para novos apicultores que queiram fazer apicultura natural, *The Complete Idiot's Guide to Beekeeping* é fantástico. Livros de apicultura genéricos para novos apicultores, *Backyard Beekeeping* de Kim Flottum é muito bom e simples.

Qual a melhor raça de abelhas?

Tem havido muita especulação pelos apicultores durante muitos séculos sobre este assunto. Eu suponho que entre a passagem do século XIX para o século XX houve provavelmente acordo. As abelhas Italianas eram as que a maioria das pessoas queriam. Agora há o mesmo número de pessoas que quer das Cárnicas ou Caucasianas ou Buckfasts ou Russas. Eu vejo mais variação de enxame para enxame do que de raça para raça. Eu diria que as melhores raças de abelhas são aquelas que sobrevivem à sua volta. São aquelas que estou a criar.

Mas se você quer comprar algumas rainhas, os problemas estão relacionados com a adaptação delas ao seu clima (por exemplo as Italianas estão provavelmente melhor adaptadas ao Sul e as Cárnicas estão melhor adaptadas ao Norte) e a saúde (comportamento higiénico, resistência aos ácaros da traqueia, resistência aos ácaros Varroa, etc.).

Porque é que há tanta abelha no ar?

Outras mensagens de pânico colocadas nos fóruns apícolas várias vezes por ano estão relacionadas com muitas abelhas a voar. Isto é usualmente interpretado pelos novos apicultores como enxameação ou pilhagem. Um enxame coloca muitas abelhas no ar, mas estão a dirigir-se para algum lado. Neste caso estão apenas a sobrevoar a colmeia. Se as abelhas parecem contentes e organizadas em vez de agitadas e a lutar na rampa de voo, e especialmente se dura pouco tempo durante uma tarde de sol; então é provável que sejam apenas abelhas jovens em voos de orientação. Procure sinais de luta na rampa de voo para determinar se é pilhagem ou não. Se não há sinais de pilhagem (nem luta nem montes de abelhas mortas), isto será um sinal de um enxame saudável. Se as abelhas que sobrevoam a colmeia parecem deixar um rasto de abelhas quando voam para mais longe, então é provável que seja um enxame que se está a juntar numa das suas árvores.

Porque é que há abelhas do lado de fora da minha colmeia?

Tipicamente os apicultores chamam a isto uma barba de abelhas porque muitas vezes parece que a colmeia tem uma barba. As causas são o calor, congestionamento e falta de ventilação. Certifique-se que elas têm espaço e ventilação e não se preocupe mais com isso.

Uma barba de abelhas é como o suor nas pessoas. É o que as abelhas fazem quando estão com calor.

É bom ajudar as abelhas a terem boa ventilação quando precisam e depois ver uma barba de abelhas como algo normal. Se você estivesse a suar faria tudo dentro do razoável para suar menos (ligaria uma ventoinha, abriria uma janela, tiraria a camisola, beberia muita água) e depois aceitaria o calor como algo normal.

Com as abelhas, certifique-se que elas têm ventilação por cima e por baixo, (abra a entrada de baixo, remova o tabuleiro se tem estrado sanitário, abra a caixa de cima, introduza uma alça para fazer caixa de ar), certifique-se que elas têm espaço suficiente (coloque alças conforme necessário) e depois não se preocupe mais com isso. Uma barba de abelhas não é prova de que as abelhas estejam para enxamear. É prova que as abelhas estão com calor. Eu penso que a falta de ventilação contribui para um "enxame superlotado" mas não é a única causa e não precisa de se preocupar se deu às abelhas ventilação e espaço suficiente.

Porque é que as abelhas estão a dançar na entrada de forma coordenada?

Algumas vezes por ano os novos apicultores querem saber o que as abelhas estão a fazer ao dançar de forma coordenada (oscilando ritmicamente) na rampa de voo. Isto é chamado de *washboarding* e na verdade ninguém sabe porque é que elas fazem isso, mas elas lá sabem o que fazem. Pessoalmente eu penso que é uma dança social. Talvez seja uma dança de ação de graças (em inglês é chamado de *thanksgiving*).

Porque não se usa uma ventoinha elétrica para ventilar?

Este assunto aparece muita vez. Eu nunca o consegui compreender, mas eu suponho que resulta no desejo de "ajudar". As abelhas, no entanto, têm um sistema de ventilação muito eficiente e preciso, tudo o que você faça vai provavelmente interferir com ele em vez de ajudar. O problema com a solução elétrica é que as abelhas vão lutar contra o ventilador. Eu penso que o melhor que você pode fazer é dar-lhes a tal ventilação por cima e por baixo e deixar que as abelhas controlem essa ventilação.

Porque morreram as minhas abelhas?

Se a morte ocorreu no inverno, deve verificar a causa da morte desta forma:

_ As abelhas estão em contato com as reservas de alimento? Não importa se elas têm mel, se elas não conseguem chegar até ele porque estão presas. Se não estão em contato com as reservas elas morrem de forme.

_ Se elas estão em contato com as reservas, será que há centenas de Varroas mortas no fundo da colmeia ou no tabuleiro do estrado sanitário (Eu teria o estrado colocado, certamente)? Se é o caso, eu penso que é seguro dizer que a causa primária da morte das abelhas foi a Varroa.

_ Há vários cachos pequenos de abelhas dentro da colmeia em vez de um cacho grande? Se sim eu suspeitaria que a causa foram os ácaros da traqueia.

_ Será que as abelhas estão molhadas e com bolor? Se sim eu suspeitaria que foi a condensação que as molhou e abelhas molhadas raramente sobrevivem.

_ É uma ideia muito comum que as abelhas mortas com a cabeça dentro dos alvéolos significa que elas morreram de fome. Todos os enxames mortos no inverno terão muitas abelhas com a cabeça dentro dos alvéolos. Essa é a forma como elas formam um cacho bem apertado para se aquecerem. Eu procuraria saber mais e se elas morreram em contato com as reservas ou não.

_ Se morreram durante uma época mais ativa do ano, eu procuraria por montes de abelhas mortas e por sinais de pilhagem. A pilhagem pode levar ao aparecimento de montes de abelhas mortas, mas há outros sintomas como favos roídos e abelhas frenéticas. As abelhas afetadas por pesticidas usualmente rastejam pelo chão enquanto não morrem e formam montes de abelhas mortas. Um enxame que em vez de aumentar o número de abelhas vai reduzindo, você provavelmente deverá verificar se tem uma doença da criação.

Porque é que as abelhas fazem cera de cores diferentes?

As abelhas apenas produzem uma cor de cera— branca.

Se elas trazem muito pólen sobre a cera ela torna-se amarela. Se elas fazem criação na cera, ela fica castanha por causa dos casulos. Se elas deixam muitos casulos, a cera fica preta.

Em relação aos opérculos, elas produzem dois tipos de opérculos. Para o mel são feitos de cera que forma uma camada hermética para impedir que o mel absorva humidade, então essa cera começa com a cor branca e se as abelhas trazem pólen sobre essa cera ela pode tornar-se amarela. Os opérculos da criação são uma mistura de cera com casulos que permite a respiração da pupa. Dependendo do tempo de opérculação, do seu grau de escurecimento e de quantos estão disponíveis, eles variam de uma cor amarela clara até a um castanho-escuro.

Com que frequência devo inspecionar?

Se você é um novo apicultor deve inspecionar de forma frequente. Não porque as abelhas precisam que você faça isso mas porque você não aprenderá nada se não observar. Relativamente às abelhas, você apenas precisa de as verificar com a frequência suficiente para que elas não fiquem sem espaço. Com que frequência? Eu tentaria não as incomodar todos os dias. Se você tem uma colmeia de observação pode aprender muito com ela. Se você tem uma janela numa colmeia ou uma prancheta feita de Acrílico pode observar ainda mais. Mas com uma colmeia típica eu acho que deve abrir a colmeia uma vez por semana ou algo parecido, até você conseguir adivinhar o que se passa lá dentro avaliando o exterior da colmeia. Eventualmente, se você pensa e espera ver algo e acerta, terá um bom sentido para avaliar o estado do enxame sem abrir a colmeia.

Devo eu abrir um buraco?

Usualmente a ideia é abrir um buraco para uma entrada de topo ou para ventilação. Eu não gosto de buracos no meu esquipamento. Aqui ficam as vezes em que eu me arrependo de ter feito buracos:

_ Alturas em que eu queria fechar a colmeia e esqueci do buraco. A manipulação de um escapa-abelha é um dos exemplos que me lembro.

_ Alturas em que eu acidentalmente coloquei a minha mão por cima, por baixo ou dentro do buraco quando levantava uma alça.

_ Alturas no inverno quando eu queria fechar mais a colmeia.

_ Alturas em que o enxame está fraco e não guarda bem ambas as entradas e é pilhado, tendo eu de encontrar uma forma de fechar o buraco.

_ Alturas em que eu preciso de uma caixa sem buraco e a única disponível tem um buraco.

Não há nada que você não consiga fazer em vez de fazer o buraco, como puxar a caixa 19mm para trás ou colocando alguns calços ou mesmo comprando um *Imirie shim* (um rectângulo ou quadrado de madeira em que um dos lados tem um buraco que serve de entrada para as abelhas, uma espécie de moldura).

Se você tem buracos no seu equipamento pode tapá-los com a tampa de uma lata pregada por cima do buraco. No apiário se está com pressa pode tapar temporariamente os buracos com um pedaço de cera de abelha.

Como é que eu tiro as abelhas dos favos?

Há duas formas primárias de tirar as abelhas dos favos. Escovar ou sacudir. Pratique algumas técnicas diferentes para descobrir qual a técnica que prefere para tirar as abelhas dos favos. Dependerá de muitas coisas. Favo novo e macio (sobre cera estampada ou não, com arame ou sem) se estiver pesado com o mel vai partir se o sacudir com demasiada força. Quando está quente fica ainda mais macio. Se não usa cera estampada, um favo que não esteja completamente seguro em todos os lados vai estar ainda mais frágil. Nesse caso deve usar a escova. Os favos velhos de criação nunca partem, não importa a força com que os sacode. Favos velhos que ainda não estejam um pouco macios você pode sacudir bem sem partirem, mas há um limite e você precisa de descobrir qual é baseado em todas as variáveis (novo, macio, velho e cheio casulos, pesado com mel, leve e com criação, etc.). Também não sacuda um favo com alvéolos reais ou você magoa as futuras rainhas. Use a escova. Fazendo um sacudimento duplo (sacode uma vez e imediatamente sacode de novo o mais rápido possível) funciona se você fizer isso bem. Pratique isso até conseguir o efeito desejado. Você pode "bater" as abelhas (o C.C. Miller usa a expressão "pound the bees"). Você pega na barra de cima do quadro de forma firme e bate com o seu outro punho nesse punho que segura a barra. O abanão vai desalojar as abelhas.

É uma daquelas coisas que é mais uma arte que uma ciência mas há princípios, e o primeiro é a surpresa. O secundário é que deve ser forte, não fraco. Parece contrário porque normalmente na apicultura você está a tentar fazer as coisas de forma lenta e graciosa e não fazer as coisas de repente. E finalmente para remover as abelhas tem mesmo de fazer as coisas de repente e com força. Não há forma graciosa e suave de fazer isso.

Quantos alvéolos há num quadro?

Quadros fundos com alvéolos de 5.4mm: 7000
Quadros fundos com alvéolos de 4.9mm: 8400
Quadros médios com alvéolos de 5.4mm: 4620
Quadros médios com alvéolos de 4.9mm: 5544

Escadas de cera?

A causa principal das escadas de cera entre caixas são as barras finas na parte de cima dos quadros. Todos os quadros de plástico têm disso. Eu apenas aceito isso.

"...aquele apicultor canadiano muito prático, J.B. Hall, mostrou-me as suas barras grossas de topo e disse-me que elas preveniam a construção de muitas escadas de cera entre as barras e as secções ...eu estou muito satisfeito que hoje em dia podem ser dispensadas tendo barras de topo com largura de 28.6mm e grossura de 22.2mm, com um espaçamento de 6.4mm entre as barras de topo e as secções. Não quer dizer que as escadas de cera estejam inteiramente ausentes, mas quase para que seja muito mais confortável manipular os favos do que com ripas de mel. De qualquer forma não há mais morte de abelhas que antigamente quando as ripas de mel de dauby

foram substituídas."--C.C. Miller, Fifty Years Among the Bees.
"P. Você acredita que uma barra de topo de criação com grossura de 12.7mm evitará a construção de escadas de cera por parte das abelhas nessas barras, tal como as barras de topo com grossura de 19mm? Que tipo você usa?
R. Eu não acredito que as barras de 12.7mm evitam a construção de escadas de cera tão bem como as de 19mm. As minhas são de grossura 22.2mm."--C.C. Miller, A Thousand Answers to Beekeeping Questions

Apêndice do Volume I: Glossário

Nota: muitos destes termos estão em Latin e o plural dos que acabam em "a" será "ae". O plural dos que acabam em "us" será "i". Os significados serão também dados no contexto da apicultura.

1,4-Diclorobenzeno = Um tratamento para matar a traça da cera em favos guardados. Um produto que se sabe ser carcinogénico.

7/11 ou Sete/Onze = Cera estampada com um tamanho de alvéolo de 700 alvéolos por decímetro quadrado onde sobram 11 alvéolos. Portanto 7/11. Na verdade os alvéolos de tamanho 5.6mm. São usados pois têm um tamanho que a rainha não gosta de usar para colocar os ovos pois são demasiado grandes para criação de obreira e demasiado pequenos para criação de zangões. Se a rainha fizer postura neles usualmente será de zangões. Esse tamanho de alvéolos apenas está disponível neste momento na empresa Walter T. Kelley.

A

A teoria da orientação de *Housel* = Uma teoria proposta por Michael Housel sobre os ninhos naturais que indica que têm uma orientação previsível na forma de "Y" no fundo dos alvéolos. Basicamente quando olhamos para um lado do favo um "Y" virado ao contrário aparece no fundo dos alvéolos e do outro lado um "Y", no centro do favo aparece um "Y" deitado e é igual de ambos os lados. Basicamente nós assumimos uma terceira barra na minha notação para fazer esses "Y" e assumimos uma colmeia de nove quadros e cada par é como o favo parece visto de lado: ^v ^v ^v ^v >> v^ v^ v^ v^

Abdómen = A parte posterior ou terceira parte do corpo da abelha que tem o estômago de mel, estômago, intestinos, ferrão e órgãos reprodutores.

Acarapis dorsalis = Ácaro que vive nas abelhas melíferas mas que não se consegue distinguir dos ácaros da traqueia (*Acarapis woodi*). É classificado de forma diferente simplesmente baseado na zona onde é encontrado, neste caso é nas costas das abelhas.

Acarapis externus = Ácaro que vive nas abelhas melíferas e que não se consegue distinguir dos ácaros da traqueia (*Acarapis woodi*). É classificado de forma diferente simplesmente baseado na zona onde é encontrado, neste caso é no pescoço das abelhas.

Acarapis vagans = Ácaro que vive nas abelhas melíferas e que não se consegue distinguir dos ácaros da traqueia (*Acarapis woodi*). É classificado de forma diferente baseado na zona onde se encontra, neste caso é em qualquer parte externa da abelha.

Acrescentamento = O termo teve a sua origem com os "skeps" que são colmeias de palha e era "um alargamento" que é o equivalente à alça que usamos hoje em dia. O uso corrente usualmente refere-o como uma moldura que é adicionada ao topo para alimentar as abelhas com bifes ou colocado debaixo de uma caixa pouco funda para a tornar numa caixa funda. O termo é mais usado na Inglaterra. Em inglês o termo é "Eke".

Acarapis woodi = Ácaro da Traqueia que infesta a traqueia das abelhas; por vezes chamado de Doença Acarina ou doença da Ilha de Wight.

Abelha melífera = A abelha comum *Apis mellifera*.

Abelhas Domesticas = Abelhas que vivem numa colmeia feita pelo homem. Devido à natureza selvagem das abelhas este é um termo relativo.

Abelha africanizada = Eu ouvi falar destas abelhas com o nome *Apis mellifera scutelata*. Mas as Scutelatas são na verdade abelhas de África, mais concretamente da Cidade do Cabo. Elas eram chamadas de *Adansonii*, ou pelo menos era o que o Dr. Kerr, que as criava, pensava que eram. A abelha africanizada é uma mistura de abelha Africana (Scutelata) com abelha Italiana. Elas foram criadas numa tentativa de aumentar a produção das abelhas. O Departamento de Agricultura dos Estados Unidos (DAEU) criou essas abelhas em Baton Rouge a partir de efetivo obtido pelo Dr. Kerr no Brasil. O DAEU trouxe por barco essas rainhas para os EUA durante muitos anos. Os Brasileiros também estavam na altura a fazer experiências com elas e a migração dessas abelhas foi assunto das notícias durante algum tempo. São abelhas extremamente produtivas mas também extremamente defensivas. Se você tem um enxame muito agressivo e que pensa serem abelhas africanizadas precisa trocar-lhes a rainha. Ter abelhas agressivas onde podem magoar pessoas é um ato irresponsável. Você deve tentar trocar-lhes a rainha (veja o capítulo Trocar a Rainha de Um Enxame Agressivo no Volume 3) para que ninguém, incluindo você, seja magoado.

Abelhas Melíferas Europeias = Abelhas da Europa em oposição às originárias de África ou outras partes do mundo ou mesmo abelhas cruzadas com as de África.

Abelha Buckfast = Uma raça de abelha desenvolvida pelo Frei Adam na Abadia de Buckfast na Inglaterra, escolhida pela sua resistência a doenças, pouco enxameadora, vigorosa, boa a construir favos e muito pouco agressiva.

Abelhas Guardas = Obreiras com cerca de três semanas de vida que possuem a capacidade de produzir o máximo de feromona de alarme e de veneno; elas desafiam todas as abelhas que entram e também qualquer outro intruso.

Abelhas Cárnicas do Novo Mundo = Um programa de criação de abelhas criado por Sue Cobey para encontrar e criar abelhas dos EUA com traços genéticos das Cárnicas e outros traços úteis comercialmente.

Abelhas Cárnicas = *Apis mellifera carnica*. São abelhas entre o castanho-escuro e o preto. Elas conseguem voar com tempo ligeiramente mais frio e na teoria são melhores em climas mais a norte. Elas têm a reputação de serem menos produtivas que as Italianas mas eu não tive essa experiência. As que eu tive eram muito produtivas e muito económicas no que respeita ao inverno. Elas invernam em pequenos cachos e param a criação quando não há alimento no campo.

Abelhas campeiras = Abelhas obreiras que têm usualmente 21 dias ou mais de idade e trabalham fora da colmeia na coleta de néctar, pólen, água e própolis.

Abelhas Cordovan = Um subgrupo das abelhas Italianas. Em teoria você pode ter abelhas Cordovan em qualquer raça, pois tecnicamente é apenas a cor, mas as que se vendem na América do Norte que eu já vi são todas Italianas. Elas são ligeiramente mais gentis, ligeiramente mais propensas a pilhagem e com um aspeto impressionante de ver. Elas não têm a cor preta e parecem muito amarelas à primeira vista. Olhando mais de perto você pode ver que onde as Italianas têm normalmente pernas pretas tal como a cabeça, estas Cordovan têm as pernas e cabeça de cor purpura.

Abelhas Caucasianas = *Apis mellifera caucasica*. São abelhas de cor cinzenta-prateada até a castanho-escuro. Elas propolizam excessivamente. É daquele própolis pegajoso em vez do própolis rijo. Elas frequentemente cobrem tudo com o própolis pegasojo e fica tudo como se fosse papel mata-mosca. Elas aumentam a população um pouco mais lentamente na primavera que as Italianas. Elas têm a reputação de serem mais gentis que as Italianas. Menos inclinadas para a pilhagem. Na teoria elas são menos produtivas que as Italianas. Eu penso que em média elas são similares em termos de produção que as Italianas, mas devido a pilharem menos você tem menos enxames muito fortes devido à existir menos pilhagem dos enxames vizinhos.

Abelhas em Pacote = Uma quantidade de abelhas adultas (0.9Kg a 2.3Kg), com ou sem rainha, dentro de uma gaiola de rainha com rede (para ventilação).

Abelhas Italianas = Uma raça comum de abelhas, *Apis mellifera ligustica*, com faixas castanhas e amarelas, provenientes da Itália; usualmente pouco agressivas e produtivas, mas tendem a pilhar e fazer criação sem parar.

Abelhas obreiras = Abelhas fêmeas inférteis cujos seus órgãos reprodutivos estão apenas parcialmente desenvolvidos e que são anatomicamente diferentes da rainha. Estão equipadas para e são responsáveis por todos os trabalhos rotineiros da colónia.

Abelhas Exploradoras = Abelhas obreiras que procuram uma nova fonte de pólen, néctar, própolis, água, ou uma casa nova para o seu enxame.

Abelhas perdidas = O movimento de abelhas que esqueceram a localização da sua colónia e entram em colmeias que não são a sua própria casa. Isto acontece muita vez quando as colmeias são colocadas numa linha reta, longa de colmeias onde as abelhas das colmeias do centro tendem a se perder e entram nas colmeias das pontas, ou quando se fazem desdobramentos e as abelhas campeiras voltam à colmeia original. O termo inglês para este fenómeno é "Drifting".

> *"A percentagem de abelhas campeiras com origem em colónias diferentes dentro do apiário vai desde 32% a 63%"— de um artigo, publicado em 1991 por Walter Boylan-Pett e Roger Hoopingarner em Acta Horticulturae 288, 6th Pollination Symposium (veja o artigo de Janeiro 2010 edição de Bee Culture, 36)*

Abelhas Russas = *Apis mellifera acervorum* ou *carpatica* ou caucasica ou cárnica. Algumas pessoas até dizem que elas são cruzadas com a *Apis ceranae* (muito duvidoso). Elas vieram da região de Primorsky na Rússia. Foram usadas para obter abelhas com resistência aos ácaros pois já estavam a sobreviver aos ácaros. São um pouco defensivas mas de formas pouco comuns. Tendem a embater muito contra quem se aproxima da colónia mas não tendem a ferrar. Qualquer cruzamento inicial entre duas raças diferentes de abelhas resulta em abelhas perversas e estas não são exceção. Elas são guardas atentas, mas não são usualmente "corredoras" (tendência a andar muito pelos favos onde você não consegue encontrar a rainha ou trabalhar bem com elas). A quantidade de enxameação e produtividade são um pouco mais imprevisíveis. Os traços genéticos não estão bem fixos. A frugalidade é similar às abelhas Cárnicas. Elas foram trazidas para os EUA pelo DAEU em Junho de 1997, estudadas numa ilha do Louisiana e depois testadas no terreno em outros estados em 1999. Começaram a ser vendidas ao público em geral em 2000.

Ácaros da Traqueia = Um ácaro que infesta a traqueia da abelha melífera. A resistência aos ácaros da traqueia é algo fácil de selecionar nas abelhas.

Ácaros Parasitas = Os ácaros Varroa e da Traqueia são os que têm maior impacto económico na apicultura. Há diversos outros ácaros que não causam problemas ou pelo menos ainda não foram descobertos problemas.

Agrafos de colmeia = Pregos de metal grandes em forma da letra C, pregados na madeira dos ninhos para os prender às alças e também entre alças. O seu uso destina-se a quando se quer mover uma colmeia que tenha alças de forma a não matar abelhas ou destruir favos.

Alça = Uma caixa com quadros nos quais as abelhas guardam o mel; usualmente colocadas por cima do ninho. O termo em inglês é "Super" e tem origem nessa mesma palavra proveniente do Latin que significa "por cima". No Brasil o termo usado é "Melgueira".

Alvéolo = Compartimento hexagonal de um favo.

Alvéolo Grande = Alvéolo de cera estampada estandardizada = 5.4mm de tamanho.

Alimentador divisor ou Alimentador de quadro = Um compartimento de madeira ou plástico que é pendurado numa colmeia tal como um quadro e que pode conter xarope de açúcar para alimentar as abelhas. A designação original (Divisor) era por ser *usado* para fazer uma divisão entre duas partes de uma caixa para a dividir em núcleos, usualmente para criação de rainhas ou fazer desdobramentos. Muitos deles têm um espaço-abelha em volta e não podem ser usados para fazer a divisão.

Alergia ao Veneno = Uma condição em que uma pessoa, quando ferrada, pode ter uma variedade de sintomas desde urticária até ao choque anafilático. Uma pessoa que quando é ferrada tem sintomas sistémicos (o corpo todo ou locais longe da parte onde foi ferrada) deve consultar o médico antes de trabalhar de novo com as abelhas.

Alimentador = Qualquer dispositivo usado para alimentar abelhas.

Alimentador de Saco = Este tipo de alimentador é apenas um saco do tipo *Ziploc* que é cheio com três quartos de xarope, deitado sobre as barras de topo e cortado por cima com uma faca bem afiada duas ou três vezes. As abelhas sugam o xarope até o saco ficar vazio. Uma caixa de um tipo qualquer é necessária para haver espaço. Um alimentador do tipo Miller ou uma moldura com 25.4mm por 76.2mm em volta ou apenas uma alça vazia. As vantagens são o custo (apenas o custo dos sacos) e as abelhas vão consumir o conteúdo mesmo em tempo frio pois o cacho de abelhas mantém o saco quente. As desvantagens são que você perturba as abelhas para colocar novos sacos e os sacos velhos ficam estragados.

Alimentador de fundo ou de estrado = Em inglês é chamado de "Bottom board feeder", no fim deste texto explicativo é mostrado um exemplo de um destes alimentadores que foram inventados por Jay Smith. É uma simples barragem feita com um pedaço de madeira com 19mm por 19mm colocada mais ou menos a 25mm recuada da frente a colmeia (mais ou menos a 46cm da traseira da colmeia). A caixa é deslizada para a frente para que fique uma abertura na parte traseira. O xarope é colocado por detrás. Uma pequena tábua pode ser usada para bloquear a abertura na parte traseira. As abelhas podem na mesma sair pela parte da frente simplesmente passando pela parte da frente da barragem. A imagem seguinte é tirada na perspetiva de quem está na parte traseira da colmeia a olhar na direção da frente da colmeia. Os cantos da madeira que faz a barragem foram realçados e colocadas etiquetas para que tudo faça mais sentido. Esta versão de alimentador não funciona num enxame fraco porque o xarope está demasiado próximo da entrada. Mata tantas abelhas como os alimentadores de quadro.

Alimentador de Miller = Alimentador de topo popularizado por C.C. Miller.

Alvéolos Pequenos = Alvéolos de tamanho 4.9mm. Usados por alguns apicultores para controlo dos ácaros Varroa.

Alvéolo natural = Alvéolo de um tamanho que as abelhas construíram sozinhas sem qualquer cera estampada.

Alimentador de Topo = Um alimentador do tipo Miller. Uma caixa que é colocada por cima da colmeia que contem o xarope. Veja "Alimentador de Miller".

Alvéolo de Enxameação = Alvéolos reais usualmente encontrados no fundo dos favos antes da enxameação.

Alvéolo Real = Um alvéolo especial alongado que parece a casca de um amendoim no qual a rainha é criada; usualmente com pouco mais de 1.9mm de comprimento, fica pendurado verticalmente no favo.

Amarela (rainha ou obreiras) = Quando usado para referir abelhas melíferas isto refere a cor castanha clara. As abelhas melíferas *não* são amarelas. Uma rainha *Amarela* é usualmente de um castanho-claro.

Amas (Abelhas Amas) = Abelhas jovens, usualmente dos três aos dez dias de idade, que alimentam e tomam conta da criação em desenvolvimento. Quando usado no contexto de rainhas em gaiolas, as obreiras que são adicionadas à gaiola para tomarem conta da rainha.

Antena = Um dos dois órgãos sensoriais localizados na cabeça da abelha, que permite à abelha cheirar e provar.

Apiário = Local onde se tem uma ou mais colmeias povoadas com abelhas melíferas.

Apiário distante = É um apiário mantido a alguma distância de casa ou do apiário principal do apicultor.

Apiarista = O apicultor.

Apicultura = A ciência e arte de criar abelhas melíferas.

Apicultor = Aquele que tem abelhas.

Apicultura transumante (Transumância) = A deslocação das colónias de um local para outro durante a mesma época para aproveitar dois ou mais fluxos de néctar ou para a polinização.

Apis mellifera mellifera = Estas são as abelhas nativas da Inglaterra ou Alemanha. Elas têm algumas das características de outras abelhas escuras. Elas tendem a ser corredouras (ficam muito excitadas nos favos) um pouco enxameadoras mas também parecem estar bem adaptadas ao clima do Norte.

Apis mellifera = Inclui as abelhas originárias de África e da Europa.

Aquecedor de opérculos = Aquecedor usado para tornar líquida a cera dos opérculos após serem removidos dos favos.

Aquecedor de Cera Solar = Uma caixa coberta por um vidro, usada para derreter cera dos favos e opérculos usando apenas o calor do sol.

Aquecedor Flash = Um dispositivo para aquecer mel muito rapidamente para prevenir que o mel fique estragado devido a períodos extensos de altas temperaturas.

Arame = Arame fino de 1mm, usado para reforçar a cera estampada que se destina a ser usada em quadros grandes de ninho ou em quadros de alça para os favos não partirem quando são extraídos, há quem use fios de pesca em vez de arame pois é mais fácil cortar alvéolos reais sem ter medo de acertar com a faca no arame.

Armadilha para Enxames ou Ratoeira para Enxames ou Caixa Isco para Enxames = Uma colmeia sem abelhas que é colocada de forma a atrair enxames "perdidos".

Árvore das abelhas = Um tronco oco de uma árvore ocupado por uma colónia de abelhas.

Aspirador de abelhas = Um aspirador usado para sugar abelhas quando se cortam favos ou se remove um enxame que se alojou por exemplo nas paredes de uma casa. Usualmente é uma conversão de um aspirador normal que se compra nas lojas. Necessita de ajuste cuidadoso para não matar as abelhas.

Aumento do efetivo = Adicionar mais colónias às já existentes, usualmente dividindo as que já tem. Veja a definição de Desdobramento.

B

Bacillus larvae = O nome antigo da *Paenibacillus Larvae*, a bactéria que causa a Loque Americana.

Bacillus thuringiensis = Uma bactéria natural que é pulverizada em favos vazios para matar traças da cera. Também vendida para controlar outros insetos específicos.

Banco de Rainhas = Local onde se colocam várias rainhas em gaiola, usualmente um núcleo ou colmeia.

Barra para cúpulas = Um pedaço de madeira com um entalhe onde as cúpulas (realeiras) são suspensas para a criação de abelhas rainhas.

Barra de baixo = A barra horizontal que se encontra na parte de baixo do quadro.

Barras laterais = Os pedaços de madeira de um quadro que estão nas pontas dele, são as barras verticais.

Barba de abelhas = Quando as abelhas se juntam na frente da colmeia, pode indicar falta de ventilação, calor excessivo ou demasiadas abelhas na colmeia.

Bater a colmeia = Dar pancadas ou socos nos lados de uma colmeia para fazer as abelhas subirem para dentro de outra colmeia, colmeia essa colocada do lado de cima ou para tirar abelhas de uma árvore ou casa. Isto não as vai tirar todas mas vai tirar um número muito significante de abelhas.

Bee Go = Ácido butírico que é usado para afastar as abelhas das alças. Isto cheira muito a vómito.

Bee gum = Termo inglês que designa um pedaço de uma árvore oca que é usado como colmeia.

Bee haver = Termo inglês criado por George Imirie. Aquele que tem abelhas mas ainda não aprendeu suficientemente a técnica para ser apicultor.

Bee Quick = Um químico que cheira a benzaldeído e que é usado para afastar as abelhas das alças.

Beelining = Termo inglês cuja tradução possível em português poderá ser "linha de abelha". Encontrar abelhas selvagens estabelecendo uma linha na qual as abelhas voam de volta a casa. Isto pode também incluir a marcação e cronometragem das abelhas para saber a distância e triangular a localização da colmeia através da libertação de várias abelhas em locais diferentes.

Beek = Abreviatura da palavra inglesa "Beekeeper" que significa apicultor em português.

Betterbee = Uma empresa de equipamento apícola de Nova Iorque. Têm muita coisa que mais ninguém tem. Também têm equipamento de oito quadros.

Benzaldeído = Um líquido sem cor e que não é tóxico com a fórmula química C6H5CHO que tem um odor como óleo de amêndoa amarga, que surge em muitos óleos essenciais e é por vezes usado para afastar as abelhas das alças. Também tem o cheiro das cerejas marrasquino. É o mesmo cheiro do produto "Bee Quick".

Black scale = Termo inglês que se refere às pupas secas, que morreram de loque americana, em português a tradução é "Escama preta".

Boardman feeder = São alimentadores que vêm em todos os conjuntos de equipamentos para novos apicultores. Eles são colocados na entrada e suportam um frasco de 250ml invertido. Eu ficaria com a tampa do frasco e deitaria fora o alimentador. Estes alimentadores causam pilhagem de forma muito frequente. É um alimentador onde se pode facilmente saber a quantidade de xarope lá dentro mas você precisa de sacudir as abelhas para abrir o frasco e encher. Em português o termo mais correto é "Alimentador de entrada".

Bidão de aço inox = Um bidão que tem capacidade entre os 50Kg a 1000Kg e está equipado com torneiras no fundo para encher frascos de mel.

Braula coeca = Uma mosca sem asas chamada frequentemente de piolho das abelhas.

Brushy Mountain = Uma empresa que vende equipamentos para a apicultura com a sua sede no Norte da Carolina.
Sítio na Internet: www.brushymountainbeefarm.com. Um das empresas que fomenta o uso de caixas médias e oito quadros por caixa. Eles possuem muitas coisas para venda que mais ninguém tem.

Bt = *Bacillus thuringiensis*. Uma bactéria que ocorre naturalmente e que é pulverizada sobre os favos vazios para matar traças da cera. Também é vendida para controlar as larvas de outros insetos específicos.

C

Cacho (de abelhas) = A parte mais densa de abelhas num dia quente, usualmente é o núcleo do ninho. Num dia de temperaturas abaixo dos 10ºC é o único local onde há abelhas. O termo é usado para indicar a localização de um enxame bem como as abelhas nessa localização.

Caixa pouco Funda = Uma caixa com profundidade de 17.4mm ou 14.6mm com quadros de profundidade 14mm.

Casulo = Uma cobertura fina de seda segregada pela larva da abelha melífera no seu alvéolo em preparação para o estado de pupa.

Canetas de Marcar Rainhas = Uma caneta de esmalte usada para marcar rainhas. Disponível nas lojas de ferragens com o nome de "canetas de esmalte". Também em lojas de apicultura com o nome de "Canetas de marcar rainhas". Ou as com tinta de água como as da marca POSCA que se vendem por exemplo nas papelarias.

Canto (da rainha recém-nascida) = Um conjunto de sons feitos por uma rainha, frequentemente antes de ela emergir do seu alvéolo. Quando a rainha ainda está dentro do alvéolo parece ser um "quack quack quack". Quando a rainha emerge soa mais como um "zoot zoot zoot".

Castas = Os três tipos de abelha que constituem a população adulta numa colónia de abelhas melíferas: obreiras, zangões, e rainha.

Carrinhos = Equipamentos usados para deslocar caixas e colmeias. Ajudam bastante tanto a reduzir o esforço como também a fazer o trabalho mais depressa.

Casaco de apicultor = Um casaco tipicamente de cor branca, usualmente com um fecho e chapéu com máscara, tem também elástico nas mangas e cintura, é usado como proteção quando se trabalha com abelhas.

Caixa de colmeia ou Caixa Ninho= Uma caixa de madeira que contem quadros. Usualmente refere-se ao tamanho da caixa usado para a criação.

Caixa Funda = Em termos de Langstroth uma caixa com profundidade de 24.4cm e favos de profundidade 23.5cm. Por vezes chamada de "Langstroth Deep" (Caixa Funda de Langstroth).

Câmara de Alimentação = Uma caixa cheia de mel como reserva para o inverno. Tipicamente uma terceira caixa funda usada numa gestão de ninho ilimitado.

Capta-pólen = Um dispositivo para apanhar as bolas de pólen que as abelhas campeiras trazem nas pernas traseiras; usualmente força as abelhas a passarem por buracos apertados de rede metálica ou plástico, usualmente são de tamanho 5mm o que faz com que as bolas de pólen caiam através de uma rede de 4mm para dentro de uma gaveta com um fundo também de rede metálica para que o pólen não ganhe bolor.

Caixa Média = Uma caixa com profundidade de 16.8cm e que leva quadros com profundidade de 15.6cm. Também chamada de Illinois ou Western ou de profundidade 1.9cm.

Caixa modelo = Uma caixa útil para pregar corretamente tanto as caixas ninho como as alças. (para ver mais imagens consulte o capítulo com o mesmo nome no Volume 3).

Cacho de Inverno = Uma bola muito compacta de abelhas dentro da colmeia que gera calor; Forma-se quando a temperatura ambiente é menor que 10ºC.

Caldeirinha de Cera = Um pequeno recipiente de metal, usualmente de cobre, com uma pega de madeira e uma ponta em bico por onde se deita a cera líquida. Pode ser aquecida de várias formas para derreter a cera de abelha e permite fazer o mesmo trabalho que um Tubo de Cera.

Caixa de Dez Quadros = Uma caixa feita para suportar dez quadros. 41.3cm de largura.

Caixa de Pólen = Uma caixa com criação movida para o fundo da colmeia durante o fluxo de néctar para aliciar as abelhas a guardarem pólen lá, ou uma caixa com quadros cheios de pólen que foi colocada no fundo de propósito. Isto dá reservas de pólen para o outono e inverno. O termo foi inventado por Walt Wright.

Caixa muito pouco funda = Uma caixa que tem profundidade entre os 11.9cm e 12.1cm. Usualmente usada para fazer favos pequenos para venda de mel em favo. Por vezes contem secções modificadas.

Cera Estampada ou Cera Moldada ou Cera Alveolada = Folhas finas de cera com relevos ou estampadas com a base dos alvéolos de obreiras (ou raramente de zangão) na qual as abelhas constroem um favo completo (chamado de favo puxado); vem com arame ou sem arame e também em folhas de plástico ou favos completos de plástico, podem ter diferentes grossuras (finas para mel, para mel, médias) e com tamanhos de alvéolos diferentes (criação=5.4mm, alvéolos pequenos=4.9mm, zangão=6.6mm).

Cera de abelha = A substância que é segregada pelas abelhas através de glândulas especiais na parte de baixo do abdómen, depositada em finas escamas, usada após ser mastigada e misturada com uma secreção das suas glândulas salivares para construírem o favo. O ponto de fusão da cera é entre os 62ºC a 64ºC.

Cera de reforço = Um pedaço de cera construída entre dois favos para os manter juntos, entre um favo e a madeira adjacente ou entre duas partes de madeira como por exemplo as barras de cima dos quadros.

Cera estampada com arame = Cera estampada na qual são imbutidos arames na vertical durante o seu fabrico.

Cera Estampada Fina para Mel = Uma cera estampada usada para a produção de mel em favo ou mel com pedaços de favo que é mais fina que a usada para o ninho. Mais fina que a cera estampada para mel.

Células do Esperma = As células reprodutivas do macho (gametas) que fertilizam ovos; também chamados de espermatozoides.

Choque Anafilático = Compressão dos músculos mais suaves incluindo os brônquios e vasos sanguíneos de um ser humano, causado, no contexto da apicultura, por hipersensibilidade ao veneno e que resulta numa possível morte a menos que a pessoa receba assistência médica imediata.

Clarificar o mel = Remoção de pequenas partículas visíveis a olho nu do mel de forma a aumentar a sua pureza.

Colocar Alças por Cima ou Colocar Alças no Topo = O ato de colocar alças por cima das alças já existentes na colmeia em oposição a colocar por baixo de todas as alças da colmeia, e diretamente em cima do ninho, que seria chamado de "Colocar Alças por Baixo" ou colocar caixas por baixo do ninho que é chamado de "Nadiring".

Colmeia Inicializadora = Uma caixa para a qual as abelhas foram sacudidas, é usada para iniciar realeiras, pode ser por vezes chamada de caixa de enxame.

Compromisso de Enxameação = Altura em que já se passou o ponto de não retorno onde uma colónia está comprometida na enxameação.

Colmeia Top Bar = Uma colmeia com apenas barras de topo e sem quadros, permite ter favos amovíveis sem ser preciso muito trabalho de carpintaria ou despesas.

Colmeia baú = Uma colmeia que funciona deitada na horizontal em vez de na vertical.

Colmeia de Observação = Uma colmeia feita na sua maioria de vidro ou plástico transparente para permitir a observação do trabalho das abelhas dentro da colmeia.

Corte da Asa da Rainha = Remoção de uma parte de uma ou das duas asas da rainha para prevenir que ela voe ou para melhor a identificar quando ela for trocada pelas abelhas.

Colocar Alças = O ato de colocar alças sobre uma colónia na expetativa de aproveitar um fluxo de néctar.

Colmeia finalizadora = Uma colmeia usada para terminar os alvéolos reais, isto é, são introduzidos na colmeia já selados e com as rainhas prestes a emergir. Por vezes são enxames com rainha, outras vezes sem rainha.

Colmeia caixão = uma colmeia que é colocada na horizontal em vez da vertical.

Colmeia comprida = Uma colmeia que é colocada na horizontal em vez de na vertical.

Colmeia = Uma caixa usualmente com quadros móveis, usada para alojar uma colónia de abelhas.

Colmeia Langstroth = O projeto básico da colmeia de L.L. Langstroth. Em termos modernos qualquer colmeia que leve quadros que têm uma barra no topo de comprimento 48.3cm e cabe numa caixa de comprimento 50.5cm. As largura variam desde núcleos de cinco quadros, caixas de oito quadros, caixas de dez quadros, com profundidade de Dadant, profundidade de Langstroth, Médias, pouco fundas e muito pouco fundas. Mas todas serão na mesma do tipo Langstroth. Isto pode distingui-las das WBC, Smith, National DE, etc.

Corbícula = Uma depressão lisa com pelos em volta, localizada na parte de trás da tíbia das abelhas e adaptada para carregar pólen e própolis.

Colmeia dadora = A colmeia da qual foram removidos ovos ou larvas para criar rainhas.

Colmeia isco, também conhecida como apanha enxames = Uma colmeia colocada de forma a atrair enxames selvagens. A colmeia isco ótima: Pelo menos 20 litros de volume. A 2.7m do chão. Entrada pequena. Favo velho. Óleo de citronela. Feromona de Rainha.

Colmeia Top Bar do Quénia = Uma colmeia top bar com os lados inclinados. A teoria é que as abelhas terão menos vontade de colar os favos às paredes da colmeia por causa da inclinação.

Colheita de mel = O mel que foi colhido durante uma cresta.

Colocar alças por baixo = É o ato de colocar as alças por baixo de outras já existentes na colmeia, diretamente sobre a caixa do ninho. A teoria é que as abelhas trabalham melhor quando a alça está diretamente por cima do ninho; em oposição a colocar alças por *cima* que é simplesmente colocar alças por cima das já existentes na colmeia.

Colónia = Um superorganismo feito de abelhas melíferas, zangões, rainha e criação em desenvolvimento que vivem como uma unidade familiar.

Criação operculada = Abelhas imaturas cujos alvéolos foram selados com tampas constituídas por cera e casulos. Essas tampas permitem trocas de gases entre o interior e exterior.

Cresta = Altura ou alturas do ano em que o apicultor retira o mel das colmeias, habitualmente apenas o mel das alças é recolhido ficando o mel do ninho ou ninhos como reserva para as abelhas e que deverá ser suficiente até ao próximo fluxo de néctar senão o apicultor terá de alimentar as abelhas.

Cria Giz (ascoferiose) = É uma doença causada por um fungo chamado *Ascosphaera apis*. Chegou aos EUA em 1968. Se você encontrar bolas brancas na frente da colmeia que mais parecem pequenos bagos de milho, provavelmente tem Cria Giz. Colocar a colmeia ao sol ou dar mais ventilação ao enxame usualmente resolve o problema. Mel em vez de xarope também pode contribuir para resolver o problema, isto devido a que o açúcar é mais alcalino (pH mais elevado) que o mel.

Cria arrefecida = Abelhas imaturas que morreram de frio; a causa mais comum é uma má gestão dos quadros ou dias de frio que aparecem de forma inesperada.

Criação de zangão = Criação, que matura em zangão, criados em alvéolos maiores do que os das obreiras. É uma criação evidentemente maior que a das obreiras e os opérculos são em formato de cúpulas.

Criação = Abelhas imaturas que ainda não emergiram dos seus alvéolos; em outras palavras, ovo, larva ou pupa.

Criação de rainhas acelerada = Um sistema de núcleos de fecundação onde há usualmente duas rainhas em cada núcleo, colocadas com uma semana de diferença, uma em gaiola e outra à solta e prestes a acasalar. Cada semana a que já acasalou é removida e a da caixa é solta e um novo alvéolo é colocado protegido com uma gaiola.

Colmeia Warré = Um tipo de colmeia top bar vertical inventada por Abbé Émile Warré.

Colmeia mãe de zangões = A colmeia cujo enxame foi encorajado a criar muitos zangões para melhorar o lado dos zangões no acasalamento com as rainhas. Baseado no mito que você pode influenciar as abelhas a criarem mais zangões. Tirar favo de zangão de enxames que você quer perpetuar e dar a outras colónias é a única forma de ter sucesso neste assunto dado que a colónia mãe vai então criar mais zangões enquanto as colónias que recebem esse favo de zangões vão criar menos dos seus próprios zangões porque estarão a criar os zangões dos enxames mãe.

Colmeia de Duas Rainhas = Um método de gestão onde mais de uma rainha existe numa colmeia. O objetivo é obter mais abelhas e mais mel.

Colmeia isco, Armadilha para enxames, Colmeia chamariz = Uma colmeia colocada num local apropriado para atrair enxames selvagens.

Colmeia Horizontal = Uma colmeia que é colocada na horizontal em vez de na vertical de forma a não ser preciso levantar caixas.

Colmeia Top Bar da Tanzânia = Uma colmeia top bar com as paredes verticais enquanto uma top bar do Quénia tem as paredes inclinadas.

Cúpulas = Base de uma realeira artificial, feita de cera ou plástico e usada para criar abelhas rainhas. Ou por vezes uma realeira que as abelhas fizeram muitas vezes sem razão aparente.

D

Dadant = Uma empresa que vende material apícola que foi criada em Illinois. Fundada por C.P. Dadant que foi um pioneiro da era da apicultura moderna e inventou, entre outras coisas, a caixa Jumbo e a caixa quadrada Dadant. (50.5cm por 50.5cm por 29.5cm), publicou e escreveu para o "American Bee Journal" e traduziu *"Huber's Observations on Bees"* de Francês para Inglês e publicou muitos livros, incluindo e não estando limitado às versões mais recentes do livro *"The Hive and the Honey Bee"*.

Dadant deep (caixa Dadant funda) = Uma caixa projetada por C.P. Dadant que tem uma profundidade de

29.5cm e os quadros têm uma profundidade de 28.6cm. Por vezes chamada de Jumbo ou "Extra Deep".

Dança da abelha = Uma dança usada para recrutar abelhas campeiras. Também usada pelas abelhas em alvéolos reais cuja rainha esteja prestes a emergir e possivelmente outras alturas também.

Demaree = Um método de controlo de enxameação que separa a rainha da maioria da criação dentro da mesma colmeia e causa nas abelhas a necessidade de criar outra rainha, neste caso o objetivo é ter uma colmeia com duas rainhas, a produção aumenta e a enxameação é reduzida.

Desbloqueio do ninho ou Gestão do Néctar = Um método de controlo de enxameação e gestão da colmeia em que Walt Wright foi pioneiro, o método consiste em alternar quadros com mel operculado com quadros com favos puxados mas vazios sobre o ninho no fim do inverno. Em inglês o termo usado é "Checkerboarding".

Desdobramento = Separar uma colónia para formar duas ou mais colónias.

Distúrbio do colapso das colónias = Um problema recentemente nomeado em que a maioria das abelhas na maioria das colmeias de um apiário desaparecem levando a rainha, a criação saudável e apenas algumas abelhas ficam nas colmeias juntamente com bastantes reservas alimentares.

Diástase = Um enzima de digestão do amido no mel que é afetado adversamente pelo calor; usado em alguns países para testar a qualidade e o histórico de aquecimento do mel armazenado.

Diploide = Que tem na sua posse um par de genes, tal como as obreiras e rainha têm, em oposição a haploide, que tem apenas um gene tal como os zangões têm.

Divisão = Separação uma colónia para formar duas ou mais colónias.

Divisor = Uma tábua ou pedaço de plástico como um quadro mas justo por todos os lados que é usado para dividir uma caixa em mais compartimentos que funcionam como núcleos.

Duplo andar ou Dupla profundidade = Refere-se a uma colmeia cujo enxame está alojado em duas caixas iguais.

Doze Quadros (caixa ou colmeia) = Uma caixa feita para suportar doze quadros. A sua dimensão é 50.5cm por 50.5cm.

Diminuição = Qualquer declínio rápido na população de uma colmeia. A morte rápida de abelhas velhas na primavera; por vezes chamada de diminuição de primavera ou doença do desaparecimento.

Disenteria (diarreia) = Uma condição das abelhas adultas caracterizada por uma diarreia severa (evidenciado por traços castanhos ou amarelos na frente da colmeia) e usualmente causado por estarem muito tempo fechadas dentro da colmeia (por causa do frio ou pela manipulação feita pelo apicultor), fome, comida de baixa qualidade, ou uma infeção de Nosema.

E

Escapa-abelha Cónico = Um escapa-abelha com a forma de um cone, que permite às abelhas uma saída num só sentido; usado numa prancheta especial para retirar as abelhas das alças.

Efeito chaminé = Quando as abelhas enchem apenas os quadros do centro das alças.

Estômago de mel (saco de mel) = Um alargamento na parte posterior do esófago das abelhas que fica no seu abdómen, capaz de expandir quando cheio de líquido como por exemplo néctar ou água. Usado com o propósito de transportar água, néctar e mel.

Enxame com boa Rainha ou Enxame com Rainha Fecundada ou Colónia Normal (com rainha) = Uma colónia que contem uma rainha capaz de fazer postura de ovos férteis e gerar as feromonas apropriadas que satisfaçam as obreiras da colmeia o que as leva a pensar que está tudo bem (diminui-lhes a agressão e estimula-as a trabalhar).

Efetivo Sobrevivente = Abelhas criadas a partir de abelhas que estavam a sobreviver sem tratamentos. Muitas vezes chamado de abelhas ferozes.

Emersão de Colmeias em Cera a ferver= Um método de proteger a madeira e também de esterilizar o equipamento (caixas, quadros e estrados) contra a Loque Americana, onde o equipamento é "fritado" numa mistura de cera e resina. Usualmente feito com parafina e por vezes com cera de abelha.

Emigração = Quando a colónia inteira abandona a colmeia devido a pragas, doenças ou outras condições adversas.

Enxame Primário = O primeiro enxame que sai da colónia mãe, usualmente com a rainha velha.

Enxertia = Remover uma larva de obreira do seu alvéolo e colocar essa larva num alvéolo artificial para que as abelhas a tornem numa rainha.

Enxameação = O método natural de uma colónia de abelhas se reproduzir.

Enxame sacudido = Um enxame artificial feito através do sacudimento das abelhas dos favos para dentro de uma caixa com fundo de rede metálica e que leva uma rainha em gaiola até esse novo enxame aceitar a rainha. Um dos métodos para fazer desdobramentos (ou multiplicação de enxames). É também o método usado para fazer pacotes de abelhas.

Enxame = Um grupo de abelhas temporário quando ainda sem casa (colmeia artificial ou qualquer local escolhido pelas abelhas), que contem pelo menos uma rainha, essas abelhas são provenientes de uma colónia mãe e o seu objetivo é criar uma nova colónia; a enxameação é o método natural dos enxames se propagarem a partir de colónias de abelhas já estabelecidas. É habitual também se chamar de enxame a uma colónia de abelhas já estabelecida.

Escamas de Cera ou Flocos de Cera = Uma gota de cera líquida que endurece tomando a forma de uma escama ao ter contato com o ar; as abelhas pegam nessas escamas, juntam-lhe substâncias na sua saliva e moldam-nas em favos.

Escudo = Parte de trás do tórax de alguns insetos incluindo a *Apis mellifera* (abelha melífera). Usualmente dividido em três áreas: o pré-escudo anterior, o escudo e o escudo posterior.

Esmagamento das Abelhas = Um termo que descreve o que acontece quando um quadro está demasiado próximo de outro ou das paredes laterais da colmeia ou quando o apicultor puxa o quadro demasiado depressa e as abelhas são esmagadas entre duas superfícies. Isto faz com que as abelhas fiquem muito zangadas e por vezes é a causa que leva à morte de uma rainha.

Esclerito = Uma placa sobre o corpo de um artrópode na sua região dorsal que lhe permite dobrar o seu corpo.

Estrado Sanitário = A parte do fundo da colmeia que tem uma rede metálica (usualmente com buracos de 3.2mm) que permite uma boa ventilação e que deixa as Varroas caírem para o chão. Na Europa há quem lhe chame "Open Mesh Floor" (Fundos de Rede Aberta).

Um estrado sanitário com tabuleiro

Escapa-Abelha de Porter = Introduzido em 1891, é um dispositivo que permite a passagem das abelhas apenas para um dos lados, usa duas barras finas de metal que cedem quando as abelhas as empurram; usado para tirar as abelhas das alças mas pode ficar bloqueado pois os zangões ficam muitas vezes entalados.

Espermateca = Um pequeno saco ligado ao oviduto da abelha rainha no qual são guardados todos os espermatozoides recebidos pela rainha quando acasalou com os zangões.

Espiráculos = Aberturas do sistema respiratório de uma abelha que podem ser fechados quando a abelha quer. Estão presentes nos lados das abelhas na região do tórax. Eles são consideravelmente mais pequenos do que a traqueia que protegem. O primeiro espiráculo torácico é aquele que é infiltrado pelos ácaros da traqueia pois é o maior. Quando fechados os espiráculos não deixam passar o ar.

Época de enxameação = A altura do ano, usualmente no fim da primavera e inicio do verão, quando os enxames saem.

Estágio = Refere-se ao desenvolvimento larvar da abelha melífera que tem cinco partes. As melhores rainhas são enxertadas no primeiro dia (de preferência) ou segundo dia de estágio e não mais tarde que isso. Em inglês o termo é "Instar".

Espaçador = Uma tábua fina usada no lugar de um quadro, usualmente quando há menos do que o número normal de quadros numa colmeia. Isto é referido usualmente a um espaçador que tem em sua volta o espaço-abelha e é usado para que os quadros se tirem e ponham sem matar abelhas e para reduzir a condensação nas paredes da colmeia. Por vezes é usado para referir um pedaço de madeira que não permite a passagem de abelhas e é usado para dividir a caixa em duas partes podendo assim ter duas colónias. Quando feito e usado para este efeito deve ser chamado de Divisor.

Escadas de cera= Pequenos favos fora do espaço normal do quadro onde o favo costuma estar. A cera de reforço pode cair também nesta categoria.

Escapa-abelha = Um dispositivo construído para permitir às abelhas passar de um lado para o outro mas previne que elas voltem; usado para tirar as abelhas das alças e outros usos. O mais comum parece ser do tipo Porter que é feito para entrar no buraco da prancheta de agasalho. O mais eficiente parece ser o triangular que tem a sua própria prancheta.

Escova de abelhas = Uma escova macia ou espanador ou pena grande ou um pedaço de erva usado para remover as abelhas dos favos.

Espaço-Abelha = Um espaço entre 6.4mm e 9.5mm que permite a passagem de uma abelha mas que é demasiado pequeno para encorajar a construção de favo e demasiado grande para induzir a propolização.

Estrado = O fundo da colmeia.

Escapa-abelha em Cone = Um cone de rede metálica ou rede mosquiteira usado para direcionar abelhas de uma casa ou árvore para dentro de uma colmeia temporária.

Esticador de Arames ou Alicate Esticador de Arames = Um dispositivo usado para ondular o arame depois de estar colocado no quadro para que fique bem esticado e assim segurar melhor a cera do favo. Também melhora a aderência do arame à cera.

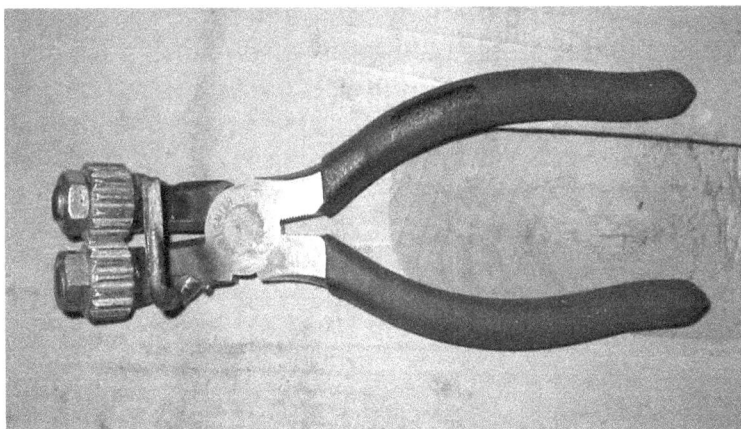

Eucalipto = Uma colmeia num tronco oco, feita através do corte de uma parte de uma árvore que contem abelhas e é deslocada para o apiário, ou cortando uma parte oca de um tronco, colocar uma tábua por cima como tampa e colocar um enxame lá dentro. Devido a não ter favos removíveis, e devido a cada estado individual nos EUA ter leis que requerem favos moveis, é assim ilegal nos EUA. Em inglês o termo é "Gum" e por vezes também "log-gum".

Extrator Radial= Uma máquina que usa a força centrifuga para retirar o mel dos favos deixando-os intactos; os quadros são colocados como raios de uma roda, com as barras de topo viradas para fora, para tirar partido da inclinação para cima dos alvéolos.

Excedente (cera estampada) = Refere uma folha fina de cera estampada usada para o mel em favo. O nome refere as folhas de cera estampada extra que você recebe de meio quilo de cera.

Excluídor de Rainha = Um dispositivo feito de arame, madeira ou zinco (ou alguma combinação dos elementos mencionados) que tem aberturas 0.4cm até 0.42cm, que permitem a passagem das abelhas obreiras mas não da rainha e zangões; usado para reter a rainha numa parte específica da colmeia, usualmente no ninho.

Extrator de mel = Um equipamento que remove o mel dos alvéolos do favo através da força centrifuga. Os dois tipos principais são os tangenciais onde os quadros ficam em pé com um dos lados virado para fora e têm de ser virados para extrair o mel do outro lado, e os radiais onde os quadros ficam como os raios de uma roda e os dois lados são extraídos ao mesmo tempo.

Extrair a Cera = O processo de derreter os favos e opérculos e filtrar os resíduos da cera.

Ezi Queen = Um marca particular de um sistema de criação de rainhas sem enxertia.

F

Faca de Desopercular = Uma fava usada para cortar os opérculos dos favos com mel selado antes de extrair o mel; água quente, vapor ou eletricidade aquecem essas facas para ser mais fácil cortar.

Falta de alimento no campo = Um período de tempo em que não há alimento no campo para as abelhas, devido a condições do tempo (chuva, seca) ou altura do ano. Em inglês é comum usar o termo "Dearth".

Favo de zangão = Favo que é feito de alvéolos maiores do que os da cria de obreira, usualmente de tamanho 5.9mm até 7.0mm nos quais os zangões são criados, o mel e o pólen também são guardados neles.

Favo = As estruturas de cera numa colónia onde os ovos são depositados, mel e pólen é guardado. Têm a forma de hexágonos.

Favo Natural = Favo que as abelhas construíram sozinhas sem uso de cera estampada.

Favo de Obreira = Favo com alvéolos de 4.4mm a 5.4mm nos quais as obreiras são criadas mas também onde pode ser guardado mel e pólen.

Favos puxados = Favo com a profundidade completa de cera preparado para criação ou néctar, com os alvéolos puxados pelas abelhas que completam o favo em oposição à cera estampada que ainda não foi trabalhada pelas abelhas e não tem as paredes dos alvéolos.

Fato de apicultor = Um fato completo normalmente de cor branca, é feito para proteção dos apicultores dos ferrões das abelhas e também para manterem as suas roupas limpas. A maioria vem com máscara com fecho.

Ferrão = Um órgão pertencente exclusivamente aos insetos fêmea, desenvolvido a partir de mecanismos de postura de ovos, usado para defender a colónia; modificado para servir como um dardo através do qual o veneno é injetado. Nas obreiras ele tem farpas que o prendem onde as elas ferraram, as abelhas ao puxarem-no desprendem-no do seu corpo mas ele continua a injetar veneno e a abelha acaba por morrer pouco tempo depois.

Filamento ou Cordão de Muco = Um cordão de muco que parece um elástico quando puxado com um palito. Teste diagnóstico usado em criação selada quando se suspeita da presença de Loque Americana.

Ferramenta de apicultor (Raspador) = Um pedaço de metal liso usado como alavanca para separar caixas e quadros quando estão colados com própolis, tipicamente com uma parte curva usada para raspar ou com um gancho para levantar quadros numa das pontas e na outra uma lâmina lisa.

Feromona de Alarme = Uma substância química (iso-pentyl acetate) que tem um odor similar ao cheiro de banana, é libertada por uma glândula perto do ferrão da abelha, alerta o enxame para um ataque.

Feromona Mandibular de Rainha (FMR) = Uma feromona produzida pela rainha e dada às amas que a alimentam que depois partilham essa feromona com o resto da colónia e assim todas as abelhas sabem que têm uma boa rainha. Quimicamente a FMR tem diversos componentes, pelo menos 17 são os principais mas há outros presentes em menores quantidades. Cinco dos principais são: 9-ox-2-decenoic acid (9ODA) + cis & trans 9 hydroxydec-2-enoic acid (9HDA) + methyl-p-hydroxybenzoate (HOB) e 4-hydroxy-3-methoxyphenylethanol (HVA). As rainhas recentemente emergidas produzem muito pouco FMR. Ao sexto dia elas já produzem suficiente FMR para atrair zangões para acasalar. Uma rainha em postura produz o dobro dessa quantidade. FMR é responsável pela inibição da troca de rainha pelas obreiras, atrai os zangões para acasalar, estabiliza e organiza o enxame em volta da rainha, atrai um séquito de abelhas atendentes (amas), estimula as abelhas campeiras a procurar alimento e cuidarem da criação, aumenta também a moral das abelhas da colónia. A falta da FMR parece atrair abelhas para a pilhagem da colmeia.

Ferramenta de picking = Uma agulha ou sonda usada para transferir uma larva quando se fazem enxertias para alvéolos reais.

Ferozes (rainhas ou abelhas) = Sabendo que todas as abelhas da América do Norte são consideradas como tendo alguma genética das abelhas domesticas, o que a maioria das pessoas chama de abelhas "selvagens" são realmente abelhas "ferozes". Algumas pessoas usam o termo "Abelhas sobreviventes". Essas abelhas foram capturadas e usadas para criar rainhas o que significa que elas *eram* ferozes em oposição a dizer que elas *são* ferozes.

Fluxo de Néctar = Um período de tempo em que o néctar está disponível no campo.

Fertilizado = Usualmente refere os ovos postos por uma abelha rainha, eles são fertilizados pelo esperma guardado na espermateca da rainha, durante o processo de postura. Estes ovos desenvolvem-se em obreiras e rainhas.

Forética = No contexto dos ácaros Varroa refere-se ao estado em que elas estão nas abelhas adultas em vez de estarem dentro dos alvéolos selados (operculados) a desenvolverem-se ou a reproduzirem-se.

Fumigador = Um recipiente de metal com um fole que pode queimar diversos combustíveis para gerar fumo; fumo esse que é usado para interferir com a habilidade das abelhas cheirarem a feromona de alarme e assim se controla a agressividade das abelhas durante as inspeções à colmeia.

Fundo Sem Fundo= Um dispositivo para dividir uma colónia numa parte sem rainha para inicializar alvéolos reais e reunir com o resto da colónia com rainha tornando-a numa colmeia finalizadora sem ser preciso abrir a colmeia. Um termo muito usado em inglês para o dispositivo é "Cloake Board"

Frutose = Açúcar da fruta, também chamado de levulose (açúcar virado para a esquerda), um monossacarídeo de presença comum no mel que é lento a granular.

Fumagilin-B = Bicyclohexyl-ammonium fumagillin, cujo nome comercial era Fumidil-B (Abbot Labs) mas agora parece ser chamado de Fumagilin-B, é um pó esbranquiçado que é solúvel em água e foi descoberto em 1952; alguns apicultores misturam-no com xarope de açúcar e dão às abelhas para controlar a doença Nosema. Fumagilin também é mais solúvel que o Fumidil. O seu uso na apicultura é ilegal na união europeia porque é suspeitado que o teratogen pode causar defeitos nos recém-nascidos. A Fumagilin pode bloquear a formação dos vasos sanguíneos por se ligar a um enzima chamado methionine aminopeptidase. Rutura do gene alvo de methionine aminopeptidase 2 resulta num defeito de gastrulação embrionica e paragem do crescimento das células do Endotélio. É produzido a partir dos fungos que causa a cria giz, *Aspergillus fumigatus*. Fórmula: (2E,4E,6E,8E)–10-{[(3S,4S,5S, 6R)-5–methoxy-4-[2–methyl–3-(3–methylbut–2-enyl) oxiran–2-yl]-1-oxaspiro[2.5]octan-6-yl]oxy}-10-oxo-deca-2,4,6,8-tetraenoic acid

G

Gaiola de rainha = Uma gaiola especial em que as rainhas são colocadas antes de serem enviadas por correio e/ou introduzidas a uma colónia, usualmente com 4 a 7 obreiras jovens que alimentam a rainha e a aquecem, tem usualmente uma tampa com doce.

Gaiola de Cravar no Favo ou Gaiola de Cravar na Cera = Gaiola feita de uma rede metálica com buracos de 3.2mm, usada para introduzir ou manter rainhas retidas numa pequena parte do favo. Usualmente usada sobre alguma criação a emergir e também sobre mel (para alimentar as abelhas).

Garfa = Um enxame que sai da colmeia a seguir ao enxame primário. Estes enxames têm uma ou mais rainhas virgens.

Garfo desoperculador = Uma ferramenta parecida com um garfo, usada para remover a cera dos opérculos que tapam o mel para que o mel se possa extrair. Usualmente usado em zonas menos espessas do favo onde uma faca de desopercular não chega.

Geleia Real = Um produto muito nutritivo, de textura e cor similar ao leite que é segregada pelas glândulas hipofaríngeas das abelhas amas; usada para alimentar a rainha e as larvas mais jovens.

Glucose = É um açúcar simples (ou monossacarídeo) e é um de dois açúcares principais encontrados no mel; forma a maioria da parte sólida do mel granulado.

Granulação ou Cristalização do mel = O processo pelo qual o mel, uma solução supersaturada (mais sólidos que líquidos) vai-se tornar sólido ou cristalizar; a velocidade de granulação depende dos tipos de açúcar no mel, os cristais semente (como por exemplo pólen ou cristais de açúcar) e a temperatura. A temperatura ótima para a granulação é de 14ºC.

Glândula faríngea = Uma glândula localizada na cabeça da abelha obreira que segrega geleia real. Uma substância rica em mistura de proteínas e vitaminas. Que é dada como alimento a todas as larvas de abelhas nos primeiros três dias das suas vidas e às rainhas durante toda a sua vida.

Glândulas Ceríferas = As oito glândulas localizadas nos quatro segmentos visíveis, situam-se posição ventral do abdómen das abelhas obreiras jovens; é onde elas segregam escamas de cera (por vezes chamados de flocos ou fragmentos).

H

Haploide = O que possui um só par de genes tal como os zangões têm, em oposição a pares de genes como as obreiras e a rainha têm.

Hemolinfa = O nome científico para o "sangue" de um inseto.

Honey Bee Healthy = Uma mistura de óleos essenciais (capim-limão e hortelã-pimenta) vendidos como fortificantes do sistema imunitário das abelhas.

Honey Super Cell = Favos completamente de plástico para caixas fundas e com alvéolos de tamanho 4.9mm.

Hipersensibilidade ao Veneno = Uma condição em que uma pessoa se for ferrada terá muita probabilidade de ter um choque anafilático. Uma pessoa com este problema deve ter sempre consigo um conjunto de emergência para a picada de insetos durante o tempo quente.

Hidroximetilfurfural (HMF)= Um componente natural do mel que vai aumentando a sua quantidade com o passar do tempo e se o mel for aquecido acima de 40ºC o HMF sobe bastante.

I

Ilhó = Peça opcional que se coloca num buraco do quadro onde passam os arames e que é feito de metal; usado para impedir que os arames que reforçam a estrutura do favo cortem a madeira. Muitas pessoas usam agrafos no sítio onde a madeira ficaria cortada ou estalada.

Illinois = Uma caixa com profundidade de 16.8cm e com quadros de profundidade 15.9cm. Também chamado de Médio, Western e de profundidade 1.9cm.

Imirie shim = Um dispositivo cuja criação terá sido de George Imirie que é uma moldura de 1.9cm com uma entrada. Permite que você adicione uma entrada entre duas partes do equipamento da colmeia.

Infértil = Que não é capaz de produzir um ovo fertilizado, como uma obreira poedeira ou rainha cuja postura é só de zangões. Ovos não fertilizados desenvolvem-se apenas em zangões.

Inibine = O efeito antibacteriano do mel causado por enzimas e pela acumulação de peróxido de hidrogênio, um resultado da química do mel.

Incrustador de Cera Manual = Um dispositivo usado para embutir mecanicamente os arames na cera estampada usando a pressão exercida pelas mãos do apicultor em vez de usar eletricidade para os arames entrarem na cera derretida pelo calor gerado. No Brasil é chamado de "Carretilha de Apicultor".

Inseminação artificial (IA) = A introdução de espermatozoides de zangão numa rainha virgem através de instrumentos especiais para o efeito.

Invertase = Um enzima presente no mel que separa a molécula de sacarose (um dissacarídeo) em dois dos seus componentes, a dextrose e a levulose (dissacarídeos). Isto é produzido pelas abelhas e colocado no néctar para o converter durante o processo de fazer mel.

Isomerase = Um enzima bacteriano usado para converter glicose do xarope de milho em frutose, é um açúcar mais doce; que é agora usado como alimento de abelhas.

J

Jenter = Uma marca particular de um sistema de criação de rainhas onde não é necessário enxertar.

L

Lang = Uma abreviatura que designa uma colmeia do tipo Langstroth.

Langstroth, Rev. L.L. = Um nativo da Filadélfia que foi padre (1810 a 1895), ele viveu algum tempo em Ohio onde continuou os seus estudos e escreveu sobre as abelhas; reconheceu a importância do espaço-abelha o que resultou no desenvolvimento da versão mais recente de colmeias com quadros móveis.

Larva aberta = O primeiro estádio de desenvolvimento da abelha que começa no quarto dia após a postura do ovo até ser selado (operculado) do nono ou décimo dia.

Larva selada = O segundo estádio de desenvolvimento da abelha que se prepara para entrar no estádio de pupa e fiar o seu casulo (cerca do décimo dia após a postura do ovo).

Largura dupla = Uma caixa que é duas vezes mais larga do que uma de dez quadros. 83cm de largura.

Lavagem com álcool = Colocar uma tampa cheia de abelhas num jarro com álcool para matar as abelhas e os ácaros para que se possa contar a Varroa. O teste com açúcar em pó é similar só que não mata as abelhas.

Levulose = Também chamada de frutose (açúcar da fruta), um monossacarídeo que se encontra de forma muito comum no mel e que é lento a granular (cristalizar).

Linha de voo = Usualmente refere a direção na qual as abelhas voam quando saem da sua colónia; se for obstruída por uma pessoa, pode causar a colisão acidental das abelhas com essa pessoa e eventualmente as abelhas ficam zangadas.

Loque Europeia = Causada por uma bactéria. Era chamada de *Streptococcus pluton* mas agora o novo nome é *Melissococcus pluton*. A Loque Europeia é uma doença da criação. Uma larva infetada torna-se castanha e a sua traqueia castanha escura. Não confunda isso com larvas que são alimentadas com mel escuro. Não é apenas a comida que é castanha. Olhe para a traqueia. Quando a situação piora a criação vai morrer e talvez fique preta e talvez os opérculos afundem mas usualmente a criação morre antes de ser operculada. Os opérculos do ninho ficam espalhados, sem um padrão uniforme, porque as abelhas têm removido as larvas mortas. Para diferenciar isto da Loque Americana use um palito, mexa uma larva infetada com ele e puxe-o. A Loque Americana faz um "fio" com 5cm a 7.6cm.

Loque Americana = Para mais detalhes veja o capítulo *Inimigos das Abelhas*. É causada por uma bactéria que forma esporos. Costuma ser chamada de *Bacillus larvae* mas foi recentemente renomeada para *Paenibacillus larvae*. Uma larva infetada com Loque Americana usualmente morre após o alvéolo ser selado mas parece doente antes. O padrão de criação é irregular. Os opérculos afundam e por vezes ficam furados. As larvas mortas há pouco tempo formam um fio quando mexidas e puxadas com um palito. Cheiram a podre e há poucos cheiros parecidos. As larvas mortas há mais tempo tornam-se em escamas que as abelhas não conseguem remover.

Luvas = Cabedal, pano ou borracha que se usam enquanto se trabalha com as abelhas.

M

Mandibulas = As maxilas de um inseto; usadas pelas abelhas para fazer os favos, raspar pólen, nas lutas e para pegar em resíduos dentro da colmeia.

Manga de Marcação de Rainhas = Um tubo com uma rede de plástico onde o apicultor introduz ambas as mãos para marcar as rainhas e elas assim não conseguem fugir voando, também funciona no caso do apicultor apenas querer libertar as atendentes (amas) da rainha que estejam na gaiola sem o perigo da rainha fugir. Estão à venda na empresa Brushy Mountain.

Massa de Pólen ou Bola de Pólen = O pólen armazenado nas corbículas (cestos de pólen) das abelhas e que é transportado para a colmeia, as abelhas armazenam esse pólen rolando-o até dentro dos alvéolos, a ele juntam néctar, o pólen é compactado dentro dos alvéolos através de pressão exercida pelas abelhas com a sua cabeça, por fim esse pólen é selado com uma fina camada de mel.

Marcar = Pintar um pequeno ponto de esmalte ou tinta de água (Por exemplo as canetas da marca POSCA) na parte de trás do tórax da rainha para ser mais fácil de identificar, saber a sua idade e se ela foi trocada pelas abelhas.

Máscara = Rede que protege a cabeça do apicultor e o seu pescoço dos ferrões das abelhas.

Maxant = Um fabricante de equipamento de apicultura que faz desoperculadores, extratores, ferramentas de apicultor, etc.

Média = Quando usado para referir cera estampada, média refere-se à grossura da cera e *não* à profundidade do quadro. Neste caso é de grossura média e com alvéolos para obreiras.

Melissococcus pluton = O novo nome dado pelos taxonomistas à bactéria que causa a Loque Europeia. O nome antigo era *Streptococcus pluton*.

Método "Better Queens" = Um método de criar rainhas sem enxertar, similar ao atual de Isaac Hopkins (em oposição ao método de "Hopkins"). Tipo o método de Alley mas com favo novo em vez de favo velho.

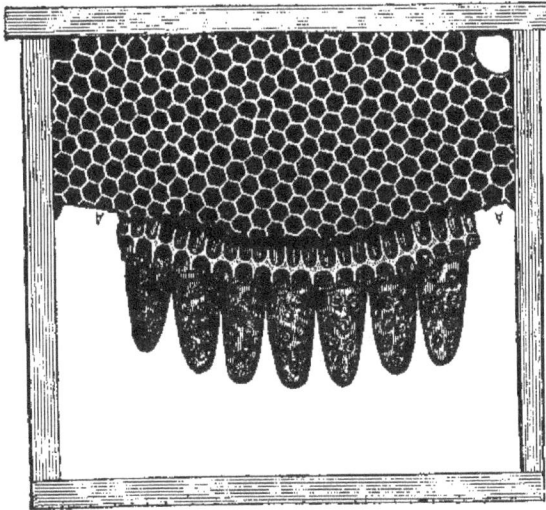

Método de Alley

Método de Alley = Um método que não requer enxertia num sistema de criação de abelhas onde as abelhas são colocadas numa "caixa de enxameação" para as convencer da falta de rainha e juntamente com um pedaço de favo velho é colocada uma barra onde as abelhas fazem os alvéolos reais.

Midnite = Um hibrido F1 resultado do cruzamento das linhas genéticas Caucasianas e Cárnicas. Criado por Dadant e filhos e vendido durante anos por York. Originalmente eram duas linhas genéticas de Caucasianas mas eventualmente tornou-se num cruzamento entre Caucasianas e Cárnicas.

Mel = Uma substância doce e viscosa produzida pelas abelhas a partir do néctar das flores ou de meladas (doce produzido por plantas ou insetos), composto na sua maioria por uma mistura de dextrose (glicose) e levulose dissolvidas em cerca de 17% a 19% de água; contem pequenas quantidades de sacarose, matéria mineral, vitaminas, proteínas e enzimas.

Mel em Favo = Mel dentro do favo, pedaços de favo cortados à medida a partir de favos maiores ou produzidos e vendidos como uma unidade separada, tais como uma secção de madeira com um quadrado de lado 11.4cm ou um anel de plástico.

Mel fermentado = Mel que contenha demasiada água (mais de 20%) no qual as leveduras cresceram e causaram que parte do mel se transformasse em dióxido de carbono, água e álcool.

Mel Natural = Mel que não tenha sido muito filtrado ou aquecido.

Mel com pedaços de favo = Pedaços de favo cortados e colocados dentro de frascos que são depois cheios de mel.

Mel em Favo Cortado = Mel em favo cortado em vários tamanhos, as bordas são drenadas e os pedaços embrulhados e colocados em pacotes individuais.

Mel Extraído = Mel removido dos favos, usualmente através da força centrífuga (usando um extrator) de forma a deixar os favos intactos em vez de esmagar os favos e filtrar o mel (Veja em *Esmagar e Filtrar*).

Mel Excedente = Qualquer mel extra que o apicultor remove, mais do que aquele que as abelhas precisam para o seu próprio uso tal como reserva para o inverno.

Marcas de Passagem = As marcas escuras na superfície dos favos com mel causadas pelas abelhas que andam pela sua superfície.

Mel em creme = Mel que foi processado de forma controlada para granular de forma a produzir uma fina textura de doce ou mel cristalizado que se espalha facilmente à temperatura ambiente. Isto usualmente envolve adicionar pequenos cristais "semente" e manter o produto a 14ºC.

Melaria = Um edifício usado para atividades tais como a extração do mel, embalamento e armazenamento.

Melada = Uma substância excretada pelos insetos da subordem Homóptera (afídio) que se alimentam da seiva das plantas; devido a conter quase 90% de açúcar é coletado pelas abelhas e guardado como mel de melada.

Miller Bee Supply = Uma empresa apícola da Carolina do Norte (www.millerbeesupply.com). Que entre outros produtos tem equipamentos de oito quadros.

Método de Miller = Um método de criação de rainhas sem ser necessário enxertar que involve uma parte de um favo com criação aberta cortada de forma irregular (\/\/\/) para as abelhas criarem rainhas.

Método de Smith = Um método de criar rainhas que foi popularizado por Jay Smith, que usa caixa para enxames como inicializadora e usa a enxertia de larvas para realeiras.

Método de Hopkins = Um método que não necessita de enxertia para criação de rainhas que se faz colocando um quadro com larvas jovens na posição horizontal sobre o ninho.

Método do jornal = Uma técnica para juntar duas colónias através de uma barreira temporária feita de jornal. Usualmente uma folha com um pequeno corte. Usualmente você certifica-se primeiro que as abelhas de ambas as colónias podem voar e ventilar a colmeia.

Método de Doolittle = Um método de criação de rainhas que envolve exertia de larvas jovens para dentro de alvéolos reais artificiais. Descoberto primeiro por Nichel Jacob em 1568, depois escrito por Schirach em 1767 e depois Huber em 1794 e finalmente popularizado por G.M. Doolittle no livro "*Scientific Queen Rearing*" em 1846.

Moldura de Hopkins = Uma moldura usada para manter um quadro na horizontal para criar rainhas sem ser preciso enxertar.

N

Nadiring = Colocar caixas por baixo do ninho. Isto é uma prática comum para quem não usa cera estampada, incluindo quem tem colmeias do tipo Warré.

Nasonov = Uma feromona produzida por uma glândula por baixo da ponta do abdómen das obreiras que serve primariamente como feromona de orientação. É essencial no comportamento de enxameação e a sua libertação acontece frequentemente após perturbações da colónia. É uma mistura de sete terpenóides, a maioria dos quais é Geranial e Neral, que são um par de isômeros usualmente misturados e chamados de Citral. Óleo essencial de capim-limão ou citronela (*Cymbopogon*) possuem na sua maioria estes cheiros e são úteis em colmeias-isco e em colmeias onde se vão colocar novos enxames pois são cheiros que as abelhas estão familiarizadas.

Néctar = Um líquido rico em açúcares, feito pelas plantas e segregado por glândulas nectáreas dentro ou perto das flores; é o líquido que as abelhas transformam em mel.

Nicot = Uma marca particular de um sistema de criação de rainhas sem enxertia.

Ninho = Parte da colmeia onde a criação está; pode incluir uma ou mais caixas e favos intermédios. Muitas vezes usado para referir uma caixa funda pois são as mais comuns para a criação.

Ninho ao ar livre = Uma colónia de abelhas que construiu o seu ninho nos ramos de uma árvore em vez de um tronco de uma árvore ou colmeia.

Ninho Ilimitado ou "Câmara de alimentação" = Tendo as abelhas numa configuração onde o ninho não está limitado por um excluídor de rainha e onde as abelhas passam o inverno em mais caixas para permitir que armazenem mais comida e se expandam mais na primavera.

Ninho bloqueado = Um termo criado por Walt Wright (em inglês diz-se "Backfilling") que descreve o processo de criação de um ninho cheio de mel. As abelhas enchem de mel o ninho e assim a rainha não tem onde pôr os seus ovos, perde peso e origina uma enxameação.

Nosema = Doença causada por um fungo (que era classificado como um protozoário) chamado *Nosema apis*. A solução comum usando químicos (que eu não uso) era Fumidil que foi recentemente renomeado para Fumagilin-B. Dar às abelhas mel ou xarope é um remédio eficaz. Os sintomas são os intestinos das abelhas ficarem brancos e distendidos, disenteria e especialmente quando se observa o Nosema usando um microscópio sobre os intestinos de uma abelha campeira aberta.

Ninho bloqueado por pólen = Uma condição em que o ninho de uma colmeia fica tão cheio de pólen que não há alvéolo onde a rainha possa fazer a sua postura.

Nuc ou Núcleo = Uma pequena colónia de abelhas muitas vezes usada na criação de rainhas ou a caixa onde um pequeno enxame está alojado. O termo refere-se ao facto que os elementos essenciais: abelhas, criação, comida e uma rainha ou os meios para fazer uma, estão lá para o enxame crescer e tornar-se numa colónia, mas ainda não é uma colónia.

Núcleo de fecundação = Um pequeno núcleo para o propósito do acasalamento de abelhas rainha que é usado na criação de rainhas. Eles variam desde os de dois quadros de tamanho estandardizado usado pelo apicultor como ninho até aos mini núcleos vendidos para esse propósito que têm quadros mais pequenos que os quadros normais. O conceito de todos os núcleos de fecundação é usar o mínimo de recursos para o acasalamento das rainhas.

O

Obreiras poedeiras = Abelhas obreiras que põem ovos numa colónia que não tenha criação aberta durante algumas semanas por falta da feromona dessa criação que inibe a postura das obreiras; os ovos postos por elas são inférteis, pois as obreiras não acasalam e assim apenas geram zangões.

Óleo essencial de capim-limão (erva-príncipe) = Óleo essencial usado para atrair enxames pois contém muitos constituintes da feromona de Nasonov.

Obreiras polícia ou Policiamento de Obreiras = Obreiras que removem os ovos postos por outras obreiras.

Ovo Não Fertilizado = Um ovo que não foi unido com esperma, nas abelhas dá origem a um zangão.

Ocidental (caixa ou colmeia) = Eu tenho visto isto de duas formas. Uma caixa que tem profundidade de 16.8cm e os quadros têm 15.9cm de profundidade. Também chamadas de Western, Illinois e Médias. Ou pode referir-se a uma caixa com 19.4cm.

Oito quadros = Caixas que foram feitas para conterem oito quadros. Usualmente com largura entre 34.3cm e 35.6cm dependendo do fabricante. Tipicamente de 34.9cm de largura.

Ovos = A primeira fase do ciclo de vida da abelha, usualmente postos pela rainha, são ovos cilíndricos 1.6mm de comprimento; fechados com uma membrana flexível chamada de "Chorion". Parecem grãos de arroz.

Opérculos = Pedaços finos de cera que tapam os alvéolos que contêm mel; são cortados ou raspados quando se preparam os favos para a extração do mel.

Ovário = A parte de um animal ou planta que produz ovos.

Ovulo = Um célula germinativa imatura feminina que se desenvolve numa semente.

Ovariolo = Qualquer dos vários túbulos que compõem o ovário de um inseto.

Oxitetraciclina = Um antibiótico vendido com o nome comercial de Terramicina; usado para controlar a Loque Americana e Europeia que provocam doença na criação.

P

Paralesia ou Vírus da Paralesia Aguda = Uma doença viral da abelha adulta que afeta a sua habilidade de usar as pernas e asas normalmente.

Pastagem = Fonte natural de comida para as abelhas (néctar e pólen) de flores selvagens e cultivadas. Pastar é o ato de recolher essa comida.

Pão de abelha = Pólen fermentado e guardado na colmeia para ser usado na alimentação da criação.

Partenogénese = O desenvolvimento de abelhas novas a partir de ovos não fertilizados postos por fêmeas virgens (rainhas ou obreiras); nas abelhas normalmente tais ovos desenvolvem-se em zangões.

PermaComb = Quadros com favos completos feitos em plástico de profundidade média e com alvéolos equivalentes ao tamanho de 5.0mm após o preenchimento com cera pelas abelhas.

PF100 (funda) e PF120 (média) = Alvéolo pequeno em quadros com folha estampada de plástico, disponíveis na empresa Mann Lake. Com medidas de 4.95mm. Os compradores de tal produto dizem que as abelhas aceitam de forma excelente e constroem perfeitamente os alvéolos.

Picking chinês = Uma ferramenta para enxertar larvas que é feita de plástico, marfim ou bambu que tem uma "língua" retrátil que desliza por baixo da larva e quando libertada empurra a larva para fora dessa "língua". Muito popular porque é mais fácil de trabalhar que muitas das agulhas de enxertia e levanta também mais geleia real durante o processo. A qualidade varia e muitas pessoas recomendam a compra de vários tipos e a escolha do que você mais gostar de usar.

Pinça para apanhar rainhas ou Mola de cabelo apanha rainhas = Um dispositivo usado para apanhar a rainha que parece uma mola de cabelo. Disponível na maioria dos vendedores de material apícola.

Plantas melíferas = Plantas cujas flores (ou outras partes) produzem néctar suficiente para produzir um excedente de mel; exemplos são as plantas do género aster, tílias, citrinos, eucaliptos, solidago e plantas do género *nyssa*.

Prancheta de fumigação = Um dispositivo usado para guardar uma certa quantidade de um químico volátil (Um repelente de abelhas como o *Bee Go* ou *Honey Robber* ou *Bee Quick*) para tirar as abelhas das alças.

Produção de feromona de Nasonov = Abelhas que têm o seu abdómen estendido e estão a bater as asas de forma a espalhar essa feromona. O cheiro é parecido com o do limão.

Postura de zangão = Uma rainha que apenas faz postura de ovos de zangão (uma que já não tem esperma para fertilizar ovos) ou obreiras poedeiras.

Ponto de não retorno (enxameação) = O ponto no qual cada colónia decide enxamear ou não. Depois deste ponto as abelhas ou ficam comprometidas na enxameação ou elas ficam comprometidas em cuidar das reservas para o inverno seguinte.

Preparação para Enxameação = A sequência de atividades das abelhas que levam a uma enxameação. Visualmente você pode observar um enchimento do ninho com reservas pelas obreiras para que a rainha não tenha onde colocar ovos.

Pólen = As células reprodutivas masculinas que parecem pó (Gametófito) das flores, formado nos estames e são fontes importantes de proteína para as abelhas; o pólen fermentado (pão de abelha) é essencial para as abelhas alimentarem a criação pois essa criação precisa de muita proteína.

Prancheta de agasalho = Uma cobertura de isolamento térmico que se coloca sobre a alça ou ninho no topo da colmeia mas por baixo da tampa, tipicamente com um buraco oval ou circular no centro. Em tempos era feita de pano e chamada de "cobertura invernal" ou em inglês "quilt board".

Pracheta Escapa-Abelha = Um pedaço de madeira ou platex que tem um ou mais escapa-abelha que é usado para tirar as abelhas das alças.

Pequeno Escaravelho da colmeia (*Aethina tumida*) = Uma praga recentemente importada para os EUA cujas larvas destroem os favos e fermentam o mel. Recentemente foi introduzido acidentalmente em Itália onde ainda não estava presente.

Proteção contra ratos = Um dispositivo que reduz a entrada da colmeia para que os ratos não consigam entrar. Muito comum com rede metálica com buracos de 6.35mm.

Probóscide = A parte da boca da abelha que tem um tubo de sucção ou língua.

Pilhagem = O ato em que as abelhas roubam mel e/ou néctar de outras colónias; também se aplica ao ato das abelhas limparem alças com restos de mel ou cera dos opérculos após a cresta e outras vezes também se aplica quando o apicultor faz a cresta pois na verdade também está a roubar o mel das colmeias.

Profundidade = A medida vertical de uma caixa ou quadro.

Própolis = Resinas de uma planta que são recolhidas pelas abelhas, misturadas com enzimas da saliva das abelhas e usadas para encher pequenos espaços dentro da colmeia ou para criar uma película e esterilizar tudo dentro da colmeia. Tem propriedades anti-microbianas. É tipicamente feita com substâncias similares a cera dos rebentos de plantas da família dos tulipeiros mas pode ser desde resina de árvores até alcatrão das estradas.

Rede de recolha de própolis

Propolizar = Encher algo de própolis (também chamada de "cola de abelha").

Puxar cera = A atividade das abelhas jovens, quando cheias de mel ou néctar, penduram-se umas nas outras usualmente para segregar cera mas também quando formam barba e enxameiam. Em inglês o termo usado é "Festooning".

Pupa = O terceiro estádio de desenvolvimento de uma abelha durante o qual fica inativa e selada dentro do seu próprio casulo.

Q

Quadro = Uma estrutura retangular feita em madeira e projetado para as abelhas criarem os seus favos para colocarem a criação ou alimento, consiste em uma barra de topo, duas barras laterais na vertical e uma barra no fundo; usualmente espaçados respeitando o espaço-abelha.

Quadros que Mantêm o Espaço-abelha ou Quadros de Hoffman = Quadros construídos para que tudo menos as barras laterais (as verticais que são os espaçadores) fique com um intervalo de uma abelha respeitando assim o espaço-abelha quando o apicultor os aperta uns contra os outros numa caixa. Por vezes esse espaçamento é assegurado através de agrafos.

Quantidade de humidade = No mel, a percentagem de água não deve ser maior que 18.6%; qualquer percentagem acima disso permite que o mel fermente.

Quebra-vento = Estrutura construída ou barreiras naturais que reduzem a velocidade do vento especialmente no inverno e que protegem assim os enxames.

Quadro Sem Cera Estampada = Um quadro com algum tipo de guia de favo ou sem guia mas colocado entre dois favos bem puxados que é usado sem cera estampada ou folha de plástico com o padrão dos alvéolos.

Quadros amovíveis ou Quadros móveis= Quadros que são feitos para uma colmeia e que podem ser manipulados e inspecionados individualmente. Colmeias Top bar têm favos amovíveis mas não quadros. As colmeias Langstroth têm favos amovíveis *em* quadros. Um quadro construído de tal forma que preserva o espaço-abelha para que seja facilmente removido; quando colocados mantêm-se livres do que os rodeia.

Quitina = Material do qual é formado o exosqueleto de um inseto.

R

Rainha = Uma abelha fêmea completamente desenvolvida que faz a postura de todos os ovos da colónia.

Rainha Virgem = Uma abelha rainha que ainda não acasalou.

Rainha Testada = Uma rainha cuja descendência mostra que ela acasalou com zangões da sua própria raça e tem outras qualidades que fazem dela uma boa mãe para uma colónia. Uma rainha a quem lhe foi dado tempo para mostrar quais as suas qualidades.

Rainha fértil = Uma rainha que foi bem inseminada.

Rainha com postura de zangão = Uma rainha que apenas consegue pôr ovos não fertilizados, devido à sua idade, acasalamento falhado ou tardio, doença ou ferimento.

Ranhura = Em marcenaria é um entalhe na madeira. O quadro descansa sobre uma dessas ranhuras nas colmeias Langstroth e os cantos das colmeias são também ranhuras e por vezes com encaixe do tipo emalhetado.

Raças de Abelhas = Em taxonomia isto é na verdade uma variedade mas na apicultura é tipicamente chamado de "raça". Todas as abelhas são Apis mellifera. As mais usadas neste momento nos EUA são as Italianas (lingústica), Carniolas (cárnica) e Caucasianas (caucásica). As Russas são carpática, acervorum, cárnica ou caucásica dependendo com quem você falar.

Rampa de voo = Uma estranha construção que é uma pequena plataforma para as abelhas pousarem na entrada da colmeia e dá acesso ao interior da colmeia. Usualmente apenas uma tábua de fundo da colmeia mais comprida. Por vezes em alternativa é colocada uma tábua inclinada. As abelhas na natureza não têm rampas de voo. Eu chamo a isso uma "rampa para ratos" pois o único propósito real que eu vejo é um local onde os ratos têm um acesso mais conveniente ao interior da colmeia.

Rauchboy = Uma marca em particular de fumigadores que têm uma câmara de combustão interna para que o fogo tenha oxigénio de forma mais consistente. Há quem altere fumigadores normais colocando uma lata com furos por dentro para o mesmo efeito.

Realeira = Um alvéolo com a forma de uma taça que está pendurado na vertical no favo mas que não contém ovos; também pode ser feito artificialmente com cera ou plástico para criar rainhas.

Reação Alérgica = Uma reação sistémica a algo, tal como o veneno da abelha, caracterizado por urticária, dificuldades a respirar ou perda de consciência. Isto pode ser distinguido de uma reação normal ao veneno de abelha que é comichão e sensação de queimadura na zona da pele onde a abelha ferrou.

Rede Métalica Anti-Pilhagem = Uma rede metálica usada para impedir a entrada das abelhas que querem pilhar a colmeia mas deixa passar as abelhas da própria colmeia.

Rede dupla= Uma moldura de madeira de grossura 1.27cm a 1.9cm com duas camadas de rede metálica para separar duas colónias dentro da mesma colmeia, uma por cima da outra. Muitas vezes uma entrada é cortada do lado de cima e orientada para a traseira da colmeia para a colónia de cima, outras vezes são incorporadas mais aberturas o que torna tudo numa moldura do tipo *Snelgrove*.

Retirar enxame = Remover uma colónia de abelhas de um local onde não tenham favos móveis cortando os favos e atando-os a quadros.

Redutor de entrada = Um pedaço de madeira que é usado para regular o tamanho da entrada.

Regressão = Aplicado ao tamanho do alvéolo, abelhas grandes, de alvéolos grandes, não conseguem construir alvéolos de tamanho natural. Elas constroem algo intermédio. A maioria faz alvéolos de 5.1mm para criação de obreiras. A regressão é deixar as abelhas grandes voltar a serem de tamanho pequeno para que possam construir alvéolos mais pequenos.

Resíduos da Cera = Os resíduos do derretimento de favos e opérculos após a cera ser extraída ou removida; usualmente contem casulos, pólen, corpos de abelhas e pó. Em inglês o termo é "Slumgum".

Reorientação = Quando as abelhas tomam atenção ao seu redor e pontos de referência para garantir que se lembram da localização da sua colónia. Várias coisas podem desencadear a reorientação. As abelhas jovens orientam-se (não é uma reorientação mas o comportamento é igual) quando saem pela primeira vez da colmeia. Uma rainha virgem orienta-se durante cerca de um dia antes de sair para o voo de acasalamento. Quando as abelhas estão fechadas muito tempo ao saírem fazem uma reorientação. Até mesmo quando estejam fechadas pouco tempo o comportamento ocorre. Fechá-las durante 72 horas causa virtualmente que todas as abelhas se reorientem. Quando o tempo aquece após dias frios e elas podem voar, sobrevoam a colmeia e fazem nova reorientação. A reorientação é desencadeada mesmo que o tempo em que as abelhas estão fechadas não chegue às 72 horas. Mais tempo não faz diferença significativa. Obstruções causam usualmente uma reorientação (folhas na entrada, um ramo em frente à colmeia, etc.) tal como perturbações em geral como bater ou vibrar a colmeia um bocado. Num dia quente sacudir um quadro ou dois de abelhas para dentro da colmeia tende a desencadear uma libertação da feromona de Nasonov que também tende a desencadear a reorientação.

Resíduos = Escamas de cera e resíduos que por vezes se acumulam no fundo de uma colónia natural.

Resistência a doenças = A habilidade que um organismo tem de evitar uma doença em particular; de forma primária devido a imunidade genética ou comportamento que evita a doença.

Riscas de Tigre (rainha) = Marcas de um tipo particular numa rainha. Não com as mesmas riscas de uma obreira (que possuem bandas muito precisas) mas mais como "chamas".

Rins = Na verdade as abelhas não possuem rins. Elas possuem Tubos de Malpighi que são filamentos finos que se projetam na junção do intestino médio ao intestino traseiro das abelhas que limpa a hemolinfa (sangue da abelha) de desperdícios nitrogenados e os depositam como cristais de ácido úrico não tóxico na parte dos seus resíduos que não podem ser digeridos para futura eliminação. Eles servem o mesmo propósito nas abelhas tal como os rins nos outros animais.

S

Sacarose = Um polissacarídeo. O açúcar principal do néctar. As abelhas melíferas transformam-no em Dextrose (Glucose) e Frutose através de enzimas.

Sala de Aquecimento ou Caixa de Aquecimento = Uma sala ou caixa com isolamento térmico usada para tornar o mel mais líquido através de aquecimento o que torna a extração do mel mais rápida.

Séquito ou Comitiva ou Acompanhamento = Abelhas obreiras que cuidam da rainha.

Secções Redondas = Secções de favo em anéis redondos de plástico em vez das tradicionais caixas quadradas, usualmente do tipo *Ross Rounds*.

Secções = Pequenas caixas de madeira (ou plástico) usadas para produzir mel em favo.

Soldador elétrico de cera = Um dispositivo que aquece os arames junto à cera estampada através de uma corrente elétrica que os percorre para que eles entrem na cera e fiquem embebidos nelas.

Síndroma dos Ácaros Parasitas ou Síndroma de Parasitação por Ácaros = Um conjunto de sintomas que são causados por uma grande infestação de ácaros Varroa. Os sintomas são a presença de ácaros Varroa, a presença de várias doenças da criação com sintomas similares aos das Loques e Cria Ensacada mas sem um organismo patogénico predominante, sintomas similares à Loque Americana, padrão da criação irregular, trocas de rainhas mais frequentes, abelhas a rastejar pelo chão e uma população de abelhas adultas baixa.

Slatted rack = Uma prateleira de madeira que cabe entre o fundo da colmeia (estrado) e o corpo da colmeia. Com ele as abelhas fazem melhor uso do ninho de baixo aumentando a quantidade de abelha criada, roem menos os favos e há um menor congestionamento na entrada. Foi popularizado por C.C. Miller e Carl Killion.

Substituto do Pólen = Uma substância que é usada para substituir o pólen na dieta das abelhas; usualmente contém apenas ou parte de farinha de soja, levedura de cerveja, açúcar em pó, ou outros ingredientes. A pesquisa mostra que as abelhas criadas em substituto de pólen vivem menos tempo que as abelhas criadas com pólen verdadeiro.

Suplemento do Pólen = Uma mistura de pólen com substitutos de pólen usada para estimular a criação de mais abelhas em períodos em que há falta de pólen no campo.

Skep ou Colmeia de Palha= Uma colmeia sem favos amovíveis, usualmente feita de palha retorcida na forma de um cesto; o seu uso é ilegal em todos os estados dos EUA pois não é possível inspecionar os favos.

Soprador de abelhas = Um equipamento a gás ou elétrico usado para soprar as abelhas das alças quando se fazem as crestas.

Sobrevivência ao Inverno = A capacidade de algumas linhas genéticas de abelhas sobreviverem aos longos invernos através do uso económico das reservas de mel.

Starline = Um hibrido de abelha Italiana conhecido pela sua vitalidade e boa produção de mel. Foi um cruzamento do tipo F1 de duas linhagens específicas de abelhas Italianas. Criado por Dadant e filhos e produzido por York durante muitos anos.

Streptococcus pluton = Nome antigo da bactéria que causa Loque Europeia. O novo nome é *Melissococcus pluton*.

Sufocamento = Quando as obreiras se juntam em volta de uma rainha porque a rejeitaram ou para a confinar de forma a protege-la.

Suporte de colmeia = Uma estrutura que serve de base e suporte para a colmeia; ajuda aumentando a vida útil do fundo da colmeia e mantem as abelhas fora do chão húmido. Suportes de colmeia podem ser construídos com madeira tratada, cedro, tijolos, blocos de cimento, ferro, etc.

Substituição ou Troca Natural (de rainha) = Quando as abelhas criam uma nova rainha para substituir a rainha mãe na mesma colmeia; pouco depois da rainha filha começar a pôr ovos a rainha mãe muitas vezes desaparece.

Supressão da Reprodução de Ácaros (SRA)= Rainhas de um programa de reprodução de Dr. John Harbo que têm menos problemas com a Varroa, provavelmente devido ao aumento do comportamento higiénico normal. Recentemente renomeado para Higiene Sensível à Varroa (HSV).

Sumo de Rainha = Quando as rainhas retiradas são colocadas num frasco com álcool, esse álcool torna-se em "Sumo de Rainha". Ele contem Feromona Mandibular de Rainha (FMR) e é bom para atrair enxames.

T

Tampa da colmeia = A última proteção da colmeia que fica por cima dela e a protege da chuva; os dois tipos mais comuns são as telescópicas e as de transumância.

Tampa de transumância (tampa migratória) = Uma tampa exterior usada sem prancheta de agasalho que não se ajusta nos lados da colmeia; usada por apicultores comerciais que deslocam frequentemente as colmeias. Isto permite que as colmeias sejam colocadas bem encostadas umas às outras o que não era possível com as tampas normais que saem ligeiramente para os lados.

Tampa Doce de Gaiola de Rainha = Doce feito de açúcar em pó de confeiteiro com xarope de açúcar invertido até que forma uma massa dura; usado como comida nas gaiolas de introdução ou transporte de rainhas. Também muito usado para atrasar a libertação da rainha pois as abelhas roem lentamente esse doce.

Tampa Telescópica = Uma tampa com um aro em volta que fica pendurado em toda a volta, é usualmente usada em conjunto com uma prancheta de agasalho por baixo dela.

Tanque de Desoperculação = Um recipiente sobre o qual os quadros com mel são desoperculados (remoção das tampas de cera dos opérculos); usualmente filtra o mel que depois é recolhido.

Tanque de Assentamento = Um depósito de grande capacidade usado para o assentamento do mel extraído; as bolhas de ar e resíduos sobem até ao cima e flutuam, clarificando assim o mel.

Teste do Açúcar em Pó = Um teste para o ácaro Varroa que envolve a mistura de uma tampa cheia de abelhas em açúcar em pó e depois a contagem do número de ácaros Varroa que caem das abelhas. Isto foi inventado como método não letal alternativo ao método da lavagem com álcool ou outra substância que mata as abelhas.

Terramicina = Chamada de "oxytet" no Canada e outros locais. É um antibiótico que muitas vezes é usado como preventivo de doenças como a Loque Americana e como cura da Loque Europeia.

Tergal = Que pertence ao Tergum (costas das abelhas).

Tergite = Uma placa rija na parte dorsal de um artrópode que permite que ele se dobre. Também conhecido como sclerite.

Tergum (plural terga) = A parte dorsal de um artrópode.

Temperamento Agressivo = Abelhas demasiado defensivas ou muito agressivas.

Thelytoky = Um tipo de reprodução partenogénica onde um ovo não fertilizado desenvolve-se em fêmeas. Usualmente com abelhas isto refere-se a uma colónia que consegue criar uma nova rainha a partir de um ovo de uma obreira poedeira. Isto é muito raro, mas já foi documentado, com Abelhas Melíferas Europeias. É algo comum nas abelhas do Cabo.

Tórax = A região central de um inseto na qual as asas e pernas estão ligadas.

Tirar a rainha = Remover a rainha de uma colónia. Usualmente feito antes de colocar nova rainha ou como ajuda em caso de doenças da criação ou pragas.

Tijolos = Usados para impedir que as tampas voem das colmeias perante ventos fortes e muitas vezes usados em configurações particulares para darem pistas visuais sobre o estado do enxame na colmeia.

Top bar = A parte de cima de um quadro ou, numa colmeia do tipo Top Bar, apenas o pedaço de madeira a partir do qual os favos ficam pendurados.

Torneira de plástico do tipo guilhotina = Uma torneira usada para remover o mel de tanques e outros reservatórios apropriados para mel.

Transferir ou Retirar = O processo de tirar abelhas e favos de árvores, casas, cortiços, *skeps*, etc. Para depois colocar em colmeias de quadros amovíveis.

Troca da posição das caixas = O ato de trocar de lugar as diferentes caixas de uma colmeia; usualmente com o propósito de expandir o ninho, a alça quando cheia de criação a rainha é colocada por baixo de uma alça vazia para permitir à rainha ter espaço extra para a sua postura.

Traças da Cera = Veja o capítulo *Inimigos das abelhas*. As traças da cera são oportunistas. Elas tomam partido de enxames fracos e vivem do pólen, néctar, mel e fazem túneis através da cera.

Tubo de Cera = Um tubo de metal que se usa para aplicar um fio de cera líquida para segurar um pedaço de cera estampada numa ranhura de um quadro. Em inglês o termo é "Wax tube fastener", em Portugal não é muito usado pois a preferência vai para as caldeirinhas de cera.

Tripla Largura (caixa ou colmeia) = Uma caixa que tem três vezes a largura de uma caixa estandardizada de dez quadros. 123.8cm de largura.

Trofilaxia = A transferência de comida ou feromonas entre membros da mesma colónia através da alimentação boca a boca. É usada para manter um cacho de abelhas vivo pois as abelhas das bordas do cacho trazem comida e partilham-na com as restantes no cacho. Também é usada como meio de comunicação através da partilha de feromonas.

Uma das mais importantes é a FMR (Feromona Mandibular da Rainha) que é partilhada através da trofilaxia pela colmeia.

Troca de Rainha pelo Apicultor = Processo de troca da rainha presente num dado enxame tirando-a e introduzindo uma nova rainha.

Tubo de marcação de rainhas = Um tubo de plástico que existe nas lojas de equipamentos para a apicultura que é usado para manter quieta a rainha enquanto a marca, também tem a vantagem de não magoar a rainha se você tiver cuidado.

Tubos de Malpighi = Filamentos finos que se projetam na junção do intestino médio ao intestino traseiro das abelhas que limpa a hemolinfa (sangue das abelhas) de desperdícios nitrogenados e os depositam como cristais de ácido úrico não tóxico na parte dos seus resíduos que não podem ser digeridos para futura eliminação. Eles servem o mesmo propósito nas abelhas tal como os rins nos outros animais.

U

Unir Enxames = Juntar duas colónias ou mais de forma a fazer uma colónia maior. Usualmente usando uma folha de papel de jornal entre cada colónia para que elas se juntem lentamente evitando assim a morte de abelhas.

Unidade de Produção Primária de Mel = As Unidades de Produção Primária (UPP) de mel são estabelecimentos onde se procede à extração e embalamento de mel ou outros produtos apícolas, provenientes da própria exploração, com destino a estabelecimento de extração e processamento, venda ao consumidor final ou comércio a retalho local.

V

Varroa Destructor = Antigamente chamada de *Varroa Jacobsoni* é um ácaro parasita da abelha melífera.

Véu ou Máscara ou Chapéu = Uma rede protetora que cobre a cara e pescoço do apicultor; permite a ventilação, movimentação fácil e boa visão enquanto protege as zonas mais atacadas pelas abelhas melíferas que guardam as colónias.

Veneno de abelha = O veneno segregado por glândulas especiais ligadas ao ferrão da abelha que são injetadas na vitima quando o ferrão espeta na pele.

Vespões e Vespas= Insetos sociais que pertencem à família Vespidae. Fazem o ninho em papel ou folhas, com apenas uma rainha que inverna. Bastante agressivas, carnívoras, mas geralmente são benéficas, elas podem ser um incómodo para o ser humano. Os Vespões e Vespas são muitas vezes confundidos com abelhas melíferas. As Vespas mais comuns são as do papel que fazem ninho em pequenos favos de papel suspensos num único suporte. Vespões e vespas são fáceis de distinguir pelo seu corpo que reflete a luz solar pois não possuem pelos e são mais agressivas que as abelhas melíferas. As vespas, infelizmente, são parecidas com as abelhas dos desenhos animados e publicidade, amarelas brilhantes, com partes pretas também brilhantes. As abelhas melíferas são geralmente peludas e pretas, castanhas ou "bronzeadas", nunca são de um amarelo brilhante e basicamente são doceis a menos que sejam importunadas.

Vírus de Caxemira = Uma doença das abelhas já bem espalhada, mais rapidamente disseminada por causa da Varroa que se encontra em praticamente todo o lado onde existam abelhas.

Vírus da Cria Ensacada = Os sintomas são padrões de criação irregulares tal como outras doenças da criação mas a larva afetada fica num saco com a cabeça levantada.

Vírus da Paralisia Aguda Israelita = O vírus que é considerado neste momento como sendo o culpado pelo

Síndroma do Colapso das Colónias (SCC). Foi descoberto em Israel pela primeira vez onde devastou muitas colónias.

Vírus das Asas Deformadas = Um vírus disseminado pelo ácaro Varroa que causa asas deformadas nas abelhas recentemente emergidas.

Vírus da Paralisia Crônica = Os sintomas são: abelhas a tremer, sem conseguirem voar, com as asas em forma da letra K e abdómens distendidos. Uma variedade do vírus é chamado de "síndroma da abelha preta sem pelos", é reconhecido por abelhas sem pelos, abelhas pretas brilhantes que rastejam pela entrada da colmeia.

Voo de acasalamento = O voo que uma rainha virgem faz enquanto ela acasala no ar com vários zangões.

Voos de orientação = Voos curtos feitos na proximidade da colmeia por abelhas jovens para reconhecimento da localização da colmeia; algumas vezes mal identificado com pilhagem ou preparação para enxameação.

W

Walter T. Kelley = Uma empresa que vende material apícola de Clarkson, KY. Eles têm coisas que mais ninguém tem.

Washboarding = Quando as abelhas na rampa de voo e frente da colmeia se movem em conjunto parecendo uma dança.

Western Bee Supply = Uma empresa que vende equipamento para a apicultura situada em Montana (EUA). É a empresa que produz todo o equipamento Dadant. Também vendem equipamentos de oito quadros.

X

Xarope de Açúcar = Alimento para as abelhas, contem sacarose (de cana ou beterraba), é o conhecido açúcar que usamos na culinária e água quente em várias proporções; usualmente 1:1 na primavera e 2:1 no outono.

Z

Zangão = O macho da abelha melífera que vem de um ovo não fertilizado (e por isso é haploide) posto por uma rainha ou de forma menos comum por uma obreira, nesse caso dizemos que foi posto por uma obreira poedeira.

Zona de Congregação de Zangões (ZCZ) = Um local onde os zangões provenientes de muitas colmeias da zona se juntam e esperam que uma rainha passe. Em outras palavras é uma zona de acasalamento. Os zangões escolhem essas zonas seguindo rastos de feromona e elementos que sobressaem mais na topografia da paisagem como por exemplo filas de árvores.

Apêndice do Volume I:
Siglas

AA = Abelhas Africanizadas.

ABJ = American Bee Journal. Um dos dois principais jornais de apicultura dos EUA.

ACNM = Abelhas Cárnicas do Novo Mundo.

AM = Apis mellifera. (Abelhas melíferas Europeias).

AME = Abelhas Melíferas Europeias.

AMM = Apis mellifera mellifera.

AO = Ácido Oxálico. Um ácido orgânico usado para matar a Varroa na forma de xarope ou em vapor.

AP = Alvéolo Pequeno (de tamanho 4.9mm).

AT = Ácaros da Traqueia.

ATAM = Ácaros da Traqueia das Abelhas Melíferas.

AV = Ácaros Varroa.

BC = Bee Culture ou Gleanings in Bee Culture. Um dos dois principais jornais de apicultura dos EUA.

BLUF = Bottom Line Up Front. Um estilo de escrita onde você apresenta a conclusão no início. Comum nos estudos científicos e correspondência militar.

Carni = Cárnica = Apis mellifera carnica.

Cauc = Caucasiana = Apis mellifera Caucasia.

CIP = Controlo Integrado de Pragas.

CTB = Colmeia Top Bar (também escrita Top-Bar por alguns autores).

CTBT = Colmeia Top Bar da Tanzânia (a versão da colmeia top bar com as paredes verticais).

CTBQ = Colmeia Top Bar do Quénia (a versão da colmeia top bar com as paredes inclinadas).

DVADV = Dança de Vibração Abdominal Dorsal-Ventral ou como é mais conhecida por dança das abelhas.

GN = Gestão do Néctar (ou Desbloqueio do Ninho).

FMR = Feromona Mandibular da Rainha.

ES = Estrado Sanitário.

EAS = Eastern Apiculture Society.

FSF = Fundo Sem Fundo.

HAS = Heartland Apiculture Society.

HBH = Honey Bee Healthy. Um alimento artificial para as abelhas.

HFCS = Xarope de Milho com Alto Nível de Frutose. Um alimento comum das abelhas.

HSC = Honey Super Cell. Um produto comercial que consiste em quadros completamente de plástico e já com favos inteiros de plástico, disponíveis na versão funda e com alvéolos de 4.9mm.

HMF = Hydroxymethyl furfural. Uma substância que ocorre naturalmente no mel e que aumenta ao longo do tempo mas também aumenta quando o mel é aquecido.

HSV = Higiene Sensível à Varroa. Similar ao SRA mas é uma sigla mais específica. Um traço genético em rainhas que está a ser selecionado onde as suas obreiras sentem a criação infestada por Varroa e limpam os respetivos alvéolos.

LA = Loque Americana.

LC = Alvéolo Grande (usualmente de tamanho 5.4mm).

LE = Loque Europeia.

MAAREC = Mid-Atlantic Apiculture Research and Extension Consortium.

NI = Ninho Ilimitado.

NMHO = Na Minha Humilde Opinião.

NMO = Na Minha Opinião.

NMPDV = No Meu Ponto De Vista.

OECL = Óleo Essencial de Capim-Limão ou Óleo Essencial de Erva-Príncipe ou Óleo Essencial de Citronela. Usados para atrair enxames pois todos têm substâncias que atraem as abelhas.

OMA = Óleo Mineral Alimentar.

OSR = Oil Seed Rape (Colza). Uma cultura que produz mel e que se usa também para produzir óleo.

PC = PermaComb. Um produto comercial que consiste em favos completamente puxados de plástico com profundidade média e com alvéolos com cera de 5.0mm.

PD = Para-Diclorobenzeno. Também conhecido como Paramoth e é usado para tratar a cera contra a traça da cera. Em português também se usa o termo 1,4-Diclorobenzeno ou as siglas p-DCB e PDB.

PEC = Pequeno Escaravelho da Colmeia.

PVAP= Porque Vale A Pena.

SC = Sabedoria Convencional.

SCC = Síndroma do Colapso da Colónia.

SPA = Síndroma da Parasitação por Ácaros.

SRA = Supressão da Reprodução dos Ácaros (usualmente quando se refere a uma rainha).

TM = Terramicina.

UPP = Unidade de Produção Primária de Mel.

VAC = Vírus Apícola de Caxemira.

VAP = Vírus dos Ácaros Parasitas.

VCE = Vírus da Cria Ensacada.

VD = Varroa destrutor.

VJ = Varroa jacobsoni.

VAD = Vírus das Asas Deformadas.

VPA = Vírus da Paralisia Aguda. Este vírus mata tanto as abelhas adultas como a criação. O vírus que se atribui como culpado do SCC neste momento.

VPC = Vírus da Paralisia Crónica.

ZCZ = Zona de Congregação de Zangões

Volume II Intermédio

Um Sistema de Apicultura

"...evite o erro de tentar seguir vários líderes ou sistemas. Muita confusão e preocupação será evitada se adotar os ensinamentos, métodos e aplicações de um bom apicultor. Pode cometer o erro de não escolher o melhor sistema mas será melhor do que escolher uma mistura de sistemas."— W.Z. Hutchinson, Advanced Bee Culture

"Em geral, quanto mais simples for o sistema mais eficiente será e conseguirá fazer mais trabalho num dado espaço de tempo."—Frank Pellet, Practical Queen Rearing

Neste volume, eu vou tentar ensinar-lhe o meu sistema de apicultura. Não quero dizer que seja o único sistema, mas por vezes, tal como Hutchinson diz, a mistura de sistemas pode ou não funcionar da forma como você compreende como as partes do sistema estão relacionadas. Primeiro vamos falar mais sobre os sistemas em geral.

Contexto

Um dos problemas em dar conselhos apícolas é que nós apicultores tendemos a dar conselhos baseados no nosso sistema de apicultura. Em outras palavras, o conselho, pela nossa experiência, funciona no nosso sistema de apicultura. O problema é que assumimos que vai funcionar tão bem fora desse contexto e no contexto do sistema de alguém. Por vezes funciona. Mas é frequente não funcionar.

Exemplos

Por exemplo, se um sistema usa ao mesmo tempo entradas no topo, no fundo e um excluídor de rainha. Se eu digo a você para esperar até ter algumas abelhas a trabalhar na alça antes de colocar o excluídor, o seu sistema tem apenas uma entrada no fundo e você faz o que lhe disse, você fechou os zangões nas alças e o excluídor fica bloqueado com zangões mortos que tentam sair.

Outro exemplo óbvio é que se eu tenho apenas o mesmo tipo de quadros e você tem quadros fundos no ninho e quadros pouco fundos nas alças. Eu digo-lhe como você faz para que as abelhas trabalhem nas alças, usando um quadro isco com criação mas os seus quadros de ninho não cabem nas alças. Ou eu digo-lhe para completar as suas reservas no ninho colocando quadros com mel das alças no ninho, mas de novo os seus quadros das alças com mel são pouco fundos e as suas caixas são fundas.

Localização

A localização também é importante no seu sistema. Veja o capítulo *Localização*. Mas parece ser óbvio quando se fala em climas frios e climas quentes. Mas também vai além disso.

Sumário

Estes aspetos são simples e óbvios mas há outros aspetos menos óbvios. O facto é que, escolher e selecionar técnicas apícolas de diferentes sistemas pode resultar em problemas. Não há nada de errado em desenvolver o seu próprio sistema de apicultura eventualmente, mas você tem de ter a certeza que aprende e compreende o sistema primeiro, porque está a fazer algo, mais tarde vai ajustando para que cumpra as suas necessidades e a sua filosofia um pouco de cada vez.

Porquê um sistema?

Porque precisamos de um sistema? Porque não escolhe e usa aquilo que você gosta? Então, você pode, é apenas porque tem de pensar em todas as ramificações. Por exemplo se você decide que quer colocar um capta-pólen, tem de pensar em como os zangões poderão sair. Os melhores capta-pólen com o pólen mais limpo ficam por cima e isso será um ajuste se eles estão habituados a uma entrada no fundo. Se você decide colocar um excluídor, terá de descobrir como é que os zangões dos dois lados do excluídor vão sair. Tudo o que você fizer tem as suas ramificações e mesmo essas podem afetar outras coisas. Então é por isso que precisamos trabalhar num sistema e não ver apenas partes individuais.

Integração e problemas relacionados
Porquê um sistema?

Eu desenvolvi um sistema que funciona para mim na minha localização e com os meus problemas. Tenho esperança que você o consiga usar para a sua situação e os seus problemas. Não há nada de errado em fazer ajustes a ele para se enquadrar no seu estilo se você pensa bem nas ramificações. Mas de seguida vou falar porque escolhi o que escolhi.

Sustentável

Eu queria um sistema que não necessitasse muita coisa do exterior — Abelhas num ambiente em que pudessem sobreviver sem a minha ajuda.

Que se possa trabalhar

Eu precisava de um sistema que as conseguisse manter vivas, obviamente, onde elas pudessem fazer mel e eu pudesse gerir o trabalho envolvido.

Eficiente

De volta ao trabalho envolvido, eu precisava de um sistema que minimizava o trabalho, especialmente as partes mais dolorosas e perigosas, como por exemplo levantar caixas muito pesadas e tarefas que necessitam de muito tempo como colocar arames nos quadros.

Decisões, Decisões...

Tipos de apicultura
Muitas decisões dependem do tipo de apicultura que você faz.

Comercial
Apicultura comercial é geralmente o termo usado para alguém que faz apicultura como o seu trabalho a tempo inteiro. Há diferentes métodos de fazer isso. Usualmente envolve pelo menos 500 a 1000 colmeias.

Transumante
Um apicultor transumante anda com as suas colmeias de uma localização para outra. Usualmente estão a receber dinheiro pela polinização, mas por vezes é apenas o esforço de deslocar as colmeias para sul durante o inverno, para que os enxames possam estar fortes e seguir depois os fluxos de néctar do norte e assim ganhar o máximo de dinheiro possível. A polinização é usualmente algo pelo qual os apicultores são pagos.

Fixa
Eu estou apenas a referir-me a colmeias que ficam numa localização durante a maior parte do ano. Usualmente o apicultor descobre locais onde colocar as colmeias, muitas vezes não na sua própria propriedade, onde as colmeias podem ficar o ano todo. Usualmente o apicultor dá algum mel ao dono do terreno em cada outono após a cresta. A quantidade de mel depende de várias coisas, tais como do número de colmeias, a qualidade da pastagem para as abelhas

e quanto é que o dono do terreno gosta de mel. Alguns apenas querem ter abelhas lá e alguns desejam o mel.

A Tempo Parcial

Alguém com um trabalho a tempo inteiro mas que tem algum rendimento da apicultura. Usualmente tem desde 50 a 200 colmeias. É difícil ter mais que isso e ao mesmo tempo manter o trabalho a tempo inteiro, a menos que contrate alguma ajuda. Por vezes é difícil obter dinheiro para viver com 1000 colmeias, então a transição deste tipo de apicultura para uma a tempo inteiro pode ser difícil sem ajuda.

Amador

Um apicultor amador é geralmente definido como alguém que não está a ganhar dinheiro com as abelhas. A maioria dos apicultores amadores parecem ter cerca de quatro colmeias. Duas é basicamente o mínimo. Mais de dez dará muito trabalho, então os amadores tendem a manter-se com menos que isso.

Filosofia Apícola Pessoal

Muitas das decisões sobre os equipamentos ou métodos dependem da sua filosofia pessoal de vida e a sua filosofia pessoal apícola. Algumas pessoas têm mais fé na Natureza ou no Criador ou na Evolução para resolver as coisas. Algumas pessoas estão mais interessadas em manter as suas abelhas "saudáveis" através de químicos e tratamentos. Você terá de decidir onde fica neste tipo de coisas.

Biológica

Se você é o tipo de pessoa que toma um remédio caseiro antes de ir ao médico, provavelmente fica nesta categoria. Uma apicultura verdadeiramente biológica não teria tratamentos de tipo nenhum. Alguns dizem que isto não pode ser feito mas há muitas pessoas incluindo eu que o fazem. Muitos estão na internet e ajudam-se uns aos outros através disso. Depois disso há tratamentos "leves" como os óleos essenciais e OMA, e depois temos os tratamentos um pouco mais "pesados" como o ácido fórmico e ácido oxálico para matar a Varroa.

Químicos

Se você é do tipo que corre para o médico em busca de um antibiótico mal começa a espirrar ou com pingo no nariz então este é provavelmente o seu estilo. Alguns neste grupo tratam como prevenção. NMO os mais sábios tratam apenas quando é necessário. A maioria da pesquisa mostra que tratar como prevenção tem causado resistência aos químicos nas pragas e tem feito pouco para ajudar o enxame e muitas vezes até causa problemas às abelhas. A acumulação de químicos na cera como o *Coumaphos* (*CheckMite*) e *Fluvalinato* (*Apistan*) que são usados para matar o ácaro Varroa, suspeita-se que é a causa das trocas de rainha que são cada vez mais frequentes e sabemos que causam infertilidade em zangões e rainhas.

Ciência vs. Arte

"Aqueles que estão acostumados a julgar através do sentimento não entendem o processo de raciocínio, pois eles entendem à primeira vista e não estão habituados a procurar os princípios. E outros, pelo contrário, que estão acostumados a raciocinar pelos princípios, não entendem de forma nenhuma os assuntos do sentimento, procurando princípios e não conseguindo ver as coisas à primeira vista."—Blaise Pascal

Se você vê a apicultura como uma arte ou você a vê como uma ciência isso vai mudar bastante a sua perspetiva. Eu penso que é um pouco das duas coisas, mas desde que as abelhas são bem capazes de sobreviver à sua conta e por não conseguirmos obrigar as abelhas a fazer nada, eu vejo a apicultura mais como uma arte onde você trabalha com as tendências naturais das abelhas para as ajudar e proteger enquanto se ajuda a si próprio.

Escala

Isto é outra das coisas que muda a sua filosofia em muitas coisas. Quando você tem tempo para passar com as colmeias que estão no seu quintal, então métodos que requerem que você faça algo cada semana não são grande problema. Por exemplo, quando eu troco de rainha no meu próprio quintal, não me importo que sejam necessárias três idas à colmeia para fazer o trabalho se isso aumentar a probabilidade de aceitação. Mas se for num apiário longe de casa a 96.6km, eu quero fazer algo uma vez e o trabalho fica feito. O mesmo é verdade para o número de colmeias. Se você tem apenas duas colmeias para lidar com um certo problema, pode não se importar com o nível de complexidade. Quando você tem centenas de colmeias para lidar, tem de ter um sistema simplificado.

Razões para fazer apicultura

Muitas das suas decisões vão ser guiadas por isso. Se você tem abelhas como animais de estimação então tem uma diferente agenda do que se você as tiver apenas como forma de ganhar a vida.

Localização

Toda a Apicultura é Local

"Nos meus primeiros anos de apicultor eu ficava muitas vezes extremamente confuso com os pontos de vista diametralmente opostos, muitas vezes expressados pelos diferentes correspondentes dos jornais apícolas. Estendendo esse estado de espirito, eu posso dizer que naqueles tempos eu não sonhava das maravilhosas diferenças da localização na sua relação com a gestão das abelhas. Eu vi, medi, pesei, comparei, e considerei todas as coisas da apicultura através do que eu sabia ser habitual na minha casa—Genesee County, Michigan. Só quando eu vi os campos de trigo sarraceno em Nova Iorque, o crescimento luxuriante do meliloto nos subúrbios de Chicago, seguidos de milhas de grandes canais de irrigação no Colorado, onde eles aumentaram o esplendor real do roxo da flor de luzerna, e subi as montanhas da Califórnia, puxando o meu corpo agarrando-me às artemísias, que eu finalmente percebi o grande significado apícola guardado na palavra—localização." —W.Z. Hutchinson, Advanced Bee Culture

Parece ser bastante óbvio que a apicultura na Flórida não será a mesma apicultura que em Vermonte, mas o que as pessoas parecem não perceber mesmo em climas com invernos similares é que a apicultura ainda é local. Os fluxos de néctar que você tem em Vermonte não são os mesmos como você tem no Nebrasca. Os problemas causados por coisas como a condensação podem ser bastante dependentes do clima local. Por exemplo, quando eu era apicultor numa ponta do Nebrasca a condensação nunca foi um problema. Mas na parte sudeste do Nebrasca é um problema. Na verdade faz mais frio na ponta do Nebrasca, e mesmo assim, por causa das diferenças de humidade não é um problema nessa zona. Tudo isto parece muito óbvio, mas mesmo assim as pessoas continuam a pedir conselhos, a dar conselhos, a dar conselhos contraditórios baseados na sua experiência local sem ter nenhuma consideração pelos avisos dados por um apicultor que eles pensam serem infundados mas na verdade são muito dependentes do local. É claro que isto também se aplica a coisas como quantas caixas e qual o peso das caixas para saber a quantidade de reservas suficientes para as abelhas sobreviverem ao inverno, quando devem gerir as caixas e quadros para prevenir enxameação, quando se deve iniciar a criação de rainhas, quando se devem fazer desdobramentos e outras questões similares.

Apicultura Preguiçosa

"Tudo funciona se você deixar"—Rick Nielsen da banda Cheap Trick

"O mestre consegue fazer mais e mais fazendo menos e menos até que finalmente consegue fazer tudo sem fazer nada." —Laozi, Tao Te Ching

O meu avô costumava dizer que toda a grande invenção veio de um homem preguiçoso. Um dos meus autores favoritos disso algo parecido:

"O progresso não veio de pessoas madrugadoras – o progresso é feito pelos homens preguiçosos que procuram formas mais fáceis de fazer as coisas." —Robert Heinlein

"Não é o aumento diário mas sim a redução diária. Remova o que não for essencial."—Bruce Lee

Nos últimos anos mudei quase todas as formas como trato as abelhas. A maioria das mudanças foram feitas para reduzir o trabalho. Desde 2007 eu tenho tratado cerca de duzentas colmeias com o mesmo trabalho que eu fazia com quatro colmeias. De seguida vou falar de algumas das coisas que mudei.

Entradas de Topo

Eu agora só tenho entradas de topo. Nada de entradas no fundo. Eu sei que há todo o tipo de pessoas que odeiam as entradas de topo ou pensam que elas curam o cancro, ou que duplicam o mel produzido. Eu não penso de nenhuma dessas formas. Mas eu gosto delas e vou dizer as razões:

1. Eu nunca me tenho de preocupar sobre as abelhas não terem acesso à colmeia porque a erva cresceu muito. Eu também não tenho de cortar a erva em frente às colmeias. Menos trabalho para mim.

2. Eu nunca me tenho de preocupar sobre as abelhas não terem acesso à colmeia porque a neve caíu em grande quantidade (a não ser que tape as colmeias). Então eu não tenho de usar uma pá para tirar a neve da frente das colmeias e abrir de novo as entradas das colmeias.

3. Eu nunca me tenho de preocupar em colocar proteção contra ratos ou se já há ratos dentro das colmeias.

4. Eu nunca me tenho de preocupar com a predação de abelhas por doninhas e texugos.

5. Combinadas com estrados sanitários eu tenho uma excelente ventilação no verão.

6. Eu posso poupar dinheiro comprando (ou fazendo) simples tampas migratórias. A maioria das minhas são apenas um pedaço de contraplacado com cunhas para criar o espaço. Mas algumas têm entalhes mais amplos que eu já tinha.

7. No inverno eu não tenho de me preocupar com abelhas mortas a bloquearem a entrada de fundo.

8. Eu posso colocar a colmeia 20cm mais baixa (porque não tenho de me preocupar com ratos e doninhas) e isso torna mais fácil colocar a alça e tirá-la quando está cheia.

9. Colmeias mais baixas são menos afetadas pelo vento (há uma menor probabilidade do vento as virar).

10. Isto funciona lindamente nas colmeias top bar mais longas quando eu coloco alças porque as abelhas têm de passar pela alça para entrarem.

11. Com algum Isopor no topo não há muita condensação juntamente com uma entrada de topo no inverno.

Lembre-se apenas, se você não tem uma entrada de fundo e você usa um excluídor (que eu não tenho) você vai precisar de algum tipo de saída no fundo para os zangões saírem. Um buraco com 0.95cm chega.

Mais detalhes sobre o assunto estão no Capítulo *Entradas de Topo*.

Tamanho de Quadro Uniforme

"Qualquer estilo (colmeia) pode ser usado, mas que seja uma com quadros amovíveis, e que tenha apenas um tamanho de quadro no apiário."—A.B. Mason

---

O quadro é o elemento básico de uma colmeia moderna. Mesmo se você tem caixas de vários tamanhos (no aspeto do número de quadros que elas suportam) se os quadros forem todos da mesma profundidade pode coloca-los em qualquer das suas caixas.

Ter um tamanho de quadros uniforme simplificou a minha vida. Se todos os seus quadros são do mesmo tamanho você tem muitas vantagens.

Você pode colocar qualquer quadro de uma das suas caixas noutra caixa qualquer onde seja preciso.

Por exemplo:

1. Você pode colocar criação do ninho numa caixa por cima para servir de "isco" para as abelhas subirem. Isto é útil mesmo sem o uso de excluídor (eu não uso excluídores) mas é especialmente útil se você realmente quer usar excluídores. Alguns quadros com criação por cima do excluídor, deixando

a rainha e o resto da criação por baixo, motiva realmente as abelhas a atravessarem o excluídor e começarem a trabalhar na caixa por cima dele.

2. Você pode colocar favos com mel no ninho sempre que precisar. Eu gosto disto para ter a certeza que os enxames em núcleos não morrem de fome sem alimentar artificialmente pois esse alimento muitas vezes desencadeia pilhagens e também serve para aumentas as reservas de uma colmeia leve no outono.

3. Você pode desbloquear um ninho movendo pólen ou mel para a caixa de cima ou mesmo alguns quadros com criação para a caixa de cima de forma a aumentar o espaço no ninho e assim evita uma enxameação. Se você não tiver todos os quadros do mesmo tamanho, onde é que você vai colocar esses quadros?

4. Você pode ter um ninho sem limites, sem excluídor e se houver criação perdida algures nesse ninho você pode coloca-la noutro local. Você não está limitado a um bocado de criação numa caixa média que você não pode mover para baixo para uma caixa funda. A vantagem de um ninho sem limites é que a rainha não está limitada a uma ou duas caixas, mas pode colocar ovos em três ou quatro— provavelmente não quatro caixas fundas, mas talvez quatro caixas médias.

Eu corto todas as minhas caixas fundas para fazer caixas médias.

Tipicamente eu oiço esta questão: "as abelhas invernarão tão bem em caixas médias?" e eu digo que elas invernam melhor na minha experiência pois elas têm melhores comunicações entre os quadros por causa do espaço entre as caixas. O Steve da empresa Brushy Mountain costumava dizer que havia alguma pesquisa sobre esse assunto mas eu não sei onde a encontrar.

Caixas Mais Leves

"Os amigos não deixam amigos levantar caixas fundas" — Jim Fischer o criador do produto Fischer's BeeQuick

A coisa mais difícil para mim na apicultura é levantar caixas. As caixas cheias de mel são pesadas. Caixas fundas cheias de mel são *muito* pesadas.

Pode haver divergências sobre qual o peso exato de uma caixa cheia de mel, há outros fatores envolvidos mas na minha experiência vou-lhe dizer uma boa sinopse dos tamanhos das caixas e os seus usos típicos:

Caixas de 10 quadros			
Nome(s)	Profundidade (Cm)	Peso cheia (Kg)	Usos
Jumbo, Dadant Funda	29.5	45.4-49.9	Criação
Langstroth Funda	24.4	36.3-40.8	Criação e extração de mel
Média, Illinois, 1.9, Ocidental	16.8	27.2-31.8	Criação, extração de mel e mel em favo
Pouco Funda	14.6, 17.4	22.7-27.2	Extração de mel e mel em favo
Muito Pouco Funda, 1.27	12.1, 14.8	18.1-22.7	Mel em favo
Caixas de 8 quadros			
Profundidade Dadant	29.5	36.3-39.9	Criação
Funda	24.4	29-32.7	Criação e extração de mel
Média	16.8	21.8-24.9	Criação, extração de mel e mel em favo
Pouco Funda	14.6, 17.4	18.1-21.8	Extração de mel e mel em favo
Muito pouco Funda	12.1, 14.8	14.5-18.1	Mel em favo

Se você quer ter uma boa ideia dos pesos referidos nas tabelas e ainda não tem colmeias, vá a uma loja de ferragens e empilhe duas caixas de pregos com cerca de 23Kg ou numa loja de alimentos para animais, empilhe duas sacas com cerca de 23Kg. Isto é aproximadamente o peso de uma caixa funda cheia. Agora tire uma das caixas ou sacas e levante apenas a que ficou. Isto é aproximadamente o peso de uma caixa cheia das médias de oito quadros.

Eu descobri que consigo levantar cerca de 23Kg bastante bem, mas mais do que isso é esforço que me deixa com dores durante os dias seguintes. O tamanho de quadro mais versátil é um médio e uma caixa cheia deles pesa cerca de 23Kg se for das de oito quadros.

Então, primeiro eu converti todas as minhas caixas fundas para médias. Foi uma grande melhoria em relação à ocasional caixa funda cheia de mel que eu tinha de levantar. Mesmo assim eu ainda ficava cansado de levantar caixas de 27Kg, então eu cortei as caixas de dez quadros médios para apenas oito quadros médios e estou a gostar bastante das caixas. Elas têm um peso confortável de levantar o dia todo e não tenho dores na semana seguinte. Se fossem mais leves eu teria a tendência de levantar duas. Um pouco mais pesadas e eu desejaria que fossem ligeiramente mais leves.

Eu pergunto-me sobre quantos apicultores mais velhos não foram forçados a desistir das abelhas porque se magoavam a levantar caixas fundas e não lhes ocorreu que há outras opções?

Richard Taylor em *The Joys of Beekeeping* diz:

"...não há um homem com costas inquebráveis e até os apicultores envelhecem. Quando cheias, uma mera alça pouco funda é pesada, pesando 18 quilogramas ou mais. Alças fundas, quando cheias, são pesadas além do limite prático."

Muitas vezes perguntam-me quais as desvantagens de usar apenas caixas de oito quadros médios. Há apenas uma que eu saiba.

Caixa de 8 quadros média vs. Caixa funda de 10 quadros = 1.78 vezes maior investimento nas caixas. ($64 para quatro caixas médias mais os quadros vs. $36 para duas caixas fundas mais os quadros)

$512 vs. $288 para oito caixas vs. quatro caixas.

Mais tampas e fundos ($20 de qualquer forma).

$532 vs. $308 = 1.73 vezes mais ou $224

100 colmeias * $224 = $22,400 que deve ter custo similar à sua primeira operação às costas.

Eu oiço tipicamente a questão, "será que elas invernam tão bem?" e eu digo que elas invernam melhor na minha experiência pois o cacho cabe melhor na caixa e não deixam para trás quadros com mel do lado de fora da mesma forma que deixam com as colmeias de dez quadros.

Outra grande vantagem é poder tratar uma caixa como uma unidade ao desdobrar em vez de desdobrar pelo quadro.

Mais detalhes acerca do corte das caixas no Volume três, Capítulo *Caixas Mais Leves.*

Colmeias Horizontais

Para passarmos à fase seguinte da redução do peso que temos de levantar que tal uma colmeia com apenas um nível?

Neste momento eu tenho nove colmeias horizontais e elas têm funcionado bem. Há alguns pequenos ajustes sobre a forma como são geridas mas os princípios são os mesmos. Você não pode manipular caixas. Apenas quadros. Mas você também pode colocar uma alça numa colmeia horizontal (por vezes chamada de colmeia longa) se você quiser.

Eu herdei algumas caixas fundas e já tinha uma funda Dadant, então eu neste momento tenho três colmeias horizontais fundas (24.4cm), uma horizontal funda Dadant (29.5cm), quatro horizontais médias e uma top bar do Quénia.

Eu pergunto-me quantos apicultores mais velhos, que estão a ser obrigados a desistir das suas abelhas poderiam manter algumas destas colmeias sem se magoarem e sem muito *stress*?

Eu pergunto-me quantos apicultores comerciais poderão minimizar o trabalho envolvido na sua operação com estas colmeias?

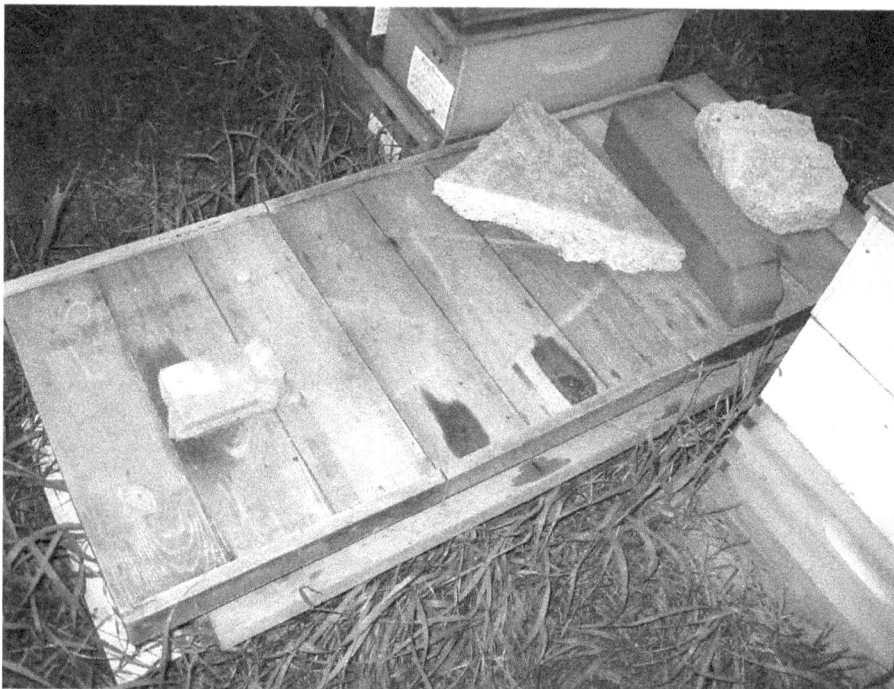

Eu pergunto-me quantos apicultores com poucas colmeias poderão tornar a sua vida mais fácil com uma menor necessidade de levantar caixas?

Mais detalhes no Volume 3 *Equipamento Mais Leve.*

Colmeia Top Bar

Aqui está outra que poupa trabalho. Que tal nem ter de construir quadros? Ou colocar cera estampada— apenas barras de topo. Uma caixa grande e longa em vez de várias caixas separadas? Todas as vantagens de uma colmeia horizontal. E mais, as abelhas ficam mais calmas porque você apenas mexe num favo ou dois de cada vez em vez de expor dez quadros cheios de abelhas ao mesmo tempo. Veja o Volume 3 *Colmeias Top Bar* para mais detalhes.

O Apicultor Prático 253

Quadros sem cera estampada
Fazendo quadros sem cera estampada

Você pode simplesmente tirar a cunha da barra de topo de um quadro, virá-la de lado, colá-la e prega-la para servir de guia para as abelhas fazerem o favo a meio da barra. Ou colocar paus de gelado ou paus de mexer a tinta na ranhura. Ou apenas cortar um favo velho de um quadro puxado e deixar uma fila de alvéolos no topo ou também em volta.

Você pode cortar um triângulo de um canto de uma tábua de 1.9cm e fica com um triângulo que tem no seu lado mais largo 2.7cm. Ou compra uma moldura chanfrada e corta-a de comprimento igual à barra. Isto pode ser pregado e colado por baixo da barra para fazer um pico onde as abelhas iniciam a construção dos seus favos. Depois de fazer estes quadros você não precisa de colocar guias de cera ou cera estampada nelas. Ou você pode simplesmente cortar a barra de topo a um ângulo de 45° de cada lado antes de você montar os quadros.

Você também pode colocar quadros vazios sem guias entre quadros com cera puxada e você pode colocar quadros com uma fila de alvéolos em qualquer lugar onde colocaria um quadro com cera estampada.

Quanto tempo você demora a colocar cera estampada, colocar os arames, desmontar tudo pois ficou ondulada e torta ou caiu do quadro?

Eu não faço muito disso nos últimos tempos. Eu uso principalmente quadros sem cera estampada.

E também nem falámos no preço da cera estampada estandardizada, muito menos a de alvéolos pequenos.

Isso poupa muito trabalho.

Sim, eu extraio o mel desses quadros. Eu também os posso usar para mel em favo.

Não, eu não coloco arames mas você pode colocar se quiser.

Para mais detalhes veja o Capítulo *Sem Cera Estampada*

Sem químicos/sem alimento artificial

Deixar de usar químicos poupa muito trabalho e dificuldades. Todos os quadros estão "limpos" para que você não se tenha de preocupar com resíduos. Se você apenas alimenta as abelhas com mel, é tudo mel e você não se tem de preocupar se os quadros têm xarope em vez de mel. Você pode extrair o mel de qualquer lado onde o encontre. E claro você não precisa de colocar e tirar tiras de cartão, misturar xarope com Fumidil e polvilhar com Terramicina, tratar com mentol, fazer bifes proteicos, fumigar com OMA, fazer cordões e evaporar ácido oxálico. Pense apenas no tempo livre que vai ter e como vai ter um mel "limpo".

Eu descobri que alvéolo natural é um pré-requisito pelo menos para reduzir os tratamentos para controlo dos ácaros Varroa.

Deixe mel como alimento de inverno

Em vez de alimentar deixe-lhes apenas o suficiente. Você não é obrigado a tirar todo o mel. Você também não é obrigado a extrair o mel nem a fazer xarope. Você não precisa de as alimentar para o inverno.

Ainda podem existir mais vantagens:

"É bem conhecido que uma dieta imprópria faz com que fiquemos suscetíveis a doenças. Não será razoável acreditar que ao alimentar extensivamente com açúcar as abelhas as torna mais suscetíveis à Loque Americana e outras doenças? É conhecido que a Loque Americana é mais prevalente no norte que no sul. Porquê? Não será porque mais açúcar é dado às abelhas do norte enquanto aqui no sul as abelhas podem recolher néctar durante grande parte do ano o que faz com que não seja necessário alimentar com xarope?"—Better Queens, Jay Smith

Alvéolos de tamanho Natural

É claro que você os consegue com quadros sem cera estampada ou colmeias top bar, mas o "efeito secundário" (ou o efeito se for aquilo que procura) não é apenas reduzir o trabalho a colocar os arames ou a cera estampada, mas quando os ácaros Varroa estiverem controlados e os seus níveis de varroa estiverem estáveis durante alguns anos, você poderá até esquecer-se da Varroa. Como eu fiz.

É muito bom voltar a preocupar-me apenas com as abelhas em vez dos ácaros. Veja o Capítulo *Alvéolos do Tamanho Natural* para mais informações.

Carrinhos

Os carrinhos têm-me ajudado a poupar as minhas costas. O meu apiário principal está do outro lado de uma pastagem oposta há minha casa. Mover caixas, cheias e vazias, para trás e para a frente dá muito trabalho. Não vale a pena carregar as caixas na minha carrinha para trazer as caixas e vice-versa. Mas é um longo caminho para as carregar. Eu comprei três carrinhos e usei-os todos com diferentes vantagens. Eu neste momento uso mais o da empresa Mann Lake e o da Walter T. Kelley.

Modifiquei o da Mann Lake e Brushy Mountain um pouco porque as caixas abanavam muito a caminho do apiário e o da Mann Lake estava um pouco alto demais do chão, então eu mudei o eixo um pouco para cima de forma a baixar os braços. O da Brushy Mt precisava de um suporte (para que as caixas não abanassem) e uma cavilha que funciona como repouso para que eu o possa usar vazio. Mais detalhes em *Carrinhos*.

Deixe as escadas de cera entre as caixas

"Alguns apicultores desmancham todas as caixas e raspam todos os quadros, o que não faz sentido pois as abelhas prontamente colam tudo de novo da forma que estava." —The How-To-Do-It book of Beekeeping, Richard Taylor

Aqui está algo que eu penso que ajuda as abelhas, dá-lhe a si uma oportunidade de monitorizar os ácaros nas pupas de zangão e poupa muito trabalho. Deixe as escadas de cera que vão desde o fundo de um quadro até à barra de topo do quadro debaixo dele. Sim, vai quebrar quando separa as caixas, mas é uma boa escada para a rainha ir de uma caixa para a outra e até mesmo para as suas obreiras atravessarem. Também, elas constroem muitas vezes alvéolos de zangão entre as caixas e se você os abrir pode ver as pupas de zangão e talvez ver ácaros nelas (você deve estar atento a isso).

Pare de cortar alvéolos de enxameação

Eu li os livros e tentei fazer isto quando era jovem, sem experiência e insensato. As abelhas rapidamente ensinaram-me que isso era uma perda de tempo e esforço desnecessário. Se as abelhas decidiram enxamear, faça um desdobramento ou coloque cada quadro que tenha pelo menos um alvéolo de enxameação num núcleo com um quadro com mel e ganhe algumas boas rainhas. Uma vez chegando a esse estado, nunca vi as abelhas mudarem de ideias. É claro que a solução era não permitir que chegassem a esse estado. Manter o ninho aberto enquanto deixa espaço para onde elas se possam expandir nas alças é a melhor forma de controlo da enxameação que eu conheço. Se o ninho está a ficar cheio de mel, coloque alguns quadros vazios nele. Sim, vazios. Sem cera estampada, sem nada. Tente fazer isso. As abelhas vão construir alguns alvéolos de zangão, provavelmente no primeiro favo, mas depois disso elas vão puxar bonitos alvéolos de obreira e a rainha vai colocar ovos neles mesmo antes de estarem completamente puxados tanto em grossura como profundidade. Você vai ficar surpreendido com a

velocidade que elas podem fazer isto e como as distrai da
tentativa de enxameação.

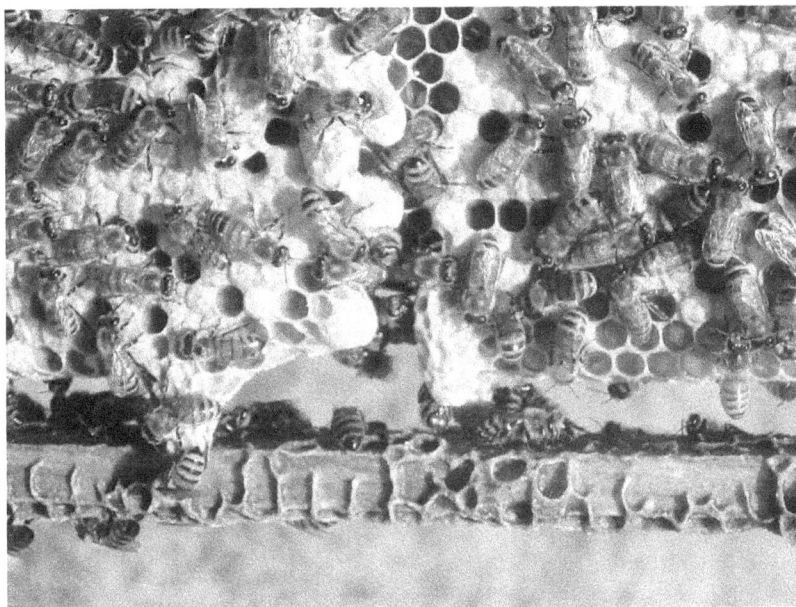

Para de lutar contra as suas abelhas

*"Há algumas regras de ouro que são guias úteis.
Uma é que quando você está confrontado com
algum problema no apiário e você não sabe o que
fazer, então não faça nada. Raramente os
assuntos pioram não fazendo nada e
frequentemente pioram bastante com
intervenções inadequadas." —The How-To-Do-It
Book of Beekeeping, Richard Taylor*

Eu já nem sei com que frequência vejo questões em
fóruns apícolas onde se pergunta como posso obrigar as
abelhas a fazer isto ou aquilo. Então, você não as pode obrigar
a fazer nada. No fim elas fazem aquilo que as abelhas fazem
e não importa o que você as tenta obrigar a fazer. Você pode
ajudá-las, certificando-se que elas têm os recursos que
precisam para fazer aquilo que você pensa que elas precisam
fazer e manipulando a colmeia de forma a não enxamearem.
Você pode enganá-las de forma a criarem mais rainhas e

coisas similares. Mas você terá muito mais prazer e trabalhará muito menos se parar de tentar obrigá-las a fazer qualquer coisa.

Pare de embrulhar a sua colmeia.

"Apesar de nós agora e de novo termos de suportar invernos excecionalmente severos mesmo aqui no sudoeste, nós não damos às nossas colónias proteção adicional. Nós sabemos que o frio, mesmo frio severo, não causa danos às colónias que estão de boa saúde. Realmente, o frio parece ter decididamente um efeito benéfico nas abelhas."—Beekeeping at Buckfast Abbey, Brother Adam

"Nada foi dito até agora sobre dar proteção térmica às colónias, embrulhando ou empacotando ou fazendo o mesmo de outra forma qualquer e com razão. Se não for feito corretamente, embrulhar ou empacotar pode ter resultados desastrosos, criando o equivalente a um túmulo húmido para a colónia" —The How-To-Do-It Book of Beekeeping, Richard Taylor

---

Eu suponho que isto também inclui a preocupação sobre o inverno e tentar dar-lhes aquecedores e coisas similares. As abelhas já viveram durante milhões de anos sem aquecedores e sem ajuda. Se você se certificar que elas estão fortes, têm comida suficiente e adequada ventilação para que não acabem num cubo de gelo por causa da condensação, então você deve relaxar. Trabalhe nos esquipamentos apícolas e veja-as na primavera, ou mais cedo, no fim do inverno.

Pare de raspar a própolis de todo o equipamento

"A própolis raramente cria problemas para o apicultor. Certamente qualquer esforço para manter a colmeia livre dela sistematicamente e frequentemente raspando-a, é tempo perdido" — The How-To-Do-It Book of Beekeeping, Richard Taylor

Não lhe parece uma batalha perdida de qualquer forma? As abelhas vão simplesmente substituir esse própolis, então a menos que esteja diretamente no seu caminho, porque se importa?

Pare de pintar o seu equipamento.

"As colmeias não precisam de pintura, apesar de não haver mal em fazer isso se o dono quiser agradar os seus próprios olhos. As abelhas encontram o caminho para as suas próprias colmeias mais facilmente se as colmeias não parecerem todas iguais. Eu raramente pinto as minhas e como resultado não tenho duas colmeias parecidas. A maioria tem a aparência de muitos anos de uso e muitas épocas de exposição aos elementos." —Richard Taylor, *The Joys of Beekeeping*

"Eu suponho que elas durem mais tempo se forem pintadas mas dificilmente tempo suficiente que

pague a tinta." —C.C. Miller, Fifty Years Among the Bees

Você já deve ter provavelmente notado nesta altura, se você olhou para as fotos das minhas colmeias que muitas delas não estão pintadas. Talvez os vizinhos ou a esposa se possam queixar mas as abelhas não se importam. Elas podem não durar tanto tempo. Eu não sei porque parei de pintar as minhas há cerca de quatro anos. Mas pense em todo o tempo que você poupou!

Recentemente eu comprei muito equipamento e queria mantê-lo tão bonito quanto possível então eu comecei a mergulha-lo em cera de abelha e resina de eucalipto.

Pare de trocar a posição das caixas.

"Alguns apicultores, que confiam menos nas abelhas que eu, neste momento têm a rotina de 'trocar a posição das caixas', isto é, trocar a posição dos dois andares de cada colmeia, pensando que isto induz a rainha a aumentar a sua postura e a distribuir os seus ovos mais amplamente pela colmeia. Eu duvido, apesar, de que tal resultado seja conseguido, e de qualquer forma eu já descobri há muito tempo que tal plano é melhor ser deixado às abelhas." –Richard Taylor, The Joys of Beekeeping

Na minha opinião a troca da posição de caixas de uma colmeia é contra produtiva, é muito trabalho para o apicultor e muito trabalho para as abelhas. Depois de trocar as caixas as abelhas têm de voltar a organizar o ninho. É verdade que isso interrompe o enxameamento, mas também outras coisas o fazem. Veja o Capítulo *Controlo de Enxameação* onde eu digo o que faço.

Não procure a rainha.

Não procure pela rainha a menos que tenha mesmo de a encontrar. É uma das operações que mais tempo ocupa. Em vez disso procure ovos e criação aberta. Não há nada de errado em se manter atento caso ela apareça, mas tentar encontrar a rainha gasta muito tempo. Isto funciona mesmo para coisas como colocar abelhas em núcleos de fecundação. Se você desdobra um enxame para núcleos de fecundação e não procura a rainha nos quadros você pode perder a rainha, mas poupou muito tempo. As abelhas criam uma nova rainha se tiverem os recursos para o fazer (ovos ou larvas jovens). A única vantagem real de encontrar a rainha muitas vezes é a prática que ganha mas isto pode ser mais facilmente feito com uma colmeia de observação.

Se você está preocupado com problemas de rainhas, dê às abelhas um quadro com ovos e cria aberta de outra colmeia e siga o seu trabalho. Se elas estão sem rainha vão criar uma nova rainha. Se elas não estão, você não interferiu e até fortaleceu o enxame com mais obreiras. Veja o Volume I *BLUF* na secção *Panaceia* para mais informação.

Não espere.

Há muitas operações onde as pessoas, incluindo eu, dizem-lhe para remover a rainha e esperar até ao próximo dia. Coisas como introduzir alvéolos reais em núcleos ou introduzir uma nova rainha numa colmeia. Esperar aumenta a probabilidade de aceitação, mas na realidade apenas aumenta um pouco. Então se você quer poupar tempo, não espere até ao próximo dia a menos que você tenha mesmo de esperar, faça-o agora enquanto tem a colmeia aberta.

Alimente com açúcar granulado.

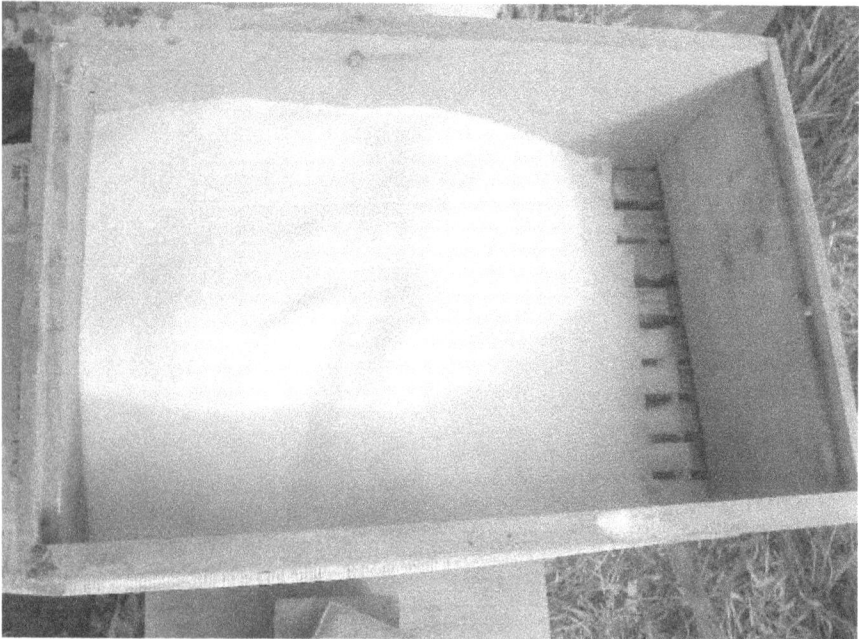

Não, elas não o consomem tão bem como o xarope, mas se você tem mesmo de alimentar as abelhas isso impede que morram de fome e você não tem de fazer xarope nem de comprar alimentadores e não terá abelhas afogadas. Veja em *Alimentando Abelhas para mais detalhes*.

Desdobre pelas caixas.

Se você tem uma colmeia com um enxame bem forte na primavera, não procure a rainha, não procure por criação, desdobre apenas pelas caixas. As caixas de baixo que estão bem ocupadas por abelhas, provavelmente têm criação nelas. É claro que o sucesso está na sua maioria dependente em conseguir adivinhar com precisão que você tem criação e reservas em ambas as caixas. Se você se enganou, você vai acabar por ter uma caixa vazia após apenas um dia ou dois. Mas se você acertou, você poupou muito trabalho. Com caixas médias de oito quadros (que têm metade do volume de uma caixa funda de dez quadros) a probabilidade disto funcionar como numa colmeia que é pelo menos quatro caixas (o equivalente a duas caixas fundas de dez quadros) é duas vezes mais alta. Você apenas joga com as caixas como se fossem cartas. Coloca um estrado em cada lado e vai dando "uma para aqui e outra para ali" até estar tudo no sitio. Volte um mês depois e veja como estão os enxames.

Para de Trocar as Rainhas.

Se você deixa as abelhas trocarem as suas próprias rainhas cria abelhas que *podem* e *fazem* a troca de rainhas sozinhas. As abelhas na natureza têm esta pressão seletiva sobre elas. As abelhas que estão sempre com rainhas trocadas pelo apicultor não têm esta pressão seletiva sobre elas. Eu apenas trocaria de rainha se o enxame parece estar a falhar e usaria material genético de outro enxame que tem sucesso a trocar as suas próprias rainhas.

Seguindo a mesma linha, é claro, pare de comprar rainhas. Faça desdobramentos e deixe as abelhas criarem as suas próprias rainhas. Dessa forma você consegue abelhas que estão bem adaptadas ao seu clima e às suas pragas e suas doenças; *e* você consegue doenças e pragas que estão bem adaptadas a coexistir com as abelhas em vez de as matarem.

Alimentando Abelhas

Você pensava que algo tão simples não fosse controverso, mas é— em várias frentes.

Primeiro, quando é que você alimenta?

"P. Quando é a melhor altura para alimentar as abelhas?

"R. A melhor coisa é nunca alimentar as abelhas, mas sim deixá-las recolher as suas próprias reservas. Mas se a época foi um fracasso, tal como é na maioria dos locais, então você deve alimentar. A melhor altura para isso é logo que você saiba que elas precisam ser alimentadas para passarem bem o inverno; digamos em Agosto ou Setembro. Outubro também dá bem, mas mesmo se você não as alimentou até Dezembro, é melhor alimentar nessa altura que deixar as abelhas morrerem de fome."

—C.C. Miller, A Thousand Answers to Beekeeping Questions, 1917

Na minha opinião há muitas razões para evitar alimentar se você conseguir. Desencadeia pilhagens. Atrai pragas (formigas, vespas, etc.). Bloqueia o ninho e desencadeia enxameações. Afoga muitas abelhas, e nem mencionei que dá muito trabalho. Então se você usa xarope há o efeito do pH nas culturas microbianas da colmeia e a diferença do valor nutritivo comparado com tudo o que as abelhas recolheram por sim próprias.

Algumas pessoas alimentam um pacote de abelhas constantemente durante o primeiro ano. Na minha experiência isto resulta usualmente na sua enxameação quando estão suficientemente fortes e muitas vezes falham. Alguns alimentam na primavera, outono e quando falta alimento no campo, sem olharem para as reservas dos enxames. Alguns apicultores não acreditam na alimentação artificial de forma nenhuma. Alguns apicultores roubam todo o mel no outono e depois tentam alimentar as abelhas o suficiente para sobreviverem durante o inverno.

Pessoalmente eu não alimento se há um fluxo de néctar e elas têm algumas reservas seladas. A recolha de néctar é o que as abelhas fazem. Elas devem ser encorajadas a fazer isso. Eu alimentaria na primavera se as colmeias estiverem leves, pois elas não criam mais abelhas sem reservas suficientes para tal coisa. Eu alimento no outono se as colmeias estão leves, mas eu tento sempre ter a certeza que não tiro demasiado mel e as deixo leves. Alguns anos, entretanto, o fluxo de néctar de outono falha e elas ficam quase mortas de fome se eu não alimentar. Quando crio rainhas, durante uma altura sem alimento no campo, por vezes tenho de alimentar para que elas façam alvéolos reais e para conseguir que as rainhas voem e acasalem. Então enquanto eu tento evitar alimentar, eu acabo por o fazer muito frequentemente. Na minha opinião, não há nada de errado em alimentar se você tem uma boa razão para o fazer, mas o meu plano é evitar fazê-lo e deixar às abelhas o suficiente para viverem. Também, enquanto eu penso que o mel é o melhor alimento para elas, dá demasiado trabalho colher e depois devolver esse mel às abelhas, então quando eu alimento é na forma de açúcar granulado ou xarope de açúcar, a menos que tenha algum mel que pense não ter valor comercial.

Pólen, quando dado às abelhas, é usualmente dado a elas antes do primeiro pólen estar disponível no campo na primavera. Aqui (Greenwood, Nebrasca) isso será lá para o meio de Fevereiro. Eu não tive ainda a sorte das abelhas o consumirem sem ser no outono quando não há pastagem para elas no campo.

Alimentação Estimulante.

Muita literatura apícola parece indicar que o alimento estimulante é uma necessidade absoluta para ter uma produção de mel. Muitos dos grandes apicultores decidiram que isso não é produtivo:

> *"O leitor já terá chegado à conclusão que a alimentação estimulante, para além de ajudar na construção dos favos do ninho, não faz parte ativa*

no nosso esquema de apicultura. Isto é um facto."
—Beekeeping at Buckfast Abbey, Brother Adam
"Muitos, neste momento, parecem pensar que as abelhas fazem criação muito mais depressa alimentando-as com uma colher de chá cheia de xarope doce, mas não muito concentrado todos os dias do que outro método; mas baseado em muitas experiências nesse assunto durante os últimos trinta anos eu apenas posso dizer que é uma ideia errónea, baseada na teoria em vez da solução prática do assunto, colocando um número certo de colónias no mesmo apiário, alimentando metade enquanto a outra metade se alimenta apenas das suas "ricas" reservas, tal como disse em cima, mas sem alimentar e depois comparar as "notas" no que respeita a cada metade, determinando assim qual a melhor forma de fazer até à cresta...os resultados mostram que o plano "milhões de méis na nossa casa" seguido pelo que vem a seguir, vai ultrapassar de longe qualquer plano conhecido de estimulação até agora na corrida das abelhas a tempo para a colheita." —A Year's work in an Out Apiary, G.M. Doolittle.
"Provavelmente o único passo mais importante na gestão das colónias para conseguir que fiquem fortes, e o mais negligenciado pelos apicultores, é ter a certeza que as colmeias estão pesadas com reservas no outono, para que as abelhas emerjam do inverno já fortes e o fiquem no início da primavera" — The How-To-Do-It Book of Beekeeping, Richard Taylor
"A alimentação de abelhas para estimular a criação de mais abelhas cedo na primavera é agora vista por muitos apicultores como de valor duvidoso. Especialmente verdade nos estados mais a norte (EUA), onde semanas de tempo quente são frequentemente seguidas por dias 'gelados'. O apicultor médio numa localidade média vai achar mais satisfatório alimentar de

forma liberal no outono— suficiente, pelo menos até que existam reservas suficientes até à cresta. Se as colmeias estão bem protegidas, e as abelhas bem fornecidas com uma abundância de reservas seladas, a criação natural de mais abelhas vai prosseguir com rapidez suficiente, cedo na primavera sem qualquer estímulo artificial. A única altura em que a alimentação na primavera é recomendada é quando existe uma falta de néctar a seguir ao fluxo de néctar na primavera e antes da cresta principal." — W.Z. Hutchinson, Advanced Bee Culture.

As minhas experiências com alimentação estimulante.

Eu já tentei praticamente toda a combinação ao longo dos anos e a minha conclusão é que a meteorologia tem tudo a ver com o sucesso ou insucesso de qualquer tentativa de estimular as abelhas através de alimentação. Então em alguns anos parece ajudar um pouco, outros anos engana as abelhas fazendo demasiada criação, cedo demais, e se aparecem uns dias muito frios pode ter consequências desastrosas, ou causa demasiada humidade dentro da colmeia naquela altura incerta no fim do inverno, quando podem ainda haver dias muitos frios. Mais os resultados impressionantes que você obtém que são usualmente devidos a alimentar um enxame que tenha poucas reservas. Deixar mais reservas parece ainda ser o método mais seguro para ter muita criação bem cedo no meu clima.

Aqui no Norte (EUA) não só é difícil fazer isso, mas faz os resultados variarem desde desastrosos até extraordinários. O problema é que a apicultura tem suficientes variáveis e eu não estou interessado em adicionar mais.

Eu vou passar à parte dos problemas com o que usar como alimento e passar há minha experiência que está relacionada com a estimulação das abelhas a terem mais criação e ignorar os problemas entre alimentar com mel vs. açúcar neste momento.

Eu já alimentei com xarope muito diluído (1:2), diluído (1:1), moderado (3:2) e muito concentrado (2:1) em toda a altura do ano exceto em fluxos de néctar, mas mais uma vez para simplificar o problema da alimentação estimulante para as abelhas terem mais criação, vamos concentrar-nos na primavera.

Eu não vejo diferença nos resultados sobre a elaboração de xarope com esses vários rácios. As abelhas bebem o xarope se a temperatura for suficientemente alta (e aqui é raro que o façam no inicio da primavera ou fim do outono) e por vezes induz as abelhas a começar a criar mais abelhas quando o seu senso comum lhes diz que é cedo demais. Então para simplificar ainda mais, vamos apenas falar sobre alimentar ou não alimentar com xarope.

É difícil que as abelhas bebam o xarope cedo nos climas do Norte (EUA):

Se você tentar alimentar as abelhas com algum tipo de xarope no meu clima no fim do inverno ou início da primavera, os resultados são que *usualmente* elas não o consomem. A razão é que o xarope está raramente acima dos 10ºC. À noite as temperaturas estão entre o congelamento e temperaturas negativas. Durante os dias usualmente as temperaturas não estão acima do congelamento ou naquelas ocasiões raras quando está mesmo 10ºC durante o dia, o xarope está ainda abaixo dos 0ºC desde a noite anterior. Então primeiro de tudo tentar alimentar com xarope no fim do inverno e início da primavera usualmente não funciona mesmo— significa que elas nem lhe tocam.

A parte má do sucesso:

Então, se você tiver sorte e aparecerem uns dias de calor suficientes para o xarope aquecer o suficiente para as abelhas o beberem, você consegue que elas façam uma grande quantidade de criação, digamos perto do fim de Fevereiro ou inicio de Março, depois você tem uns dias de temperaturas negativas que duram uma semana e todos os enxames que foram induzidos a fazer criação, morrem a tentar manter essa criação quente. Elas morrem porque não deixam a criação e não conseguem mantê-la quente o suficiente, mas elas tentam. Nós podemos ter dias muito frios, -12ºC ou menos, qualquer dia até ao fim de Abril, no ano passado nós tivemos um dia desses no meio de Abril tal como aconteceu na maioria do país (EUA).

A nossa temperatura mais baixa registada, aqui na parte mais quente do Nebrasca em Fevereiro foi -31.7°C. Em Março foi de -28.3°C. Em Abril foi -16°C. Em Maio foi -3.9°C. Ter tempo muito frio em Maio é bastante comum por aqui. Eu já vi nevões no primeiro dia de Maio. Então eu duvido seriamente, não só da eficácia de alimentar com xarope, mas que você consiga que funcione bem, a tal sabedoria de dar alimentação estimulante para a produção de mais criação mais cedo do que é normal para as abelhas pode dar mau resultado. Se você conseguiu então colocou as abelhas fora da sincronia natural com o seu ambiente.

Resultados variáveis:

Alimentar pode ter um resultado totalmente diferente de um ano para o outro. Certamente se a sua aposta dá bom resultado e consegue que as abelhas comecem a criação em Março e consegue gerir para que não enxameiem em Março ou Abril (coisa que eu duvido), não tem dias muitos frios que matam alguns dos enxames, ou os enxames estão tão fortes nessa altura de muito frio que conseguem aguentar, e você consegue manter essa população máxima para o fluxo de néctar a meio de Junho, talvez você consiga uma super-colheita. Por outro lado, você consegue que elas tenham muita criação em Março, aparecem dias de temperaturas abaixo de zero durante uma semana e a maioria dos enxames morre, será um resultado muito diferente.

Num clima diferente, isto pode ser uma tarefa totalmente diferente. Se você vive em locais onde as pessoas quase nem sabem o que são temperaturas baixas, e os cachos de abelhas não ficam presos na criação por causa do frio não conseguindo assim consumir as reservas, então os resultados da alimentação estimulante podem ser muito mais previsíveis e possivelmente muito mais positivos. Mas de novo, eles podem ter criação cedo demais e enxamear antes do fluxo de néctar.

Açúcar Granulado:

Este tipo de alimento não é bom para a primavera, exceto se sobrar do inverno, mas na minha experiência faz muita diferença no inverno e na primavera seguinte. A maioria dos enxames comem o açúcar. Alguns comem quase todo o açúcar. Elas iniciam a criação enquanto comem o açúcar e podem continuar a comer o açúcar mesmo em dias frios. Elas não ficam loucas com o açúcar nem loucas a fazerem criação, mas eu vejo isso como uma coisa boa. Um aumento moderado das reservas às quais as abelhas podem aceder em dias frios é uma aposta de sobrevivência melhor do que um aumento enorme de criação, numa altura em que elas podem ser apanhadas por vários dias muito frios enquanto consomem xarope, que elas deixam de poder consumir se ficar demasiado frio.

Tipo de alimentador:

Eu vou admitir, que o tipo de alimentador também tem um papel nisto tudo. Um alimentador de topo no início da primavera aqui é inútil. O xarope raramente está a uma temperatura suficientemente alta para as abelhas o beberem. Alimentadores de saco, por outro lado, por cima do cacho de abelhas, elas parecem conseguir consumir o seu xarope, tal como o fazem com o açúcar granulado. Um alimentador de quadro (mesmo eu não gostando deles) encostado ao cacho tem o seu xarope consumido melhor do que o do alimentador de topo, mas não tão bem como o alimentador de saco. No meu clima qualquer alimentador que estiver muito longe do cacho não terá o seu xarope consumido até as temperaturas se manterem de forma consistente nos 10ºC e nessa altura as árvores de fruto e os dentes-de-leão estarão já em flor pelo que o alimento que o apicultor lhes der será irrelevante.

Você poderá dar-lhes algum xarope no fim de Março ou início de Abril com um alimentador de saco ou um frasco ou balde diretamente sobre o cacho ou se você aquecer o xarope de forma regular, quando tudo o resto falha.

Segundo, o que é que você usa para as alimentar?

Eu prefiro *deixar-lhes* mel. Alguns pensam que você deve apenas dar-lhes mel. Do ponto de vista de um perfecionista, eu gosto disso. Do ponto de vista prático, é difícil para mim. Primeiro, o mel desencadeia pilhagens de forma muito pior que o xarope. Segundo, o mel fermenta muito mais facilmente se eu lhe adicionar água e eu odeio ver mel a estragar-se. Terceiro, o mel é muito caro (se você o compra ou não o consegue vender) e dá muito trabalho extraí-lo. A mim parece errado ter o trabalho de extrair o mel, apenas para o voltar a dar às abelhas. Eu prefiro deixar mel suficiente dentro das colmeias e, num instante, roubar algum de um enxame com boas reservas e dar a um com poucas reservas, em vez de alimentar. Mas se chegar ao ponto de ter de alimentar, eu alimento com mel velho ou mel cristalizado se o tiver, caso contrário eu alimento com xarope de açúcar.

Pólen

O outro assunto é o pólen e substituto. As abelhas ficam mais saudáveis com pólen verdadeiro, mas o substituto é barato. Eu tento alimentar todas com pólen verdadeiro, mas por vezes não o posso comprar e faço uma mistura 50:50 (pólen:substituto). Com apenas substituto de pólen você fica com abelhas que vivem vidas mais curtas. Eu não noto qualquer diferença com mistura 50:50, mas mesmo assim penso que 100% pólen verdadeiro é melhor.

Terceiro, qual a quantidade de alimento que lhes dá?

É melhor falar com apicultores locais sobre a quantidade de reservas que as abelhas precisam para sobreviver aos invernos na sua zona. Aqui, um grande cacho de abelhas Italianas, eu tento que uma colmeia tenha o peso de 45.4kg até aos 68Kg. Com as abelhas Cárnicas é mais entre os 34Kg e os 45.4Kg. Com os enxames ferozes mais económicos pode ser entre os 22.7Kg e os 34Kg. É sempre melhor ter demasiadas reservas do que poucas.

Quarto, como você alimenta?

Há mais esquemas de alimentação das abelhas do que opções em qualquer outro aspeto da apicultura. Eu tenho uma relação de amor/ódio com a alimentação artificial para começar, então não é surpreendente que eu tenha também uma relação de amor/ódio com a maioria dos esquemas.

Problemas quando considera o tipo de alimentador:

Que quantidade de trabalho está envolvido na alimentação? Por exemplo terei de vestir o fato de apicultor? Abrir a colmeia? Retirar as tampas? Remover caixas? Que quantidade de xarope o alimentador suporta? Quantas viagens terei de fazer ao apiário para as preparar para o inverno? Em outras palavras, um alimentador que consegue suportar quase 19L de xarope, eu apenas terei de o encher uma vez. Se apenas suporta 473ml ou 946ml eu terei de o encher muitas vezes.

Será que as abelhas consomem o xarope se estiver frio? Se o tempo estiver quente a maioria dos alimentadores funcionam. Apenas alguns funcionam se o tempo estiver entre o quente e o frio. Isso significa que se as temperaturas estiverem perto dos 4ºC à noite e dos 10ºC de dia, alguns funcionam mas nenhum funciona se estiver sempre frio.

Qual o seu custo? Alguns métodos são bastante caros (um bom alimentador de topo custa $20 a $40 por colmeia) e alguns são muito baratos (converter um fundo de uma colmeia para servir de alimentador custa 25¢ por colmeia).

Será que causa pilhagens? Os alimentadores de entrada (em inglês são chamados de "Boardman feeders"), por exemplo são conhecidos por causarem pilhagens.

Será que causa afogamento de abelhas? Será que esse problema pode ser atenuado? Os alimentadores de quadro (em inglês são chamados de "Frame feeders") são conhecidos pelo afogamento de abelhas e a maioria dos apicultores adiciona-lhes algo que flutue ou uma escada ou ambas as coisas para minimizar afogamento de abelhas. Os alimentadores de fundo (em inglês são chamados de "Bottom board feeders") têm o mesmo problema dos alimentadores de quadro.

Será que é fácil abrir a colmeia com o alimentador colocado ou ele torna a tarefa difícil? Por exemplo um alimentador de topo tem de ser removido para abrir a colmeia, entorna e pinga.

Será difícil de limpar o alimentador? O alimento estraga-se. Os alimentadores ganham bolores. Se as abelhas se afogam neles, eles terão de ser limpos de vez em quando.

Tipos básicos de alimentadores
Alimentador de quadro

Alimentador de quadro. Estes variam bastante. Os mais antigos eram feitos de madeira. Os antigos eram feitos de plástico liso e afogavam muitas abelhas. Os novos são feitos na sua maioria por um plástico preto com alguma rugosidade nos lados que funciona como uma escada. Se você colocar algo a flutuar neles, funcionam muito melhor com menos afogamento de abelhas ou então uma escada feita de rede metálica com buracos de 3.2mm que funciona muito bem. Eles também ocupam mais espaço que um quadro, mais meio quadro e por isso não encaixam bem apenas no espaço de um quadro e fazem uma "barriga" no meio. A empresa Brushy Mountain tinha um feito de Platex com acesso mais limitado, uma escada de rede metálica com buracos de 3.2mm, apenas ocupava o espaço de um quadro e não fazia "barriga". A empresa Betterbee tem uma versão de plástico com características similares. Eu não tenho um, mas as queixas que ouvi sobre ele dizem que as "orelhas" são muito curtas e ele cai do suporte dos quadros. Se você fizer um de forma correta então terá um bom "alimentador divisor", mas para fazer isso a colmeia terá de ter duas entradas separadas para cada lado. Algumas pessoas fazem mesmo "alimentadores divisores" para transformar colmeias de dez quadros em núcleos de quatro quadros com um alimentador em comum no meio da colmeia.

Alimentador de entrada

Estes vêm em todos os conjuntos de material para novos apicultores. Eles são compostos por um frasco e uma base e são colocados na entrada da colmeia. O frasco suporta cerca de 1L e é colocado invertido, a tampa tem pequenos furos por onde pinga o xarope. Eu guardo o frasco e a tampa e deito para o lixo o alimentador. Eles são conhecidos por causarem pilhagens. É fácil verificar o nível do xarope nesses frascos mas para encher o frasco é preciso sacudir as abelhas.

Tem é de ter algo que o mantem estável sobre as abelhas e alguns buracos pequenos para o xarope sair. As vantagens variam com a forma como você o coloca e com o tamanho deles. Se ele suporta 3.8L ou mais, você não precisa de encher com muita frequência. Se são apenas de 1L, você terá de encher com alguma frequência. Se eles pingam ou a temperatura muda muito, eles pingam sobre as abelhas e afogam ou "congelam" as abelhas. Eles são usualmente baratos e usualmente afogam menos abelhas que os alimentadores de quadro, a menos que pinguem. Se o buraco onde o alimentador for colocado por cima tem uma rede metálica com buracos de 3.2mm, você não terá abelhas no recipiente quando precisar de o voltar a encher.

Recipiente invertido. Estes funcionam com o mesmo princípio de um refrigerador de água ou recipientes onde o líquido é mantido através do vácuo (ou para quem é de pensamento mais técnico no meio de nós, o liquido fica mantido dentro do recipiente pela pressão atmosférica que o empurra para dentro). Usado para alimentar abelhas, isto pode ser um frasco de 1L (como o do alimentador de entrada), uma lata da tinta com buracos, um balde de plástico com uma tampa, uma garrafa de um litro, etc.

Alimentador de frasco

Alimentador do tipo Miller (alimentador de topo)

Criado por C.C. Miller, daí ter o mesmo nome. Há algumas variações. Todos são colocadas por cima da colmeia e requerem um espaço apertado para que abelhas que queiram roubar não entrem por cima e se afoguem no xarope. Alguns têm um espaço aberto para as abelhas no alimentador. Alguns têm acesso limitado com rede metálica para que as abelhas tenham apenas espaço suficiente para chegar ao xarope. Eles vêm com o acesso em diversos partes, por vezes numa ponta, por vezes em ambas as pontas, por vezes no centro paralelo aos quadros e por vezes transversalmente aos quadros. O raciocínio disto é por ser fácil de fazer e encher apenas um compartimento (uma das pontas) ou melhor acesso para as abelhas (no meio) ou até ainda melhor acesso às abelhas (através dos quadros) para que elas o encontrem. Quanto mais altos forem menos são usados quando está frio mas mais capacidade terão. Alguns suportam até 19L (muito bom para um apiário longe de casa durante tempo quente mas não quando está frio durante a noite). Alguns suportam apenas alguns litros. Para os dias menos quentes as abelhas trabalham melhor nos menos fundos e que tenham a entrada no centro da colmeia do que os mais fundos e com entradas nas pontas. O Alimentador Rápido (em inglês diz-se "Rapid feeder") tem um conceito similar mas é redondo e é colocado sobre o buraco da prancheta de agasalho, é o tipo de alimentador mais usado neste momento pelos apicultores portugueses. A maior desvantagem é provavelmente ter de o remover quando quer abrir a colmeia. Muito incómodo de manipular se estiver cheio. A maior vantagem é a quantidade de xarope que pode suportar e (se tiver rede metálica) encher sem ter de vestir o fato de apicultor e sem perturbar as abelhas.

Alimentador de fundo ou de estrado
Alimentador do tipo Jay Smith

O alimentador do tipo Jay Smith é um alimentador que se coloca por baixo do ninho, consiste numa simples barragem feita com um pedaço de madeira com 1.9cm por 1.9cm, colocado mais ou menos 2.54cm afastado da parte da entrada da colmeia (mais ou menos a 45.72cm da traseira da colmeia). A caixa é deslocada para a frente de forma a fazer uma abertura na parte de trás. O xarope é deitado na parte de trás. Uma pequena tábua de madeira pode ser usada para bloquear essa abertura na parte de trás. As abelhas podem na mesma sair pela frente, simplesmente saindo por baixo na parte da frente da barragem. A imagem seguinte é da perspetiva de quem está na parte de trás da colmeia e olha para a parte da frente da colmeia. O alimentador está vazio para que possa ver onde está a barragem, etc. Os cantos da barragem estão realçados e etiquetados para que faça mais sentido. Esta versão não funciona numa colmeia fraca porque o xarope está próximo demais da entrada. Vai afogar tantas abelhas como os alimentadores de quadro.

Alimentador do tipo Jay Smith

A minha versão

Tampa do buraco de drenagem >

Redutor de entrada para a caixa
que estiver por baixo

Fundo do alimentador. O retângulo marcado na imagem faz uma entrada reduzida para a colmeia que estiver por baixo.

Parte de cima do alimentador. A barragem na parte da frente impede que o xarope se entorne para fora. O bloco de suporte segura uma rede metálica com buracos de 3.2mm para que a rede não fique arqueada. A rede metálica deixa-me encher o alimentador sem que as abelhas saiam. O buraco de drenagem serve para deixar sair a água da condensação ou da chuva que se possa acumular no alimentador. Foi mergulhado em cera e as fendas cheias com recurso a um Tubo de Cera (ou em alternativa podia ter usado uma Caldeirinha de derreter cera). Você pode apenas derreter alguma cera de abelha e esfrega-la no alimentador para o selar.

BUSH

Coloque o xarope aqui

Tampa do buraco de drenagem ->

Com uma caixa por cima do alimentador para que você veja onde se enche. Se você não coloca várias colmeias umas por cima das outras, a parte do alimentador pode ficar na frente ou traseira. Se você faz "estilo apartamento" a parte de encher o alimentador fica na frente.

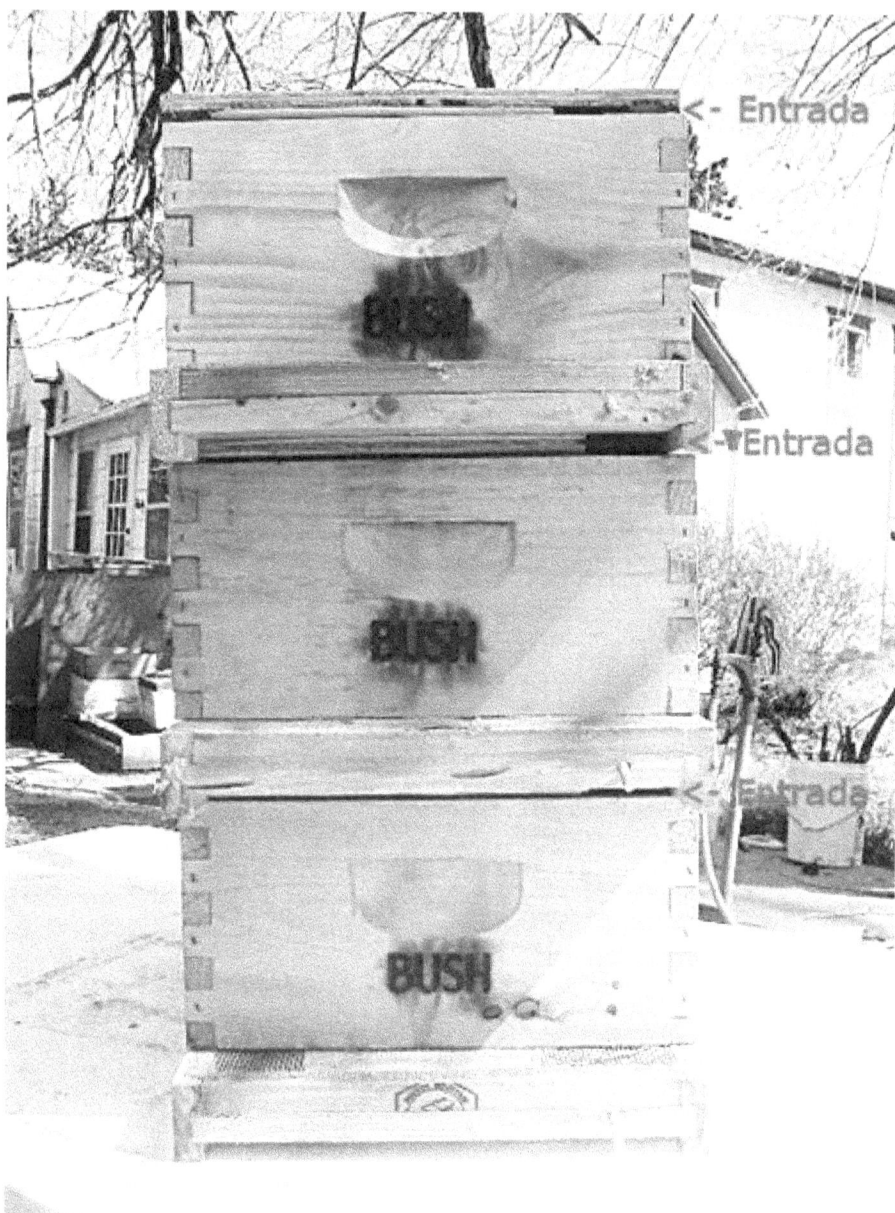

"Estilo Apartamento" onde você pode ver a entrada para um núcleo por baixo do fundo.

"Estilo Apartamento" com coberturas sobre a parte de encher para manter a maioria da água da chuva fora do alimentador. Estas coberturas podem ser feitas com restos de contraplacado de 1.27cm, mas qualquer coisa funciona bem. Desde que o vento não as retire.

Na minha versão do alimentador de Jay Smith apenas modifiquei para fazer entradas de topo nos alimentadores de fundo. Estes foram feitos de estrados estandardizados da empresa Miller Bee Supply. O espaço por cima é de 1.9cm e o espaço no fundo é de 1.27cm. Isto é um bom espaço para invernar pois eu posso colocar jornal e cobrir com açúcar granulado ou posso colocar um bife proteico sem esborrachar abelhas. Eu estava preocupado em relação à água da condensação e por isso adicionei o buraco de drenagem. Isto pode também ser usado para retirar xarope estragado. Este modelo também permite que se coloquem núcleos uns em cima dos outros e se alimentem sem os ter de abrir ou mudar de sítio. Até agora eu tive o mesmo número de abelhas afogadas tal como com o alimentador estandardizado de quadro. Você tem de colocar xarope devagarinho e se as abelhas fores muitas a encher o fundo, pode querer adicionar uma caixa para reduzir o congestionamento. Eu estou a considerar colocar um flutuador de 0.64cm em contraplacado ou similar.

Alimentador de saco

Estes são apenas sacos de 3.8L do tipo *Ziploc* que são cheios com 2.8L de xarope, colocados por cima das barras de topo e com pequenos cortes com uma lâmina de barbear duas ou três vezes. As abelhas sugam o xarope até o saco ficar vazio. Uma caixa ou moldura de um tipo qualquer é necessária para dar espaço suficiente para o saco caber entre os quadros e a prancheta de agasalho. Um alimentador do tipo Miller ou uma moldura com 2.54cm por 7.62cm ou uma alça vazia serve. As vantagens são no custo (apenas o custo dos sacos) e as abelhas vão trabalhar na recolha do xarope em dias frios pois o cacho de abelhas mantem o xarope quente. As desvantagens são que você tem de perturbar as abelhas ao colocar sacos novos quando os sacos velhos não tiverem mais xarope e também que os sacos só podem ser usados uma vez. Também tem o risco de ter espaço em excesso na colmeia o qual as abelhas podem aproveitar para construir favos.

Alimentador ao ar livre

Estes são apenas recipientes grandes com flutuadores (pedaços de esferovite, palha, pedaços de cortiça, etc.) cheios de xarope. Eles são usualmente colocados longe das colmeias (90 metros ou mais). As vantagens é que você pode alimentar depressa pois não precisa de ir a todas as colmeias. As desvantagens são que você está a alimentar as abelhas dos vizinhos e estes alimentadores por vezes desencadeiam pilhagens e outras vezes a loucura das abelhas pelo xarope é tanta que muitas se afogam.

Caixa para pasta doce

Isto consiste numa caixa com 2.54cm por 7.62cm com uma tampa onde se deita a pasta doce. Fica por cima no inverno e as abelhas usam-na se forem para a parte de cima da colmeia e caso precisem de comida. Elas são muito populares por aqui e parecem funcionar bem.

Glacê

É uma preparação de açúcar de confeiteiro, sumo de limão e clara de ovo. Isto pode ser colocado sobre as barras de topo. Mais uma vez parece ser mais útil como alimento de emergência. As abelhas vão comer o Glacê se não houver mais nada para comer. O resultado final é similar ao da pasta doce. Em inglês o termo usado é "Fondant".

Açúcar Granulado

Este pode ser dado às abelhas de diversas maneiras. Algumas pessoas apenas despejam na traseira das colmeias (definitivamente não é recomendado para quem tem estrados sanitários pois vai cair no chão). Algumas pessoas colocam por cima da prancheta de agasalho. Outras pessoas colocam primeiro uma folha de jornal por cima das barras de topo, colocam uma caixa por cima e deitam o açúcar sobre a folha de jornal (como se pode ver nas fotos seguintes). Outros colocam o açúcar num alimentador de quadro (do tipo de plástico similar a uma gamela). Eu até tirei dois quadros de uma caixa de oito quadros que estavam vazios e deitei o açúcar no espaço vazio (com um estrado solido é claro). Com estrados sanitários ou com um enxame que apenas precisa de uma pequena ajuda, eu tiraria alguns quadros vazios, colocaria jornal no espaço vazio e por cima do jornal colocaria um pouco de açúcar, pulverize com um pouco de água para que ele se amontoe e se segure ao jornal para que assim não caia, adicione mais açúcar até ficar cheio e não se esqueça de mais uma vez pulverizar com água. Por vezes as abelhas que tratam da limpeza levam-no para fora da colmeia se você não o pulveriza com água. Se você pingar um pouco de água sobre ele faz com que as abelhas se interessem em o consumir. Quando mais finos forem os grãos de açúcar mais as abelhas se interessam em o consumir. Se você conseguir obter açúcar de confeiteiro ou do tipo *drivert* será melhor aceite do que o açúcar granulado mas mais difícil de encontrar e mais caro.

Que tipo de açúcar?

Não importa nada se é açúcar de beterraba ou cana-de-açúcar.

Importa bastante se é açúcar branco granulado ou outra coisa qualquer. Açúcar amarelo, melaço ou qualquer outro tipo de açúcar não refinado não é bom para as abelhas. Elas não conseguem lidar com as partículas sólidas desses açúcares.

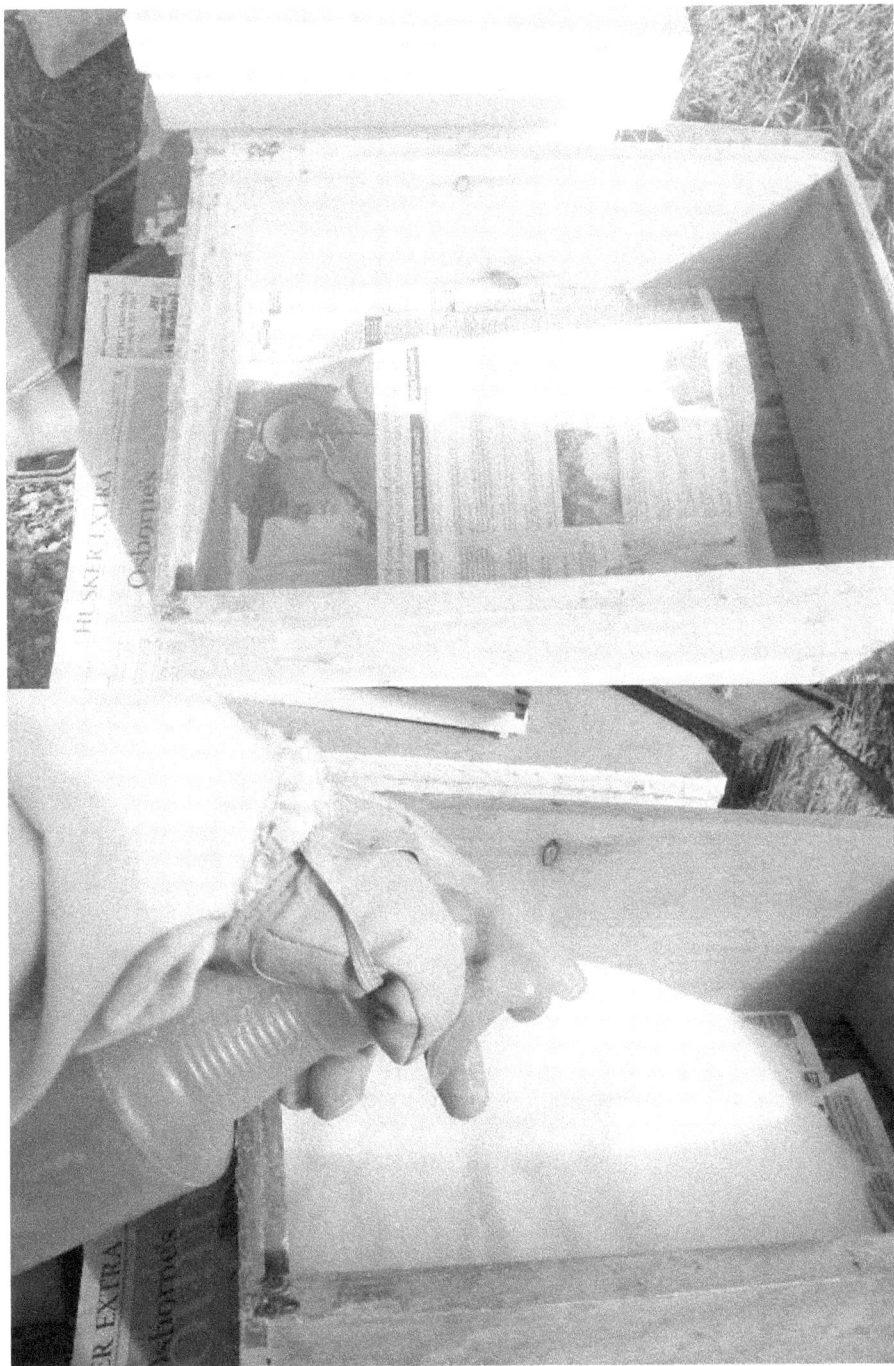

Pólen

O pólen é dado às abelhas em alimentadores a céu aberto para elas o recolherem (a seco) ou em bifes proteicos (misturado com xarope ou mel numa massa e comprimido entre folhas de papel encerado). Os bifes proteicos são colocados por cima das barras de topo dos quadros. Uma moldura é útil para criar um espaço para o bife. Eu usualmente alimento a céu aberto com pólen seco numa colmeia vazia sobre uma rede metálica e por cima de um estrado sólido para que não ganhe bolor.

Medindo os rácios para o xarope

As misturas mais usadas são na proporção 1:1 (açúcar :água) na primavera e 2:1 no outono. As pessoas usam muitas vezes algo diferente dessas proporções por razões que só elas sabem. Algumas pessoas fazem 2:1 na primavera pois é mais fácil de carregar e aguenta mais tempo sem se estragar. Algumas pessoas fazem 1:1 no outono pois acreditam que estimula as abelhas a fazer mais criação e querem ter a certeza que os enxames têm abelhas jovens suficientes para o inverno. As abelhas farão a gestão disso de qualquer maneira. Eu uso sempre o rácio 5:3 (açúcar:água). Aguenta-se melhor sem se estragar que 1:1 e é mais fácil de dissolver que o rácio 2:1.

Peso ou Volume?

O argumento seguinte é sobre o peso ou volume. Se você tem uma boa balança pode descobrir isso por si próprio, mas pegue num recipiente que suporte cerca de 473ml, obtenha a sua tara (peso do recipiente vazio) e encha-o com água. A água vai pesar cerca de 454g. Agora pegue num recipiente igual mas seco e encha-o com açúcar branco e peso-o. Vai pesar também cerca de 454g. Então eu mantenho isto muito simples. Por uma questão de misturar o xarope para alimentar abelhas, não importa. Você pode misturar e combinar. Em relação ao açúcar granulado e à água podemos dizer "Um mililitro, uma grama, não há grande diferença no peso". Pelo menos até ter misturado o xarope. Então se você pegar em 4.7L de água a ferver e adicionar 4.5Kg de açúcar você obtém a mesma coisa que 4.5Kg de água a ferver e adicionar 4.7Kg de açúcar.

A próxima confusão parece ser na quantidade que é preciso ter para fazer uma certa quantidade de xarope. O volume de 4.7L de água misturado com o volume de 4.7L de açúcar fará cerca 7L de xarope e não 10L. O açúcar "encaixa" na água.

Como medir

Não confunda o problema da medição. Meça antes de misturar. Em outras palavras, você não pode encher um recipiente $1/3$ do total com água, adicionar o açúcar até $2/3$ do total e obter xarope no rácio 1:1. Obterá sim um rácio de 2:1 no xarope. Da mesma forma, você não pode encher até $1/3$ do total com açúcar e depois adicionar água até ficar $2/3$ cheio e obter xarope no rácio 1:1. Obterá sim um rácio perto de 1:2. Você tem de medir ambos os componentes separados e depois coloca-os juntos para obter uma medida correta. Eu acho que o mais fácil é usar litros para a água e quilos para o açúcar pois o açúcar vem em pacotes marcados em quilogramas e o volume da água é fácil de medir. Se você sabe que vai adicionar 4.5Kg de açúcar e quer xarope com uma mistura de rácio 1:1 comece então com 4.7L de água a ferver e adicione 4.5Kg de açúcar.

Como fazer xarope

Eu fervo a água e adiciono o açúcar nela e quando ficar totalmente dissolvido desligo o fogão. Com rácio 2:1 isto pode demorar algum tempo. De qualquer maneira, ferver a água faz com que o xarope aguente mais tempo sem se estragar pois mata os micro-organismos que podem estar no açúcar ou na água.

Xarope com bolor

Eu não deixo que um pouco de bolor me preocupe, mas se o cheiro é estranho ou tem demasiado bolor eu deito-o fora. Se você usa óleos essenciais (eu não uso), o xarope tende a não ganhar bolor. Algumas pessoas adicionam várias coisas para controlar isto. Cloro, vinagre destilado, vitamina C, sumo de limão e outras coisas que as pessoas usam para o xarope aguentar mais tempo. Todas estas coisas exceto o Cloro fazem com que o xarope fique mais ácido e assim a acidez é mais próxima da acidez do mel (baixam o pH).

Entradas de Topo

Razões para usar entradas de topo

Você pode ter as abelhas bem sem elas, mas elas conseguem eliminar os seguintes problemas: ratos, doninhas, texugos, abelhas mortas a bloquear a entrada no inverno, condensação na tampa no inverno, neve a bloquear a entrada no inverno, erva a bloquear a entrada no resto do ano. Também permite que você compre os capta-pólen baratos e muito bons do tipo *Sundance II*.

"Eu tive um vizinho que usava as colmeias vulgares; ele tinha um buraco com 5cm no topo que deixava aberto durante todo o inverno; as colmeias ficavam em cima de troncos de coníferas sem qualquer proteção, verão ou inverno, exceto algo para manter a chuva afastada e a neve de se acumular por cima da colmeia. Ele colocou gesso bem justo em volta do fundo da colmeia para a preparar para o inverno. As suas abelhas invernaram bem e em cada época enxameavam de duas a três semanas antes das minhas; muito poucas abelhas saíam para a neve até o tempo estar suficientemente quente para que pudessem voltar à colmeia.

"Desde aí eu observo isso sempre que eu encontro um enxame no bosque onde o espaço interior do tronco estava por baixo da entrada, os favos estavam sempre brilhantes e limpos, e as abelhas estavam sempre nas melhores condições; sem abelhas mortas no fundo do tronco; e ao contrário

de quando eu encontro um enxame numa árvore onde a entrada está por baixo da cavidade, havia sempre mais ou menos favo com bolor, abelhas mortas, etc.

"Mais uma vez se você vê uma caixa com uma fenda de cima a baixo suficientemente grande para colocar os dedos dentro dela, as abelhas estão bem em nove casos de dez. A conclusão a que eu cheguei é, que com a ventilação para cima sem qualquer corrente de ar vinda do fundo, as suas abelhas vão invernar bem ..."—Elisha Gallup, The American Bee Journal 1867, Volume 3, Número 8 pág. 15

Eu recentemente comecei a fazê-las de contraplacado com grossura 1.27mm.

A ideia de usar molduras foi-me apresentada por Lloyd Spears que diz que um homem chamado Ludewig lhe deu a ideia.

Perguntas mais frequentes sobre entradas de topo:

P: Com uma entrada no fundo, não terão as abelhas problemas a retirar abelhas mortas e a manter a colmeia limpa?

R: Nas minhas observações, não têm mais do que com entrada no fundo. De qualquer forma as abelhas mortas acumulam-se durante o inverno. Também se acumulam no Outono. Mas usualmente as abelhas mantêm o fundo bastante limpo a meio do ano. Eu já vi uma abelha caseira na minha colmeia de observação (que tem uma entrada no fundo), a arrastar abelhas mortas por toda a colmeia, de cima a baixo antes de finalmente encontrar a entrada no fundo. Eu penso que não importa mesmo. De acordo com Elisha Gallup (veja a citação anterior) o oposto é verdade. Ele diz que caixas com entrada superior estão limpas de resíduos enquanto as caixas com entradas no fundo estão cheias de resíduos.

Tampas de transumância comuns com molduras cónicas para fazer entradas de topo num dos lados mais compridos.

Como fazer entradas de topo

As que eu uso agora são estas. Estas são feitas de contraplacado com grossura 1.9cm cortado pelo tamanho da caixa (sem saliências ou encaixes) com cunhas para ter a entrada aberta num dos lados mais curtos.

Fazendo as entradas de topo.

P: Será que as abelhas campeiras ficam irritadas quando você trabalha na colmeia?

R: Eu não notei qualquer diferença. Seja lá com entrada de topo ou de fundo, enquanto você trabalha na colmeia está a perturbar as abelhas apenas pela sua presença. Você sempre, em ambos os casos, tem abelhas confusas a voar em círculos e com ambos os tipos de entrada você tem abelhas que simplesmente entram na colmeia enquanto você está a trabalhar nela. Com entrada de topo elas simplesmente entram pelo topo da colmeia.

P: Quando retira as alças elas não ficam confusas?

R: A confusão maior é quando você remove as alças de apenas uma colmeia que está ao lado de uma com altura similar. Nessa altura elas ficam confusas em relação a qual é a sua colmeia. Mas eu penso que elas fazem o mesmo com as entradas no fundo pela mesma razão só que você não nota. Elas usam a altura da colmeia como uma das suas marcas na paisagem para que continuem a voar para dentro da colmeia alta e branca perto do local onde se lembram que ela estava em vez de uma baixa perto dela. Após um dia as coisas voltam ao normal.

P: Porque é que algumas pessoas recomendam não as usar na cidade porque as abelhas ficam confusas quando você trabalha a colmeia?

R: Similar à resposta anterior. Na minha experiência qualquer enxame de uma colmeia que estamos a abrir, fica confuso, principalmente as abelhas campeiras que regressam porque muitas vezes a altura da colmeia é alterada por causa da remoção de caixas e a presença do apicultor muda as marcas na paisagem. Eu não vejo aumento da confusão numa colmeia com apenas entrada de topo em relação a uma só com entrada de fundo. Na minha opinião, aconselhar que não se devem usar entradas de topo em zonas urbanas é errado mas parece ser um conselho repetido por aqueles que não têm qualquer experiência com entradas de topo. A invernação será bastante melhorada com o uso de entradas no topo e previne problemas dos quais já falei e também sobreaquecimento em dias muito quentes. Estas vantagens não devem ser sacrificadas apenas por crenças comuns acerca da disrupção que tantas vezes são repetidas.

P: Você usa um redutor de entrada?

R: Em algumas tenho e outras não tenho. Eu uso um pedaço de madeira de grossura 0.64cm (um pedaço de perfil de madeira funciona bem) cortado com 5cm de comprimento da entrada com um prego no centro para servir de eixo para que você possa rodar a madeira abrindo e fechando a entrada.

Carrinhos

Na minha busca de uma apicultura mais fácil, eu comprei e modifiquei estes carrinhos.

Eu modifiquei dois dos carrinhos de apicultor que tenho. Este é o da empresa Brushy Mt. Eu adicionei a calha metálica perfurada na frente de forma a poder transportar seis caixas vazias em vez delas escorregarem. Eu também adicionei uma cavilha para que o punho fique sempre alinhado quando o carrinho está vazio, fica assim mais fácil de manobrar pois o punho não sai do sítio. Infelizmente eu terei de furar mais um buraco para a cavilha se eu quiser transportar caixas de 8 quadros com ele.

Aqui está a calha do carrinho de apicultor da empresa Mann Lake. Mais uma vez, para que eu consiga transportar seis caixas vazias através da pastagem sem elas escorregarem e caírem. A cavilha no buraco do topo é usada também para impedir que as caixas caiam para a frente quando você pega nelas. Eu tive de baixar o eixo através da adição de um ferro dobrado por cima para que conseguisse colocar uma caixa média e retirá-la sem lutar com a caixa e carrinho para que não tombe para a frente. Eu também tive de cortar parte do ferro dobrado na parte de baixo para que não fique preso na erva. Eu tenho a impressão que uso este mais porque posso enfiar por baixo de um monte de caixas e levantá-las.

Este, a propósito, foi inventado por um apicultor do Arizona chamado Jerry Hosterman. Eu já vi algum do seu trabalho que é obviamente muito mais antigo que o da empresa Mann Lake.

Aqui está o clássico carrinho da empresa Walter T. Kelley, a que se chamou de "Nose Truck" (camião nariz) e que foi projetado para a apicultura. Para ser usado requer algum tipo de estrado sólido, preferencialmente com alguns encaixes nas pontas, que funciona como uma palete. Dá para trabalho pesado e consegue transportar seis alças CHEIAS. Eu não o modifiquei de forma nenhuma.

Controlo de Enxameação

Fotografia da autoria de Judy Lillie

A enxameação ocorre quando a rainha velha e parte das abelhas partem para iniciar uma nova colónia. Garfas (enxames secundários) ocorrem depois da rainha velha sair e quando ainda há demasiadas abelhas, então algumas das novas rainhas (que ainda não acasalaram) saem com mais enxames. Por vezes uma colónia pode produzir diversas garfas.

Geralmente a enxameação é considerada uma coisa má porque usualmente você perde essas abelhas. Mas se você apanhar esse enxame é um bónus porque os enxames são famosos por crescerem depressa. As abelhas estão já focadas nisso e é a ordem natural das coisas. Nos tempos dos cortiços (noutros países eram os chamados "skeps", que são colmeias feitas em palha ou materiais similares) e em colmeias caixa era considerado uma coisa boa. Dava a oportunidade ao apicultor de aumentar o seu efetivo.

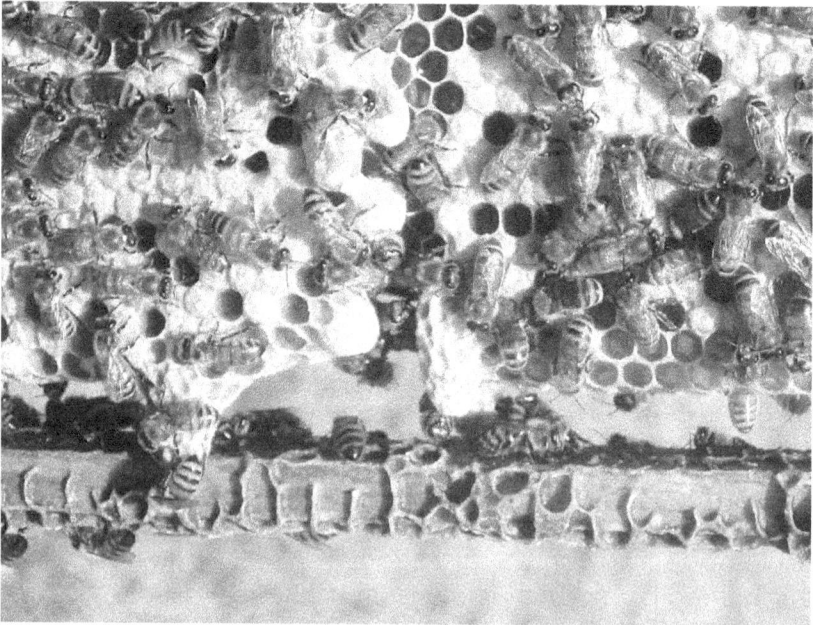

Causas da enxameação

É bom saber que a enxameação é a resposta normal de um enxame ao seu próprio sucesso. Significa que as abelhas estão suficientemente bem para se reproduzirem. É a ordem natural das coisas. No entanto, não é conveniente para o apicultor que os seus enxames enxameiem, então vamos pensar acerca das causas que levam as abelhas a querer enxamear.

Primeiro há dois tipos principais de enxames. Há os enxames de reprodução e os enxames por falta de espaço dentro das colmeias. Há uma variedade de fatores que as pressionam no sentido da enxameação.

Enxames por falta de espaço

Devido a ser o mais simples e que pode acontecer a qualquer momento, vamos brevemente falar sobre este tipo de enxames. Os fatores que parecem contribuir são:

As abelhas ficam sem espaço para colocar o néctar, então elas começam a colocar o néctar no interior do ninho nos alvéolos que costumam ter criação. Prevenção: adicionar alças.

Mel e pólen a bloquear o ninho, a rainha não tem onde pôr os seus ovos. Prevenção: remova favos com mel e adicione quadros vazios para que as abelhas se ocupem a puxar cera e a rainha ter onde colocar ovos e as abelhas terão mais espaço para se juntarem no ninho.

Sem espaço para se juntarem no ninho. As abelhas gostam de se juntar perto da rainha (que está no ninho) e isso bloqueia o ninho porque tem demasiadas abelhas. Prevenção: Um estrado com ripas espaçadas (em inglês é um "Slatted rack") dá às abelhas espaço para formar um cacho por baixo do ninho. Espaçadores ou divisores do lado de fora dão espaço às abelhas para formarem cacho nos lados do ninho. Estes são feitos com uma barra de topo com grossura 1.9cm e com um pedaço de contraplacado ou platex ou material similar no meio, com a grossura de um quadro. Um em cada ponta substituem dois quadros de ninho.

Demasiado tráfego que congestiona o ninho. Prevenção: uma entrada de topo dará às abelhas campeiras uma forma de entrar sem passar pelo ninho.

Então basicamente, se você tem a colmeia com alças e dá às abelhas ventilação suficiente pode prevenir uma enxameação por falta de espaço.

Enxameação Reprodutiva

As abelhas trabalham para esse objetivo desde o inverno anterior, altura em que elas tentaram entrar no inverno com reservas mais que suficientes para aumentarem a quantidade de abelhas na primavera antes do fluxo de néctar o suficiente para enxamearem, numa altura em que esse novo enxame terá a probabilidade máxima de crescer e sobreviver ao inverno seguinte.

O primeiro erro que as pessoas fazem acerca da prevenção de enxameações é pensar que podem simplesmente colocar alças e as abelhas não enxameiam. Mas elas vão fazê-lo. Sim, é bom dar-lhes espaço para armazenar mel, para isso as alças dão uma ajuda, mas as abelhas fazem intenção de enxamear e as alças não as vão impedir de prosseguir com o seu plano de fazer um enxame reprodutivo.

Voltando à sequência, as abelhas, durante o inverno, criam pequenas quantidades de criação. A rainha põe ovos durante algum tempo e as abelhas tomam conta dessa criação, mas elas não começam nova criação até essa criação anterior emergir e fazem uma pausa. Depois voltam a criar mais uma pequena quantidade de criação. Quando novo pólen começa a entrar na colmeia, elas fazem mais criação e o enxame começa a ficar mais forte. Elas também começam a usar o mel que tinham guardado. Este é usado para alimentar a criação e também para ganhar mais espaço para criar mais abelhas.

Quando as abelhas pensam que já são suficientes, elas começam a encher o ninho com mel, tanto para que a rainha pare a postura mas também para que tenham reservas adequadas para o caso do fluxo de néctar principal falhar. Enquanto o ninho está a encher cada vez mais abelhas amas ficam sem trabalho. Estas abelhas amas começam a fazer um zumbido (de lamento) bastante diferente do zumbido típico de harmonia que você costuma ouvir— mais como um cantar. Logo que o ninho esteja na sua maioria cheio de mel, elas começam a fazer alvéolos de enxameação. Logo que fiquem selados a rainha velha sai com um grande número de abelhas. Mesmo se você apanhar o enxame, as abelhas restantes na colmeia param a criação de mais abelhas e perdem, para o novo enxame, muitas abelhas. É duvidoso que elas produzam mel. Se ainda houver abelhas suficientes, a colmeia produzirá garfas, cada uma com uma ou mais rainhas virgens.

Se eu não as apanhar a tempo, logo que elas estejam decididas eu faço sempre desdobramentos porque pouco ou nada as poderá dissuadir. Destruir os alvéolos reais apenas adia o inevitável na melhor das hipóteses e é o mais certo que deixe as abelhas sem rainha. O meu palpite é que a maioria das pessoas destrói os alvéolos reais *após* a enxameação ter ocorrido sem o saberem.

Se você apanhar as abelhas a tentar enxamear entre cerca de duas semanas e precisamente antes do fluxo principal, um desdobramento de redução com a rainha velha e todos menos um dos quadros de cria aberta numa nova localização é um bom método de prevenir enxameação. Deixe a colmeia velha com toda a criação selada, um quadro com ovos/cria aberta, sem rainha e alça vazia. Usualmente, o enxame da colmeia velha não irá enxamear porque não tem rainha e dificilmente criação aberta. Usualmente o enxame da nova colmeia não irá enxamear porque elas não têm abelhas campeiras. Isto é melhor ser feito imediatamente antes do fluxo de néctar principal.

Eu muitas vezes coloco simplesmente cada quadro que tenha alvéolos reais com um quadro de mel em núcleos de dois quadros para obter boas rainhas.

Mas, é claro, o objetivo verdadeiro é evitar a enxameação e o desdobramento (a menos que você queira fazer um desdobramento de redução) então você terá um enxame maior e mais forte que fará mais mel.

Prevenir a enxameação

Eu adoro apanhar enxames mas quem tem tempo para estar sempre a observar as colmeias a fim de apanhar os exames que saiam? E se você tem esse tempo todo, então terá tempo para os prevenir.

Abrir o ninho

É claro que isto é aquilo que queremos fazer. O que queremos fazer é interromper a cadeia de eventos. A forma mais fácil é manter o ninho aberto. Se você mantem o ninho sem ficar cheio de néctar ou mel e você ocupa todas as abelhas amas sem trabalho, então pode mudar os planos das abelhas. Se você as apanha antes de começarem a fazer alvéolos reais, pode colocar alguns quadros vazios no ninho. Sim, vazios. Sem cera estampada. Nada. Apenas quadro vazio. Apenas um aqui e outro ali, com dois quadros de criação entre eles. Em outras palavras, você pode fazer algo como isto: CCVCCVCCVC onde C é quadro com criação e V é um quadro vazio. Quantos você coloca depende da força do enxame. Elas têm de encher todos os espaços vazios com abelhas. Os espaços vazios enchem com as abelhas amas desempregadas que começam a puxar cera para construir novos favos. A rainha encontra os novos favos e logo que as abelhas façam favos com profundidade de 6mm ela põe ovos neles. Você agora "abriu o ninho". De uma vez só ocupou as abelhas que se estavam a preparar para enxamear de forma a puxarem cera e de seguida tomam conta da criação, você expandiu o ninho, e você deu à rainha um local onde pôr ovos. Se você não tem espaço para colocar os favos vazios, então adicione outra caixa ninho e mova alguns quadros com criação para cima para ter espaço para adicionar alguns no ninho. Em outras palavras, então a caixa de cima terá provavelmente algo como VVVCCCVVVV e a caixa de baixo CCV CCVCCVC. O outro lado bom é que eu assim obtenho favos com alvéolos de criação do tamanho natural.

Um enxame que não enxameie vai produzir *muito* mais mel do que um enxame que enxameou.

Desdobramentos

Qual é o resultado desejado?

Eu escolheria o método de desdobrar dependendo do resultado que você quer.

Razões para fazer um desdobramento:

_ Para ter mais colmeias povoadas.
_ Para trocar de rainha.
_ Para aumentar a produção.
_ Para reduzir a produção (para pessoas que não querem demasiadas colmeias povoadas ou demasiadas abelhas).
_ Para criar rainhas.
_ Para prevenir enxameações.

Melhor altura para fazer um desdobramento:

Logo que as rainhas estejam disponíveis nos criadores de rainhas, ou logo que os zangões estejam a voar, depende se você quer comprar ou criar rainhas, você *pode* fazer um desdobramento. Novamente depende do resultado desejado.

Há uma infinidade de métodos diferentes para fazer um desdobramento. Muitos deles dependem do resultado desejado (prevenção de enxameação, maximizar as colheitas, maximizar a quantidade de abelhas, etc.). Algumas das variações também dependem se você vai comprar rainhas ou deixar que as abelhas criem as suas próprias rainhas.

A versão mais simples é ter a certeza que você tem ovos em cada caixa funda e que as caixas ficam colocadas com a entrada virada para a localização antiga. Em outras palavras coloque um estrado do lado esquerdo virado para o lado esquerdo da colmeia e outro do lado direito virado para o lado direito da colmeia e coloque sobre cada estrado uma caixa funda e talvez outra caixa funda por cima. Feche as caixas e vá-se embora.

Há um número infinito de variações deste método.

Os conceitos dos desdobramentos são:

_ Você tem de ter a certeza que todas as colónias resultantes têm rainha ou os recursos para fazerem uma (ovos ou larvas recém nascidas, zangões a voar, pólen e mel, bastantes abelhas amas).

_ Você tem de ter a certeza que ambas as colónias resultantes têm reservas suficientes de mel e pólen para alimentarem a criação e a si próprias.

_ Você tem de ter a certeza que compensa a deriva das abelhas de volta à colmeia original e assegurar-se que todas as colónias resultantes têm suficiente população de abelhas que cuidem da criação e da sua colmeia.

_ Você tem de respeitar a estrutura natural do ninho. Em outras palavras, favos com criação devem estar juntos. A criação de zangões deve estar nos extremos do ninho enquanto o pólen e mel fica do lado de fora do ninho.

_ Você precisa de lhes dar tempo suficiente no fim da época para que elas se preparem para o inverno na sua localização.

_ O velho provérbio diz que você pode tentar criar mais abelhas ou ter mais mel. Se você quer ambas as coisas, então você pode tentar maximizar a quantidade de mel na localização antiga e as abelhas no novo desdobramento. Caso contrário a maioria dos desdobramentos consiste num pequeno núcleo com abelhas suficientes apenas para iniciar nova colónia, ou um desdobramento equilibrado.

_ O tamanho do enxame tem um impacto enorme na forma como o novo enxame cresce. Você pode fazer um desdobramento tão pequeno como um quadro com criação e outro quadro com mel. Mas você assim não pode esperar que as abelhas criem uma rainha bem alimentada. Você também não pode esperar que o enxame desse núcleo cresça de forma a ocupar uma colmeia no inverno. Mas fará um bom núcleo de acasalamento ou um bom lugar para manter uma rainha durante um tempo. Por outro lado você pode fazer um desdobramento com 10 quadros fundos de abelhas, criação e mel ou 16 quadros médios de abelhas, criação, mel e esses novos enxames vão crescer rapidamente pois têm suficiente "rendimento" e obreiras para cobrir todo o interior da colmeia e darão um bom "lucro". Elas são a "massa crítica" e podem crescer rapidamente em vez de lutarem pela sobrevivência. Será mais produtiva e vai crescer mais depressa, permite que dobre em tamanho e fazem um desdobramento forte do que quatro desdobramentos fracos e esperar que esses novos enxames cresçam o suficiente.

Tipos de desdobramentos
Desdobramento equilibrado
Você pode pegar em metade de tudo e dividir. Isso será um desdobramento equilibrado. Eu colocaria ambas as colmeias novas uma de cada lado da colmeia velha para que as abelhas ao regressarem não saibam bem para que colmeia voltar. Cerca de uma semana mais tarde, troque as colmeias de lugar uma com a outra para equilibrar a deriva para a que tem rainha.

Desdobramento rápido
Isto refere na maior parte a não lhes dar uma rainha e simplesmente fazer o desdobramento por um método qualquer e ir-se embora deixando as abelhas tratar do assunto. Volte quatro semanas mais tarde e veja se a rainha está em postura. Mas também pode ser um desdobramento equilibrado.

Desdobramento de controlo de enxameação
Idealmente você quer prevenir enxameação e não ter de desdobrar. Mas se há alvéolos reais eu usualmente coloco cada quadro com alvéolos reais no seu próprio núcleo, com um quadro de mel e deixo as abelhas criarem a sua própria rainha. Isto usualmente liberta a pressão para a enxameação e dá-me muito boas rainhas. Mas ainda melhor, coloque a rainha velha num núcleo com um quadro de criação e um quadro de mel e deixe um quadro com alvéolos reais na colmeia velha para simular um enxame. Muitas abelhas saíram e também a rainha velha. Algumas pessoas fazem outros tipos

de desdobramentos (desdobramento rápido, equilibrado, etc.) de forma a prevenir enxameação. Eu penso que é melhor apenas manter o ninho aberto.

Desdobramento de redução
Conceitos do desdobramento de redução:

Os conceitos do desdobramento de redução são que você liberta abelhas para recolherem recursos pois não têm criação para cuidar e você faz com que muitas abelhas vão para as alças de modo a maximizar a cera puxada. Isto é especialmente útil para a produção de mel em favo e também para a produção de mel em favinhos ou secções (em inglês o termo é "cassette comb honey"), mas vai produzir mais mel, não importa de que forma o quer comercializar.

A altura de fazer isto é muito critica. Deve ser feita pouco antes do fluxo de néctar principal. Duas semanas antes será a altura ideal. O propósito é maximizar a quantidade de abelhas campeiras enquanto minimiza a probabilidade de enxameação e se consegue muitas abelhas dentro das alças. Há variações disto, mas basicamente a ideia é colocar quase toda a cria aberta, mel, pólen e a rainha numa nova colmeia enquanto se deixa toda a criação fechada, algum mel e um quadro com ovos na colmeia velha, tendo menos caixas ninho e mais alças. O enxame na nova colmeia não vai enxamear pois não tem uma força de trabalho (pois toda essa força volta à colmeia velha). O enxame na colmeia velha não vai enxamear porque não tem uma rainha nem criação aberta. Vai demorar pelo menos seis semanas ou mais para elas criarem uma rainha e terem uma quantidade decente de criação. Entretanto, você vai conseguir muita produção (provavelmente *muito* mais produção) na colmeia velha pois as abelhas não estão ocupadas a cuidar da criação. Você consegue ter a colmeia velha com nova rainha e também um novo enxame. Uma outra variação é deixar a rainha na colmeia velha e tirar *toda* a cria aberta. Elas não vão enxamear imediatamente porque ficaram sem toda a cria aberta. Mas eu penso que é arriscado no que respeita à enxameação ter uma colmeia muito cheia de abelhas com uma rainha.

Confinamento da rainha

Uma outra variação do método anterior é apenas confinar a rainha duas semanas antes do fluxo de néctar para que haja menos criação para as abelhas cuidarem e se libertem as abelhas amas para recolherem recursos. Isto também ajuda com a varroa pois salta um ciclo de criação. Isto é uma boa escolha se você não quer ter mais colmeias e gosta da rainha. Você pode coloca-la numa gaiola de rainhas das mais comuns ou coloca-la sobre um favo mas com uma rede metálica com buracos de 5mm por cima, em forma de gaiola, ela assim apenas pode fazer a postura numa pequena parte de favo. As abelhas eventualmente vão roer o favo por baixo da rede, mas isso fará com que ela se atrase.

Desdobramento de Redução/Combinação

Isto é uma forma de manter o mesmo número de colmeias, novas rainhas e boa colheita. Você coloca duas colmeias juntas (a tocarem-se seria bom) cedo na primavera. Duas semanas antes do fluxo de néctar principal você remove toda a criação aberta e a maioria das reservas de ambas as colmeias, e a rainha de uma colmeia e coloca-a numa colmeia numa localização diferente (pode ser no mesmo apiário, mas numa colmeia diferente). Depois você combina toda a criação selada, a outra rainha, ou uma nova rainha (em gaiola), ou sem rainha mas com um quadro com alguns ovos e criação aberta (para que elas criem uma nova rainha) numa colmeia no meio das duas colmeias para que todas as abelhas que regressem entrem na colmeia.

Perguntas Frequentes sobre Desdobramentos
Qual a altura do ano a partir da qual posso desdobrar?

É muito difícil para um desdobramento crescer a menos que tenha um número adequado de abelhas para manter a criação quente e atingir a massa crítica de obreiras para gerir bem a colmeia. Em colmeias fundas isto é usualmente dez quadros fundos de abelhas com seis deles com criação e quatro deles com mel e pólen em cada parte do desdobramento. Em colmeias médias isto é usualmente dezasseis quadros médios de abelhas com dez de criação e seis de mel e pólen. Eu diria que você pode desdobrar logo que possa criar enxames em núcleos assim tão fortes como disse anteriormente. Metade desse tamanho pode funcionar mas um desdobramento forte vai crescer melhor. Mais tarde no ano quando as noites não são ocasionalmente geladas, você consegue ter sucesso com menos, mas você terá melhores resultados com mais.

Quantas vezes posso eu desdobrar?

Alguns enxames você não consegue desdobrar pois as abelhas estão a lutar pela sobrevivência e nunca passam disso. Outros enxames "explodem" ao ponto de você conseguir fazer cinco desdobramentos num ano, apesar de você provavelmente não conseguir obter mel nesse ano.

O objetivo não deve ser quantos você consegue fazer, mas sim manter todos os desdobramentos que você faz em massa critica. Massa crítica é aquele ponto onde as abelhas não estão mais a viver em modo de sobrevivência mas sim com reservas suficientes, obreiras, abelhas amas e criação de forma a terem excedentes. Pense nisso como economia. Se você tem dinheiro que chegue apenas para pagar as suas contas (ou mesmo não as consegue pagar e paga atrasado) você está a lutar pela sobrevivência. Quando você chega ao ponto onde pode pagar as suas contas sem problemas, você começa a avançar. Quando você chega ao ponto de ter algum dinheiro no banco e lhe sobra dinheiro, então a vida torna-se bastante fácil. A prosperidade tende a resultar em mais prosperidade pois agora você pode fazer as coisas da forma correta em vez de se ir desenrascando. Outra forma de ver o assunto. Se você gere uma loja, não terá sucesso até conseguir pagar tudo.

Um enxame precisa de uma determinada quantidade de obreiras para alimentar a criação (são precisas muitas abelhas amas para manter uma rainha produtiva no seu pico de postura), trazer água, pólen, própolis e néctar para alimentar a criação, puxar a cera dos favos, guardar o ninho para o proteger das formigas e escaravelhos, entrada das doninhas, ratos, vespas, etc.

Logo que elas consigam recolher recursos suficientes para sobreviver podem começar a trabalhar no armazenamento de alimento. Se os seus desdobramentos estão suficientemente fortes para se alimentarem então esses enxames ficam fortes depressa. Se eles têm poucos recursos e obreiras escassas para sobreviver, vão lutar pela sobrevivência e demorar muito tempo até ficarem fortes.

Se você fizer desdobramentos fortes e não enfraquece as suas colmeias demasiado terá hipótese de fazer mais desdobramentos porque esses enxames aumentam mais depressa o número de abelhas e de forma mais eficiente. Da mesma forma que se você não enfraquecer as suas colmeias principais terá mais abelhas para obter uma colheita maior.

Se você retira apenas um quadro com criação de cada uma das suas colmeias fortes cada semana, elas têm tendência a recuperar muito depressa sem se notar praticamente nada de diferente. Um quadro de criação e um quadro de mel de cada colmeia juntos para encher uma caixa de dez quadros terá uma boa hipótese de aumentar depressa em oposição a um desdobramento com alguns quadros de abelhas.

Até que altura do ano posso desdobrar?

O que você realmente precisa de perguntar a si próprio é "qual a melhor altura do ano para desdobrar?". Seguindo o exemplo dado pelas abelhas isso seria antes do fluxo de néctar principal para que as abelhas tenham néctar suficiente para se instalarem na sua nova casa. No entanto isto tende a reduzir a sua colheita, então você poderia fazer os desdobramentos depois do fluxo principal e provavelmente ainda teriam tempo para se fortalecerem antes do outono, se você os fizer suficientemente fortes e lhes der uma rainha acasalada. É claro que isso depende no fluxo típico onde você tem as abelhas. Se você tipicamente tem uma altura sem pastagem para as abelhas logo a seguir ao fluxo, você pode ter de as alimentar artificialmente se desdobrar depois do fluxo.

Eu estou em Greenwood, Nebrasca. Num ano com um bom fluxo de outono, eu posso desdobrar no primeiro dia de Agosto, esse enxame novo pode crescer o suficiente para invernar em uma ou duas caixas médias. Mas se o fluxo de outono falha, o enxame pode nem sequer crescer.

A que distância devo colocar o desdobramento?

A questão parece ser feita muitas vezes, a que distância devo colocar o desdobramento. Os meus ficam usualmente a tocar na colmeia velha. Você precisa ter em conta a deriva das abelhas se colocar o desdobramento a menos de 3Km. Eu sou apicultor desde 1974 e nunca levei um desdobramento para 3Km a menos que fosse a essa distância que eu o quisesse colocar. Eu apenas faço o desdobramento e sacudo algumas abelhas extra ou desdobro e viro ambas as colmeias com os desdobramentos para o lado da colmeia velha. Em outras palavras onde a colmeia velha estava é para onde as novas colmeias ficam viradas. As abelhas que regressam têm de escolher. Por vezes eu troco-as de lugar após alguns dias se uma estiver muito forte, usualmente a que tiver a rainha é a mais forte.

Eu digo isto tudo, sobretudo porque é "a coisa certa a fazer", mas realmente desde que eu mudei para caixas médias de oito quadros e desde que expandi até às 200 colmeias, desdobro apenas pela caixa e não faço nada para balancear o problema da deriva. Eu coloco dois estrados onde houver espaço no suporte e "entrego" as caixas como se fossem cartas de jogar. "Uma para você e outra para você". Eu adiciono suficiente espaço vazio pois tenho caixas cheias de abelhas, em outras palavras eu duplico o seu espaço. Então se há três caixas cheias de abelhas em cada suporte eu adiciono três alças com quadros. Mas estes são desdobramentos fortes de colmeias "a rebentar" de abelhas, com pelo menos duas caixas médias de oito quadros cheios de abelhas em cada colmeia resultante.

Alvéolos de Tamanho Natural

E as suas implicações na apicultura e nos ácaros Varroa
"Tudo funciona se você deixar"— James "Big Boy" Medlin

Muito se falou e se escreveu sobre os alvéolos pequenos e naturais nos últimos tempos e a relação dos alvéolos pequenos com a Varroa. Vamos então clarificar alguns pontos sobre os alvéolos de tamanho natural.

Será que Alvéolo Pequeno é igual ao Alvéolo Natural?

Os alvéolos pequenos foram implicados por algumas pessoas na ajuda que dão a controlar os ácaros Varroa. O tamanho dos alvéolos pequenos é de 4.9mm. A cera estampada estandardizada tem alvéolos de tamanho 5.4mm. Qual é o tamanho do alvéolo natural?

Baudoux 1893

Fez as abelhas maiores usando para esse efeito alvéolos maiores. Pinchot, Gontarski e outros conseguiram obter abelhas até 5.74mm. Mas a primeira cera estampada de AI Root era de 5 alvéolos por cada 25.4mm o que dá 5.08mm por alvéolo. Mais tarde ele começou a fazer 4.83 alvéolos por cada 25.4mm. Isto é equivalente a alvéolos de tamanho 5.26mm. (*The ABC and XYZ of Bee Culture*, 1945 edition, páginas 125-126.)

Lei de Sevareid

"A principal causa dos problemas são as soluções."—Eric Sevareid

A cera estampada de hoje em dia

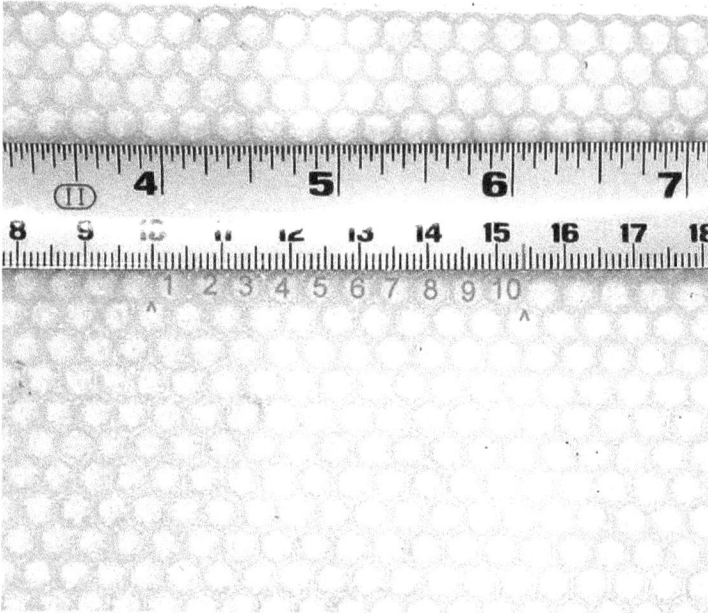

Rite Cell® 5.4mm

Folha normal da Dadant 5.4mm

Folha média da Pierco 5.2mm

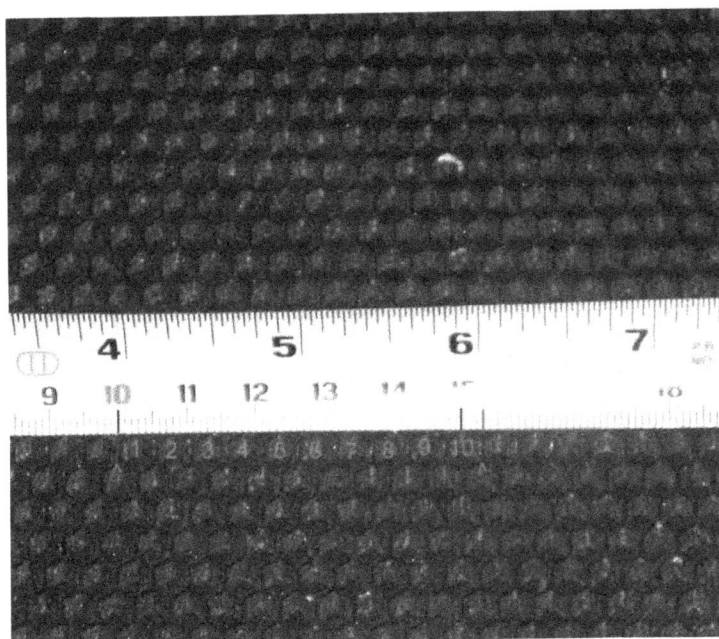

Quadro fundo da Pierco 5.25mm

Alvéolos do Tamanho Natural

Quadro médio da Mann Lake do tipo PF120

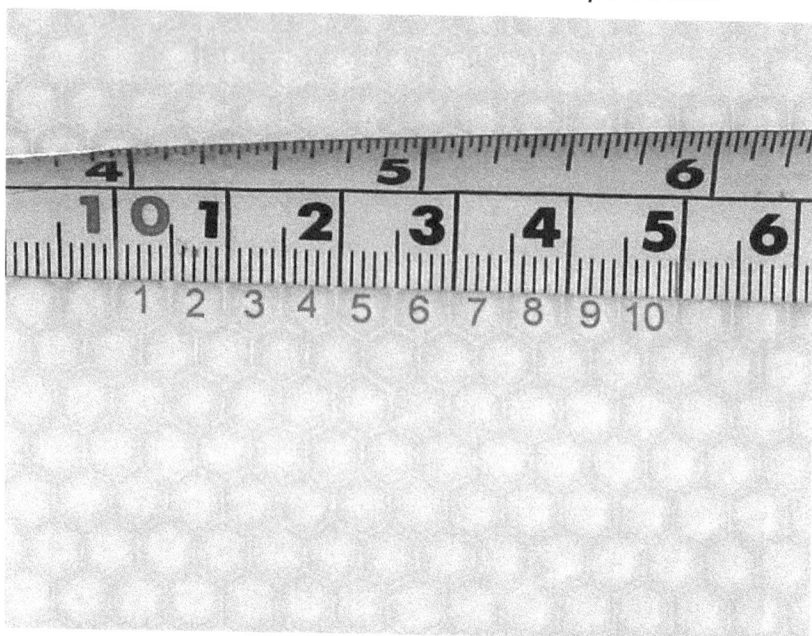

Quadro fundo da Mann Lake do tipo PF100
NOTA: As do tipo PF100 da Mann Lake não têm o mesmo tamanho de alvéolos das do tipo PF500 que são de 5.4mm.

Medição da Dadant 4.9mm

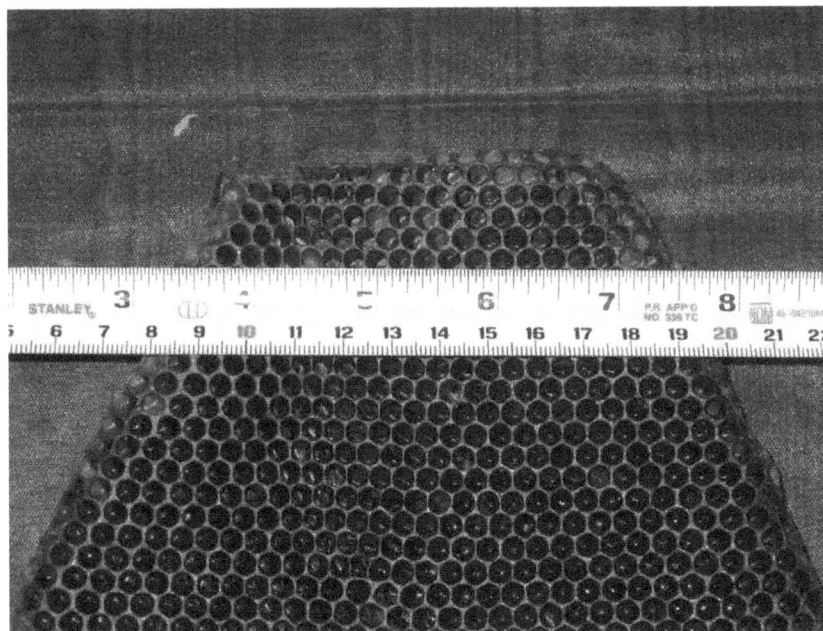

Favo com alvéolo natural 4.7mm

Medição do favo de 4.7mm

Tabela dos Tamanhos de Alvéolo

Favo de obreira natural	4.6mm até 5.1mm
Lusby	4.83mm em média
Dadant 4.9mm Alvéolo pequeno	4.9mm
Honey Super Cell	4.9mm
PermaComb embebido em cera	4.9mm
Mann Lake PF100 e PF120	4.95mm
Cera estampada do século XIX	5.05mm
PermaComb	5.05mm
Dadant 5.1mm Alvéolo pequeno	5.1mm
Cera estampada da Pierco	5.2mm
Quadros fundos da Pierco	5.25mm
Quadros médios da Pierco	5.35mm
RiteCell	5.4mm
Cera de obreira estandardizada	5.4 até 5.5mm
7/11	5.6mm
Quadros médios da HSC	6.0mm
Para zangão	6.4 até 6.6mm

Nota: quadros de favos puxados completamente feitos de plástico (PermaComb e Honey Super Cell) são sempre 0.1mm mais largos na entrada do que no fundo dos alvéolos e você tem de permitir que as paredes dos alvéolos mais grossos sejam equivalentes. Então o equivalente atual é praticamente o diâmetro interior da entrada.

O que eu fiz para obter favos naturais
  _ Colmeia Top Bar.
  _ Quadros sem cera estampada.
  _ Guias de favo feitas de cera não estampada.
  _ Favo com a forma escolhida pelas abelhas.
  _ Quadro vazio entre Quadros de cera Puxada.

Qual será a diferença entre alvéolo natural e "normal"? Tenha em mente que a cera estampada "normal" tem alvéolos de tamanho 5.4mm e os alvéolos naturais têm entre 4.6mm e 5.0mm.

Volume dos alvéolos

De acordo com Baudoux os alvéolos têm:

Largura	Volume
5.555mm	301mm³
5.375mm	277mm³
5.210mm	256mm³
5.060mm	237mm³
4.925mm	222mm³
4.805mm	206mm³
4.700mm	192mm³

Do livro: *The ABC and XYZ of Bee Culture*, 1945 edition, página 126.

Coisas que afetam o tamanho do alvéolo

_ A intenção das obreiras para o favo na altura que puxaram a sua cera:
  _ Para criar zangões.
  _ Para criar obreiras.
  _ Para guardar mel.
_ O tamanho das abelhas que puxaram a cera do favo.

_ O espaçamento entre as barras de topo.

O que é a Regressão?

Abelhas grandes, de alvéolos grandes, não conseguem fazer alvéolos do tamanho natural. Elas constroem algo intermédio. A maioria constrói alvéolos de obreira com 5.1mm.

O próximo ciclo de criação vai construir alvéolos com tamanho próximo de 4.9mm.

A única complicação em voltar a ter alvéolos naturais ou alvéolos pequenos é a necessidade de regressão.

Como é que eu faço a regressão delas?

Para regredir, retire os favos de criação vazios e deixe as abelhas construir o que quiserem (ou dê-lhes cera estampada com alvéolos de tamanho 4.9mm).

Após elas terem feito criação neles, repita o processo. Continue a tirar os favos de criação com alvéolos maiores.

Como é que você retira os favos com alvéolos maiores? Tenha em mente que é um procedimento normal roubar mel das abelhas. Os favos com criação são o nosso problema. As abelhas tentam manter o ninho junto e têm um tamanho máximo em mente. Se você continuar a colocar quadros vazios no centro do ninho, coloque-os entre favos direitos para obter novos favos direitos, elas vão encher estes com cera e ovos. Enquanto enchem, você pode adicionar outro quadro. O ninho expande porque você contínua a "estica-lo" para colocar mais quadros. Quando os quadros com alvéolos grandes ficarem demasiado longe do centro (usualmente na parede lateral) ou quando elas contraem o ninho no outono, elas enchem-os com mel após a criação emergir e depois você pode retirá-los e extrair o mel. Você pode também mover os alvéolos grandes selados com criação para cima de um excluídor e esperar que as novas abelhas emerjam e depois retira o quadro.

Por favor não confunda este assunto da regressão. Parece que me fazem questões constantemente nas quais perguntam se devem instalar um pacote numa caixa com quadros de cera estampada com 5.4mm primeiro pois elas não conseguem puxar bem os alvéolos de 4.9mm. Se você quer voltar a alvéolos naturais ou pequenos, ***nunca*** será vantajoso para si usar a cera estampada com alvéolos demasiado grandes que elas já estavam a usar. Isso é simplesmente não ir a lado nenhum. Com um pacote, se você fizer isso vai perder a oportunidade de obter um passo completo na regressão. O método da Dee Lusby é sacudir as abelhas (sacuda todas as abelhas de todos os favos) para quadros com cera estampada de 4.9mm, depois volte a fazer o mesmo para cera estampada de 4.9mm para terminar a regressão principal e depois retire os favos com alvéolos maiores até todos terem alvéolos de 4.9mm no ninho. Sacudir as abelhas é o método mais rápido mas também o método que causa mais *stress* e quando você compra um pacote já *tem* um enxame sacudido. Eu aproveitaria isso. Se você tem intenção de voltar ao alvéolo de tamanho natural então *pare* de usar cera estampada de alvéolos grandes. O maior desafio é conseguir tirar todos os favos de alvéolos grandes *para fora* da colmeia, então não dificulte o seu trabalho colocando mais desses favos de alvéolos grandes *dentro* da colmeia.

Outra ideia errada parece ser de que existem grandes perdas na regressão. A Dee Lusby fez tudo de uma vez só, deixou de tratar as abelhas e apenas fez enxames sacudidos. Ela perdeu muitas abelhas nesse processo. Muitos dos que tentaram o mesmo também perderam. Mas isto não é necessário.

Primeiro de tudo, não há nenhum *stress* em deixá-las construir os seus próprios favos. É o que elas sempre fizeram. Segundo, não é necessário sacudir abelhas, apenas é mais rápido. Terceiro, você não precisa de parar de tratar. Você pode monitorizar os ácaros (era o que eu faria) até as coisas estabilizarem. Entretanto você pode aplicar algum tratamento que não contamine a cera se os números do ácaro varroa se tornarem demasiado altos. Eu não tenho visto perdas devidas à Varroa durante a regressão desta forma, também não vi aumento das perdas devido a problemas de *stress* e não encontrei razões para as tratar.

Observações em Alvéolos de Tamanho Natural

Primeiro não há um tamanho geral de alvéolos nem um só tamanho de alvéolo de obreira na colmeia. As observações de Huber sobre zangões maiores de alvéolos maiores foi diretamente por causa disto e levou às suas experiências sobre o tamanho dos alvéolos. Infelizmente, uma vez que ele não conseguiu obter cera estampada nenhuma, muito menos de alvéolos de tamanhos diferentes, estas experiências apenas envolveram colocar ovos de obreira em alvéolos de zangão que, é claro, falharam. As abelhas puxam uma variedade de tamanhos de alvéolos. Talvez estas diferentes subcastas sirvam algum propósito na colmeia como por exemplo uma maior diversidade de habilidades.

A primeira criação de abelhas de uma colmeia típica (com abelhas artificialmente maiores) usualmente constrói alvéolos de 5.1mm para as obreiras. Isto varia muito, mas tipicamente é essa a medida no centro do ninho. Algumas abelhas fazem a regressão mais depressa.

A próxima geração de abelhas, se lhes for dada a oportunidade de puxar cera vai fazer alvéolos de obreira com cerca de 4.9mm a 5.1mm, com alguns mais pequenos e outros maiores. O espaçamento dos favos, se for deixado a essas abelhas "regredidas" é tipicamente de 32mm no centro do ninho. As gerações seguintes podem fazer o espaçamento ligeiramente mais pequeno.

Observações sobre o espaçamento Natural dos Favos
O espaçamento de 32mm está de acordo com as observações de Huber

"A colmeia folha ou livro consiste em doze quadros verticais... distanciados de quinze linhas (uma linha=2.12mm. 15 linhas = 31.8mm). É necessário que esta última medida seja correta."
François Huber 1789

Espessura do Favo por tamanho de alvéolo

De acordo com Baudoux (note que isto é a espessura do próprio favo e não o espaçamento do centro dos favos)

Tamanho	Espessura
5.555mm	22.60mm
5.375mm	22.20mm
5.210mm	21.80mm
5.060mm	21.40mm
4.925mm	21.00mm
4.805mm	20.60mm
4.700mm	20.20mm

The ABC and XYZ of Bee Culture 1945 edition Pág. 126

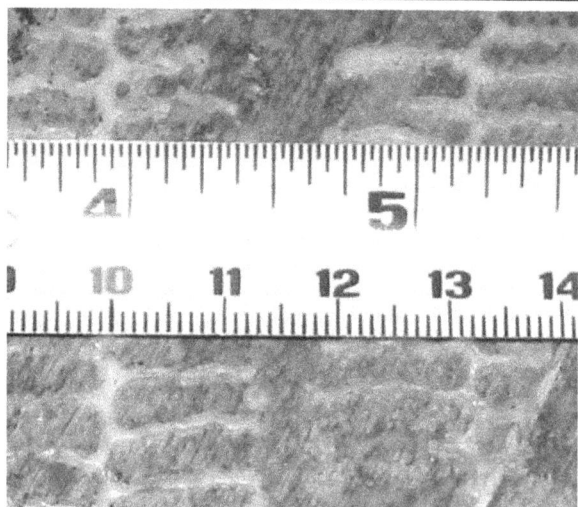

Favo "selvagem" num alimentador de topo, com espaçamento entre favos de 30mm.

Aqui está um ninho que subiu até a um alimentador de topo, mesmo tendo as abelhas bastante espaço nas caixas e na prancheta depois de remover o favo. O espaçamento do favo de obreira puxado naturalmente é por vezes tão pequeno como 30mm mas tipicamente é de 32mm.

Tempo antes e depois de selar os alvéolos e a varroa

8 horas a menos para o alvéolo estar completamente selado, reduz para metade o número de varroas que infestam o alvéolo.

8 horas a menos para a abelha emergir do alvéolo, reduz para metade o número de novas varroas que saem do alvéolo.

Dias aceites para selar e a abelha emergir (baseado na observação de abelhas em favo de alvéolos com 5.4mm):

Alvéolo selado 9 dias após a postura do ovo.

A abelha emerge 21 dias após a postura do ovo.

As observações de Huber

As observações de Huber sobre a Opérculação e Emergência em Favo Natural.

Tenha em atenção que no primeiro dia nenhum tempo passou e no dia 20 passaram 19 dias. Se você tem dúvidas sobre isto adicione o tempo passado que ele refere. Vai dar 18 dias e meio.

"A larva das obreiras passa três dias no ovo, cinco dias fora do ovo ainda no estado larvar, e depois as abelhas selam o alvéolo com uma tampa de cera. A larva começa agora a fiar o seu próprio casulo, numa operação que dura trinta e seis horas. Em três dias, passa a ser uma pupa, e passa seis dias nesta forma. É apenas no vigésimo dia da sua existência, a contar do momento em que o ovo foi depositado, que atinge o seu estado adulto."— François Huber, 4 de Setembro de 1791.

As Minhas Observações

As minhas observações sobre a Opérculação e Emergência em favos com alvéolos de tamanho 4.95mm.

Eu observei em abelhas Cárnicas e Italianas das que se compram nas lojas, menos 24 horas do tempo normal que demoram até selar as larvas e 24 horas a menos do tempo normal que a abelha demora a emergir em alvéolos de tamanho 4.95mm numa colmeia de observação.

As minhas observações em alvéolos do tamanho 4.95mm:
Alvéolo selado após 8 dias da postura do ovo.
A abelha emerge 19 dias após a postura do ovo.

Porque é que eu quero alvéolos do tamanho natural?
Menos Varroa porque:
_ Os alvéolos são selados 24 horas mais cedo o que resulta em menos Varroa dentro do alvéolo selado.
_ O tempo que as abelhas demoram a emergir é encurtado 24 horas o que resulta em menos Varroa a atingir a maturidade e a acasalar.
_ Mais Varroa roída.

Como conseguir alvéolos de tamanho natural
Em colmeias Top Bar:
Faça as barras com largura de 32mm para a zona do ninho.
Faça as barras com largura de 38mm para a zona do mel.

Quadros sem cera estampada:
Faça um "guia de favo" como fez Langstroth (veja o livro de Langstroth chamado: *The Hive and the Honey-Bee*).
Também ajuda reduzir a grossura das barras laterais dos quadros para 32mm ou
Fazer guias de cera lisa.
Use uma tábua barrada com sabão e mergulhe-a em cera líquida para fazer as guias de cera lisa. Corte-as com largura de 19mm e coloque-as nos quadros.

Como conseguir alvéolos pequenos

Use cera estampada com alvéolos de 4.9mm ou
Use guias de cera estampada com alvéolos de 4.9mm.
Use *Honey Super Cell* (favos completamente de plástico com alvéolos de 4.9mm).
Use quadros do tipo PF100 da empresa Mann Lake.
Use as *PermaComb* ou *PermaPlus* (com alvéolos de 5.0mm).

Então o que são Alvéolos de Tamanho Natural?

Eu já medi bastantes favos naturais. Eu já vi criação de obreira com alvéolos de tamanho 4.6mm até 5.1mm, com a maioria deles entre 4.7 e 4.8mm. Eu não vi alvéolos maiores que 5.4mm. Então o que tenho a dizer é:

Conclusões:

Baseado nas minhas medições dos favos de obreira naturais:
_ Não há nada que não seja natural acerca dos alvéolos de obreira de tamanho 4.9mm.
_ Os alvéolos de obreira de 5.4mm não são a norma no ninho.
_ Alvéolos pequenos e alvéolos naturais têm sido adequados para mim para ter enxames estáveis contra os ácaros Varroa e sem tratamentos.

Perguntas frequentes:

P: Será que as abelhas não demoram mais tempo a fazer os seus próprios favos?

R: Eu não descobri nenhuma verdade nisso. Na minha observação (e na de outros que também tentaram), elas parecem que puxam a cera sobre plástico com muita hesitação, sobre a cera estampada com menor hesitação e o seu próprio favo com muito entusiasmo. Na minha observação, e na de alguns outros como o Jay Smith, a rainha também prefere pôr os seus ovos em favo natural.

P: Se alvéolo natural/pequeno vai controlar a Varroa, porque é que todas as abelhas ferozes morreram?

R: O problema é que esta questão tipicamente vem com vários pressupostos.

O primeiro pressuposto é que todas as abelhas ferozes morreram. Eu não descobri nenhuma verdade nisso. Eu vejo bastantes abelhas ferozes e cada ano vejo mais.

O segundo pressuposto é que quando algumas das abelhas ferozes morreram, todas elas morreram por causa dos ácaros Varroa. Muitas coisas aconteceram às abelhas neste país (EUA) incluindo os ácaros da traqueia e diversos vírus. Eu tenho a certeza que a sobrevivência dessas abelhas foi uma questão de seleção. As que não suportaram isso tudo morreram.

O terceiro pressuposto é que grandes quantidades de ácaros à boleia sobre abelhas que pilharam uma colmeia não conseguem acabar com um enxame, não importa que esse enxame consiga lidar bem com a varroa. Muitos enxames de abelhas domésticas a morrer tinham de causar problemas. Mesmo se você tem uma população pequena e estável de Varroa, uma grande entrada de varroa do exterior irá acabar com os seus enxames.

O quarto pressuposto é que enxames recentemente saídos de uma colmeia vão fazer favos com alvéolos pequenos. Elas vão construir algo de tamanho intermédio. Durante muitos anos a maioria das abelhas ferozes tinham escapado recentemente. A população de abelhas ferozes mantinha-se alta devido a muitos enxames escapados recentemente e, no passado, esses enxames sobreviviam muitas vezes. Foi apenas recentemente que eu vi uma mudança na população que é agora de abelhas escuras em vez das Italianas, tal coisa parece ser algo recente. Abelhas grandes (abelhas de cera estampada com alvéolos de 5.4mm) constroem um tamanho intermédio, usualmente cerca de 5.1mm. Então essas abelhas vindas de enxameações das abelhas domésticas não estão completamente regredidas e muitas vezes morrem no primeiro ou no segundo ano.

O quinto pressuposto é que apicultores de alvéolos pequenos não acreditam que também há uma componente genética na sobrevivência das abelhas com Varroa.

Obviamente que há abelhas que são mais ou menos higiénicas e mais ou menos capazes de lidar com muitas pragas e doenças. Sempre que uma nova doença ou praga aparece as abelhas ferozes têm de sobreviver sem nenhuma ajuda.

O sexto pressuposto é que as abelhas ferozes morreram subitamente. As abelhas estão a diminuir durante os últimos 50 anos de forma bastante constante por causa do mau uso dos pesticidas, perda de habitat e de pastagem, e mais recentemente de paranoia em relação às abelhas. As pessoas ouvem falar de AF (abelha africanizada) e matam qualquer enxame que descobrem. Muitos estados (EUA) têm morto todas as abelhas ferozes pois é a sua política oficial.

P: Se as abelhas estão naturalmente mais pequenas porque é que ninguém notou ainda? Também porque é que o cientista das abelhas diz que elas estão maiores?

R: Eu não sei por que razão eles estão a dizer que elas estão maiores, talvez parte disso se deva ao problema da regressão. Se você pega em abelhas de alvéolos grandes e as deixa construir o que quiserem, que tamanho vão elas construir? Será que é o mesmo do alvéolo natural? Por vezes nós temos apenas diferenças nas observações por causa da variedade de fatores envolvidos.

Eu realmente penso que não deve ser difícil de aceitar que elas são naturalmente mais pequenas pois houve muitas medições feitas ao longo dos séculos. Os textos de Dee Lusby (disponíveis em www.beesource.com têm referências para muitos artigos e discussões sobre o tamanho das abelhas, dos alvéolos e os conceitos do seu alargamento. Nós temos bastantes provas que são fáceis de encontrar que mostram que abelhas eram mais pequenas antigamente.

Encontre os livros: *ABC & XYZ of Bee Culture* e veja em *Cell Size* (tamanho do alvéolo).

Aqui ficam algumas citações contidas neles.

ABC & XYZ of Bee Culture, 38th edition (1980), página 134:

"Se ao apicultor médio fosse perguntado quantos alvéolos, em favo de obreira e zangão, há em

25.4mm, ele certamente responderia cinco ou quatro, respectivamente. De facto alguns livros sobre abelhas têm esse rácio. Aproximadamente está correto, o suficiente para as abelhas, particularmente a rainha. As dimensões devem ser exatas ou haverá um protesto. Em 1876 quando A.I. Root, o autor inicial deste livro, construiu o seu primeiro rolo de fazer cera estampada, ele tinha as faces da matriz cortadas para cinco alvéolos de obreira em 25.4mm. Enquanto as abelhas construíram favos bonitos com esta cera estampada, e a rainha fez a sua postura nesses alvéolos, ainda assim, se fosse dada a oportunidade elas pareciam preferir o seu favo natural não construído a partir de cera estampada. Suspeitando da razão, o senhor Root começou a medir muitos pedaços de favo natural quando descobriu que os alvéolos iniciais, cinco em 25.4mm, da sua primeira máquina eram ligeiramente pequenos demais. O resultado das suas medições de favo natural mostrou um pouco mais de 19 alvéolos de obreira em 101.6mm medidos de forma linear, ou 4.83 alvéolos por 25.4mm."

Esta informação encontra-se grosseiramente na versão de 1974, página 136 e na versão de 1945, página 125. A versão de 1877, página 147 diz:

"O melhor exemplo do verdadeiro favo de obreira, geralmente contem 5 alvéolos no espaço de 25.4mm e assim esta medida foi a adotada para a cera estampada."

Todas as referências históricas indicam essa mesma medida, 5 alvéolos por 25.4mm e podem ser lidas na coleção sobre a colmeia e a abelha melífera no sítio da Cornell bees.library.cornell.edu:
_ *Beekeeping*, Everett Franklin Phillips pág. 46.
_ *Rational Bee-keeping*, Dzierzon pág. 8 e de novo na pág. 27.
_ *British Bee-keeper's Guide Book*, T.W. Cowan pág. 11.

_ *Hive and the Honey-Bee*, L.L. Langstroth pág. 74 da quarta edição mas está em todas.

Onde diz "5 alvéolos por 25.4mm" em *ABC XYZ* é continuado em todas menos a versão de 1877 com uma secção que diz *will larger cells develop a larger bee* (será que alvéolos maiores desenvolvem abelhas maiores) e informação sobre a pesquisa de Baudoux.

Então vamos fazer as contas:

Cinco alvéolos em 25.4mm, o tamanho estandardizado da cera estampada em 1800 e a medida mais comum que é aceite nessa era, é de cinco alvéolos em 25.4mm, que dá dez alvéolos em 50.8mm e que dará, é claro, 5.08mm por alvéolo. Isto é 3.2mm mais pequeno que a cera estampada estandardizada hoje em dia.

As medições de A.I. Root eram de 4.83 alvéolos por 25.4mm, que é 5.25mm, 1.5mm mais pequeno que a cera estampada estandardizada. É claro que se você medir o favo de forma detalhada vai encontrar muita variabilidade no tamanho dos alvéolos, o que faz com que seja muito difícil dizer exatamente qual o tamanho do alvéolo natural. Mas eu já medi, e fotografei, favo com alvéolos de 4.7mm de abelhas cárnicas comerciais e tenho fotografias de favo de abelhas em favo natural da Pensilvânia que têm alvéolos de 4.4mm. Tipicamente há muita variabilidade no meio do ninho onde há os alvéolos mais pequenos e os das pontas são maiores. Você pode encontrar bastantes alvéolos de 4.8mm até 5.2mm, com a maioria de 4.8mm no centro e os de 4.9mm, 5.0mm e 5.1mm a partir daí e ainda os de 5.2mm nas pontas do ninho.

"Até quase ao século XIX as abelhas melíferas na Inglaterra e Irlanda eram criadas em alvéolos com cerca de 5.0mm de largura. Em 1920 isto aumentou para cerca de 5.5mm."— John B. McMullan and Mark J.F. Brown, The influence of small-cell brood combs on the morphometry of honeybees (Apis mellifera)— John B. McMullan and Mark J.F. Brown

Huber disse no Volume dois de *Huber's Observations on Bees* (veja a tradução feita por C.P. Dadant) que os alvéolos de obreira com 2-²/₅ linhas equivalem a 5.08mm e que são idênticos aos mais antigos em *ABC XYZ of Bee Culture*.

A edição 41 de *ABC XYZ of Bee Culture* na página 160 (por baixo de *Cell Size*) diz:

"O tamanho dos alvéolos construídos naturalmente tem sido alvo da curiosidade da parte de apicultores e cientistas desde que Swammerdam os mediu em 1600. Numerosos relatos posteriores de todo o mundo indicam que o diâmetro de alvéolos construídos naturalmente vai de 4.8mm a 5.4mm. O diâmetro do alvéolo varia de acordo com zonas geográficas, mas no geral não tem mudado desde o século XVII até aos dias de hoje."

E ainda mais abaixo:

"o tamanho dos alvéolos das abelhas Africaziadadas que foi relatado varia de 4.5mm a 5.1mm."

Marla Spivak e Eric Erickson (Fazem medições dos alvéolos de obreira e de forma confiável distinguem as abelhas Africanizadadas das Europeias (Apis mellifera L.)? *American Bee Journal*, April 1992, págs. 252-255 diz:

"...uma variedade contínua de comportamentos e medições dos tamanhos de alvéolos foi notada entre colónias consideradas "fortemente Europeias" e "fortemente Africanizadas"
"Devido ao elevado grau de variação entre colónias ferozes e populações geridas de abelhas Africanizadas, destaca-se que a solução mais eficaz para o "problema" da abelha Africanizada em áreas onde as abelhas Africanizadas se estabeleceram com populações permanentes, é selecionar de forma consistente as colónias mais gentis e produtivas entre a população de abelhas melíferas já existentes"

Nas minhas observações, também há variação na forma com que você separa os quadros, ou variações na forma com que *elas* separam os favos. Os 38mm resultam em alvéolos maiores que os 35mm, que serão ainda maiores do que nos de 32mm. Em favos separados naturalmente as abelhas por vezes encolhem os favos até 30mm em outros lugares com 32mm, sendo o mais comum em apenas favo de criação de obreira e 35mm mais comum onde há criação de zangão.

Então qual é a separação do favo natural? É o mesmo problema de dizer qual o tamanho do alvéolo natural. Vai depender de certos fatores.

Mas na minha observação, se você as deixa fazer o que elas querem, durante vários ciclos de criação, pode descobrir qual a variação deles e qual a norma é. A norma era, e ainda é, *não* o tamanho estandardizado da cera estampada com alvéolos de 5.4mm e *não* é o espaçamento (ou separação) estandardizado de 35mm.

Racionalização sobre o Sucesso do Alvéolo Pequeno

Este capítulo *não* é para falar acerca das minhas teorias sobre como o alvéolo pequeno funciona ou outros que também o estejam a usar, mas sobre as teorias daqueles que querem explicar o sucesso dos apicultores de alvéolos pequenos, com teorias que estão mais alinhadas com o seu modelo do mundo. Parecem existir muitas teorias daqueles que não estão a usar alvéolos pequenos e que querem explicar o sucesso dos apicultores de alvéolos pequenos num outro quadro de referência que faça sentido para eles. Eu vou falar sobre alguns deles.

AF (abelha africanizada)

Uma explicação, que é consistente com outras crenças destes indivíduos é que os apicultores com alvéolos pequenos devem ter abelhas Africanizadas. Pois eles acreditam que a AF constrói alvéolos pequenos e a AE (abelha europeia) não, no seu modelo do mundo, isso explica tanto o tamanho dos alvéolos, como o sucesso com a Varroa, como a emergência da abelha mais cedo e outros assuntos relacionados com a Varroa. O problema com esta teoria é que muitos de nós estamos a fazer apicultura nos climas do Norte, onde nos dizem que as AF não conseguem sobreviver, vendem as nossas abelhas a outros que comentam sobre a mansidão das delas, fazem-lhes inspeções regulares sem nenhuma queixa de agressividade ou suspeitas por parte dos inspetores de serem AF, de facto a maioria de nós está a recolher enxames de efetivo sobrevivente sempre que pode, que supostamente não conseguem sobreviver nos climas do Norte se fossem AF. E eu já tive amostras testadas a pedido de alguém que fazia um estudo sobre a genética das abelhas e que mostrou que não são AF. O facto é que pelo menos os que não estão em zonas de AF não estão mesmo a criar abelhas Africanizadas nem o querem fazer. De qualquer forma a Dee Lusby, ou outros em áreas de AF acabam por ter abelhas com alguns genes de AF, é uma discussão diferente, mas é irrelevante

---

perante o facto da maioria de nós apicultores de alvéolos pequenos não vivermos em zonas de AF e não estamos a criar AF e nem sequer estamos interessados em criar AF mas no entanto as nossas abelhas estão a sobreviver.

Efetivo sobrevivente

É verdade que muitos apicultores de alvéolo pequeno e de alvéolos naturais tentam criar abelhas a partir de enxames sobreviventes, esta é simplesmente a coisa mais lógica a fazer. Você pode criar abelhas que podem sobreviver onde está. Muita gente está a fazer isso mesmo se não estiver a usar alvéolos pequenos e mesmo não sendo por causa da Varroa, mas apenas por causa de assuntos de invernação. Tipicamente quem usa este argumento cita as perdas que Lusby teve enquanto fazia a regressão das abelhas como prova que eles apenas criaram efetivo que podia sobreviver à Varroa. Isto parece plausível se os Lusby fossem o único exemplo, mas eu não tive grandes perdas enquanto regredia e comecei com efetivo comercial e quando fiz o mesmo em alvéolo grande, perdi todos para a Varroa várias vezes. Começando de novo com novo efetivo comercial em alvéolo pequeno não perdi nenhum enxame para a Varroa. Considerando o número de pessoas que trabalham de forma tão diligente para tentar criar efetivo resistente, eu penso que está para além da credibilidade que tantos de nós apicultores de alvéolo pequeno, apenas tropeçamos em efetivo resistente à Varroa com tão pouco esforço. Se estas pessoas realmente acreditam que a genética é a causa do nosso sucesso então eles devem-nos estar implorando para lhes vender rainhas dessa genética. Uma vez que não estão, eu nem sequer acredito que eles pensem isto. Eu certamente aumentaria bastante o preço das minhas rainhas. Desde que lhes fiz a regressão e desde que os meus problemas de Varroa desapareceram, comecei nessa altura a criar a partir de efetivo sobrevivente que consegui encontrar, porque eu quero abelhas habituadas ao meu clima. Eu consigo inverná-las melhor quando faço isto. Eu não vi nenhuma mudança nos problemas de Varroa quando fiz isto porque os problemas de Varroa já tinham desaparecido.

Fé cega

Isto não é tanto uma razão que é dada de que funciona, tal como aceitar que funciona e tentar encontrar uma razão pela qual as pessoas *pensam* que funciona. Parece que muitos dos detratores do alvéolo pequeno pensam que todo o grupo de apicultores de alvéolo pequeno é constituído por uns religiosos fanáticos seguidores da Dee Lusby e que sofrem de uma histeria coletiva. A implicação é que estamos iludidos em acreditar que funciona quando não funciona. Qualquer pessoa que venha a uma das muitas reuniões onde Dee Lusby, Dean Stiglitz, Ramona Herboldsheimer, Sam Comfort, Erik Osterlund, eu próprio e outros falamos, verá que isso é um absurdo. Tal como qualquer pessoa que participe no grupo de apicultores orgânicos do *Yahoo*. Nós temos frequentes observações diferentes e muitas vezes discordamos, tal como todos os apicultores honestos fazem. Se todos nós lançássemos uma linha partidária estandardizada, então seria uma preocupação legítima, mas enquanto nós concordamos nos conceitos básicos, nós muitas vezes discordamos nos detalhes e todos nós tivemos diferentes experiências, provavelmente causadas pelas nossas localizações e o nosso clima bem como apenas talvez uma questão de sorte. Enquanto eu tenho bastante respeito por todos os oradores mencionados e particularmente pela Dee, pois ela e o seu falecido marido Ed foram os pioneiros neste trabalho, eu nunca estive em completo acordo com ela ou os restantes.

As quatro coisas que eu penso que todos estamos de acordo são: Não tratar, alvéolo natural ou alvéolo pequeno, efetivo adaptado ao local e evitar alimentação artificial. Mas enquanto o Sam e eu estamos bastante contentes com o não uso de cera ou plástico estampado, a Dee está mais focada em usar um especifico tamanho de alvéolo. Enquanto a Dee alimenta as suas abelhas com barris de mel, eu não tenho sequer o tempo ou o mel para isso e, se elas não têm mel suficiente nas reservas para o inverno, alimento com açúcar. Enquanto Dean Stiglitz e Ramona Herboldsheimer gostam de favo natural, a sua experiência tem sido que são obrigados a forçar as abelhas a ficar mais pequenas com *Honey Super Cell* primeiro para as regredir, enquanto eu muitas vezes tenho tido a sorte de com apenas o não uso de cera estampada ter as abelhas regredidas depressa. Isto pode estar relacionado com a genética ou o tamanho do alvéolo dos enxames que são a fonte dos enxames dos meus pacotes e dos deles. É difícil dizer. O meu ponto de vista é que não há uma "linha partidária".

Resistência

Pessoalmente, nunca consegui entender a resistência ao conceito do alvéolo natural ou favo natural. Enquanto os apicultores dos alvéolos grandes estão obcecados com a Varroa, eu apenas faço a gestão das abelhas. Enquanto os apicultores dos alvéolos grandes ainda procuram uma solução para a Varroa, eu trabalho na criação de rainhas e na descoberta de formas mais fáceis de trabalhar para trabalhar menos. Uma vez que deixar as abelhas construir favo é mais fácil que usar cera estampada, e uma vez que aqueles de nós que fazem isso não têm problemas com a Varroa, eu pensaria que existiria muito mais interesse em fazer o mesmo. É claro que o grito de batalha dos detratores é a falta de um estudo que prove que funciona, ou que há estudos que provam que não funciona. Tudo isto é claramente irrelevante para mim pois eu já não tenho mais problemas com a Varroa. Eu oiço tais argumentos como o de não estar provado cientificamente toda a minha vida e mesmo assim tenho vivido para ver muitas dessas coisas a serem provadas eventualmente. No fim de contas temos de nos focar no que funciona, não no que tem sido provado. No fim de tudo não é sobre a contagem de ácaros, apesar dos meus terem descido até quase nenhum ao longo do tempo, é sobre a sobrevivência. Ninguém parece querer contar colmeias com enxames vivos em vez de ácaros, mas é muito mais fácil contar e muito mais significante. Se você faz um apiário todo com alvéolo pequeno e outro com alvéolo grande, então parece algo como "o último homem a ficar em pé" pois seria uma forma fácil de decidir. Se os enxames de um dos apiários morrem e os enxames do outro estão bons, essa seria uma forma melhor de decidir do que contar ácaros.

344 Racionalização Sobre o Sucesso do Alvéolo
Pequeno

Estudos sobre alvéolos pequenos

Há alguns estudos positivos sobre alvéolos pequenos, mas também há outros que mostram uma contagem maior de ácaros em alvéolos pequenos e as pessoas perguntam porquê. Eu não sei ao certo, pois não é consistente com a minha experiência, mas vamos ver isso de seguida. Vamos assumir um estudo de pouco tempo (que todos eles têm sido) durante os meses do ano em que os enxames criam zangões (que todos eles têm sido) e usando o pressuposto neste momento que a teoria do "pseudozangão" da Dee Lusby é verdadeira, o que significa que com alvéolos grandes a Varroa engana-se muita vez e pensa que os alvéolos grandes das obreiras são de zangão e por isso infesta-os mais. A Varroa em colmeias de alvéolo grande durante esse tempo terá menos sucesso a reproduzir-se, mas causa mais danos, porque estão nos alvéolos errados (os das obreiras). A Varroa, durante esse tempo teria mais sucesso a reproduzir-se mas causaria menos danos às obreiras em alvéolos pequenos porque elas estão nos alvéolos de zangão. Mas mais tarde no ano isto pode mudar drasticamente quando, primeiro as obreiras de alvéolo pequeno não estão danificadas pela Varroa e segundo a criação de zangão parou e os ácaros, a procurarem alvéolos de zangão (ou alvéolos de "pseudozangão") não têm para onde ir. No fim, tal como Dann Purvis diz, "Não é sobre a contagem de ácaros. É sobre a sobrevivência.". Ninguém parece estar interessado em medir isso. O que eu sei após alguns anos é que as contagens dos ácaros baixaram para quase nada em alvéolo pequeno. Mas isso não aconteceu nos primeiros três meses.

Sem Cera Estampada

Porque é que alguém deixa de usar cera estampada?

Que tal não ter contaminação química nos favos e ter controlo natural da Varroa através do tamanho natural dos alvéolos? No que toca à contaminação, algumas das minhas rainhas têm três anos de idade e estão com boa postura. Eu penso que você não encontra ninguém que esteja a usar químicos nas suas colmeias e tenha esse tipo de longevidade e saúde nas suas rainhas. Você pode também obter favos com cera limpa e com alvéolos naturais numa colmeia top bar.

Favo com Guia Lisa. Os alvéolos são de 4.5mm. Os quadros estão espaçados de 31.8mm

Como se passa a não usar cera estampada?

As abelhas precisam de algum tipo de guia para que façam os favos direitos. Qualquer apicultor já viu elas a ignorarem a cera estampada e a construírem favos entre ou fora da face de outro favo, então sabemos que por vezes elas ignoram essas pistas. Mas uma pista simples como um quadro ou barra de topo com a parte de baixo triangular, ou uma tira de cera, ou madeira, ou mesmo um favo bem direito de cada lado de um quadro, ou até uma barra vazia funcionará na maioria das vezes. Você pode apenas retirar a cunha de uma barra de topo de um quadro, virá-la de lado e cola ou prega para fazer uma guia. Ou colocar um pau de gelado (conhecidos nos EUA por "*jumbo craft sticks*") ou paus de mexer a tinta nessa ranhura. Ou apenas cortar o favo velho de um quadro e deixar apenas uma fila de alvéolos por cima e/ou uma fila de alvéolos à volta.

Quadro que não usa cera estampada e tem guia triangular. Eu fiz estes encomendando os da Walter T. Kelley sem ranhuras no topo nem nas barras de baixo e cortando a barra de topo a um ângulo de 45 graus nos dois lados. Essa empresa está agora a vender os quadros já cortados com a barra de cima em forma triangular. As abelhas tendem a seguir a inclinação da parte de baixo da barra de topo.

Quadro sem cera estampada

Quadro sem cera estampada e com favo natural

Note na fotografia do quadro com o favo natural. Você pode ver que os cantos estão muitas vezes abertos, o fundo parece que é o último a ser unido, mas este está unido em todos os quatro lados e preparado para ser desoperculado e extraído.

Quadro Fundo de Dadant de 28,6cm sem cera estampada e com guia chanfrado (fundo da barra de topo em forma triangular).

Aqui está um quadro Fundo de Dadant sem cera estampada, com um guia de favo em todo o seu comprimento e um pedaço de aço de 1,6mm como suporte horizontal no centro. Isto permite que se cortem seis pedaços de favo com 10mm por 10mm sem ter de lutar com arames. Langstroth também usou guias laterais da seguinte forma:

Quadro Top Bar chanfrado

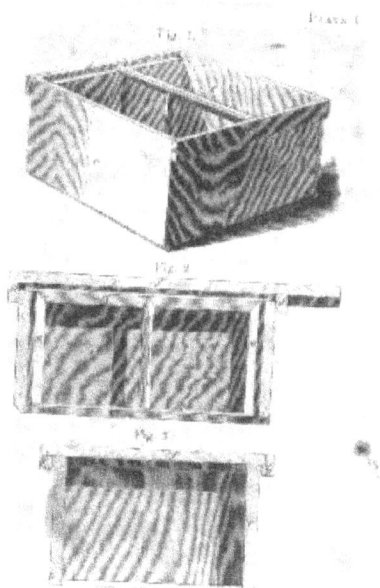

Quadro Langstroth sem Cera Estampada

L.L. Langstroth tem imagens do seu plano no original de "Langstroth's Hive and the Honey-Bee" que você ainda pode comprar como reimpressão.

Quadros Sem Cera Estampada

Segundo a minha experiência as abelhas puxam a cera dos seus favos mais depressa do que puxam sobre cera estampada. Eu não sou o único a fazer essa observação que a cera estampada não atrai as abelhas.

"A cera estampada, mesmo composta apenas por cera pura, não é intrinsecamente atrativa para as abelhas. As abelhas que enxamearam se lhes for dada a oportunidade de formar cacho sobre cera estampada ou um ramo de árvore, não mostram preferência pela cera estampada." —The How-To-Do-It Book of Beekeeping, Richard Taylor

Referências Históricas

A maioria destas referências pode ser encontrada na internet na coleção sobre a Colmeia e A Abelha Melífera *("Hive and the Honey Bee collection")* de Cornell (bees.library.cornell.edu).

"COMO ASSEGURAR FAVOS DIREITOS. "As vantagens completas do princípio dos favos amovíveis é apenas assegurada deixando todo o favo ser feito dentro dos limites dos quadros. Após a primeira introdução dos quadros amovíveis, os apicultores falharam frequentemente nisso apesar de lhes darem muito cuidado e atenção. O senhor Langstroth, durante um tempo, usou como guias tiras de favo unidas à parte de baixo da barra de topo do quadro. Isto é uma prática muito boa quando o favo pode ser feito, pois ele usualmente fica seguro ao objeto para além de dar às abelhas um início com favo de obreira. Seguido pelo guia de favo triangular que consiste num pedaço de madeira triangular pregado à parte de baixo da barra de topo, deixando um canto pontiagudo que aponta para baixo. Isto é uma ajuda valiosa e é agora adotado universalmente."— Facts in Bee Keeping by N.H. King and H.A. King 1864, pág. 97

"Se alguns dos quadros cheios forem removidos, e quadros vazios forem colocados entre os restantes, logo que as abelhas começam a puxar a cera dos favos de forma poderosa, não é necessário que exista guia dos favos nos quadros vazios, e mesmo assim o trabalho será executado com a mais bonita regularidade."— The Hive and the Honeybee by Rev. L.L. Langstroth 1853, pág. 227

"Barra do favo melhorada— O senhor Woodbury diz que esta pequena invenção tem provado ser muito eficiente a assegurar favos direitos quando não se tem favos guia. Os ângulos mais baixos são arredondados enquanto uma faixa central é adicionada a cerca de 3.2mm na largura e profundidade. Esta faixa central estende-se até 12.7mm de cada ponta, onde é removida de forma a admitir que a barra encaixe no respetivo entalhe. Tudo isso é necessário para assegurar a formação regular dos favos e, também cobrir a parte de baixo da faixa central com cera derretida. O senhor Woodbury diz ainda, "a minha prática é de usar apenas as barras, quando consigo ter favos guia, pois estes podem ser colocados com muito maior facilidade a um plano do que a uma barra estriada; mas sempre que coloco uma barra sem favo, eu uso sempre uma das melhoradas. Com este método, favos tortos e irregulares são completamente desconhecidos no meu apiário. "A maioria das nossas barras são feitas chanfradas; mas sempre que um dos nossos clientes prefere as planas, nós mantemos algumas para fornecer aos seus equipamentos"—Alfred Neighbour, The Apiary, or, Bees, Bee Hives, and Bee Culture pág. 39

"Barras de topo têm sido feitas por alguns fabricantes a partir de tiras com 6.4mm por 9.5mm, fortalecidas em parte por uma faixa muito fina colocada em forma de cunha na parte de

baixo para servir de guia de favo; mas tais barras são demasiado leves e vão arquear quando cheias de mel ou com criação e mel..."—Frank Benton, The Honey Bee: A Manual of Instruction in Apiculture pág. 42

"Guia de Favo.— Geralmente uma cunha de madeira, ou uma faixa de favo ou cera estamapada, na parte de cima de um quadro ou caixa, sobre a qual o favo deve ser construído...Como o guia de favo tem 9-16, e o corte nas barras verticais 19.05mm, temos assim 3-16 que sobram de toda a madeira na barra de topo e a mesa deve ser posta, de forma a deixar apenas essa quantidade de madeira por cortar. Mesmo se a cera estampada for presa aos quadros com cera derretida como muitos fazem, eu teria tal guia de favo, porque adiciona muito mais rigidez ao quadro, e evita a necessidade de ter uma barra de topo muito pesada. As abelhas vão, com o tempo, construir os seus favos bem por cima do guia de favo, e usar os alvéolos por cima da criação para guardar o mel."— A.I. Root, ABC of Bee Culture 1879 edition pág. 251

"Um guia de favo apropriado é um canto bem afiado no quadro, a partir do qual o favo é iniciado, as abelhas usualmente escolhem seguir este canto, em vez de divergir para uma superfície direita; partes do favo são por vezes usadas para o mesmo propósito."—J.S. Harbison, The bee-keeper's directory, nota no fundo da página 280 e 281

Perguntas mais frequentes
Caixa de quadros vazios?

P: Você quer dizer que eu posso apenas colocar uma caixa com quadros vazios na colmeia?

R: Não. As abelhas precisam de algum tipo de guia.

O que é um guia?

P: O que é um guia de favo?

R: Pode ser uma de várias coisas. Você pode usar um quadro vazio sem nada adicionado *se* você tem um quadro de criação puxado em cada um dos lados pois esses favos servirão de guia. Você pode colocar paus de gelado na ranhura para fazer o mesmo que uma tira de madeira, ou cortar um pedaço de madeira para fazer uma guia de madeira. Você pode virar a cunha de lado e colá-la. Você pode cortar um pedaço de madeira de forma triangular e coloca-lo no fundo da barra de topo. Você pode comprar moldes chanfrados e cortar para encaixarem no fundo da barra de topo. Você pode cortar as barras de topo de forma chanfrada. Você pode fazer uma tira de cera lisa, cortar pequenas tiras com largura 19mm, coloca-as na ranhura da barra de topo e segura-as com cera liquida. Você pode cortar tiras de cera estampada com largura de 19mm, segura-as com cera líquida na ranhura ou prega com a cunha. Se o quadro já tem favo, você pode apenas deixar a fila de alvéolos do topo como guia. Qualquer destes métodos funciona bem.

Melhor guia?

P: Qual o melhor guia de favo?

R: Eu gosto da maioria, mas prefiro a durabilidade da barra de topo chanfrada e eu penso que o favo fica um pouco mais seguro. De seguida provavelmente é a tira de madeira. Por fim as tiras de cera pois por vezes aquecem e caem se as abelhas ainda não as usaram. Mas eu também adiciono quadros vazios nos ninhos o tempo todo pois tenho muitos quadros velhos. A conclusão é, eu faço o tempo todo aquilo que é mais fácil. O pior guia de favo é encher a ranhura com um fio de cera. A cera na ranhura é uma pequena sugestão e não é de forma nenhuma um boa guia. Você precisa de algo que se projete bastante, 6.4mm é bom.

Extração?

P: Eu posso extrair o mel desses favos?

R: Sim. Eu faço-o frequentemente. Apenas tenha a certeza que eles estão seguros às barras nos quatro lados e a cera não é nova ao ponto de ainda estar macia, como se fosse massa de vidro. Logo que a cera esteja um pouco envelhecida e o favo seguro pelo menos um pouco nos quatro lados, pode ser bem extraído. É claro que você deve ser sempre cuidadoso com qualquer favo de cera (com e sem arames) quando extrai.

Arame?

P: Será que eu preciso colocar arame nos quadros?

R: Eu não uso arame mas eu também não uso caixas fundas.

P: Posso usar arame nos quadros?

R: Claro que sim. As abelhas vão incorporar o arame no favo. É claro que você precisa de nivelar bem a colmeia de qualquer forma, mas isso torna-se mais óbvio com arame nos favos. O arame é provavelmente mais útil quando se tem caixas fundas do que caixas médias. Eu só tenho caixas médias.

Colocar cera nos quadros?

P: Será que eu preciso colocar cera nos quadros?

R: Eu descobri que a cera é contra produtiva. Dá mais trabalho, muitas vezes cai e nunca fica segura à barra como quando as abelhas fazem os seus próprios favos. Eu apenas *não* recomendo que coloque cera neles, eu recomendo que *não* coloque mesmo cera neles.

Caixa completa?

P: Será que eu posso colocar uma caixa completa de quadros sem cera estampada numa colmeia?

R: Assumindo que nos estamos a referir a quadros com guias de favo, sim, você pode. Usualmente isto funciona bem. Por vezes por causa da falta de um favo para usarem como "escada" para subirem para as barras do topo, as abelhas começam a construir favo desde a barra do fundo para cima.

Por esta razão eu prefiro ter um quadro com um favo puxado ou um quadro com cera estampada na alça que adiciono. Isto não é um problema quando se instala um enxame em pacote. Outra razão para colocar um favo, contudo, é que é uma boa garantia para ter os favos na direção certa. Outra solução para o problema de elas tentarem fazer favo para cima, é colocar a caixa vazia por baixo da caixa já com favos para que elas trabalhem de cima para baixo.

Será que elas vão fazer um mau trabalho?

P: Será que as abelhas vão fazer um mau trabalho sem a cera estampada?

R: Por vezes sim. Mas elas por vezes fazem um mau trabalho mesmo com a cera estampada e ainda mais quando se trata de plástico estampado. Eu não vi mais favos maus sem usar cera estampada do que vi usando plástico estampado. Parte disto parece ser genético pois alguns enxames constroem bons favos mesmo quando você faz tudo errado. Outros enxames fazem um mau trabalho nos favos mesmo quando você faz tudo certo e simplesmente repetem os mesmos "erros" quando os remove.

Eu já disse antes mas vale a pena repetir. A coisa mais importante a compreender com favos naturais numa colmeia é que devido às abelhas construírem favos paralelos aos anteriores, um bom favo leva a outro da mesma forma que um mau favo leva a outro. Você não pode deixar de prestar atenção à forma como elas começam. A causa mais comum de um favo mal construído é deixar a gaiola da rainha lá dentro pois elas iniciam sempre o primeiro favo a partir daí e depois os favos mal construídos começam. Eu nem acredito na quantidade de pessoas que querem "jogar pelo seguro" e penduram a rainha numa gaiola. Elas obviamente não conseguem compreender que é quase uma garantia que o primeiro favo vai começar mal, que sem intervenção é uma garantia que significa que todo o favo na colmeia vai ser mal construído. Logo que você descubra os favos mal construídos a coisa mais importante é certificar-se que o *último* está direito pois ele é sempre o guia para o *próximo* favo. Você não pode ter uma visão "de esperança" que as abelhas sozinhas voltem a fazer favos direitos. Elas não o fazem. Você tem de as colocar de novo no bom caminho.

Isto não tem nada a ver com ter ou não arames. Nada a ver também com ter quadros ou não ter quadros. Tem é tudo a ver com ter o *último* favo direito.

Mais lento?

P: Isso não fará com que as abelhas se atrasem pois têm de fazer o seu próprio favo?

R: Na minha experiência, e na de muitos outros que já tentaram isto também, as abelhas constroem os seus favos naturais muito mais depressa do que sobre cera estampada. Usar cera estampada atrasa-as de muitas formas. Primeiro elas puxam cera sobre cera estampada mais devagar. Segundo, a cera estampada está toda contaminada com fluvalinato e *coumaphos*. Terceiro, a menos que você esteja a usar cera estampada de alvéolo pequeno, você está a dar-lhes alvéolos que são maiores do que aqueles que elas querem e a dar a vantagem à Varroa.

Principiantes

P: Será uma boa ideia um principiante não usar cera estampada?

R: Na minha opinião é mais fácil para o principiante que ainda não ganhou hábitos apícolas se ajustar ao não uso de cera estampada. É muito mais difícil para o apicultor experiente se ajustar a ter colmeias perfeitamente niveladas, não virar o favo de forma a ficar paralelo ao solo, não sacudir as abelhas de forma vigorosa de um favo que ainda é novo e não está bem seguro, etc. Principiantes partem muitas vezes um favo e aprendem a sua lição. Apicultores experientes vão continuar os seus hábitos antigos e partem favos durante um tempo até que finalmente ganham o novo hábito.

E se elas fazem um mau trabalho?

P: Então e se elas fazem um mau trabalho?

R: É duvidoso mas possível que elas o vão fazer. Eu vi isso acontecer muitas vezes quando uma caixa cheia de quadros com cera estampada colapsa por causa do calor. Eu suponho que isto parece muito mais assustador para quem nunca removeu um enxame. Se você alguma vez cortou todos os favos de um enxame feroz ou selvagem e atou os favos aos quadros, então você já sabe o que fazer. Você corta os favos e você coloca cada um num quadro vazio e usa elásticos grandes, fio ou arame para os segurar no quadro. As abelhas tratam do resto. Elas fazem isso com a mesma frequência em plástico estampado e muitas vezes é mais difícil de reparar.

Dimensões

P: Se eu fizer os meus próprios quadros que dimensões deverão ter?

R: Você pode fazê-los a partir de quadros estandardizados, mas eu prefiro-os com barras verticais mais estreitas e barras de topo ligeiramente mais estreitas. Veja no capítulo *Quadros Estreitos*.

Quadros Estreitos

Observações sobre o Espaçamento Natural dos Quadros
31.8mm de espaçamento está de acordo com as
observações de Huber

> *"A colmeia folha ou livro tem doze quadros*
> *verticais... e a sua largura é de quinze linhas (uma*
> *linha= 27.5mm. 15 linhas = 31.8mm"). É*
> *necessário que esta última medida seja certa."*
> *François Huber 1806*

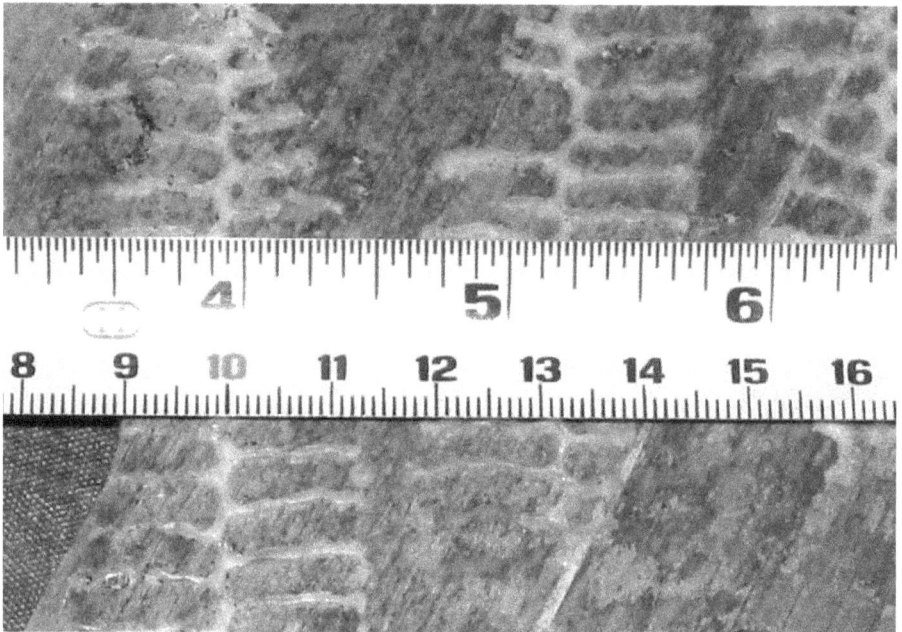

Ninho que se moveu para um alimentador de topo. A foto
mostra a prancheta de agasalho após a remoção do favo. O
espaçamento em favo natural é por vezes tão pequeno como
30mm mas tipicamente é de 32mm.

Espessura do Favo por Tamanho de Alvéolo

De acordo com Baudoux (note que é a espessura do
próprio favo e não o espaçamento do favo do centro), alvéolo:

Tamanho Espessura
5.555mm 22.60mm
5.375mm 22.20mm

5.210mm 21.80mm
5.060mm 21.40mm
4.925mm 21.00mm
4.805mm 20.60mm
4.700mm 20.20mm
ABC XYZ of Bee Culture 1945 edition, Pág. 126

**Referências históricas sobre espaçamento mais re-
duzido nos quadros**

*"...estão colocados à distância usual, para que os
quadros fiquem a 36.8mm de centro a centro; mas
se é desejado para prevenir a produção de
alvéolos de zangão, as pontas de quadros
alternados são deslizadas para trás tal como é
mostrado em B, e a distância de 31.8mm de
centro a centro pode ser mantida."—T.W. Cowan,
British bee-keeper's Guide Book pág. 44*

*"Ao medir os favos de uma colmeia feitos de
forma regular. Eu encontrei o seguinte resultado:
cinco favos de obreira ocupavam o espaço de
139.7mm, o espaço entre cada era de 34.9mm, e
permitindo a mesma largura de cada lado deles,
158.8mm, como o diâmetro correto de uma caixa
em que cinco favos de obreira pode ser feitos...O
diâmetro de favos de obreira tinha em média
45.7mm; e o favo de zangão, 28.6mm."—T.B.
Miner, The American Bee Keeper's Manual, pág.
325*

Se você tirar os 9.5mm extra da última medida isto dá
149.2mm para cinco favos divididos por cinco dá 29.9mm do
centro de cada favo.

*"Quadro.— Tal como foi mencionado antes, cada
colmeia tem dez destes quadros, cada um com
330.2mm de comprimento por 184.2mm de
altura, com 15.9mm de projeção para trás ou*

frente. A largura tanto da barra e quadro é de 22.2mm; isto é menos 6.4mm que a barra recomendada por apicultores mais antigos. O senhor Woodbury,— cuja autoridade sobre os planos modernos de gestão de abelhas é de grande importância,— descobriu que 22.2mm é uma melhoria, porque com essa medida os favos ficam mais juntos, e necessitam de menos abelhas para cobrir a criação. Então também, no mesmo espaço que oito das barras antigas ocupavam, as barras mais estreitas de quadro admitem uma barra adicional, então isso, de usar estas, uma melhor acomodação é dada para criação e armazenamento de mel."— Alfred Neighbour, The Apiary, or, Bees, Bee Hives, and Bee Culture...

"Eu descobri que é apenas isso da conclusão na teoria que a experiência prova um facto na prática, vejamos: com quadros de largura 22.2mm, espaçados apenas um espaço-abelha, que as abelhas enchem todos os alvéolos de cima a baixo com criação, providenciando alvéolos mais fundos ou um espaçamento maior, é usado como câmara de armazenamento. Isto não é adivinhar ou teoria. Em experiências durante um certo número de anos. Eu descobri os mesmos resultados, sem variação, em todos os casos. Sendo esse o facto, o que se segue? Respondendo há minha questão, eu diria que a criação é invariavelmente criada no ninho — o alimento excedente é guardado, e rapidamente, onde deve ser, e nenhuma cera de reforço é feita; e não apenas isto, mas a criação de zangões fica bem controlada, o excesso de enxameação é facilmente prevenido, e de facto, todo este assunto do trabalho apícola é reduzido ao mínimo, tudo o que é necessário para começar são pedaços de favo com espessura de 22.2mm, e espaçados de forma que eles não possam ser

construídos com mais espessura. Eu acredito que me fiz entender; Eu sei que se o plano indicado for seguido, a apicultura não só será vista como algo fácil de fazer, mas vai progredir depressa daqui em diante."—"Which are Better, the Wide or Narrow Frames?" de J.E. Pond, American Bee Journal: Volume 26, Nº. 9 Março 1, 1890 Nº. 9. Pág. 141

Nota: 22.2mm mais 9.5mm (máximo espaço-abelha) faz 69.9mm. 22.2mm mais 6.4mm (mínimo espaço-abelha) faz 34.9mm.

"Mas aqueles que têm prestado atenção especial ao assunto, tentando ambos os espaçamentos, concordam quase de forma uniforme que a distância certa é de 34.9mm ou, se qualquer coisa, um pouquinho mais, e alguns usam com sucesso um espaçamento de 31.8mm." — The ABC and XYZ of Bee Culture de Ernest Rob Root Copyright 1917, Pág. 669

"Com tantos principiantes a querer saber sobre os onze quadros fundos em colmeias Langstroth fundas de dez quadros eu vou ter de dar mais detalhes. Mas primeiro esta carta de Anchorage, Alasca de todos os lugares. Pois esse lugar é o mais a norte que você consegue ter abelhas. Ele escreve, eu sou um novo apicultor com uma época de experiência com duas colmeias. Um bom amigo está na mesma situação, ele leu um dos seus artigos sobre "Squeezing" (comprimir) as abelhas e tentou fazer isso numa das suas colmeias e resultou numa colmeia cheia de abelhas e mel. Este ano nós vamos ter oito colmeias com onze quadros no ninho."

"Se você, também, quer ter onze quadros no ninho faça isto. Ao montar os seus quadros para além de pregos use cola. Vai ser algo permanente de qualquer maneira. Certifique-se que os seus quadros são do tipo que tem uma ranhura na

parte de baixo das barras de topo. Depois de montar os quadros, aplaine as duas barras verticais (as das pontas) de cada lado para que fiquem com a mesma largura da barra de topo. Agora coloque os agrafos. Tal como eu mencionei no mês passado faça-os cortando clips em duas partes. Eles custam muito pouco e não estalam a madeira. Coloque os agrafos na madeira até eles saírem cerca de 6.4mm. Os agrafos devem ficar todos de um lado. Isto impede que você vire o quadro no ninho. É uma má prática e perturba a disposição do ninho. Quando é feito, resulta no arrefecimento da criação e perturba o ciclo de postura da rainha. Eu estou a falar com principiantes, mas mesmo os mais experientes não devem cometer tal má prática. Em relação ao molde base, se você usa plástico estampado apenas precisa de o encaixar no quadro e você pode-o usar."— Charles Koover, Bee Culture, April 1979, From the West Column.

A largura estandardizada dos quadros de Hoffman é de 35mm. Isso significa que de centro a centro dos favos há um espaçamento de 35mm. Isto faz um favo com cerca de 25mm de espessura e um espaço-abelha entre favos com cerca de 10mm. Este espaçamento funciona bastante bem para tudo na colmeia e mesmo assim os apicultores usualmente usam espaçamentos maiores nas alças, por exemplo 38mm ou mais. O espaçamento de 35mm já era um compromisso entre o armazenamento de mel, favo de zangão e favo de obreira. O favo de obreira natural tem espaçamento de 32mm enquanto o favo de zangão é mais parecido com 35mm e armazenamento de mel tipicamente tem cerca de 38mm ou mais.

Separar os quadros 32mm tem vantagens
Entre elas:
_ Menos favo de zangão.
_ Mais quadros com criação numa caixa.

_ Mais quadros com criação podem ser cobertos com abelhas para os manter quentes pois a camada de abelhas tem apenas a largura de uma abelha em vez de duas.

_ De acordo com alguma pesquisa nos anos 70 na Rússia, havia menos Nosema.

_ É um espaçamento mais natural para alvéolos pequenos.

_ Incita as abelhas a fazerem alvéolos mais pequenos. O espaçamento mais pequeno contribui para que elas vejam o favo como favo de obreira.

Equívocos frequentes:

_ Que 32mm apenas é certo para as abelhas Africanizadas. Eu já deixei Abelhas Melíferas Europeias construirem os seus próprios favos e elas usam um espaçamento de favo de obreira tão pequeno como 30mm mas tipicamente é de 32mm para o meio do ninho. Mais largo nas pontas de fora quando elas querem criar zangões e ainda mais largo quando querem armazenar mel.

_ Que os seus quadros não se podem trocar com os quadros de 35mm. Eu troco-os o tempo todo. Muitas das referências históricas mostradas aqui mostram que as pessoas muitas vezes faziam espaçamentos mais apertados no centro e mais largos nas pontas do lado de fora. Não há nada que o impeça de colocar um quadro de 35mm no meio de quadros de 32mm e vice-versa.

_ Que simplesmente isso não importa. Então, provavelmente não interessa muito mas veja as vantagens mencionadas.

Formas de obter quadros mais estreitos

_ Assumindo que não há pregos nas partes de fora das barras verticais, você pode aplainar essas barras nos quadros comuns até que tenham largura de 32mm. Se você fizer isso antes de montar os quadros, você pode também cortar a barra de topo até ter largura de 25.4mm com uma serra de mesa.

_ Você pode fazer ou comprar quadros a partir de madeira. Quer seja ajustando as dimensões e construindo quadros de Hoffman ou construindo quadros do estilo Killion e simplesmente alterando o espaçamento (veja "*Honey in the*

Comb" de Carl Killion ou edições mais recentes de Eugene Killion).

_ Você pode intercalar *PermaComb* (que não tem espaçadores) com quadros regulares de Hoffman e depois aumenta o espaçamento um pouco mais à mão.

_ Você pode construir quadros do tipo Koover (veja os velhos artigos dos anos 70 chamados *"Gleanings in Bee Culture"* ou então procure mais informações na internet).

Perguntas mais frequentes

P: Não ficarão as barras de topo demasiado próximas depois de eu aplainar as barras verticais?

R: Um pouco, mas você consegue-as usar sempre problemas. Comprime um pouco as abelhas até cerca de 4.8mm entre as barras de topo, mas as abelhas conseguem passar por um buraco de 4mm. Eu prefiro ter mais espaço mas não o suficiente para cortar as barras de topo dos quadros regulares. Eu prefiro-os o suficiente que os faço mais pequenos quando faço quadros ou encomendo-os mais pequenos quando consigo que alguém os faça.

P: Porque não colocar nove quadros no ninho de uma caixa de dez quadros? Isso não deixa as coisas na mesma (uma vez que quero ter nove quadros nas minhas alças) e dar-lhes mais espaço para que elas não enxameiem e não esmague as abelhas quando puxo os quadros?

R: Na minha experiência você pode esmagar mais abelhas dessa forma (9 quadros em caixa de 10 quadros) porque a superfície do favo vai ser muito irregular devido à espessura da criação ser consistente enquanto a espessura das reservas de mel varia. Isto significa que nove quadros espaçados numa caixa de dez terão uma superfície irregular. Essa superfície irregular terá mais probabilidade de apanhar abelhas entre duas partes mais salientes e esmagar as abelhas do que quando os favos são regulares. Também necessita de mais abelhas para cobrir e manter quente a mesma quantidade de criação quando você tem 9 quadros do com 10 ou 11.

"...se o espaço é insuficiente, as abelhas encolhem os alvéolos de um lado do favo, fazendo assim com que esse lado seja inútil; e se colocado com mais do que a usual largura, vai necessitar de uma quantidade maior de abelhas para cobrir a criação, tal como para aumentar a temperatura suficientemente para construírem favo. Segundo, quando os favos estão demasiado espaçados, as abelhas enquanto os enchem com as reservas, esticam os alvéolos fazendo assim o favo grosso e irregular— a aplicação dos dez favos é assim o único remédio para os reduzir à espessura certa."—J.S. Harbison, The Bee-keeper's Directory, pág. 32

Ciclos Anuais

A apicultura, tal como qualquer agricultura, segue as estações. Tem uma natureza cíclica e o maior ciclo é o ano. Pequenos ciclos são os 21 dias da criação de obreiras, etc. Mas o todo da apicultura é o ano.

No meu ponto de vista o ano do apicultor começa, tal como começa para as abelhas, na preparação da colónia para o inverno. Uma colónia que tem uma boa base para sobreviver ao inverno e prosperar no início da primavera terá um bom início de ano.

O meu ponto de vista, é claro, será definido pelas minhas experiências num clima frio do norte (EUA). Você pode ter de ajustar as coisas ao seu clima.

Inverno

Do ponto de vista do apicultor o Inverno começa na primeira noite muitíssimo fria. Desde este ponto as abelhas não terão recursos a entrar. Nenhum néctar. Nenhum pólen. Antes disto acontecer elas precisam de estar em boa forma. Alguns invernos chegam cedo e não têm pausas e assim não há outras oportunidades de se preparar.

Abelhas

Basicamente para o inverno elas têm de ter uma quantidade suficiente de abelhas. Faltando isto elas devem ser ajudadas de alguma forma (algo difícil), ou serem únidas a outro enxame fraco para fazer um enxame forte para o inverno. Isto vai variar conforme a raça de abelha e o clima. Com as abelhas Italianas eu quero pelo menos um cacho com o tamanho de uma bola de basquetebol. Com cárnicas, um cacho com o tamanho de bola de andebol e com abelhas ferozes algo entre uma bola de basquetebol e uma de andebol.

Reservas

Elas devem ter suficiente comida que dure o inverno. Eu tento deixar-lhes o suficiente, mas por vezes numa ausência de pastagem ou um pobre fluxo de outono as colmeias podem ficar leves (poucas reservas). Aqui, em Greenwood, Nebrasca, com abelhas Italianas você precisa que uma colmeia pese cerca de 68Kg. Com abelhas ferozes será cerca de 41Kg por colmeia. Numa colmeia leve pode ser colocado um alimentador com xarope ou você pode colocar açúcar sobre um jornal por cima das barras de topo para colmatar a falta de reservas. Algumas pessoas alimentam com pólen ou substituto de pólen no fim do outono também. Xarope de outono é usualmente feito na proporção 2:1 (água:açúcar).

Configuração para o inverno

Elas não devem ter excluídor de rainha e se têm entrada no fundo ela deve ter uma proteção contra a entrada de ratos. Uma entrada reduzida ajuda a prevenir pilhagem. Elas precisam de ter algum tipo de entrada de topo.

Primavera

A primavera para o apicultor começa com a floração dos vários tipos de *Acer*. Aqui onde eu vivo é no fim de Fevereiro ou início de Março. Isto é quando as abelhas começam a aumentar a sua criação de forma mais séria. É importante a partir deste ponto que a entrada de pólen e reservas não seja interrompida pois isto pode interromper a criação. Bifes proteicos são uma solução comum para isto. Misture pólen com mel para fazer uma massa e enrole-a entre papel encerado para fazer os bifes. Ou alimente ao ar livre numa colmeia vazia. Alimente com xarope nas proporções 1:1 ou 2:1 se elas tiverem poucas reservas. Num dia quente faça uma inspeção completa e verifique se há ovos e criação. Marque as colmeias sem rainha para colocar lá uma nova rainha ou combine com outros enxames. Limpe os estrados e inspecione a quantidade de Varroa morta neles. Se você faz a gestão do néctar como Walt Wright, é tempo de desbloquear o ninho (método "*checkerboard*"). Se você não fizer dessa forma precisa de estar atento às coisas para prevenir enxameações prematuras. Quando o tempo se mantiver suficientemente quente, abra o ninho colocando alguns quadros vazios no meio dele. Se for um enxame bem forte com muitas abelhas, dois ou três quadros. Se for um enxame moderado, só um. Se for um enxame fraco, deixe-o em paz. Não adicione muito espaço pois o tempo ainda está fresco e demasiado espaço ainda lhes causa *stress*. O enxame está a tentar aumentar a quantidade de abelhas para enxamear antes do fluxo principal. As abelhas estão a fazer mais criação de obreira. A criação de zangão vai começar em breve.

Verão

Verão, do ponto de vista do apicultor, é quando a época de enxameação começa ou apenas algumas semanas antes do fluxo. O fluxo acontece quando você começa a ver cera branca e favo novo. Esta é uma altura para estar atento às preparações para enxameação (ninho a ser cheio de néctar) e mantenha o ninho aberto. Se as preparações para enxameação progridem até aos alvéolos de enxameação, faça desdobramentos para conseguir rainhas extra. Coloque alças para armazenamento de mel. Neste momento, demasiado espaço não é um problema então empilhe as alças sobre as colmeias com enxames fortes. Aqui isto será desde o meio até ao fim de Maio. Se você quer fazer desdobramentos de redução ou confinar uma rainha para ter uma maior colheita ou para ajudar com a Varroa esta será a altura. Duas semanas antes do fluxo principal será a altura mais perfeita.

Outono

Outono, do ponto de vista do apicultor, é quando o principal fluxo de verão (se tiver um na sua zona) acaba e é tempo de fazer a cresta. As flores com o néctar mais escuro e forte vão florir em breve— *solidago*, *polygonum*, aster, girassóis, *chamaecrista fasciculata* e chicória. É uma boa altura de trocar a rainha pois as rainhas acasalam melhor e estão mais disponíveis no mercado. Também é uma boa altura para criar as suas rainhas, a menos que haja uma seca grave. Lá para o fim do outono é quando elas começam a preparar-se para o inverno. Coloque as proteções contra ratos. Remova os excluídores de rainhas. Remova caixas vazias. Reduza as entradas. Equalize as reservas ou alimente. Em outras palavras estamos de volta às preparações para o inverno.

Invernar Abelhas

Eu hesitei várias vezes em escrever sobre invernar abelhas e até agora resisti à tentação porque invernar está muito ligado à localização. Mas é um assunto critico que perguntam-me muita vez e assim eu quero dizer o que penso sobre muitos destes assuntos. Por favor leia tudo isto com a *localização* em mente. Eu vou tentar falar sobre o que faço na minha localização (Sudoeste do Nebrasca) em detalhe e porque o faço, mas isso não significa que seja a melhor forma para a sua localização ou que outros métodos podem não funcionar noutros locais ou mesmo na minha localização.

Eu vou dividir isto em tópicos ou manipulações que são discutidas de forma comum sobre se eu as faço ou não.

Outra coisa que importa é a raça ou o pedigree. As minhas abelhas são "rafeiras", mas elas vão desde a cor castanha até preta e são de efetivo sobrevivente no Norte.

Vou agora dividir este assunto em itens e ações:

Proteção Contra Ratos

As questões típicas são o que usar e quando usar. Eu apenas tenho entradas de topo o que faz com que a proteção contra ratos não seja mais um problema. No tempo em que eu usava entradas no fundo tinha redes metálicas com buracos de 6.4mm na entrada, mas eu poderia reconsiderar, se eu ainda usasse entradas no fundo, há um dispositivo popular aqui no Sudoeste do Nebrasca. O dispositivo tem 76.2mm até 101.6mm de largura e é um contraplacado com grossura de 9.5mm, cortado para caber na largura da entrada e três ripas de 9.5mm cortadas em 76.2mm ou 101.6mm de comprimento no contraplacado. Isto desliza para dentro da entrada reduzindo-a a 9.5mm e formando uma proteção para que o vento não sopre para dentro da colmeia. As pessoas que usam isso dizem que não há problema com os ratos pois a entrada de apenas 9.5mm e vários centímetros de comprimento parece deter os ratos. Eles deixam esse dispositivo na colmeia o ano todo.

Na medida em que quando eu tento ajudá-las ou pouco depois da primeira geada. Aqui nós temos algum tempo quente depois da primeira noite muito fria, então os ratos usualmente não entram nas colmeias até ficar frio durante vários dias. Você deve colocar a proteção antes ou os ratos podem já estar dentro da colmeia. A outra coisa boa acerca do dispositivo que falei (em inglês diz-se do tipo *baffle*) de redutor/proteção contra ratos é que o pode deixar o ano todo e você não se tem de preocupar acerca de se lembrar de colocar as proteções contra ratos nas colmeias.

Excluídores de Rainha

Eu não uso excluídores, mas quando eu usava, eu removia-os antes do inverno pois eles podem causar o efeito indesejado de deixar a rainha presa por baixo enquanto o enxame se move para cima. O excluídor não impede que as abelhas subam, mas no entanto impede que a rainha se junte a elas. Você pode guardar o excluídor por cima da prancheta de agasalho ou até por cima da colmeia se desejar mas não deixe entre caixas.

Estrados sanitários (ES)

Eu tenho-os em cerca de metade das minhas colmeias. Se o suporte da colmeia é baixo o suficiente e erva suficiente bloqueia o vento, eu por vezes deixo ficar sem tabuleiro, mas usualmente eu deixo ficar com tabuleiro. Algumas pessoas em alguns climas parecem achar bom deixar os ES abertos todo o ano, mas eu não penso que funcione bem em climas ventosos e frios como o meu. Eu também não penso que o ES ajuda muito com a Varroa, mas ajuda sim com a ventilação no verão e mantem o fundo seco no inverno. Por outro lado um fundo sólido pode servir de alimentador e cobertura.

Embrulhar as colmeias

Eu não o faço. Tentei uma vez, mas parece selar a humidade e causa que as caixas fiquem muito húmidas todo o inverno, então deixei de o fazer. Se eu tentasse fazer isso de novo, coisa que provavelmente não faria, eu colocaria alguma madeira nos cantos para criar um espaço com ar entre a madeira e aquilo que tapa a colmeia.

Aglomerar colmeias

Eu coloco as minhas colmeias em suportes que levam duas filas de sete colmeias (oito quadros cada uma).

Basicamente eles têm 2.4m de comprimento, são feitos de madeira tratada com 51mm por 102mm e com pontas de 1.2m para que o suporte tenha no total um comprimento de 2.5m por causa das pontas. Os parapeitos (as partes com 2.4m de comprimento) estão feitos de tal maneira que os de fora estão a 0.5m do centro e os de dentro estão a 0.5m da parte de fora. Isto permite que as colmeias (que têm 0.5m) fiquem completamente para a frente no verão para maximizar a conveniência de as manipular e totalmente para trás no inverno para minimizar a área exposta. Então durante o inverno 10 das colmeias estão a tocar em três lados e as quatro do lado de fora estão a tocar em dois lados. Isto minimiza as paredes expostas. É parecido com alguns animais que se aconchegam para se aquecerem.

Alimentar Abelhas

Ao contrário da sabedoria popular, alimentar as abelhas no inverno com mel ou xarope não funciona nos climas do Norte. Uma vez que o xarope não chega acima dos 10ºC durante o dia (e precisa de tempo para aquecer depois de uma noite fria), as abelhas não o bebem de qualquer maneira. A altura certa de alimentar se for necessário é em Setembro, se necessário e se você tem sorte você pode continuar até Outubro em alguns anos. A questão parece ser sempre sobre qual a concentração e qual a quantidade.

Quando alimento com mel, eu não faço a diluição de forma nenhuma. O mel diluído estraga-se depressa e eu não posso sequer ver mel a estragar-se. Quando alimenta com xarope (porque você não tem mel ou não quer alimentar o mel que teve o trabalho de recolher) a concentração não deverá ser menor que 5:3 nem acima de 2:1. Xarope denso é melhor pois vai necessitar de menos evaporação, mas eu tenho dificuldades em fazer com que o 2:1 dissolva.

"Que quantidade?" não é a pergunta certa. A pergunta certa é "qual o peso desejado?". Para um enxame grande em quatro caixas médias de oito quadros (ou duas caixas fundas de dez quadros) deve ser entre 45Kg a 68Kg. Em outras palavras, se a colmeia pesa 45Kg, eu posso ou não alimentar, mas se pesa 68Kg eu não alimento. Se pesa 34Kg eu tentarei alimentar com 34Kg de mel ou xarope. Quando o peso desejado for alcançado eu paro.

O meu plano de gestão é deixar-lhes mel suficiente e roubar mel selado a outras colmeias para as colmeias que precisem por estarem leves. Mas alguns anos quando o fluxo de outono falha eu tenho de alimentar. Eu gosto de esperar até o tempo arrefecer antes de fazer a cresta pois isso resolve vários problemas. 1) não me tenho de preocupar com as traças da cera. 2) as abelhas formam cacho por baixo e assim não tenho de remover abelhas das alças. 3) eu posso melhor analisar o que deixar e o que tirar pois o fluxo de outono ocorreu ou não ocorreu. Outra opção para uma colmeia leve, se não estiver leve demais, é alimentar com açúcar seco. A parte má é que o açúcar não é guardado como o xarope, então é mais como uma ração de emergência, mas a parte boa é que você não precisa de fazer xarope, comprar alimentadores, etc. Mas o facto de não ser guardado também é bom. Se elas não precisam dele, você não fica com açúcar guardado nos seus favos. Você coloca apenas uma caixa vazia na colmeia com algum jornal sobre as barras de topo e despeja o açúcar por cima do jornal. Eu molho-o um pouco para que fique unido e também molho as pontas para que elas vejam que é comida. Se a colmeia está apenas um pouco pesada isto é um bom seguro. Mas se está muito leve, eu penso que elas precisam de algumas reservas seladas e dou-lhes mel ou xarope.

Um fundo sólido pode ser convertido num alimentador. Isto faz sentido para mim pois alimentar não é o plano normal de gestão, deixar mel é. Porquê comprar alimentadores para todas as suas colmeias se alimentar não é uma situação normal? Isto não é o melhor alimentador, mas é o mais barato (basicamente a custo zero). Se eu preciso alimentar, eu não preciso de comprar um alimentador para cada colmeia. Eles podem suportar praticamente a mesma quantidade que um alimentador de quadro.

Por aqui as placas ou caixas com doce são populares, mas o açúcar seco por cima é mais fácil pois não tem de preparar as placas ou caixas e fazer o doce. Você apenas usa as caixas estandardizadas e açúcar. Eu já pulverizei também xarope sobre favo puxado para ajudar um enxame com poucas reservas.

Isolamento

Por vezes eu isolo os topos e por vezes não o faço. Eu desisti no isolamento do resto. Eu penso que é uma boa ideia isolar o topo, mas eu apenas não tenho tempo para o fazer. Desde que eu uso topo simples com entrada, quando faço o isolamento é com apenas um pedaço de Isopor por cima da tampa e com um tijolo por cima dele. Isto vai reduzir a condensação no topo, tal como a entrada de topo também o faz. Qualquer grossura de Isopor serve. O principal problema é a condensação na tampa. Quando eu tentei isolar a colmeia inteira a humidade entre o isolamento e a colmeia tornou-se num problema.

Entradas de Topo

Eu penso que isto é essencial para reduzir a condensação no meu clima. Não era necessário quando eu vivia no Oeste do Nebrasca onde tinha um clima muito mais seco. Não tem de ser uma entrada de topo muito grande, uma pequena serve. O entalhe que vem com as pranchetas entalhadas serve. Isto também dá às abelhas uma forma de sair para os voos de limpeza em dias quentes mas com neve no chão quando a entrada no fundo (que eu não tenho) estaria bloqueada com neve. Eu tenho apenas entradas de topo e nenhuma entrada de fundo.

Onde está o cacho de abelhas

Usualmente por aqui está na caixa de cima na entrada do inverno e na saída do inverno, com ou sem entrada de topo. Por vezes não está, mas isso parece ser a norma, apesar de ser o que os livros dizem. Eu deixo-as onde estão e não tento que elas vão para onde eu penso que elas deveriam estar. Usualmente elas passam o inverno todo ali. Eu tentaria movê-las para uma das pontas numa colmeia horizontal, apenas para elas não chegarem a uma das pontas e morrerem de fome com reservas na outra ponta.

Quão forte?

Esta pergunta surge com muita frequência. Eu costumava combinar enxames fracos e raramente perdia um enxame durante o inverno. Porém, desde que eu comecei a tentar invernar enxames em núcleos, descobri que um enxame pequeno cresce bem e passa bem o inverno. Então eu invernei cachos de abelhas muito mais pequenos. Também se você tem rainhas locais, em vez de rainhas do sul, elas têm mais sucesso tal como as abelhas escuras a invernar em pequenos cachos do que as abelhas mais claras. Então, enquanto eu nunca vi um cacho do tamanho de uma bola de ténis de um pacote de abelhas Italianas do sul conseguir passar o inverno, eu já vi esse tamanho de cacho mas de abelhas de um efetivo sobrevivente, Cárnicas e mesmo abelhas Italianas criadas no Norte conseguirem sobreviver ao inverno. Isto é mesmo entrarem no inverno num dia frio (cacho muito denso). Há algum desgaste no outono, se elas estão deste tamanho em Setembro, não há fluxo e elas estão sem criação, provavelmente não conseguem sobreviver. Um enxame forte de abelhas Italianas ao entrar no inverno terá o tamanho de uma bola de basquetebol ou mais, enquanto as Cárnicas ou Buckfast têm cachos mais do tamanho de bolas de andebol ou mais pequenos e os cachos das abelhas ferozes tendem a ser ainda mais pequenos.

Redutores de Entrada

Eu gosto deles em todas as colmeias. Nas colmeias com enxames fortes eles criam um engarrafamento e no caso de pilhagem um furor que vai tornar as coisas mais lentas e num enxame fraco eles criam um espaço mais pequeno para ser guardado. Em todas as colmeias eles criam uma corrente de ar menor do que uma entrada toda aberta. De facto quando eu me esqueço de abrir os redutores na primavera, até os enxames fortes com engarrafamentos devidos aos redutores parecem estar melhores do que os com a entrada toda aberta. Eu tento lembrar-me de os tirar nos enxames mais fortes para o fluxo de néctar principal.

Pólen

Eu tenho, nos anos mais recentes, começado a alimentar com pólen no outono durante uma falta de pastagem para que elas tenham boas reservas de pólen ao entrar no inverno e assim têm mais um ciclo de criação antes que o inverno comece. Não vale a pena fazer isto se há pólen verdadeiro a entrar na colmeia. Eu alimento com pólen verdadeiro se tiver suficiente. Eu por vezes misturo a 50/50 com substituto ou farinha de soja quando estou desesperado e não tenho suficiente. Eu nunca misturo com menos de 50% de pólen verdadeiro. Você pode usar capta-pólen ou comprar nos fornecedores como a Brushy Mountain, eu alimento-as fora da colmeia. Eu coloco sobre um estrado sanitário sobre um estrado sólido dentro de uma colmeia vazia. Isto seria feito em Setembro usualmente.

Quebra-vento
Algumas pessoas usam fardos de palha para fazerem o quebra-vento. Eu odeio ratos e eles parecem ser para mim ninhos de rato, então eu não o faço. Mas se os colocar mais longe das colmeias talvez funcione. Eu suponho que pode usar cercas de guardar milho ou vedação contra neve de forma a formar um quebra-vento da mesma maneira que pode usar qualquer tipo de vedação. Mel Disselkoen usa um anel de folhas metálicas em volta de quatro colmeias como quebra-vento para elas. Isto parece-me uma boa escolha mas requer a compra de metal, ter onde o armazenar durante o resto do ano e depois voltar a coloca-lo em volta das colmeias no outono.

Caixas de oito quadros
Eu descobri que os enxames em caixas de oito quadros invernam melhor do que em caixas de dez quadros. A largura é mais parecida com a de uma árvore e tem tamanho de um cacho, então há menos comida que fica para trás. Isto não é o mesmo que dizer que você não pode invernar as abelhas em caixas de dez quadros, apenas que elas ficam ligeiramente melhor em caixas de oito quadros.

Caixas médias
Eu descobri que os enxames em caixas médias invernam melhor do que em caixas fundas pois há uma melhor comunicação entre quadros devido ao espaço entre caixas. Se você imaginar o que se passa na colmeia quando as abelhas formam cacho no inverno, há paredes onde se fazem favos entre partes do cacho. Com uma súbita chegada do frio um

grupo de abelhas muitas vezes fica preso do outro lado de um quadro fundo quando o cacho contrai pois elas não conseguem chegar ao fundo ou topo para passar para o outro lado, onde com quadros médios o cacho usualmente alcança o espaço entre caixas o que providencia uma comunicação entre os diversos quadros da colmeia. Mais uma vez, isto não é dizer que você não pode invernar os enxames em caixas fundas, mas apenas que as abelhas têm um pouco mais de sucesso nas caixas médias.

Quadros mais estreitos

Eu descobri que elas invernam melhor em quadros estreitos (32mm do centro em vez do valor estandardizado de 35mm do centro ou 9 quadros colocados numa caixa de dez quadros que dá cerca de 38mm do centro) porque é preciso menos abelhas no fim do inverno para cobrir e manter a criação quente do que com espaços maiores. Mais uma vez, isto não é dizer que você não consegue invernar enxames com quadros de 35mm, apenas que os enxames parecem ficar ligeiramente melhor, aumentam o número de abelhas mais cedo, têm menos cria arrefecida e menos cria giz com quadros mais estreitos.

Invernar em Núcleos

Eu já tentei invernar em núcleos cada inverno desde 2004. Não posso dizer que sou bom nisso, mas quando consigo que esses enxames sobrevivam eles tornam-se nos meus melhores enxames no ano seguinte. Eu já tentei muitas coisas desde tapar, aglomerar, aquecer, alimentar com xarope o inverno todo, etc. Eu cheguei às seguintes conclusões. Primeiro, tapar ou embrulhar as colmeias apenas as tornou demasiado húmidas. Alimentar com xarope fez o mesmo. Isolar o topo e o fundo e aglomerar as colmeias teve resultados positivos. Um aquecedor sem estar muito quente, no meio do aglomerado de colmeias também deu resultados positivos, a menos que todos os anos alguém o desligue durante os dias mais frios, dessa forma deixa de ajudar as abelhas. Os meus enxames em núcleos são um bocadinho mais atrasados do que a maioria pois são enxames combinados de núcleos de acasalamento em vez de desdobramentos dos meus enxames mais fortes ou trocas de rainha e desdobramentos dos enxames mais fracos. Eu concluí que um erro que tenho feito é que os tenho de combinar suficientemente cedo para que as abelhas se reorganizem como a sua própria colónia antes que o tempo frio chegue. O que significa que é no fim de Julho ou princípio de Agosto. Isto também permite que elas armazenem mais reservas e as guardem da forma que quiserem. Mas assumindo que você está a fazer desdobramentos dos seus enxames mais fracos e a trocar-lhes as rainhas, a mesma regra é verdadeira. Você quer que elas tenham tempo de ser organizar como uma colónia. Eu estou a gostar do açúcar por cima mais e mais para estes enxames pois alimentar com xarope tem o problema de causar demasiada humidade. Mas se você alimentar cedo, isso deixa de ser um problema. Em vez de perder muito tempo a fazer equipamento especial para invernar os enxames em núcleos, eu penso que é mais prático imaginar como invernar os enxames no seu próprio equipamento estandardizado. Admitindo, que isto faz mais sentido quando o tamanho da sua caixa é do tamanho de um núcleo fundo de cinco quadros (as minhas caixas médias de oito quadros são exatamente desse volume), mas eu odeio ter muito equipamento especializado à minha volta quando posso ter equipamento polivalente. Os meus alimentadores de fundo (ou de estrado) funcionam bem para invernar os enxames em núcleos pois podem ser empilhados, dá para ver se os enxames precisam de ser alimentados e dá para alimentar cada um sem ser preciso tirá-los do sítio.

Banco de rainhas

Eu tentei invernar um banco de rainhas. Eu não tive grande sucesso mas estas foram as coisas que aconteceram. Você tem de o manter quente o suficiente para que as abelhas não formem cacho ou elas contraem ao ponto que muitas das rainhas vão morrer. A melhor forma que encontrei para fazer isso foi usando um aquecedor de terrário debaixo do banco de rainhas. Você também precisa de adicionar novas abelhas ao enxame a meio do inverno. Isto significa sacrificar um dos núcleos ou roubar algumas abelhas de um enxame muito forte. Se você retira um quadro que está bem coberto de abelhas, mas não próximo demais do centro você tem mais hipóteses de *não* tirar a rainha e depois você coloca esse quadro no banco de rainhas. Se você consegue que metade das rainhas sobreviva ao inverno, eu penso que você teve sucesso. Mas se você consegue, você tem um monte de rainhas na primavera para enxames órfãos, desdobramentos e para vender numa altura que a procura de rainhas é alta.

Invernar dentro de casa

Eu não tentei de outra forma para além da colmeia de observação que eu inverno tipicamente. Eu já me correspondi com muitas pessoas que já o tentaram mas é mais complicado do que uma pessoa pode pensar. As abelhas precisam de um voo de limpeza de vez em quando por isso precisam de voo livre. Elas precisam de temperaturas em volta dos -1ºC até 4ºC para que fiquem inativas para não gastarem todas as suas reservas nem se desgastarem de tanta atividade (abelhas inativas vivem mais tempo que as abelhas ativas). Ter ventilação adequada e manter as abelhas frias o suficiente parecem ser os maiores problemas com isto do que manter as abelhas quentes.

Invernar enxames em colmeias de observação

Eu invernei enxames em colmeias de observação muitas vezes. O problema é ter a certeza que elas estão suficientemente fortes antes de começar o inverno. Ter alguma forma de as alimentar com xarope. Ter alguma forma de as alimentar com pólen. Não alimentar com demasiado pólen. Tenha a certeza que elas têm voo livre (verifique o tubo para ter a certeza que não está entupido com abelhas mortas e pólen). Não, elas não voam todas e morrem porque estão quentes e confusas acerca do tempo lá fora. Algumas fazem-no não importa nada, mas isso é apenas normal. Elas estão bem informadas sobre o tempo lá fora. Se elas ficarem demasiado fracas na primavera você terá de as fortalecer dando-lhes mais algumas abelhas. Uma mão cheia ou duas de abelhas numa caixa vazia que está conectada ao tubo usualmente resulta que essas abelhas entrem na colmeia de observação sem você ter de a colocar na rua e abrir.

Gestão de Primavera

Dependente do clima

A seguir à invernação este parece ser o próximo tópico de discussão. E, a seguir à invernação, isto parece estar mais dependente do clima. Eu apenas posso partilhar com alguma confiança a minha experiência no meu clima. A maioria dos locais onde tive abelhas são similares (invernos frios, etc.) mas alguns eram um pouco mais frios (Laramie) e alguns eram um pouco mais secos (Laramie, Brighton e Mitchell). Mas no fim de contas a maioria da minha experiência foi na Ponta do Nebrasca ou Sudoeste do Nebrasca. Então tenha isso em mente.

Alimentando as Abelhas

A primavera é uma altura do ano muito volátil e imprevisível. Nós podemos ter tempo quente e solarengo onde as abelhas podem voar e há pólen nas árvores tão cedo quanto o fim de Fevereiro, mas por vezes fica frio até Abril. O nosso primeiro néctar está disponível nas primeiras árvores de fruto entre o início e o fim de Abril, com o meio de Abril a ser a altura mais provável. A coisa que parece instigar mais as abelhas a aumentarem a criação é o pólen. Alimentar com xarope na melhor das hipóteses é duvidoso. Se você alimenta com xarope em Fevereiro ou Março (se estiver suficientemente quente para o fazer) e elas decidem ter muita criação e surgem dias muito frios (temperaturas negativas são usuais por aqui) então elas podem morrer ao tentar manter a criação quente. Por outro lado se elas não aumentam a criação antes do primeiro fluxo de néctar a meio de Abril elas não conseguem ter números suficientes para obterem uma boa colheita. Eu gosto de ter apenas a certeza que elas têm pólen e reservas. Açúcar seco pode evitar a morte por fome. Se o tempo fica quente o suficiente e as colmeias estão leves eu posso tentar o xarope. Eu usaria a mistura 2:1 ou 5:3 e não 1:1. Pois 1:1 tem demasiada humidade que fica na colmeia e não aguenta muito tempo sem se estragar. Então a minha principal gestão na primavera até às primeiras florações é certificar-me que elas têm pólen e não morrem de fome por falta de mel. Quando o primeiro fluxo começa, não há mais necessidade de alimentar, mas se o tempo continuar chuvoso durante longos períodos pode ser vantajoso alimentar. Os meus alimentadores de estrado são fáceis de usar depressa desta forma. Coloque apenas as tampas e encha com xarope mesmo se estiver a chover. Ajuda ter uma cobertura para impedir que a chuva entre no xarope se estiver mesmo a chover intensamente, mas se são apenas chuviscos, uma mistura 2:1 serve bem mesmo se entrar alguma água da chuva as abelhas mantêm-se interessadas enquanto fica diluído, até mesmo 1:2 ou mais.

Controlo de Enxameação

O próximo problema na primavera é evitar a enxameação. É claro que se você mantem alças suficientes elas não ficam sem espaço. Mas na minha experiência, isso apenas não evita a enxameação. Você precisa de alguma forma de as convencer que a preparação para a enxameação não é o que está a acontecer. Se as minhas abelhas tinham mel por cima, como o Walt Wright parece ter no Tennessee, então eu acho que faria o desbloqueamento do ninho (gestão do néctar). Mas sabendo que as minhas estão virtualmente sempre na caixa de cima e não tenho mel selado para desbloquear por cima delas, eu apenas tento manter o ninho aberto. Em Abril, elas usualmente são poucas para enxamear, mas se elas aumentarem muito, eu colocaria mais caixas. Elas apenas parecem enxamear em Abril se a caixa estiver com demasiadas abelhas. Em Maio é quando eu tenho de lidar com a prevenção de enxameação na minha localização. O ideal é mantê-las sem enxamearem mas sem desdobrar para que você consiga o máximo de obreiras a trabalhar na colmeia fazendo mel. De forma a fazer isto, eu recomendo manter o ninho aberto. Desbloqueio do ninho é bom para isto, mas tal como digo eu não pareço ter as condições boas para chegar a isto. Então se um enxame está a ficar muito numeroso e forte desde o início de Maio, eu abro o ninho. Eu faço isto com quadros vazios. Sem cera estampada. Apenas quadros vazios. Coloque-os no meio do ninho e eles são rapidamente construídos e cheios com criação. Quantos dependerá da força do enxame. Mas se as noites já não estão frias e elas podem facilmente encher o espaço onde eu desejo colocar o quadro vazio com abelhas a puxar a cera, então posso colocar outro quadro vazio. O máximo, que apenas deveria ser feito a um enxame forte, é um quadro vazio entre cada quadro com favo completo. O mínimo, para além de nenhum, é um quadro vazio.

Para mais informação sobre a prevenção de enxameação veja o capítulo *Controlo de Enxameação*.

Desdobramentos

Se você quer mais abelhas e o mel não é a sua prioridade então faça desdobramentos. Por vezes em alguns dias quentes de Abril eu tento ir até ao estrado sanitário para o limpar enquanto procuro criação na colmeia, ovos, etc. Para ter a certeza que as coisas estão bem. Para além disso apenas julgo a força do enxame e o ritmo em que a população está a aumentar. Até você se tornar experiente a julgar olhando e procurando por alvéolos de enxameação. Usualmente você pode virar uma caixa e encontra-los pendurados no fundo dos quadros. A longo prazo, isto vai dar-lhe uma ideia da quantidade de abelhas que causa uma enxameação e você poderá julgar melhor a quantidade de intervenção necessária. Se você tem alvéolos de enxameação, então você já perdeu a oportunidade de obter uma grande colheita e agora você precisa de se preocupar em fazer desdobramentos.

Colocando Alças

É claro que você precisa de colocar alças. Você não quer fazer isso quando o enxame ainda está a lutar pela sobrevivência e o tempo está frio, mas mal elas comecem a ter boas reservas e muitas abelhas você precisa de colocar alças. Dobrar o espaço da colmeia é o meu objetivo. Se elas têm duas caixas cheias, então adicione duas caixas. Se elas têm quatro caixas cheias, então eu adiciono quatro caixas. É claro que você eventualmente pode, num ano de excelente colheita, ficar com uma pilha de caixas tão alta que você não pode adicionar mais nada, mas é uma boa maneira de tentar não ficar sem espaço sem lhes dar demasiado espaço que elas não consigam cuidar.

Obreiras poedeiras

Causa
Quando o enxame está órfão e por esse motivo sem criação, durante várias semanas por vezes algumas obreiras desenvolvem a capacidade de pôr ovos. Na verdade não é a falta de rainha que causa isso, mas sim a falta de criação. Mas a falta de criação é causada pela falta de rainha. Estes ovos de obreira são haploides (ovos inferteis com metade do conjunto de cromossomas) e apenas se desenvolvem em zangões.

Sintomas
Obreiras poedeiras põem ovos em alvéolos de obreira e também em alvéolos de zangão e usualmente colocam vários ovos em cada alvéolo. Os ovos das obreiras poedeiras estão usualmente nas paredes dos alvéolos em vez do fundo com exceção dos colocados em alvéolos de zangão. Uma colmeia com imensos zangões é um sintoma da presença de obreiras poedeiras tal como múltiplos ovos por cima de pólen nos alvéolos.

Por vezes uma rainha, quando começa a pôr ovos após algum tempo sem pôr ovos, vai colocar dois ovos por alvéolo mas usualmente ela para de fazer isso ao fim de um dia ou dois. As obreiras poedeiras vão colocar três ou quatro ou mais em quase todos os alvéolos. A dificuldade é que as obreiras pensam que têm uma rainha (as obreiras poedeiras) e não vão aceitar uma nova rainha. As obreiras poedeiras são virtualmente impossíveis de descobrir. Eu descobri uma num núcleo de dois quadros estudando cada abelha até ver uma a pôr ovos, mas isto não é prático numa colmeia inteira pois haverá demasiadas abelhas obreiras e também demasiadas obreiras poedeiras.

Soluções
Mais Simples, menos viagens ao apiário
Despeje-as e esqueça-as
Na minha opinião há apenas duas soluções práticas. A solução mais simples se você tem várias colmeias e especialmente se a distância ao apiário que tem o enxame

zanganeiro for muita, é de apenas sacudir todas as abelhas em frente a outras colmeias e dividir todos os favos pelas outras colmeias. Este é o meu método preferido para um apiário que fique longe ou para um enxame pequeno. Não requer muito do seu tempo e dinheiro pois nem sequer tenta introduzir uma rainha que o enxame irá rejeitar de qualquer maneira. Este é o método que necessita do menor tempo a fazer intervenções e terá o resultado mais previsível.

Se você quer mesmo ter o mesmo número de enxames, você pode retirar alguns quadros das colmeias várias semanas depois de sacudir as abelhas e fazer um desdobramento com alguma criação de todas ou de várias das suas colmeias. Um quadro com criação aberta, criação a emergir, mel, pólen e você terá um bom desdobramento.

Um outro método com o maior sucesso mas que necessita de várias idas ao apiário
Dê-lhes criação aberta

O outro único método prático, na minha opinião, é dar às abelhas um quadro com criação aberta uma vez por semana até elas criarem a sua própria rainha. Usualmente ao segundo ou terceiro quadro de cria aberta elas começam a fazer alvéolos reais. Isto é suficientemente simples quando a colmeia está no seu quintal. Mas não no caso de estar num apiário a uma distância de 100km ou mais.

Outros métodos com menos sucesso e mais aborrecidos de executar

Eu faria um dos métodos já referidos, mas se você quer saber todos os métodos possíveis que eu já tentei, aqui ficam as coisas que fiz e que por vezes funcionam. Note que alguns parecem ser, e são, pequenas variações do mesmo tema.

1) Se você tem vários enxames zanganeiros e fracos e pelo menos um enxame forte e com boa rainha, junte todos os enxames zanganeiros ao enxame forte. A confusão gerada entre os enxames vai usualmente desaparecer e fica apenas com um enxame forte (ainda mais forte que antes) e com boa rainha.

2) Qualquer organização de caixas em que um enxame com boa rainha está do outro lado de um duplo excluídor de

rainha para que as feromonas da criação aberta cheguem ao enxame zanganeiro durante duas ou três semanas, vai funcionar de forma a suprimir as obreiras poedeiras, depois qualquer método de introdução de rainha vai funcionar e o enxame voltará a ficar com uma boa rainha.

3) Coloque um alvéolo real na colmeia (pode ser num quadro de um enxame que esteja a tentar trocar de rainha ou a preparar-se para enxamear ou um que você fez através de técnicas de criação de rainhas). Por vezes elas deixam a rainha emergir. Outras vezes elas destroem o alvéolo e matam a rainha.

4) Coloque uma rainha virgem na colmeia. Aplique bastante fumo e coloque a rainha na colmeia. Por vezes as abelhas aceitam-na. Por vezes as abelhas fazem uma bola em volta da rainha sufocando-a.

5) Coloque um quadro com criação a emergir com uma rainha numa gaiola das de cravar no favo dentro da colmeia com o enxame zanganeiro. Quando as abelhas deixarem de morder na rede da gaiola, alimentam as abelhas que emergiram e estão a cuidar da rainha, liberte a rainha. Isto usualmente funciona. Por vezes elas matam a rainha.

Mais informação acerca das abelhas poedeiras
Feromonas da criação

São as feromonas da criação aberta que suprimem o desenvolvimento das obreiras poedeiras, mas algumas desenvolvem-se na mesma. *Não* é a feromona da rainha como muitos livros antigos de apicultura sugerem.

Veja a página 11 do livro "*Wisdom of the Hive*":

"As feromonas da rainha não são necessárias nem suficientes para suprimir o desenvolvimento dos ovários das obreiras. Em vez disso, elas suprimem fortemente as obreiras de criar rainhas adicionais. Não é claro que as feromonas que providenciam o estímulo próximo para as obreiras de se absterem de pôr ovos são originárias maioritariamente na criação, não da rainha

(revisto em Seeling 1985; veja também Willis, Winston, e Slessor 1990)."

Há sempre múltiplas obreiras poedeiras mesmo num enxame com boa rainha.

As "Abelhas Anárquicas" estão sempre presentes mas usualmente em números pequenos que não causam problemas e são simplesmente policiadas pelas outras obreiras *a menos* que elas precisem de zangões. O número de obreiras poedeiras é sempre pequeno se o desenvolvimento dos seus ovários for suprimido.

Veja a página 9 do livro *"The Wisdom of the Hive"*

"Todos os estudos até agora indicam a presença de menos de 1% de obreiras com os ovários desenvolvidos de forma suficiente para porem ovos (revisto em Ratnieks 1993; veja também Visscher 1995a). Por exemplo, Ratnieks dissecou 10,634 obreiras de 21 colónias e encontrou apenas 7 que tinham um desenvolvimento moderado dos ovos (metade do tamanho de um ovo completo) e que apenas uma tinha ovo completamente desenvolvido no seu corpo."

Se você fizer as contas, num enxame normal, com bom desenvolvimento e boa rainha com por exemplo 100000 abelhas dará 70 obreiras poedeiras. Num enxame zanganeiro (com muita abelha poedeira) esse número será muito maior.

Mais do que as Abelhas

Uma colmeia de abelhas melíferas é mais do que apenas as abelhas. Há uma ecologia completa desde o nível microscópico até aos organismos grandes, havendo bastantes relações simbióticas em que algumas relações são benignas na ecologia da colónia de abelhas. Mesmo as relações benignas muitas vezes suprimem os organismos patogénicos.

Macrofauna e Microfauna

Por exemplo, há mais de 32 tipos de ácaros que vivem em harmonia com as abelhas. Quando é permitido que eles vivam (em vez de morrerem por causa de acaricidas) há insetos na colmeia que os comem, tais como o pseudo-escorpião que também come os ácaros nocivos para as abelhas (ex. Varroa).

Um exame às colónias ferozes mostra apenas que na parte macroscópica a colónia está cheia de formas de vida tão diversas como ácaros, escaravelhos, larvas da traça da cera, formigas e baratas.

Microflora

Há uma grande variedade de microflora que vive nas abelhas e na colónia. Estas variam desde fungos, bactérias e leveduras. Muitas são necessárias para a digestão do pólen ou para manter a saúde do sistema digestivo através da supressão dos organismos patogénicos que de outra forma proliferariam. Mesmo os aparentemente benignos e por vezes os ligeiramente patogénicos muitas vezes servem propósitos benéficos suplantando os organismos mortais para as abelhas ou a sua criação.

Muitos do género *Lactobacillus* são precisos para uma digestão apropriada do pólen e muitos dos géneros *Bifidobacterium* e *Gluconacetobacter* são benéficos no sentido de que suprimem o Nosema e outros organismos patogénicos que provavelmente contribuem também para a digestão.

Organismos Patogénicos?

Mesmo os organismos aparentemente patogénicos tais como *Aspergillus fumigatus*, que causa a cria petrificada, suprimem piores organismos patogénicos, neste caso o Nosema. Ou *Ascosphaera apis*, que causa a cria giz (ascoferiose) mas previne a Loque Europeia.

Perturbando o Equilíbrio

Quanto é que perturbamos o equilíbrio do rico ecossistema da colmeia quando aplicamos produtos antibacterianos tais como tilosina ou terramicina ou produtos antifúngicos tais como *Fumidil*? Mesmo os óleos essenciais e ácidos orgânicos têm efeitos antibacterianos e antifúngicos. Depois matamos muitos dos ácaros e insetos com produtos acaricidas.

Depois de desequilibrar completamente esta complexa sociedade de organismos diversos sem ter em conta os benefícios, nem se contamina ou não a cera que nós voltamos a usar e colocamos nas colmeias na forma de cera estampada, ficamos surpreendidos que as abelhas estejam a falhar. Nestas circunstâncias eu ficaria surpreendido era se elas estivessem a prosperar!

Para Ler Mais Sobre o Assunto

Tente uma pesquisa na internet sobre as seguintes frases e leia parte do que surge:

Bees microflora (microflora das abelhas) (10,900 visitas).
Bees "symbiotic mites" (ácaros simbióticos das abelhas) (30 visitas).
Bees symbiotic bacteria (bactérias simbióticas das abelhas) (25,100 visitas).

Finalmente aqui ficam alguns géneros específicos e grupos sobre os quais você pode querer procurar mais informação:

Bifidobacterium animalis
Bifidobacterium asteroides
Bifidobacterium coryneforme
Bifidobacterium cuniculi
Bifidobacterium globosum
Lactobacillus plantarum
Bartonella sp.
Gluconacetobacter sp.
Simonsiella sp.

Cálculo Apícola

Todos os números sobre o ciclo de vida das abelhas podem parecer irrelevantes, então vamos coloca-los numa tabela e falar sobre a sua utilidade.

	Dias			
Casta	Nasce	A. Selado	Emerge	
Rainha $3^1/_2$	08 +-1	16 +-1	A pôr ovos	28 +-5
Obreira $3^1/_2$	09 +-1	20 +-1	Campeira	42 +-7
Zangão $3^1/_2$	10 +-1	24 +-1	A voar para ZCZ	38 +-5

Se você encontra ovos mas não a rainha, há quanto tempo é que *sabe* que houve uma rainha na colmeia? Houve pelo menos uma há três dias e há possivelmente uma agora. Se você encontra apenas larvas jovens e criação aberta mas não ovos há quanto tempo é que houve rainha? Quatro dias.

Se você coloca um excluídor entre duas caixas e volta ao fim de quatro dias e encontra ovos numa das caixas e nenhum na outra, o que isso lhe indica? Que a rainha está na caixa que tem os ovos.

Se você encontra um alvéolo real selado, ao fim de quanto tempo é que tem a certeza que a nova rainha vai emergir? Nove dias, mas provavelmente oito.

Se você encontra um alvéolo real selado, ao fim de quanto tempo você deverá encontrar ovos dessa nova rainha? 20 a 27 dias.

Se você matou ou perdeu a rainha, quantos dias depois disso são necessários até o enxame ter outra rainha em postura? 24 a 31 dias porque as abelhas vão criar a rainha a partir de larvas jovens.

Se você pega numa larva e faz uma enxertia, quanto tempo precisa até transferir o alvéolo real para um núcleo de fecundação? 10 dias. (dia 14 desde a postura do ovo)

Se você prende a rainha para obter a larva quanto tempo tem de esperar para fazer a enxertia? Quatro dias porque algumas não vão nascer no inicio do dia 3.

Se você prende a rainha para obter a larva quanto tempo terá de passar até ter uma rainha em postura? 28 a 35 dias.

Se a sua rainha for morta e as abelhas criam uma nova rainha quanta criação restará na colmeia no momento antecedente a uma nova rainha iniciar a postura? Nenhuma. São precisos 24 a 31 dias para que a nova rainha (criada a partir de uma larva recém nascida, 4 dias desde o ovo ser posto) inicie a postura e em 21 dias todas as obreiras já emergiram e ao fim de 24 dias todos os zangões também já emergiram.

Se as rainhas começarem a pôr ovos hoje quanto tempo será necessário para essa criação começar a trabalhar na recolha de néctar e pólen? Cerca de 42 dias.

Você pode assim ver como a informação do tempo que cada coisa demora o ajuda a prever o estado das coisas ou saber quando algo aconteceu.

Por vezes você apenas tem de descobrir qual o melhor e qual o pior caso. Por exemplo, um alvéolo real aberto com uma larva lá dentro terá entre quatro e oito dias (desde a postura do ovo). Um alvéolo real selado terá entre oito e dezasseis dias. Olhando para a ponta do alvéolo você pode saber se um alvéolo foi selado há pouco tempo (macio e branco) de um cuja rainha está quase a emergir (castanho, com a textura de papel e muitas vezes limpo pelas obreiras até ao casulo). Um alvéolo real macio e branco tem entre oito e doze dias. Um com a textura de papel terá entre treze e dezasseis dias. A rainha emerge no dia dezasseis (dia 15 se estiver calor fora da colmeia). Ela estará em postura usualmente ao fim de vinte e oito dias.

Se você não estiver seguro se as abelhas têm rainha ou não, veja o capítulo *BLUF* no Volume I.

Raças de Abelhas

Italianas

Apis mellifera ligustica. Esta é a raça de abelhas mais popular na América do Norte. Estas, como todas as abelhas comerciais, são mansas e boas produtoras. Elas usam menos própolis do que algumas das abelhas mais escuras. Elas usualmente têm faixas no seu abdómen de cor castanha ou amarela. A sua maior fraqueza é que elas tendem a fazer pilhagens e a derivar (entram noutras colmeias que não a sua). A maioria das abelhas desta raça (tal como todas as rainhas) são produzidas e criadas no sul, mas você também pode encontrar criadores no norte.

Starline

Estas são apenas hibridas das Italianas. Duas linhagens de Italianas são mantidas separadas e os híbridos de rainhas resultantes são Starline. Elas são muito férteis e produtivas, mas as rainhas filhas (trocas de rainha, rainhas de emergência e enxames) são dececionantes. Se você compra Starlines todos os anos para trocar as suas rainhas elas dão-lhe um bom serviço. Infelizmente eu já não sei onde se possam comprar. Elas costumavam vir de York e antes da Dadant.

Cordovan

Estas são um subconjunto das Italianas. Na teoria você pode ter Cordovan em qualquer raça, pois é tecnicamente apenas uma questão de cor, mas as que se vendem na América do Norte que eu já vi são todas Italianas. Elas são ligeiramente mais gentis, com um ligeiro aumento da aptidão para pilhagem e mais impressionantes de ver. Elas não têm partes pretas e parecem muito amarelas à primeira vista. Ao olhar mais de perto você vê onde as Italianas normalmente têm patas e cabeça preta, elas têm as patas e cabeça roxa acastanhada.

Caucasianas

Apis mellifera caucasica. Elas são acinzentadas prateadas até um castanho-escuro. Elas usam própolis de forma muito extensiva. É um própolis pegajoso em vez de ser um própolis rijo. Elas aumentam de número um pouco mais lentamente na primavera que as Italianas. Elas têm a reputação de serem mais gentis que as Italianas. Com menor tendência a pilhar. Na teoria são menos produtivas que as Italianas. Eu penso que em média elas têm a mesma produtividade que as Italianas, mas devido a pilharem menos você terá menos enxames fortíssimos que roubam todas as colónias vizinhas.

Cárnicas

Apis mellifera carnica. Estas são abelhas entre o castanho-escuro e o preto. Elas voam em tempo ligeiramente mais fresco e na teoria são melhores em climas do norte. Elas têm a reputação dada por algumas pessoas que são menos produtivas que as Italianas, mas eu não tive ainda essa experiência. As que eu tive foram muito produtivas e muito económicas no inverno. Elas invernam em pequenos cachos e param de fazer criação em tempo de escassez de florações e meladas.

Midnite

Estas são, uma espécie de, Caucasianas da mesma forma que as Starline são para as Italianas. No início havia duas linhagens de Caucasianas que eram usadas para fazer um cruzamento do tipo F1. Mais tarde quando as linhagens eram difíceis de manter, elas eram Cárnicas cruzadas com Caucasianas. Elas têm aquele vigor hibrido que desaparece nas próximas gerações de rainhas. A empresa York costumava vender elas e antes a empresa Dadant também o fazia. Eu não conheço onde elas estão disponíveis neste momento.

Russas

Apis mellifera acervorum ou *carpatica* ou *caucasica* ou *cárnica*. Algumas dizem que são cruzadas com a *Apis ceranae* (muito duvidoso). Elas vêm da região *Primorksy* da Rússia. Elas foram usadas para criação de abelhas resistentes aos ácaros porque já estavam a sobreviver a eles. Elas são um pouco agressivas, mas de formas estranhas. Elas têm muita tendência em embater de frente enquanto não usam o ferrão de forma frequente. Qualquer cruzamento inicial de qualquer raça pode ser perverso e estão não são exceção. Elas são guardas atentas, mas não são usualmente muito "corredoras" (com tendência a correr no favo onde você não consegue encontrar a rainha ou trabalhar bem com elas). A enxameação e produtividade são um pouco mais imprevisíveis. Os traços não estão bem fixos. A economia de reservas é similar à das Cárnicas. Elas foram trazidas para os EUA pelo DAEU em Junho de 1997, foram estudadas numa ilha do Louisiana e depois foram feitos testes de campo em outros estados dos EUA em 1999. Começaram a ser vendidas ao público no ano 2000.

Buckfast

Estas são uma mistura de abelhas desenvolvida pelo Frei Adam (muitas vezes chamado de "Brother Adam") da Abadia de Buckfast. Eu tive-as durante anos. Elas eram mansas. Elas aumentavam a quantidade de abelhas depressa na primavera, produziam fantásticas colheitas e baixavam o número de abelhas no outono. Elas são como as Italianas no que respeita a pilhagens. Elas são resistentes aos ácaros da traqueia. Elas são mais económicas do que as Italianas, mas não tanto como as Cárnicas.

Abelhas nativas da Alemanha e Inglaterra

Apis mellifera mellifera. Estas são as abelhas nativas da Alemanha e Inglaterra. Elas têm algumas das características das outras abelhas escuras. Elas vivem bem em climas húmidos e frios. Elas têm tendência em correr (muito nervosas nos favos) e com alguma tendência a enxamear, mas também parecem estar bem adaptadas ao clima do Norte. Algumas das que estavam aqui nos EUA não se conseguiam mesmo gerir no que respeita ao temperamento possivelmente devido a cruzamentos com as Italianas.

LUS

Pequenas abelhas pretas similares às Cárnicas ou Italianas na produção e temperamento mas que têm resistência aos ácaros e têm a capacidade de uma obreira poedeira criar uma nova rainha. Esta capacidade é chamada de *thelytoky*. Diversos estudos foram feitos sobre elas pelo DAEU nos anos 80 e 90.

Abelhas Melíferas Africanizadas (AMA)

E já ouvi chamar a estas de *Apis mellifera scutelata* mas as *Scutelata* são na verdade Abelhas Africanas do Cabo. O Dr. Kerr, que as criou, pensou que eram *Adansonii*. AMA são uma mistura de Africanas (*Scutelata*) e abelhas Italianas. Elas foram criadas numa tentativa de aumentar a produção das abelhas melíferas. O DAEU criou elas em Baton Rouge de efetivo fornecido por Kerr desde Julho de 1942 até 1961. Dos arquivos eu vi que parece que o DAEU enviou estas rainhas para os EUA numa proporção de 1500 rainhas por ano desde Julho 1949 até Julho de 1961. Os Brasileiros também estavam na altura a experimentar com elas e a emigração destas abelhas foram seguidas nas notícias durante algum tempo. Elas são abelhas extremamente produtivas mas também extremamente agressivas. Se você tem uma colónia muito agressiva e pensa que são AMA você precisa de lhes trocar a rainha. Ter abelhas agressivas onde podem magoar pessoas é irresponsável. Você deve tentar trocar a rainha para que ninguém, incluindo você, fique magoado.

Movendo as Abelhas

Movendo as colmeias dois metros

Se você quer mover uma colmeia dois metros, coloque as caixas primeiro sobre uma base (tampa, estrado, etc.) e volte a colocar as caixas na nova localização sobre o estrado. Empilhar num local e depois empilhar no local final é necessário para que as caixas fiquem na ordem correta. Em inglês não se diz dois metros mas sim dois pés que corresponde a pouco mais de meio metro.

Movendo as colmeias dois quilómetros

Se você quer mover as colmeias dois quilómetros ou mais, você precisa de amarrar as caixas umas às outras para a viagem e precisa de as carregar. Uma vez que eu usualmente faço isso sozinho, vou-lhe dar as instruções dessa minha perspetiva.

Em inglês não se diz dois quilómetros mas sim duas milhas que corresponde a pouco mais de três quilómetros.

Eu faço isto quando as abelhas estão a voar. Primeiro eu coloco o meu transporte o mais perto possível da colmeia. Diretamente por detrás é o melhor. Eu tenho um pequeno reboque que uso muita vez, mas a camioneta também serve. Eu coloco um estrado no reboque onde penso que quero a colmeia. Eu coloco uma cinta debaixo do estrado para que depois possa amarrar as caixas umas às outras. Você pode comprar cintas pequenas em lojas de ferramentas mas também são vendidas em lojas de apicultura. Eu coloco as caixas sobre o estrado do reboque na mesma ordem com que as tiro. Isto deixa a colmeia com as caixas na ordem inversa mas depois a descarregar para a nova localização ficarão na ordem correta. Depois de todas as caixas estarem empilhadas no reboque você precisa de pregar as caixas umas às outras de alguma forma. Há nas lojas de ferragens grampos com largura de 51mm que podem ser usados, ou você pode cortar pequenos quadrados de contraplacado (64mm) e prega-los entre as partes da colmeia que quer manter juntas. Corte um pedaço de rede com buracos de 3.2mm do comprimento da entrada e dobre num ângulo de 90º. Deve encaixar na entrada suficientemente bem para manter as abelhas presas dentro da colmeia. Deixe a entrada aberta até estar pronto para partir.

Amarre bem as caixas e ate de qualquer forma que precise, você pode precisar de inserir uma caixa vazia para que a colmeia não se mova no reboque ou se vire numa curva ou travagem repentina.

De seguida, você precisa de ponderar a sua situação. Se você tem outras colmeias nessa localização e a colmeia que vai mover pode perder algumas abelhas campeiras sem comprometer o enxame, feche a entrada e mova a colmeia. As abelhas campeiras que regressarem vão encontrar outra colmeia. Se essa for a sua única colmeia ou você está mesmo muito preocupado em perder abelhas campeiras, então espere pela chegada da noite e depois feche a entrada e mova a colmeia.

Quando você chega à nova localização, se já for dia, descarregue a colmeia para cima de um estrado colocado na localização definitiva da colmeia, remova os grampos ou contraplacado e coloque as caixas sobre o estrado. Se for noite, espere que seja dia e faça o mesmo.

Coloque um ramo à frente da entrada para que qualquer abelha que saia da colmeia repare no ramo. Um pedaço de ramo novo com algumas folhas é bom para que elas tenham de voar através dele. Isso faz com que elas parem e prestem atenção causando voos de reorientação. Isto é útil em qualquer distância que se desloque as colmeias.

Outras variações sobre isto usam uma tábua (tal como mencionado no livro "The Hive and the Honey Bee" de Dadant) ou bloquear a entrada com erva como é mencionado em muitos sítios.

"As abelhas movidas menos de 1.6Km vão voltar em números consideráveis à sua antiga localização. Isto pode ser minimizado colocando erva ou palha na entrada da colmeia forçando-as

a tomar nota que houve uma mudança quando saem pela primeira vez da colmeia na sua nova localização" —The How-To-Do-It book of Beekeeping, Richard Taylor

Mais de dois metros e menos que dois quilómetros

Este assunto está aparentemente cheio de controvérsia. Há um velho ditado que diz que você move a colmeia dois metros ou dois quilómetros. Eu muitas vezes preciso de as mover 90 metros mais ou menos. Eu nunca vi problema nisso. Eu movo as colmeias raramente porque sempre que você move uma colmeia mesmo que seja dois metros, isso perturba o enxame por um dia. Mas se você precisa mesmo de as mover, então mova-as. Eu não inventei todos os conceitos, mas alguns deles eu aperfeiçoei para os meus usos. Aqui fica a minha técnica.

Sei que muitos dos detalhes que são intuitivos e óbvios para mim podem não o ser para novos apicultores. Então aqui fica uma descrição detalhada de como eu usualmente movo colmeias sozinho. Isto assume que a colmeia é demasiada pesada para ser movida inteira ou falta-me a ajuda para o fazer. Mas funciona muito bem, eu nem penso usar outros métodos. Mas se você tem ajuda e a consegue levantar, você pode bloquear a entrada e mover tudo de uma vez só de noite e colocar um ramo na frente da colmeia. Eu sei que sempre que digo qualquer versão deste método, alguém cita a regra "dois metros ou dois quilómetros" e diz que você não o consegue fazer e você apenas as pode mover dois metros ou você perde todas as abelhas. Eu fiz isto muitas vezes sem perdas aparentes de obreiras e sem abelhas em cacho na localização anterior na noite seguinte.

Mover as colmeias 90 metros ou menos sozinho.
Conceitos
Reorientação

Quando as abelhas voam para fora da colmeia, normalmente, elas não prestam atenção onde estão. Elas sabem onde vivem e nem consideram alterações na localização quando saem. Quando voam de volta à colmeia elas procuram marcas na paisagem que lhes sejam familiares e seguem-nas até casa. Elas orientam-se quando saem pela primeira vez da colmeia quando são jovens, mas apenas algumas condições fazem com que elas se reorientem depois disso. Uma é estarem fechadas. Basta estarem fechadas por pouco tempo. 72 horas causa a reorientação máxima de abelhas. Qualquer tempo acima disso não se notará qualquer diferença. Um bloqueio na entrada da colmeia causa reorientação. As pessoas por vezes bloqueiam a entrada com erva. Isto combinado com o ato de remover o bloqueio, causa reorientação, com algum tempo fechadas, o que causa alguma reorientação. Uma óbvia obstrução que as faça desviar da sua saída normal causa reorientação. Um ramo ou tábua na entrada que as obriga a voar em volta, faz com que elas prestem atenção onde estão. Alguns velhos apicultores batem na colmeia muito bem para indicar às abelhas que algo aconteceu e elas precisam de prestar atenção.

Piloto automático

Quando uma abelha regressa à colmeia ela tende a estar em "piloto automático". É como quando você conduz do emprego até casa. Você não pensa onde estão as curvas, você apenas as faz. Se elas não se reorientaram, elas observam as marcas na paisagem e regressam à localização onde estavam antes e não têm ideia da nova localização. Se elas se reorientaram, elas voam até à localização antiga, mas quando não encontram colmeia nessa localização, elas lembram-se de onde saíram pois fizeram reorientação.

Encontrando a colmeia nova

Assumindo que elas não se reorientaram e descobriram onde a nova colmeia está, então elas têm de fazer espirais cada vez mais largas até conseguirem cheirar a colmeia. A probabilidade maior é que elas mudam-se para a primeira colmeia que encontram durante o voo em espiral. O tempo que elas demoram a encontrar a nova localização é exponencial à distância. Em outras palavras se for o dobro da distância elas demora quatro vezes mais a encontrar a colmeia.

Meteorologia

Tenha em atenção que o tempo frio pode complicar as coisas de formas estranhas e contraditórias. Por um lado se elas estiveram fechadas durante 72 horas e você as moveu, há grande probabilidade de se reorientarem. Por outro lado se elas regressam à localização antiga têm de encontrar de novo a colmeia antes que arrefeçam demais ou morrem.

Deixar uma caixa

Deixar uma caixa na localização antiga é mais uma das coisas complicadas. Se você deixar uma desde início elas regressam todas e apenas ficam lá. Se você não deixa nada na localização antiga elas vão procurar a nova localização, mas algumas podem ficar retidas na localização antiga. Se você espera pelo início da noite para colocar a caixa você motiva as abelhas a procurarem a localização nova, mas dá-lhes na mesma um local para ficarem. Você depois pode mover a caixa para a nova localização, em tempo quente, deixe-a apenas ao lado da colmeia. Em tempo frio você pode ter de colocar a caixa por cima da colmeia, mas isso não é uma coisa agradável de fazer no escuro.

Materiais:

_ Um segundo estrado. Se você não tem um, uma tábua suficientemente grande para colocar colmeias por cima.

_ Um terceiro estrado serve.

_ Um pano é útil mas não necessário. Se você não tem um, uma tábua suficientemente grande para colocar as colemias por cima serve.

_ Uma segunda tampa. Uma tábua suficientemente grande para colocar as colmeias por cima serve.

_ Fumigador.

_ Proteção da cabeça (mínimo chapéu de apicultor com máscara).

_ Luvas (opcionais mas boas de usar).

_ Fato de apicultor (opcional mas bom de usar).

_ Um ramo que tape um pouco a entrar e assim perturbe o voo das abelhas ao saírem da colmeia.

Método
Vista a proteção que achar apropriada e confortável. Lembre-se que não vai manipular quadros pelo que as luvas não serão grande inconveniente.

Eu usualmente coloco um sopro de fumo na entrada, depois retiro a tampa e deito outro sopro de fumo na prancheta de agasalho (a menos que você não tenha prancheta de agasalho).

Depois aplico quatro ou cinco sopros fortes de fumo na entrada e espero um minuto. Depois repito mais quatro ou cinco sopros de fumo e espero um minuto. Eu faço isto até ver um pouco de fumo a sair pelo topo. Isto é mais fumo do que costumo usar, mas vamos empilhar esta colmeia duas vezes e eu preciso que o enxame esteja calmo durante esse tempo. Se elas estão a ficar muito irritadas ou você está a mover um enxame excecionalmente forte e a colmeia tem muita caixa e demora algum tempo, pode aplicar mais fumo sempre que ache necessário.

Espere cerca de três minutos antes de abrir a colmeia.

Coloque o segundo estrado perto da colmeia. Tire a caixa de cima, tampa e tudo e coloque sobre o estrado. Remova a tampa e retire todas as caixas da localização antigo para cima do estrado novo até você chegar à última caixa. Você não precisa de colocar a última caixa sobre as outras pois vai ser movida primeiro. Você agora tem as caixas em ordem inversa para que quando as move para a nova localização elas vão ser colocadas na ordem correta.

Coloque a segunda tampa na torre de caixas para manter as abelhas calmas e a tampa na última caixa de criação para que as abelhas não voem para a sua cara. Transporte a última caixa de criação, com a tampa e o estrado para a nova localização.

Coloque o ramo em frente da entrada para que as abelhas tenham de voar através do ramo. Não precisa de ter tanta folha que as abelhas tenham dificuldades a passar por ele, apenas o suficiente para que elas não passem sem reparar no ramo. Isto serve para as obrigar a reorientar quando saem. Se você as observar elas começam por fazer círculos em volta da colmeia, depois alargam os círculos até terem colocado a colmeia no seu mapa mental do mundo. Uma vez que você moveu a colmeia para um novo local e esse local está dentro do seu mundo conhecido elas fazem isso bastante depressa.

Remova a tampa, se você quer usar um pano como prancheta, coloque-o por cima do ninho. Vai ajudar a manter as abelhas calmas, mas você tem de o tirar com uma caixa nas suas mãos quando você regressa. É essa a razão pela qual eu gosto de colocar um pano em vez de uma prancheta. Leve a tampa para a localização antiga. Tire a caixa de cima e a tampa e coloque no terceiro estrado. Coloque a tampa que você trouxe sobre a pilha de caixas. Mais uma vez isto é apenas para que haja sempre uma tampa sobre a pilha de caixas e uma tampa na caixa que você está a mover. Isto ajuda a manter as abelhas calmas. Você pode estar a pensar, que o fundo está exposto quando transporta a caixa. Sim, mas as abelhas não descem quando a caixa está a abanar e vibrar, elas movem-se apenas para cima. Mas isso não quer dizer que eu usaria calções quando movo caixas desta forma.

Leve a segunda caixa para a nova localização e puxe o pano (se você usa um) com um dedo enquanto segura a caixa, levante o pano e coloque a caixa. Remova a tampa e troque-a com o pano.

Volte à localização antiga com a tampa e repita o processo até todas as caixas estarem na nova localização.

Nós não queremos nada na localização antiga que se pareça com a casa das abelhas. Quando for quase de noite nós vamos levar essa caixa final, para a localização antiga com a sua própria tampa e estrado para que você a coloque na localização antiga mesmo antes da noite.

Já de noite, bloqueie a entrada, ou retire o ramo e leve-a para a nova localização com o seu estrado. Coloque apenas ao lado da colmeia com ramos em frente à entrada. Abra a entrada e troque o ramo. *Não tente colocar esta caixa na colmeia a menos que o tempo esteja frio!* Se você nunca abriu uma colmeia de noite, considere-se sábio e com a sorte por nunca o ter feito. As abelhas ficam *muito* agressivas à noite, atacam, agarram-se e rastejam sobre si em busca de uma forma de o ferrar.

Na manhã seguinte você pode colocar a última caixa sobre a colmeia. Remova qualquer equipamento da localização anterior para que elas não comecem a formar cacho nesse local.

Algumas abelhas campeiras vão regressar ao local antigo. Se elas prestaram atenção e se reorientaram, elas vão-se lembrar da nova localização e voam para esse local novo. Se não, elas voam em círculos até encontrarem a nova localização e depois tudo estará bem.

Você pode verificar pouco antes de ser noite se há algumas abelhas em cacho no local antigo. Se sim, coloque uma alça lá, elas mudam-se lá para dentro e você pode movê-las à noite de novo. Eu nunca tive abelhas em cacho no local antigo no dia seguinte.

Os tratamentos para a Varroa não estão a funcionar

Muitos de vocês usam algum tratamento, a queda de ácaros não muda muito e você assume que não está a matar ácaros. Vamos então ver alguns números.

Independentemente de *qual* seja o tratamento, aqui fica uma rude ideia do que acontece. Estes são números arredondados e provavelmente subestimam a reprodução dos ácaros, no entanto subestimam também quantos ácaros são removidos pelas abelhas quando elas se limpam.

Assumindo que trata todas as semanas e o tratamento tem eficácia de 100% sobre os ácaros foréticos. Se você assume que metade da varroa está nos alvéolos e tem uma população total de ácaros de 32000, e se assumirmos que metade dos ácaros foréticos voltam para dentro dos alvéolos em uma semana, metade dos ácaros dos alvéolos tem um descendente cada um, então os números serão os seguintes:

100%						
Semana	Foréticos	Selados	Mortos	Reproduzidos	Emergidos	Regressados
1	16000	16000	16000	8000	16000*	8000
2	8000	16000	8000	8000	16000	8000
3	8000	16000	8000	8000	16000	8000
4	8000	16000	8000	8000	16000	8000

* metade dos 16000 mais 8000 descendentes.

Selados são os que estão dentro dos alvéolos. Regressados são os que entraram nos alvéolos e esses alvéolos foram selados.

Agora vamos assumir que tratamos todas as semanas e o tratamento tem eficácia de 50% nos ácaros foréticos, mantendo todos os pressupostos anteriores:

50%						
Semana	Foréticos	Selados	Mortos	Reproduzidos	Emergidos	Regressados
1	16000	16000	8000	8000	16000	12000
2	12000	20000	6000	10000	20000	13000
3	13000	23000	6500	11500	23000	14750
4	14750	26250	7375	13125	26250	16813

Agora vamos assumir que tratamos uma vez por semana e o tratamento tem eficácia de 50% mas não há criação de abelhas na colmeia:

50%	Sem	Criação				
Semana	Foréticos	Selados	Mortos	Reproduzidos	Emergidos	Regressados
1	32000	N/D	16000	N/D	N/D	N/D
2	16000	N/D	8000	N/D	N/D	N/D
3	8000	N/D	4000	N/D	N/D	N/D
4	4000	N/D	2000	N/D	N/D	N/D

E claro, tratamento com eficácia 100% mas sem criação:

100%	Sem	Criação				
Semana	Foréticos	Selados	Mortos	Reproduzidos	Emergidos	Regressados
1	32000	N/D	32000	N/D	N/D	N/D
2	N/D	N/D	N/D	N/D	N/D	N/D
3	N/D	N/D	N/D	N/D	N/D	N/D
4	N/D	N/D	N/D	N/D	N/D	N/D

E sem tratamento mas com criação presente:

0%						
Semana	Foréticos	Selados	Mortos	Reproduzidos	Emergidos	Regressados
1	16000	16000	N/D	8000	16000	16000
2	16000	24000	N/D	12000	24000	20000
3	20000	32000	N/D	16000	32000	26000
4	26000	42000	N/D	21000	42000	34000

É claro que um modelo matemático verdadeiro deve ter em consideração muitas coisas como por exemplo: a deriva das abelhas para outras colmeias, pilhagem, comportamento higiénico (abelhas que mordem a varroa), limpeza das abelhas a si próprias ou a outras abelhas, altura do ano, etc. Ao escrever isto a minha esperança é eu lhe tenha passado o princípio geral do que acontece quando você trata.

Algumas Boas Rainhas

Criação Simples de Rainhas para o Apicultor que faz da Apicultura o seu Passatempo

Fazem-me essa questão muita vez, então vamos simplificar isto o mais possível enquanto maximizados a qualidade das rainhas.

Trabalho e Recursos

A qualidade de uma rainha está diretamente relacionada com a sua alimentação que por sua vez está relacionada com a quantidade de abelhas disponíveis para alimentar as larvas (densidade de abelhas) e comida disponível.

Qualidade das Rainhas de Emergência

Primeiro vamos falar acerca das rainhas de emergência e a sua qualidade. Tem havido muita especulação ao longo dos anos sobre este assunto e depois de ler as opiniões de muitos criadores de rainhas experientes sobre o assunto, estou convencido que a teoria que tem prevalecido de que as abelhas usam larvas demasiado velhas não é verdade. Eu penso que para obter rainhas de boa qualidade a partir de alvéolos de emergência temos simplesmente de assegurar que as abelhas conseguem destruir as paredes dos alvéolos, que têm suficientes recursos alimentares e uma boa força de trabalho para cuidar bem da rainha. Isto significa uma boa densidade de abelhas (para trabalharem), quadros de pólen e mel (como recursos) e néctar ou xarope a entrar (para as convencer que há recursos mais que suficientes).

Então se adicionamos favos novos completamente puxados ou cera estampada sem arames ou mesmo quadros vazios ao ninho, durante uma altura do ano em que as abelhas estejam ansiosas para criarem novas rainhas (desde cerca de um mês após as primeiras flores até ao fim do fluxo principal), elas puxam rapidamente o favo e a rainha enche os alvéolos com ovos. Então quatro ou cinco dias após adicionar os quadros, deverão existir quadros com larvas em cera nova, sem casulos que interfiram com o trabalho das abelhas, que consiste em desfazer algumas paredes de alvéolos para criar as novas rainhas em alvéolos de emergência. Se uma pessoa fizesse isso a um enxame forte e removesse nessa altura a rainha no quadro de criação onde a encontra e tira também um quadro com mel para dentro de um núcleo, as abelhas da colmeia vão começar bastantes alvéolos reais.

Os peritos em rainhas de emergência:
Jay Smith:

> *"Tem sido afirmado por um número de apicultores que deviam saber mais (incluindo eu) que as abelhas estão com uma tal pressa de criar uma nova rainha que elas escolhem larvas demasiado velhas para terem melhores resultados. Observações mais tardias mostraram que tal afirmação é uma falácia e convenceram-me que as abelhas fazem o seu melhor dentro das circunstâncias existentes.*

> *"As rainhas inferiores causadas pelo uso do método da emergência devem-se ao facto de que das abelhas não conseguirem destruir as paredes dos alvéolos rijos dos favos velhos por estarem cheios de casulos. O resultado é que as abelhas enchem os alvéolos das obreiras com leite de abelha onde flutua a larva a partir da entrada dos alvéolos, depois constroem o alvéolo real que aponta para baixo. As larvas não conseguem chegar ao leite de abelha no fundo dos alvéolos o que resulta em larvas mal alimentadas. No entanto, se a colónia tiver muitas abelhas, bem alimentadas e têm favos novos, elas podem criar as melhores rainhas. E por favor note que— elas nunca fazem tal erro de escolher larvas demasiado velhas."— Better Queens. Jay Smith*

C.C. Miller:

> *"Se fosse verdade, tal como se acreditava antigamente, que as abelhas órfãs estão com uma*

tal pressa de criar uma rainha que elas selecionam uma larva demasiado velha para esse propósito, depois dificilmente teria de esperar mesmo novo dias. Uma rainha fica pronta a emergir ao fim de quinze dias desde que o ovo foi posto, e é alimentada durante a sua fase de vida larvar com o mesmo alimento que é dado a uma larva de obreira durante os primeiros três dias da sua existência como larva. Então a larva de obreira com mais de três dias de idade, ou mais de seis dias desde que o ovo foi posto seria demasiado velha para ser uma boa rainha. Se, agora, as abelhas escolhessem uma larva com mais de três dias de idade, a rainha emergiria em menos de nove dias. Eu penso que ninguém soube de tal ocorrência. As abelhas não preferem larvas demasiado velhas. De facto as abelhas não são assim tão más a julgar de forma a selecionar larvas demasiado velhas quando existem larvas suficientemente jovens presentes, tal como eu provei por experiência direta e muitas observações."— Fifty Years Among the Bees, C.C. Miller

Equipamento

Segundo, vamos falar sobre o equipamento. Uma pessoa pode fazer núcleos de fecundação em caixas estandardizadas com divisores de madeira ou contraplacado mas apenas se você tem caixas extra e divisores. A vantagem é que você pode expandir isto enquanto o enxame cresce se você não usa a rainha. Você pode também fazer caixas de dois quadros ou dividir caixas grandes em caixas de dois quadros (frequentemente vendidas como castelos de rainhas). Estas precisam de ser da mesma profundidade dos seus quadros de ninho.

Método:
Certifique-se que estão bem alimentadas

Alimente-as durante alguns dias antes de começar a menos que exista nesse momento um grande fluxo de néctar.

Faça com que elas fiquem órfãs

Então se fizermos um enxame órfão (faça o que quiser sobre ter favo novo ou não) nove dias depois de as fazer órfãs, as rainhas estarão na sua maioria prontas a emergir e seladas e a três dias de emergirem.

Faça Núcleos de Fecundação

Neste ponto a menos que você queira usar os alvéolos para trocar a rainha de outros enxames, precisamos criar núcleos de fecundação. Os "castelos de rainhas" ou caixas com quatro espaços que pode fazer com as suas caixas estandardizadas, você fica assim com núcleos de fecundação de dois quadros numa caixa o que é muito bom para o que queremos, mas os divisores e caixas já para esse efeito também podem funcionar. Na minha operação apícola os núcleos são todos médios com dois quadros. A rainha que tirámos anteriormente também pode ser bem usada num destes núcleos. Queremos agora um quadro com criação e um quadro de mel em cada um dos núcleos de fecundação.

Transferir os Alvéolos Reais

No dia seguinte, dez dias depois de as fazer órfãs, nós vamos cortar com uma faca bem afiada os alvéolos reais dos novos favos que colocámos. Se nós usamos cera estampada sem arames (ou mesmo sem a cera) eles devem ser fáceis de cortar sem encontrar obstáculos (tal como aconteceria com arames ou plástico estampado) e podemos colocar cada um dos alvéolos num núcleo de fecundação. Você pode simplesmente fazer uma cavidade no favo com o seu dedo polegar e sem fazer muita força coloca o alvéolo nessa cavidade. Se você quiser pode também apenas colocar cada quadro com alvéolos num núcleo de fecundação e sacrificar os alvéolos extra (pois a primeira rainha a emergir destrói os outros alvéolos e mata as rainhas que ainda lá estão dentro). Isto é útil se você tiver plástico estampado nos quadros ou apenas não quer ter o trabalho de cortar alvéolos.

Verifique se há Ovos

Duas semanas mais tarde devemos ver alguns ovos nos núcleos de fecundação. Se não, então ao fim de três semanas tem de haver. Deixe a rainha encher bem o núcleo de ovos antes de a mudar para a colmeia ou coloca-a numa gaiola e depois coloca-a num banco de rainhas para usar mais tarde.

A próxima criação de rainhas é iniciada quando faz com que os enxames dos núcleos de fecundação fiquem órfãos, um dia antes de adicionar mais alvéolos.

Agora que estes núcleos têm uma boa população de abelhas devido à criação que a rainha fez, nós podemos fazer mais rainhas simplesmente fazendo um enxame forte de um núcleo órfão e as abelhas criam mais rainhas. Mais uma vez, é a densidade de abelhas e a quantidade de alimento que são os factores problemáticos. Nós podemos também, se são favos apenas de cera, cortar alvéolos e usar múltiplos alvéolos em outros núcleos de fecundação também. Neste caso faça os núcleos um dia antes ou remova a rainha um dia antes.

E assim foi tudo dito sobre a criação de algumas boas rainhas.

Volume III Avançado

Genética

A Necessidade de ter Diversidade Genética

Em qualquer espécie que usa reprodução sexual, a diversidade genética é essencial para o sucesso em geral e saúde da espécie. A falta de diversidade deixa a população vulnerável a qualquer praga, doença ou problema que apareça. Muita diversidade aumenta bastante a probabilidade de um organismo ter as qualidades necessárias para sobreviver a tais coisas. Esta necessidade parece estar em oposição com o conceito de reprodução seletiva e em parte até está. Reprodução seletiva é apenas isso -Seletiva. Significa que você remove os traços que não gosta. É claro que isto reduz a diversidade de genes, esperançosamente de uma forma positiva, mas mesmo assim limita a variedade pois você continua a selecionar a partir de cada vez menos antepassados. Não importa se você acredita num Criador ou na Evolução como origem da vida, a reprodução sexual tem um objetivo óbvio, a diversidade. A rainha acasala, não apenas com um zangão, mas vários, o enxame faz muito mais zangões do que necessita para manter os seus genes ativos, e mesmo um enxame condenado à morte por falta de rainha vai produzir zangões para tentar preservar esses genes na população local. Cada doença reduz a quantidade de genes deixando apenas aqueles que podem sobreviver a ela, e cada praga reduz a quantidade de genes deixando apenas aqueles que podem sobreviver a ela. Nós apicultores continuamos a limitar esses genes ainda mais selecionando uma rainha e criando centenas de rainhas a partir dela, algo que nunca acontece na natureza, comprando rainhas a apenas alguns criadores que fazem o mesmo e partilham efetivo entre eles, reduzindo assim ainda mais a diversidade. Quanto mais reduzimos a quantidade de genes, menor será a probabilidade dos genes restantes serem suficientes para sobreviver às próximas doenças e pragas. Este é um panorama muito assustador. E tudo isto ignorando o controlo que existe nas abelhas como método de controlar o género usando alelos sexuais que limitam o sucesso das abelhas consanguíneas. Uma linhagem consanguínea tem muitos ovos de zangão diploides (fertilizados), (porque os alelos sexuais ficam alinhados) e esses as abelhas não permitem que se desenvolvam.

As Abelhas Ferozes mantêm a Diversidade

A profundidade do banco de genes, durante muitos anos, foi mantida pelo grande banco de genes das abelhas ferozes. Nos últimos anos, apesar de tudo este banco de genes encolheu significativamente por causa do aparecimento de doenças, sem mencionar a perda de habitat, uso de pesticidas e medo das AMA.

Que podemos nós fazer?

Não podemos propagar abelhas com um banco de genes limitado e esperar que elas sobrevivam, quanto mais prosperarem. Então o que podemos fazer para promover a diversidade genética e ao mesmo tempo melhorar a qualidade das abelhas que criamos? Nós podemos mudar o nosso ponto de vista de escolher apenas a melhor rainha que temos para ser a matriarca, a segunda melhor para ser a mãe dos zangões e começar a pensar nos termos, em vez de apenas tentar retirar as piores. Em outras palavras, se uma rainha tem maus traços que nós não queremos, tais como mau temperamento das obreiras, então removemos essa rainha. Mas se elas têm bons traços nós não tentamos trocar essas abelhas por abelhas com apenas a genética da nossa melhor rainha, mas sim manter essa linhagem ativa fazendo desdobramentos, ou criando rainhas, ou usando os zangões das outras linhagens. Não use a mesma matriarca para cada nova geração de rainhas. Não troque a rainha de enxames ferozes que você removeu ou apanhou. Se um enxame é agressivo mas tem bons traços, tente criar uma filha e veja se você consegue que elas percam a agressividade em vez de apenas remover a linhagem dessa rainha. Crie as suas próprias abelhas a partir de efetivo sobrevivente local em vez de comprar rainhas. Crie as suas próprias abelhas mesmo de rainhas compradas para que elas depois acasalem com as ferozes locais sobreviventes. Dê suporte a pequenos criadores de rainhas locais para que eles consigam manter mais linhagens ativas. Faça mais desdobramentos e deixe as abelhas criar as suas próprias rainhas em vez de comprar rainhas, para que cada colónia mantenha a sua própria linhagem.

Abelhas Ferozes

Muito se fala de que as abelhas ferozes morreram. Na minha observação houve uma mudança séria no que encontro quando apanho abelhas ferozes. Eu costumo encontrar abelhas Italianas da cor do "couro". Agora eu encontro mais abelhas pretas com um pouco de castanho à mistura. Eu estou a criar estas abelhas sobreviventes para mim e para vender.

Tipicamente perguntam-me como é que eu sei que estas são das ferozes sobreviventes em vez de abelhas que saíram há pouco tempo de colmeias. Primeiro, elas agem de forma diferente do que qualquer das domésticas. Apenas pequenas coisas, na maior parte, mas também elas invernam em pequenos cachos e são muito económicas. Elas também são muito variáveis em aspetos que usualmente são selecionados, como o uso de própolis ou correrem nos favos. Também são tipicamente mais pequenas quando você as encontra, pois são provenientes de favos com alvéolos naturais.

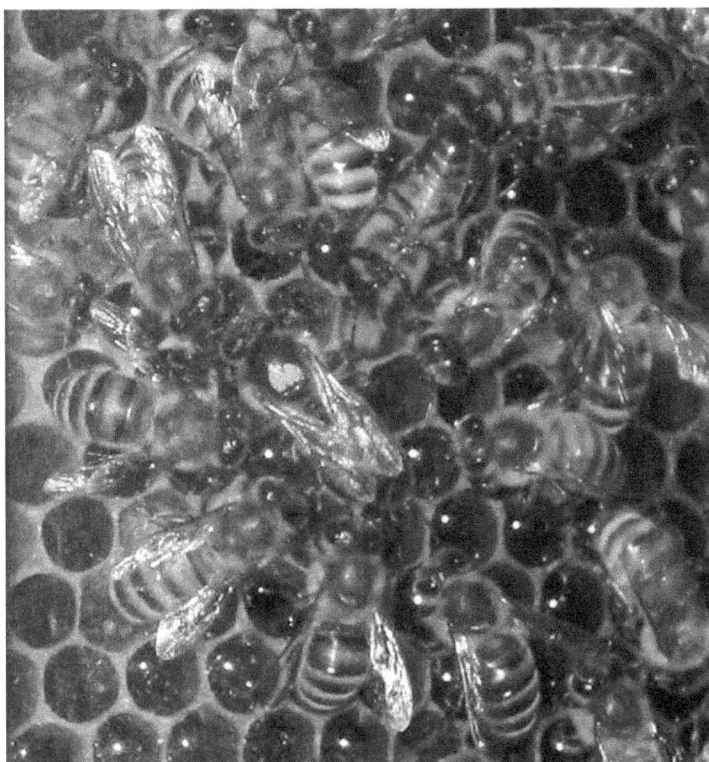

Enxames

...são a forma mais fácil de obter abelhas ferozes. Mas muitos enxames são, e muitos enxames não são, abelhas ferozes. Eu ficaria com eles de qualquer forma, mas se você procura abelhas ferozes sobreviventes para obter rainhas dessas linhas genéticas, então procure por abelhas mais pequenas. Enxames com abelhas pequenas são provavelmente abelhas ferozes sobreviventes. Enxames com abelhas maiores são provavelmente enxames provenientes das colmeias de alguém. Para obter enxames, notifique a polícia local, pessoas da proteção civil e o departamento local do ministério da agricultura. Se você quer fazer muitas remoções de enxames então coloque um anúncio nas páginas amarelas ou similar e diga que faz remoções de enxames.

Capturando um enxame

Muito tem sido escrito, cada situação é similar e ao mesmo tempo única. Um enxame é um conjunto de abelhas com pelo menos uma rainha. Elas podem já ter decidido onde pensam que querem ir, ou elas podem ainda ter abelhas exploradoras à procura. Os enxames usualmente acontecem pela manhã e saem no início da tarde, mas elas podem enxamear de tarde e podem sair ao fim de alguns minutos ou alguns dias. Se você persegue enxames, muitas vezes chega tarde demais mas também muitas vezes chega a tempo. Ambas as coisas acontecem. É melhor ter sempre todo o seu equipamento consigo. Se você tem de ir buscar o seu equipamento, provavelmente chegará tarde demais. Tenha uma caixa com fundo de rede. A rede pode ser fixa pregando pedaços pequenos quadrados de contraplacado na caixa e rede ou com grampos de 51mm que se vendem em lojas de apicultura e se destinam ao uso quando se movem colmeias. Você precisa de uma tampa. Eu gosto de uma tampa de transumância porque é simples. Tem menos partes separadas. Eu gosto de ter rede metálica com buracos de 3.2mm cortada e dobrada a 90º para bloquear a entrada (mas não colocada na entrada ainda). Um agrafador é bom para segurar a rede na entrada e quando se coloca a tampa na colmeia. Os melhores são os que são para trabalhos mais leves em vez dos que são para trabalhos mais pesados. Eles furam melhor e ficam melhor na madeira. Eu não sei porquê mas os que suportam grampos do tipo *T50 não* são os corretos, apesar de que se você já tem um pode usá-lo na mesma. Os que suportam grampos do tipo *J21* são mais fáceis de usar. Você precisa no mínimo de proteção na cabeça, mas eu gosto do casaco ou fato de apicultor. Luvas e uma escova são úteis. Você pode fazer ou comprar um dispositivo com um balde de 19L para apanhar os enxames. A ideia é que você usa um pedaço de tubo elétrico (em inglês diz-se *"EMT conduit"*) como cabo comprido para o balde e você bate com ele por baixo do enxame para desalojar as abelhas e elas caírem para dentro do balde. Depois puxa uma corda para colocar a tampa no balde e baixa tudo para que possa despejar o balde dentro de uma caixa. O maior truque dos enxames é apanhar a rainha.

Se você conseguir chegar ao enxame e ver, tente encontrar a rainha. Se você sabe onde ela está porque a viu pode certificar-se que ela acaba por ir parar à caixa, feche a caixa, passe com uma escova sobre as abelhas perdidas e vá-se embora. Se você não tem a certeza, então deixe-as acalmar. Uma boa ajuda é se a caixa cheirar a óleos essenciais de citronela ou capim-limão. Coloque algum óleo essencial dentro da caixa (dura mais tempo), algum atrativo de enxames das lojas (custa mais mas funciona bem) ou mesmo algum polidor de móveis com cheiro a limão (barato, fácil de encontrar, mas não dura tanto tempo) na caixa antes de colocar o enxame. Se você prestar atenção quando compra pacotes ou coloca um enxame numa caixa você vai notar que o cheiro delas é similar. Por vezes elas ficam na caixa. Por vezes você não apanhou a rainha, ou ela prefere o ramo onde estava e todas as abelhas começam a voltar para o ramo de novo. Eu apenas continuo a sacudi-las até elas acabarem por ficar na caixa. Usualmente funciona. Na minha observação, mel, criação, etc. Não são úteis a atrair um enxame para dentro de uma caixa mas podem ajudar a segurar o enxame dentro da caixa logo que as abelhas decidam fazer da caixa a sua casa. Elas não estão em busca de uma caixa ocupada, elas estão em busca de uma casa vazia ou abandonada. Favos velhos e vazios por vezes ajudam. Alguma criação pode ajudar a segurá-las para que elas não saiam. Também vale a pena ter alguma Feromona Mandibular de Rainha (FMR). Você pode manter as rainhas velhas num frasco com álcool (sumo de rainha), ou comprar o produto "*Bee Boost*" (da última vez que vi estava disponível na empresa Mann Lake).

Use sempre equipamento de proteção. Os enxames não ficam usualmente agressivos, mas podem ser imprevisíveis. Também tenha cuidado com cabos elétricos sem isolamento e não caia das escadas. Pode parecer redundante, mas quando há muitas abelhas que voam à sua volta, e especialmente se uma entrar no seu fato, é difícil ficar calmo, mas essa calma é sempre necessária se você estiver em cima de uma escada.

O meu método favorito neste momento de apanhar enxames é não usar escadas nenhumas. Pegue em caixas suficientes para ter um bom espaço (uma funda, duas médias) e de preferência caixas que já tiveram abelhas dentro. Algum favo velho se você tiver. Alguma FMR (um quarto de um pau de *Bee Boost* ou uma ponta de um cotonete mergulhado em sumo de rainha) e algum óleo essencial de citronela. Mergulhe a outra ponta do palito nesse óleo essencial. Coloque o cotonete dentro da colmeia, coloque a tampa, coloque a colmeia perto do enxame e volte de noite. Elas provavelmente já estão dentro da caixa. Agrafe ou coloque grampos na entrada a segurar a rede e leve a colmeia para casa.

Remoção

Em inglês é comum usar o termo "cut out" que significa a remoção de um enxame alojado numa estrutura qualquer, seja ela natural ou artificial. Esta não é a forma mais fácil de obter abelhas. É excitante e divertida, mas por vezes requer alguns conhecimentos de construção e muita coragem. A ideia é remover todas as abelhas e todos os favos de uma árvore, uma casa, ou seja lá o que for onde as abelhas estejam a viver. Muitas vezes envolve a remoção de partes de um muro e alguém depois terá de reparar os estragos. Não é usualmente bom financeiramente a menos que lhe estejam a pagar para remover as abelhas ou você tem muito tempo livre.

Cada remoção é uma situação diferente. Por vezes elas estão num edifício abandonado e o dono não se importa se você destrói a madeira da parede interior ou cobertura exterior da parede. Usualmente o dono importa-se que você cause danos e você não pode começar a destruir nada, você tem de colocar tudo como estava quando terminar a remoção ou você informa o dono que ele terá de contratar alguém para fazer as reparações necessárias, usualmente será trabalho para um carpinteiro. Ignorando, de momento, os problemas de construção, se você chegar aos favos, seja lá se for uma casa, árvore ou outra coisa qualquer, você precisa de cortar os favos com criação para colocar dentro de quadros e ata esses favos com uma linha ou arame para que não caiam dos quadros. Isto não funciona bem para o mel, especialmente em favos novos, porque é demasiado pesado, então raspe o mel. Coloque esse mel num balde de 19L com tampa para que as abelhas não entrem para limpar/beber o mel. Tente colocar a criação numa colmeia vazia e continue a escovar e sacudir as abelhas para dentro da caixa. Se você viu a rainha, então apanhe-a com o apanhador de rainhas em forma de mola de cabelo ou coloque-a numa gaiola e coloque-a dentro da colmeia. Se você consegue alguma criação e a rainha dentro da colmeia então o resto das abelhas eventualmente fará o mesmo. Se você não viu a rainha, então continue apenas a colocar abelhas na caixa e mel no balde até todos os favos estarem removidos. Leve o balde, se você puder, e vá-se embora por algumas horas, deixe as abelhas descobrirem onde está a rainha e as outras abelhas. Elas vão todas ficar na nova caixa. À noite todas elas devem estar dentro da colmeia e você pode fechá-la e levá-la para casa.

Método de cone

Este método é usado quando não é prático abrir caminho até aos favos e removê-los ou são tantas as abelhas que você não as quer enfrentar todas ao mesmo tempo. Este é um método que usa um cone de rede metálica colocado sobre a entrada principal da casa das abelhas. Todas as outras entradas são bloqueadas com rede metálica presa com grampos ou agrafos. Faça a ponta do cone com alguns arames desgastados para que as abelhas consigam empurrar os arames o suficiente para saírem (incluindo os zangões e as rainhas) mas não consigam entrar. Coloque-o com a ponta um pouco mais para cima pois ajuda um pouco a impedir que as abelhas encontrem a entrada. Agora você coloca a colmeia que tem apenas um quadro com criação aberta, alguns quadros com criação a emergir e algum mel/pólen, mesmo ao lado do cone. Você pode ter de construir um suporte ou algo que mantenha a caixa perto de onde as abelhas campeiras estão a formar um cacho no cone. Por vezes elas vão-se mover para dentro da caixa que tem o favo com criação. Por vezes elas apenas ficam penduradas no cone. O maior problema que eu já tive foi de que isto causa muito mais abelhas à procura de uma forma de entrar, a fazerem círculos no ar e os donos do terreno ficam impacientes e então pulverizam as abelhas com inseticida por estarem com medo delas. Se você pensa que isso tem probabilidade de acontecer, então *não* coloque a caixa com a criação nesse local, mas sim no seu apiário, esperançosamente pelo menos a 2Km desse local, e você aspira ou escova as abelhas do cone para uma caixa cada noite, leva-as e sacode-as para dentro da colmeia com a criação, você eventualmente apanha a grande maioria das abelhas. Se você continua até não existirem abelhas praticamente nenhumas, você pode usar enxofre no fumigador para matar as abelhas (o fumo de enxofre é fatal mas não deixa resíduos venenosos) ou o produto *BeeQuick* para afugentar o resto das abelhas da árvore (ou casa ou algo similar). E se você usa o produto *BeeQuick* pode ter a sorte da rainha sair. Se você consegue, apanhe-a com o apanhador de rainhas em forma de mola de cabelo, coloque-a numa caixa e deixe as abelhas entrar para a caixa. Uma vez que o cone ainda está na entrada elas não conseguem voltar à sua casa antiga. Eu deixaria tudo dessa forma durante alguns dias e depois traria uma colmeia com um enxame forte, colocaria a colmeia perto de onde tirou as abelhas. Remova o cone e coloque algum mel na entrada para atrair as abelhas para roubarem o mel restante lá dentro. Isto funciona melhor durante uma falta de alimento natural no campo. A meio do verão e no fim do outono quando é mais provável faltar alimento. Logo que elas começam a pilhar, elas vão roubar tudo o que estiver lá dentro. Isto é especialmente importante quando se removem abelhas de uma casa, para que a cera não derreta e o mel se espalhe por todo o lado ou porque o mel atrai ratos e outras pragas. Agora pode selar bem todas as entradas onde estavam as abelhas que removeu. A espuma de poliuretano que pode comprar numa embalagem na loja de ferragens não é má para selar as entradas. Vai entrar, expande e faz uma barreira bastante boa. O Joe Waggle descobriu outra forma, se você conseguir manter o enxame sob vigilância constante, quando enxameiam coloca o cone, a rainha virgem vai sair para acasalar e não consegue voltar a entrar. Assim você consegue um enxame com uma rainha tirada do cone.

Aspirador de Abelhas

Eu vou dizer já na introdução que não gosto de Aspiradores de Abelhas. Eles matam muitas abelhas, dificultam o processo de achar rainhas e há muita probabilidade de matar a rainha. Eu uso-os muito raramente.

Eles são úteis para limpar as últimas abelhas de uma colónia removida, mas eu prefiro usar um pulverizador de água para evitar que elas voem tanto e tiro-as com uma escova ou sacudo-as. Eu penso que um aspirador de abelhas é muitas vezes substituto do jeito e da habilidade. Uma vez que eles são ocasionalmente úteis, vamos falar sobre eles.

A empresa *Brushy Mountain Bee Farm* produz os aspiradores, mas você pode modificar um aspirador normal para fazer o mesmo serviço. Os problemas mais importantes são estes:

Se você tem demasiado vácuo vai matar demasiadas abelhas. Se você está a converter um aspirador normal, use uma broca craniana para fazer um buraco no topo. Você tem de ajustar isto para caber na forma com que o aspirador foi desenhado, mas se há espaço você pode fazer um buraco com 76mm. Se não você pode furar e serrar para fazer um buraco mais longo. A ideia é que vamos pegar num pedaço de madeira ou plástico e fazer um regulador colocando um parafuso através dele num canto o que permite que uma regulação para aumentar ou encolher o buraco. Este buraco será coberto por dentro com rede metálica ou rede mosquiteira. Eu apenas colo com cola epoxica por dentro. Agora quando ajusta o regulador para ficar mais aberto terá menos vácuo. Quando o fecha mais terá mais vácuo.

Se as abelhas atingem o fundo do interior do aspirador com demasiada força elas morrem ou ficam magoadas. A solução é colocar um pedaço de borracha esponjosa no fundo. Ou faça bolas de jornal e coloque no fundo— qualquer coisa que amacie a sua aterragem para que não atinjam o fundo que é de plástico rijo.

As abelhas ficam desfeitas ao atingirem as ondulações do tubo. Se você conseguir um tubo liso por dentro não terá este problema. Mesmo se você conseguir tubo com ondulações mais pequenas o problema será minimizado.

Se você usa o aspirador durante demasiado tempo as abelhas lá dentro ficam muito quentes, regurgitam o mel do seu estômago e morrem. Se isto acontece você vai notar que elas ficam em montes pegajosos. Não use o aspirador durante mais tempo do que o necessário.

Ajuste o aspirador com cuidado. Você quer apenas o vácuo suficiente para sugar as abelhas dos favos e nada mais. Demasiado e você fica com um recipiente cheio de abelhas esmagadas.

Esta ferramenta pode ser usada para remover abelhas. Tirar as abelhas dos favos e não ter abelhas no ar, ajuda bastante. Seja cuidadoso. Eu tive sorte ao usá-los mas também já matei muitas abelhas quando não o queria fazer.

Transplante de Abelhas

Mover abelhas de uma "colmeia" para outra (árvores, colmeias velhas ou outras casas de abelhas).

As pessoas muitas vezes têm abelhas em colmeias velhas e podres que se estão a desfazer em pedaços e também estão cheias de favos cruzados e já nem os conseguem manipular. Ou têm uma colmeia num tronco de árvore, uma caixa colmeia (sem quadros), um *skep* (colmeia de palha), um cortiço, um pedaço de uma árvore que caiu ou algum tipo estranho de equipamento que querem deitar fora por exemplo, ou mesmo quando querem mudar de caixas fundas para médias, etc. Se você quer que as abelhas abandonem a sua casa atual e manipular depois em casa aqui ficam alguns métodos que eu já usei e algumas variações que ainda não usei mas que devem funcionar.

Eu usei isto em colmeias caixa e em troncos. Você quer que as abelhas abandonem a sua velha casa, mas você não quer sacrificar toda a criação. Você quer obter a maioria das abelhas e rainha da velha colmeia para dentro de uma caixa que está ligada à velha colmeia. Em outras palavras é preciso que exista alguma ligação entre as duas. Um pedaço de contraplacado que é tão grande como a maior dimensão de uma ou da outra em ambas as direções onde pode depois ser feito um buraco no meio e cujo tamanho será o do buraco mais pequeno de ambas em ambas as direções. Colocando isto entre a nova colmeia e a velha colmeia você liga as duas.

A próxima decisão é se você quer usar o produto *Bee Go*, *Bee Quick* (similar mas cheira melhor) ou fumo e bater a caixa ou apenas ter paciência.

Ajuda se a nova colmeia tiver algum favo puxado e, ainda melhor, um quadro de criação.

Se você quer usar vapores (*Bee Go* e *Bee Quick*) então você coloca a velha colmeia por cima e a nova colmeia por baixo. Tenha um excluídor de rainha à mão. Use um pedaço de pano para os vapores e coloque o mais perto do topo da colmeia velha que for possível. Isto faz com que as abelhas venham para baixo até à caixa. Quando a caixa parece bastante cheia e a velha colmeia parece bastante vazia coloque o excluídor entre elas. Se você consegue fazê-lo facilmente, coloque a velha colmeia de forma que os favos fiquem invertidos em relação à sua posição normal. Dessa forma as abelhas terão mais tendência de abandonar a colmeia eventualmente porque o mel corre para fora dos alvéolos e os favos estão na posição errada para a criação.

Se você quer fumigar e bater, então você coloca a colmeia velha no fundo e a nova por cima. Fumigue bastante a velha colmeia e bata de lado com um canivete ou um pau. Você não tem de bater com muita força como se fosse um tambor, apenas bata, bata e bata. Muito fumo ajuda. Mais uma vez, quando parece que a maioria das abelhas estão do lado de cima coloque o excluídor. Não importa a orientação dos favos para afugentar as abelhas, mas ajuda se ficarem invertidos agora. A rainha deverá estar na caixa de cima e as abelhas deverão terminar a criação na caixa de baixo e depois alteram os favos para guardar mel ou abandonam-os.

Se você quer usar a paciência, coloque apenas a nova colmeia por cima e espere que as abelhas subam. Isto pode funcionar ou não durante algum tempo porque a rainha quer ficar no ninho.

Colmeia isco

As colmeias isco são caixas vazias que são colocadas no campo para atrair um enxame que faz de uma dessas caixas a sua casa. Elas podem não provocar uma enxameação, mas podem oferecer um bom local para um enxame que queira enxamear. Eu uso óleo de citronela e por vezes feromona mandibular de rainha. Você pode comprar FMR (Feromona Mandibular de Rainha com o nome de *Bee Boost*). São pequenos pedaços de tubo de plástico que têm o odor impregnado neles. Quando os uso como isco, eu corto cada um deles em quatro pedaços iguais e uso um pedaço e algum óleo de citronela ou algum atrativo para enxames. Atrativos para enxames e FMR estão disponíveis em lojas apícolas. Você pode obter a sua própria FMR colocando todas as suas velhas rainhas quando troca de rainha e alguma rainha virgem não usada num frasco com álcool. Coloque algumas gotas disso na colmeia isco. Favos velhos e vazios são bons também e usando caixas que tiveram abelhas também ajuda. Eu coloquei cerca de sete destas no ano passado e apanhei um enxame. O lucro não foi grande, mas eu ganhei abelhas ferozes das boas. Há coisas que foram estudadas para aumentar a probabilidade de sucesso tais como o tamanho da caixa, o tamanho da abertura e a altura a que se coloca a colmeia isco na árvore. No entanto parece que existem muitas exceções. Até agora a minha maior sorte foi com uma caixa do tamanho de um núcleo fundo de cinco quadros ou uma caixa média de oito quadros com algum tipo de atrativo (feito em casa ou comprado), mais ou menos a 4m de altura numa árvore, com o equivalente a um buraco de 25.4mm como entrada. E quadros sem cera estampada (quadros com um guia de favo, veja o capítulo *Quadros Sem Cera Estampada*). Os meus problemas têm sido com as vespas que fazem das caixas o seu ninho, tentilhões que fazem ninho na caixa, traças da cera a comerem os favos velhos, crianças a derrubarem as caixas das árvores com pedras e depois a destruírem-nas. Tente colocar pregos na entrada para fazer um "X" de forma a ser difícil para os tentilhões entrarem ou tape o buraco com rede metálica com buracos de 6.35mm. Pinte-as de castanho ou da cor da "árvore" para ser mais difícil de descobrir pelas crianças. Use guias de favo ou favo velho mas limpo para que as traças não peguem nele ou pulverize os favos velhos com o produto *Certan*. Lembre-se, isto é similar à pesca. Eu não contaria com esta técnica se você está a tentar iniciar a sua atividade apícola. Você pode apanhar um no primeiro ano ou pode não apanhar um durante vários anos, ou você pode apanhar vários. É como pescar porque você quer um peixe para o jantar. Você terá mais sorte comprando algum peixe para o jantar.

Criação de Rainhas

Para ver uma apresentação em vídeo feita pelo autor deste livro tente uma pesquisa por vídeos na internet usando os termos "Michael Bush Queen Rearing".

Porquê criar as suas próprias rainhas?

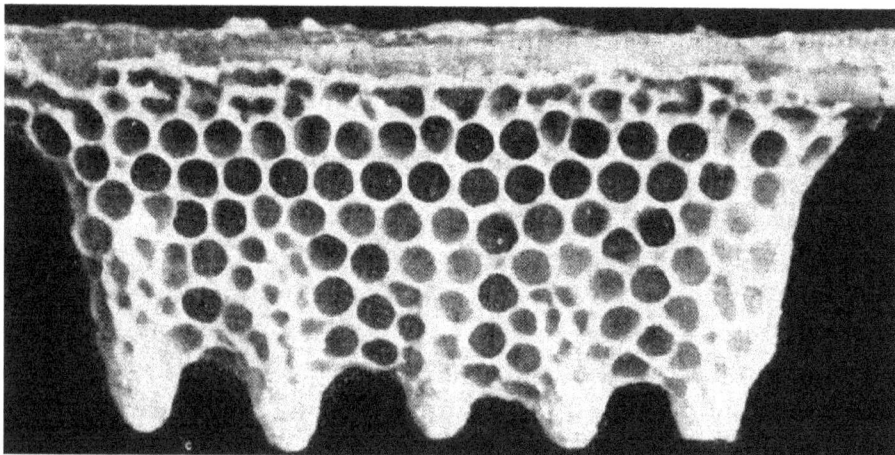

Custo

Uma rainha típica custa ao apicultor $20 ou mais contando com o custo de envio.

Tempo

Numa emergência você encomenda uma rainha e essa encomenda demora vários dias a ser processada mais o tempo que demora no transporte até sua casa. Frequentemente você precisa da rainha para ontem. Se você tem algumas em núcleos de fecundação, à mão, então você já tem uma rainha.

Disponibilidade

Frequentemente quando você precisa de uma rainha não há rainhas disponíveis nos fornecedores. De novo, se você tem uma à mão a disponibilidade não é um problema.

AMA

As rainhas criadas no Sul são cada vez mais de áreas onde existem Abelhas Melíferas Africanizadas. De forma a manter as AMA fora do Norte nós devemos parar de importar rainhas dessas áreas.

Abelhas Habituadas ao Clima

Não é de esperar que abelhas criadas no Sul invernem bem tão a Norte. As abelhas ferozes locais estão habituadas ao nosso clima. Até mesmo criando abelhas a partir do efetivo comercial, você pode criar a partir das que invernam bem na sua localização.

Ácaros e resistência a doenças

A resistência aos ácaros da traqueia é um caracteristica fácil de selecionar. Simplesmente não trate as abelhas e você obtém abelhas resistentes. Comportamento Higiénico, que é útil para evitar LA (Loque Americana) e outras doenças da criação da mesma forma que os problemas causados pelo ácaro Varroa. E mesmo assim a maioria dos criadores de rainhas estão a tratar as suas abelhas e a não selecionar, de propósito ou por defeito estas caracteristicas. A genética das nossas rainhas é demasiado importante para ser deixada nas mãos de quem não tem nada a ganhar com o seu sucesso. As pessoas que vendem rainhas e abelhas na verdade têm mais lucro a vender rainhas e abelhas para substituir enxames mortos. Agora, eu não estou a dizer que eles o fazem de propósito tentando criar rainhas que falham, mas estou a dizer que eles não têm incentivo a produzir rainhas que não falham. Eu não estou a dizer que alguns criadores de rainhas responsáveis não estão a fazer isso agora, mas a maioria não está. Basicamente para ganhar dinheiro com os benefícios de não tratar, você precisa de criar as suas próprias rainhas.

Qualidade

Nada é mais importante para o sucesso na apicultura que a rainha. A qualidade das suas rainhas pode muitas vezes ser superior às de um criador de rainhas. Você tem tempo para usar em coisas que um apicultor comercial não se pode dar ao luxo. Por exemplo, estudos científicos mostraram que uma rainha à qual é permitido que faça a postura até ter 21 dias de idade, será uma rainha melhor com ovariolos melhor desenvolvidos do que uma colocada num banco de rainhas mais cedo. Esperar mais tempo será ainda melhor, mas aqueles primeiros 21 dias são muito mais críticos. Um criador comercial de rainhas tipicamente procura por ovos ao fim de duas semanas e se houver alguns ovos a rainha é colocada no banco de rainhas e eventualmente enviada. Você pode deixar as suas desenvolverem-se melhor esperando mais tempo.

Conceitos da Criação de Rainhas
Razões para criar rainhas

As abelhas criam rainhas devido a um destes estados:

Emergência

De repente não há rainha então uma nova rainha é criada a partir das larvas de obreira.

Troca Natural de Rainha

As abelhas pensam que a rainha está a falhar e então criam uma nova.

Enxameação Reprodutiva

As abelhas decidem que há suficientes abelhas, suficientes reservas e ainda restam recursos da época no campo de forma a enxamearem e esse novo enxame terá uma boa hipótese de ficar suficientemente forte para sobreviver ao inverno sem que a colónia mãe se arrisque a não sobreviver ao inverno.

Enxameação por falta de espaço

As abelhas decidem que são demasiadas e não há espaço suficiente ou não há reservas suficientes para continuarem nas condições correntes, então elas fazem uma enxameação por falta de espaço como controlo da população. Este novo enxame não tem as melhores hipóteses de sobrevivência mas a colónia "acredita" que vai melhorar as suas hipóteses de sobrevivência.

Nós obtemos a maior quantidade e os melhores alvéolos reais pois as rainhas são bem alimentadas quando estimulamos ao mesmo tempo uma enxameação de emergência e enxameação por falta de espaço.

Um apicultor pode facilmente obter uma rainha simplesmente fazendo um desdobramento sem rainha mas com larvas da idade apropriada. Então porque queremos criar rainhas?

O Máximo de Rainhas com o Mínimo de Recursos

O conceito fundamental de criar rainhas é obter o número máximo de rainhas a partir do mínimo de recursos usando a genética escolhida pelas características das abelhas que você quer.

Para ilustrar o problema dos recursos vamos examinar os extremos. Se fizermos a orfanização de um enxame forte. As abelhas podem, durante os 24 dias em que não têm rainha em postura, criado um ciclo completo de criação. A rainha podia ter colocado várias centenas de ovos por dia e um enxame forte podia facilmente criar essas centenas de crias. Assim perdemos o potencial de obter 30000 ou mais obreiras ao orfanizar o enxame e obtemos apenas uma rainha. E, na verdade, este enxame fez muitos alvéolos reais, mas eles foram todos destruídos pela primeira rainha que emergiu.

Se nós fizermos um pequeno núcleo teríamos apenas algumas centenas de abelhas órfãs a cuidarem de vários alvéolos reais e essas centenas de abelhas apenas podiam criar algumas centenas de obreiras nesse tempo. Mas de novo elas fizeram vários alvéolos reais e o resultado foi apenas uma rainha.

Na maioria dos cenários de criação de rainhas nós estamos a fazer o mínimo de abelhas órfãs pelo mínimo tempo e o resultado que queremos é o maior número possível de rainhas em postura quando terminamos.

De onde vêm as rainhas

Uma rainha é feita a partir de um ovo fertilizado, exatamente como uma obreira. É a alimentação que é diferente apenas a partir do quarto dia. Então se você pega numa larva recém-nascida de obreira e a coloca num alvéolo real (ou em algo que engana as abelhas e as leva a pensar que é um alvéolo real) num enxame que precisa de uma rainha (enxameado ou órfão) elas tornam essa larva em uma rainha.

Métodos de colocar larvas em "copos de rainha"

Há muitos métodos. Você pode encontrar muitos dos livros originais em: bushfarms.com/beesoldbooks.htm

De seguida vou indicar alguns dos métodos:

Método de Doolittle

Originalmente publicado por G.M. Doolittle, consiste na enxertia de larva com a idade apropriada em copos feitos em casa. Isto requer alguma destreza e uma boa visão, mas é o método mais popular que é usado. Hoje em dia são muito usados os copos de plástico no lugar dos de cera. A rainha é muitas vezes confinada de forma a se obter larvas da idade correta juntas para serem mais fáceis de selecionar. Rede metálica com buracos de 5mm funciona bem para isto porque as obreiras podem passar através da rede mas a rainha não. A rede é usualmente colocada sobre favo velho de criação para que a larva seja mais fácil de ver e para que o fundo do alvéolo seja mais forte para a enxertia. Logo que você tenha experiência a ver as larvas com a idade certa isto é menos critico e uma pessoa pode fazer isto simplesmente encontrando as larvas da idade certa. No dia 14 elas são usualmente colocadas em núcleos de fecundação.

Método Jenter

Várias variações deste método existem à venda com vários nomes. O conceito é ter uma rainha a colocar ovos, confinada numa caixa que parece ter alvéolos de obreira. Alvéolos "normais" são alternados com alvéolos com uma tampa no fundo. Quando os ovos eclodem a tampa é removida e colocada no topo de um copo. Isto faz o mesmo que o método de Doolittle sem a necessidade de tanta destreza e boa visão. No dia 14 são colocados em núcleos de fecundação.

Frente de uma caixa Jenter

Traseira de uma caixa Jenter

Topo de uma caixa Jenter

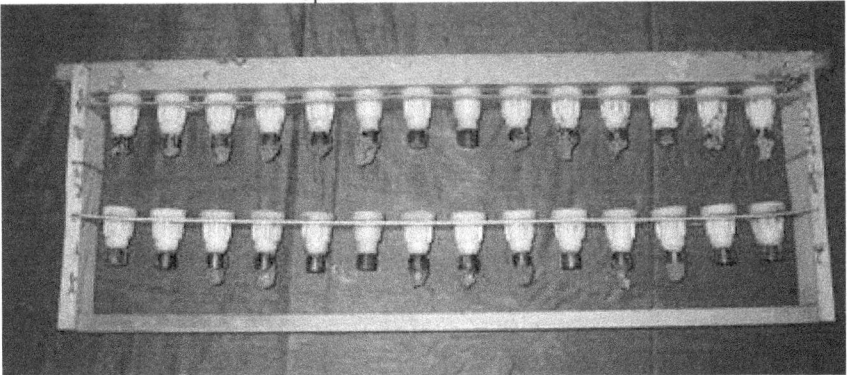

Rainhas mortas por eu não ter visto um alvéolo

Fotografias de um sistema de criação de rainhas do tipo Jenter. Frente, trás, topo da caixa de rainha e por fim uma fotografia da barra com os alvéolos onde eu esqueci um alvéolo real que as abelhas construíram na colmeia que faz as realeiras. O meu erro resultou em 17 rainhas mortas.

Vantagens do sistema Jenter

_ Se você for novo neste assunto você pode ver exatamente qual a aparência de uma larva da idade correta porque você sabe quando os ovos foram postos.

_ Se a sua visão não for boa não precisa ver a larva (a minha visão não é a melhor).

_ Se você não tiver boa coordenação motora (tal como eu) você não precisa de pegar em algo tão pequeno e colocar dentro de um alvéolo sem danificar. Você apenas move as tampas.

Vantagens de enxertar

_ Se a rainha não colocou ovos na caixa Jenter e eu estou com pressa, eu não teria larvas da idade certa a menos que eu procure algumas e enxerte. Ou então uso o método das Melhores Rainhas (em inglês o método é chamado de "Better Queens").

_ Se eu estivesse sem tempo para confinar a rainha quatro dias atrás, posso apenas enxertar.

_ Se a matriarca está longe num apiário, eu não tenho de fazer duas viagens, uma para a confinar e outra para transferir a larva.

_ Eu não tenho de comprar um conjunto de ferramentas de criação de rainhas (em inglês é chamado de "rearing kit").

Método de Hopkins

Na minha variação, a rainha é confinada com rede metálica com buracos de 5mm para que ela ponha ovos no favo novo de forma a sabermos a idade da larva (tal como o método de Doolittle mas em favo novo e vazio em vez de favo velho). Isto deverá ser cera, de preferência sem arames para que você possa cortar os alvéolos sem ter arames a atrapalhar, no entanto Hopkins diz que você deve usar arames para o favo não ceder. Se você usa favo com arames, certifique-se que trabalha em volta dos arames quando coloca as larvas para que os arames não interfiram. Liberte a rainha no dia seguinte. Você pode também apenas colocar favo novo

no meio do ninho e verificar diariamente para ver se a rainha
colocou ovos no favo, para saber também a idade da larva.

*Rede metálica com buracos de 5mm, cravada sobre favo em
forma de gaiola onde a rainha fica confinada.*

Moldura de Hopkins para manter o quadro sobre a caixa.

Ao quarto dia (a partir do dia em que a rainha foi confinada ou ela colocou ovos no favo) a larva terá nascido. Em filas alternadas de alvéolos *toda* a larva é destruída com um prego sem bico, um fósforo de cozinha, ou instrumento similar. Então a larva novamente de *filas alternadas* é destruída da mesma forma (ou dois alvéolos destruídos e um é deixado) para que as larvas fiquem com algum espaço entre elas. Isto é suspenso deitado sobre uma colmeia com enxame órfão. Um espaçador simples é um quadro vazio por baixo do quadro com os alvéolos e uma alça por cima. Isto requer a inclinação dos quadros um pouco e a colocação de um pedaço de pano por cima. As abelhas entendem os alvéolos que colocamos como alvéolos reais (na realidade o termo mais correto são realeiras), por causa da orientação e constroem alvéolos reais a partir deles. Eles devem ser separados o suficiente para permitir que sejam cortados no dia 14 e sejam distribuídos para colmeias cujos enxames precisem de rainhas (cujas rainhas foram removidas no dia anterior) ou núcleos de fecundação.

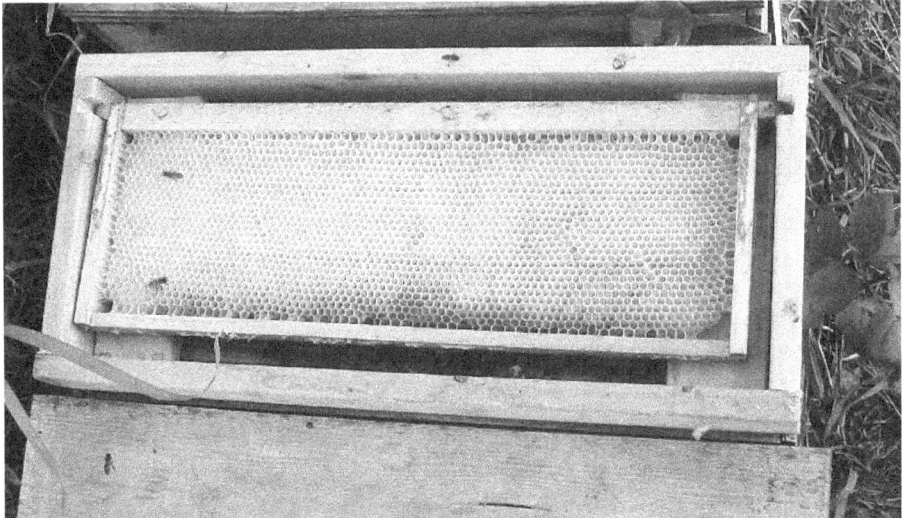

Quadro das larvas sobre a moldura de Hopkins.

Colmeia inicializadora

Para mim a coisa mais difícil de entender e a mais critica na criação de rainhas, para além do óbvio tempo entre operações, é a colmeia inicializadora. A coisa mais importante com a colmeia inicializadora é que está muito cheia de abelhas. Órfãs também ajuda, mas se eu tivesse de escolher entre órfãs e muito cheia de abelhas, eu escolheria as abelhas. Você quer uma muito alta densidade de abelhas. Isto pode ser numa caixa pequena ou colmeia grande, é a densidade que é importante, não o número total. Há muitos esquemas diferentes para ficar com um enxame muito forte e órfão cujas abelhas queiram construir alvéolos, mas não espere nunca uma boa quantidade de alvéolos de uma colmeia inicializadora que esteja com menos abelhas do que a colmeia bem cheia.

O próximo assunto importante com a colmeia inicializadora é que as suas abelhas devem estar bem alimentadas. Se não há um fluxo de néctar você deve alimentar para ter a certeza que elas alimentam bem as suas larvas.

A maioria do resto da complexidade dos muitos sistemas de criação de rainhas, que muitas vezes parecem ser ao contrário uns aos outros, são os truques para ter resultados consistentes em todas as circunstâncias. Em outras palavras, elas são importantes para um criador de rainhas que precisa de produzir rainhas de forma consistente desde o início da primavera até ao outono independentemente dos fluxos de néctar e da meteorologia. Para o criador de rainhas amador, estas provavelmente não são tão importantes da mesma forma como a altura em que faz as tentativas. Criar rainhas durante a época anual de enxameações mesmo antes de um fluxo de néctar ou durante um é bastante simples. Criar rainhas quando não há alimento no campo ou mais tarde ou mais cedo da época anual de enxameações necessitará de mais "truques" e mais trabalho. Para começar eu sugiro que você ignore essas "adições" e as use uma de cada vez quando precisar delas.

Um Fundo Sem Fundo (em inglês diz-se "Cloake board") é um método útil. Você pode rearranjar as coisas para que essa parte da colmeia fique sem rainha durante o período inicial e com rainha no período final sem muita perturbação do enxame. Mas não é necessário.

A forma mais simples que eu conheço é remover a rainha de uma colónia forte no dia anterior e dar o mínimo de espaço às abelhas (remova todos os quadros vazios para que possa remover algumas caixas e se há alças cheias remova-as também). Isto pode até desencadear uma vontade de enxamear, mas vai resultar em muitos alvéolos reais. Certifique-se que não há alvéolos reais quando começa e se usar o enxame para mais do que uma criação de rainhas certifique-se muito bem que não há alvéolos reais extra na colmeia pois essas rainhas emergem e destroem todos os alvéolos reais.

Outro método é sacudir muitas abelhas para dentro de uma caixa para enxames, também conhecida como colmeia inicializadora e dê-lhes alguns quadros de mel e também alguns quadros de pólen e um quadro de alvéolos.

Cálculo Apícola

Dias

Casta	Nasce	Selado	Emerge		
Rainhas	3^1/$_2$	8 +-1	16 +-1	Em postura	28 +-5
Obreira	3^1/$_2$	9 +-1	20 +-1	Campeira	42 +-7
Zangão	3^1/$_2$	10 +-1	24 +-1	Voar para ZCC	38 +-5

Calendário da Criação de Rainhas:

Usando o dia em que o ovo foi posto como o dia 0 (não passou tempo nenhum).

O texto a negrito significa que é necessária atenção por parte do apicultor.

Dia, Ação, Conceito

-4 Coloque uma gaiola do tipo Jenter na colmeia. Deixe que as abelhas a aceitem, a encerem e a cubram com o seu cheiro de abelha.

0 Confine a rainha— Para que a rainha ponha ovos de uma idade conhecida na caixa Jenter ou dentro da rede com buracos de 5mm.

1 Liberte a rainha— Para que ela não ponha demasiados ovos em cada alvéolo, ela precisa de ser libertada após 24 horas.

3 Organize a colmeia inicializadora, retire a rainha do enxame, certifique-se que há uma _grande_ densidade de abelhas.— Isto serve para elas quererem rainhas e para que haja muitas abelhas para cuidarem deles.

Certifique-se também que elas têm bastante pólen e néctar. Alimente o enxame para uma melhor aceitação.

$3^1/_2$ As larvas nascem.

4 Transfira as larvas e coloque alvéolos reais na colmeia inicializadora. Alimente o enxame para uma melhor aceitação.

8 Os alvéolos reais são selados.

13 Organize os núcleos de fecundação, ou colmeias com enxames para troca de rainha— Para que as abelhas fiquem órfãs e queiram um alvéolo real. Alimente os enxames nos núcleos de fecundação para uma melhor aceitação.

14 Transfira os alvéolos reais para os núcleos de fecundação.— No dia 14 os alvéolos reais estão no seu pico de dureza e se o tempo estiver quente as rainhas podem emergir no dia 15, então nós precisamos deles nos núcleos de fecundação ou nas colmeias com enxames a precisar de rainha se você preferir, também para que a primeira rainha a emergir não mate o resto das rainhas que ainda não emergiram.

15-17 As rainhas emergem (Em tempo quente, 15 dias é mais provável. Em tempo frio, 17 é mais provável. Tipicamente, 16 é o mais provável).

17-21 As rainhas amadurecem.

21-24 As rainhas fazem voos de orientação.

21-28 As rainhas fazem voos de acasalamento.

25-35 As rainhas iniciam a postura.

28 Se você tem intenção de colocar novas rainhas nos seus enxames, procure rainhas em postura nos núcleos de fecundação. Se encontrou, retire a rainha de todos os enxames onde quer colocar rainha nova.

29 Transfira cada uma das rainhas em postura para as colmeias que têm os enxames órfãos.

Núcleos de Fecundação

Dividindo uma caixa de dez quadros em quatro núcleos cada um com dois quadros. Repare no pano azul com a ponta de fora. Os panos são a cobertura completa para que eu consiga abrir um núcleo de cada vez sem que as abelhas passem em grande quantidade para o núcleo seguinte. Repare também nos calendários que uso para saber quando estão prontas as rainhas (o autor deste livro chama-lhes de "Ready Date Nuc Calendars").

Núcleo De Fecundação Dividido Em Quatro Partes De Dois Quadros

Uma nota sobre núcleos de fecundação

Na minha opinião faz o máximo de sentido usar quadros estandardizados nos seus núcleos de fecundação. De seguida vou citar alguns apicultores que concordam com isso:

"Alguns criadores de rainhas usam colmeias muito pequenas com quadros muito mais pequenos do que os comuns para manter as suas rainhas até elas acasalarem, mas por várias razões eu considero que é melhor ter apenas um tipo de quadro para criar rainhas e para o resto das colmeias normais. Em primeiro lugar, uma colónia em núcleo pode ser formada em apenas alguns minutos a partir de qualquer colmeia apenas transferindo dois ou três quadros e as abelhas adultas que estiverem sobre eles para dentro do núcleo. De novo, uma colónia em núcleo pode ser feita em qualquer altura ou unida a outra colónia onde os quadros são todos iguais, com pouca dificuldade. E por fim, nós temos apenas de fazer quadros de um só tamanho. Eu sempre usei um núcleo da forma que descrevi, e não gostaria de usar mais nenhum."—Isaac Hopkins, The Australasian Bee Manual

"para o produtor de mel não parece haver grande vantagem em usar pequenos núcleos. Ele geralmente precisa de fazer algum aumento do efetivo, e é mais conveniente para ele usar núcleos de 2 ou 3 quadros para criar rainhas, e depois deixar que elas cresçam até ficarem colónias completas...Eu uso uma colmeia completa para cada núcleo, meramente colocando 3 ou 4 quadros num lado da colmeia, com um quadro divisor entre eles. Para ter a certeza, levam mais abelhas do que três núcleos numa colmeia, mas é um bom bocado mais conveniente deixar crescer uma colónia até estar completa dentro de um núcleo que está inserido dentro de uma colmeia."—C.C. Miller, Fifty Years Among the Bees

"Os núcleos pequenitos tiveram o seu tempo mas agora são geralmente considerados um capricho que já passou. São tão pequenos que as abelhas são colocadas em condições que não são naturais e assim fazem as coisas de uma forma não natural...Eu recomendo vivamente um núcleo que suporte os quadros de criação das suas colmeias. O que eu uso é uma colmeia gémea, cada compartimento com o tamanho suficiente para suportar dois quadros do tipo Jumbo e um pedaço de madeira como divisor."—Smith, Queen Rearing Simplified

"Eu estava convencido que o melhor núcleo que eu poderia ter, era um ou dois quadros numa colmeia vulgar. Desta forma todo o trabalho feito pelas abelhas no núcleo estaria disponível para ser usado em qualquer colónia, após eu ter usado o núcleo...tirava um quadro de criação e um de mel, juntamente com todas as abelhas nesse quadro, tenho o cuidado de não tirar a Rainha velha, e colocar os quadros dentro da colmeia onde você quer que o núcleo fique...movendo a madeira divisora para ajustar o tamanho dado à colónia."—G. M. Doolittle, Scientific Queen-Rearing

Cores de marcação das rainhas:
Anos terminados em:
_ 1 ou 6 – Branco
_ 2 ou 7 – Amarelo
_ 3 ou 8 – Vermelho
_ 4 ou 9 – Verde
_ 5 ou 0 – Azul

Apanha e marcação de rainhas

Até você ter experiência, há sempre o risco de magoar a rainha. Mas aprender a fazer isso é uma tarefa que vale a pena fazer. Eu compraria um apanhador de rainhas do tipo mola de cabelo, um tubo de marcar rainhas e as respetivas canetas. Pratique em alguns zangões usando uma cor de alguns anos atrás, ou melhor ainda, use a cor do ano seguinte, para que você não confunda os zangões com a rainha. Use a cor correspondente ao ano atual para as rainhas.

O meu método preferido é comprar a "mola de cabelo" apanha rainhas, uma manga de marcação de rainhas (disponível na empresa Brushy Mountain), um tubo de marcar rainhas e uma caneta de marcar rainhas. Apanhe a rainha gentilmente com a "mola de cabelo". Tem um espaçamento de forma a não ser fácil magoar a rainha, mas mesmo assim seja cauteloso. Se você coloca a "mola de cabelo", o tubo de marcar rainhas e a caneta (após ser abanada e começar a escrever) na manga de marcação de rainhas então a rainha não pode voar enquanto faz a marcação. Pegue no tubo de marcar rainhas e retire o êmbolo. Se você se afastar da colmeia pode perder algumas das abelhas que estão dentro e em cima da "mola de cabelo". Não sacuda enquanto segura na "mola de cabelo" pois pode sacudir a rainha para fora. Se você levar tudo para uma casa de banho com janela e apagar as luzes pode ter a certeza que a rainha não vai voar para longe. Ou use a manga de marcação de rainhas da empresa Brushy Mountain. Use uma escova ou uma pena para retirar as obreiras quando saem e depois tente guiar a rainha para dentro do tubo. Ela tem mais tendência a subir e também a ir em direção à luz, abra então a "mola de cabelo" para que ela corra para dentro do tubo. Se ela não entra no tubo mas corre para a sua mão ou luva, não entre em pânico, apenas largue a "mola de cabelo" depressa e gentilmente mas depressa coloque o tubo sobre a rainha. Tape o tubo com a sua mão para bloquear a luz para que ela corra para o topo do tubo. Coloque o êmbolo no tubo. Seja rápido mas não faça a marcação à pressa. Gentilmente empurre a rainha até ao topo do tubo de marcação e faça um pequeno ponto de tinta com a caneta (use primeiro a caneta num pedaço de madeira ou papel para que a ponta da caneta já tenha tinta) no meio das costas do seu tórax e entre as asas. Se não parece suficientemente grande deixe estar. Você precisa de a manter presa durante vários segundos enquanto sopra na tinta para a secar. Não a deixe sair cedo demais pois a tinta vai-se espalhar nas suas articulações entre as secções do seu corpo e pode aleijá-la ou matá-la. Após a tinta ter secado (20 segundos mais ou menos) retire o êmbolo até metade do tubo para que a rainha possa andar. Retire completamente o êmbolo e aponte a parte aberto do tubo para as barras de topo e a rainha vai usualmente correr para dentro da colmeia.

Longevidade da Rainha:

"Em Indiana nós tivemos uma rainha à qual demos o nome de Alice que viveu até à idade madura de oito anos e dois meses e fez um excelente trabalho até ao seu sétimo ano. Não pode haver dúvidas sobre a autenticidade desta afirmação. Nós vendemos ela a John Chapel da cidade de Oakland, Indiana, e ela era a única rainha no seu apiário com as asas cortadas. Isto, no entanto é uma rara exceção. Na altura eu estava a experimentar favos artificiais com alvéolos de madeira onde a rainha fazia a postura."—Jay Smith, Better Queens, Pág. 18

Eu salientaria que o Jay diz: "Isto, no entanto é uma rara exceção".

Eu penso que três anos sempre foi bastante típico para a vida útil de uma rainha.

Bancos de Rainhas

Um apicultor pode manter um certo número de rainhas numa colmeia se tiver abelhas que estejam com vontade de aceitar uma rainha (orfanização no dia anterior ou uma mistura de abelhas sacudidas de diversas colmeias) e as rainhas estão em gaiolas de forma a não poderem matar-se umas às outras. Eu fiz isso com uma moldura de 19mm por cima de um núcleo ou quadro com barras de plástico que suportam gaiolas da JZBZ. Eu coloco um quadro com criação periodicamente para que o enxame não tenha obreiras poedeiras a desenvolverem-se ou ficar sem abelhas jovens para alimentarem as rainhas.

ESE (Estrado Sem Estrado)

Estrado Sem Estrado (Em inglês diz-se "Floor With Out a Floor" ou "Cloake Board"). Usado para permitir a conversão de uma caixa no topo de uma colmeia criadora de rainhas para que se possa mudar de colmeia inicializadora (sem rainha) para colmeia construtora de alvéolos (com rainha) ou finalizadora. Este é feito com um pedaço de madeira de 19mm por 19mm com entalhe de 9.5mm por 9.5mm. Com uma ponta que sai 19mm ou mais para a frente e com uma peça na frente de lado a lado por baixo para fazer uma rampa de voo. Corte um pedaço de contraplacado ou algo similar de 4.8mm ou 6.4mm para que se possa deslizar e funcionar como fundo removível (ou estrado). Coloque vaselina nas bordas para que as abelhas não o colem. A primeira imagem mostra a moldura numa colmeia sem o fundo removível (ou estrado). A segunda imagem mostra como se introduz o fundo removível. A terceira imagem mostra o ESE com o fundo removível colocado.

Núcleos

Otimização do Espaço

Eu acredito bastante que se deve dar às abelhas apenas o espaço que elas precisam até ao fluxo principal de néctar. Para criar mais abelhas e produzir cera é necessário calor. Caixas núcleo permitem que você limite o espaço que um pequeno número de abelhas e criação tomam conta enquanto se estabelecem ou enquanto elas invernam. Aqui ficam algumas fotografias dos meus núcleos e a forma como eu os organizo para invernar as abelhas.

Núcleos de Vários Tamanhos

Núcleos de Fecundação Divididos em Quatro Espaços de Dois Quadros

À esquerda estão núcleos de fecundação *"Dois por Quadro"*. Quatro núcleos de dois quadros cada em caixas de dez quadros. À direita estão núcleos ordenados de profundidade média. Número de quadros da esquerda para a direita 2, 3, 4, 5, 8, 10. Eu gosto de núcleos de dois quadros como núcleos de fecundação. As caixas médias de 8 quadros fazem um bom núcleo pois têm o mesmo volume de uma caixa funda de 5 quadros.

Núcleos de Larguras Diferentes Ordenados

Invernar Núcleos

De acordo com os estudos científicos para sobreviver a baixas temperaturas, um grupo de pelo menos 2000 abelhas é necessário (Southwick 1984). Eu não sei a que temperaturas esse grupo de abelhas é suposto sobreviver, mas os meus enxames desse tamanho em núcleos usualmente ficam bem até um longo período de tempo com temperaturas abaixo de zero. Mas elas usualmente não sobrevivem a temperaturas negativas por muito tempo. Eu tento ter uma caixa média de oito quadros que está razoavelmente cheia de abelhas antes do inverno.

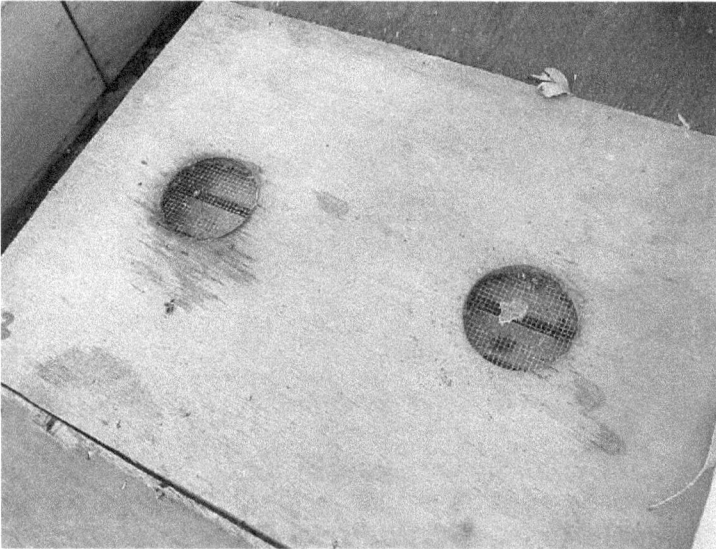

Vou agora falar de algumas coisas que eu já tentei para invernar núcleos em alguns dos últimos invernos. Há 14 núcleos de oito quadros e 20 núcleos de cinco quadros. A base é feita de contraplacado de quatro por oito com grossura de 19mm com poliestireno expandido e uma folha de contraplacado (em inglês diz-se "luan" que é similar) de grossura 6.4mm por cima. Os núcleos estão alinhados por cima disso. O fundo é feito com contraplacado de grossura

6.4mm com um buraco de ventilação por trás. O topo também é feito de contraplacado com um buraco para colocar um frasco de um litro (com rede metálica de buracos 3.2mm por baixo) e outro buraco de ventilação no topo. A entrada tem largura de 25.4mm e 9.5mm de altura nos núcleos de cinco quadros e cerca de 63.5mm de largura nos núcleos de oito quadros. Eu tive de reduzir todas as entradas com rede metálica com buracos de 3.2mm para reduzir a pilhagem para que todos eles tenham 9.5mm por 9.5mm. Dois foram pilhados e os enxames morreram mas o resto parece estar bem. Um tem um banco de rainhas lá dentro e tem um aquecedor de terrário por baixo. O topo é uma caixa grande feita com um por oito e uma folha de poliestireno expandido (em cada secção) por cima disso para fechar. Há aquecedores elétricos com termóstato que se coloca por dentro e se escolhe a temperatura de 21ºC. O maior problema que eu tive foi que os alimentadores tinham fugas de líquido no banco de rainhas o que impedia as abelhas de formarem cacho e deixavam as rainhas meio abandonadas. Um aquecedor de terrário por baixo ajudou o banco de rainhas. Alimentar parece causar a maioria dos problemas. O xarope causa muita humidade e por vezes os frascos pingam sobre as abelhas.

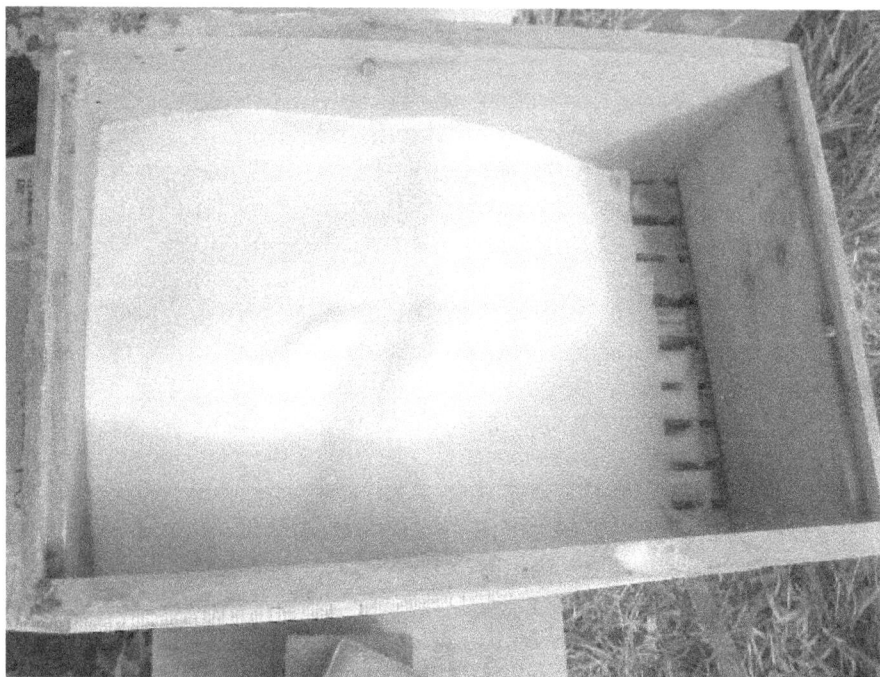

Alimentar com açúcar granulado

As primeiras duas imagens mostram a alimentação com açúcar granulado, que foi o que fiz nos núcleos este ano. A imagem seguinte é um alimentador de quadro cheio de açúcar granulado. A próxima é sobre alimentar de lado sem usar o alimentador de quadro, simplesmente removendo alguns quadros. As últimas duas imagens mostram a configuração das caixas para invernar este ano. Há uma abertura no centro com um pequeno aquecedor com termóstato configurado para 15.6ºC. O poliestireno expandido cobre três dos lados do agrupamento de núcleos. Os duplos têm um fundo extra por cima para encher o espaço e os unitários por cima uns dos outros tendo cada um o seu estrado. Os estrados são alimentadores para que o xarope possa ser colocado no fundo na primavera ou em tempo quente para alimentar. Isto tem funcionado bem no meu caso.

Eu recomendo a qualquer novo apicultor que tenha pelo menos alguns núcleos. Eles são muito úteis para iniciar enxames, criar rainhas e manter uma rainha extra. Uma vez que eu recomendo médios para tudo, eu saliento que você pode comprar núcleos médios de cinco quadros na empresa Brushy Mt Bee Farm. Você também pode comprar caixas de 8 quadros que são boas como tamanho intermédio e têm o mesmo tamanho que um núcleo fundo de cinco quadros. Eu penso que a empresa Miller Bee Supply tem núcleos médios tal como a empresa Rossman e possivelmente outras. Um núcleo fundo pode também ser cortado. Você pode fazer o seu próprio se tiver jeito para trabalhar com madeira. Eu descobri que uma tábua de madeira serve para estrado e uma tampa de transumância são adequadas para núcleo. Eu já os fiz com dois quadros (mais para ter uma rainha extra ou para núcleos de fecundação), três quadros, quatro quadros e cinco quadros. Desde que estou a usar caixas médias, eu suponho que uma caixa de oito quadros é equivalente a um núcleo de cinco quadros. Eu também uso caixas de oito quadros para núcleos. Eu tenho tendência a usá-los para dar um espaço mínimo a uma colónia que esteja a começar. Qualquer espaço em excesso dará mais trabalho a uma colónia pequena.

Para que Coisas são Bons os Núcleos:
Desdobramentos

Você pode colocar um quadro com criação e ovos, um quadro com criação a emergir, alguns quadros com mel e pólen dentro de um núcleo e sacudir mais algumas abelhas de alguns quadros que tenham criação (abelhas mais jovens). As abelhas vão criar uma nova rainha e você terá um novo enxame. Quando elas encherem o núcleo, mude-as para uma caixa estandardizada (colmeia).

Enxame Artificial

Se as abelhas estão a tentar enxamear, faça como expliquei antes mas excetuando que lhes dá a rainha velha para dentro do núcleo e tira todos menos um ou dois alvéolos reais da colmeia.

Fazendo rainhas a partir de alvéolos de enxameação

Tal como disse atrás você pode desdobrar para que as abelhas façam uma rainha, mas também quando as abelhas estão a tentar enxamear pode fazer como expliquei inicialmente (em desdobramentos) e colocar um alvéolo real em cada núcleo com a criação, mel, abelhas e elas vão cuidar do alvéolo real e da rainha que emergir dele, você pode usá-las para trocar a rainha de outros enxames, vender ou o que quiser fazer. É claro que você pode também criar rainhas para obter os alvéolos que coloca. Se você tem múltiplos alvéolos reais pode cortar alguns deles e colocar em núcleos.

Manter uma rainha extra

Quando troca rainhas coloque algumas dessas rainhas velhas em núcleos com um quadro de criação, um de mel e se uma das novas rainhas for rejeitada você ainda tem rainhas extra para usar. Também, se você tem apenas um núcleo com uma rainha extra nele, você pode trocar uma rainha por essa. Para manter o enxame do núcleo fraco, vá tirando criação selada do núcleo e dê ela a outros enxames.

Troca de rainha infalível

Se você fizer como expliquei no início (em desdobramentos) e coloca uma rainha em gaiola lá dentro, as abelhas amas vão rapidamente aceitar a rainha. Após ela começar a pôr ovos você pode matar a rainha do enxame que quer trocar a rainha e combinar os dois enxames usando o método do jornal. As abelhas aceitam rapidamente uma rainha em postura.

Banco de rainhas

Eu construo uma moldura do tamanho de um núcleo mas de espessura 19mm e coloco as rainhas em gaiolas com o arame para baixo para as manter durante vários dias ou semanas antes de as introduzir.

Combinação de favos

Isto é especialmente útil com abelhas regredidas. Pois o problema com a cera estampada com alvéolos de 4.9mm não é as abelhas usarem os alvéolos, é que abelhas que são grandes de forma não natural *construam* os alvéolos. Se você inicia um núcleo com abelhas pequenas como expliquei no início (em desdobramentos) e depois de estarem estabelecidas, coloca quadros com cera estampada de alvéolos com 4.9mm na posição 1,2,4 e 5. Alimenta-as bem e remove alguns favos completamente puxados cada dia. Se há ovos, coloque-os noutra colónia para deixar as abelhas emergirem e roube outro quadro. Mantenha 1.4Kg a 1.8Kg de abelhas no núcleo.

Apanha de enxames

Os núcleos são úteis para colocar pequenos enxames.

Colmeia isco

Os núcleos são úteis para usar como colmeias iscos para os enxames. Você pode usar uma caixa de 10 quadros e isso também tem um tamanho útil, mas é mais difícil de amarrar a uma árvore e para ter os melhores resultados elas precisam de estar a 3m de altura numa árvore.

Enxames sacudidos

Você pode colocar um estrado sanitário no núcleo e sacudir abelhas de quadros com criação de várias colmeias (tenha o cuidado de *não* sacudir também a rainha) e você terá muitas abelhas órfãs. Estas podem ser colocadas numa colmeia com alguma criação para que elas possam criar uma rainha ou adicionadas a um núcleo com uma rainha em gaiola.

Transportando mel

Os núcleos são úteis e leves mesmo com cinco quadros cheios de mel, comparados com uma caixa de dez quadros. Úteis para colocar quadros enquanto você usa a escova para tirar as abelhas durante a cresta e também úteis para o transporte.

Equipamento Mais Leve

Médias em vez de fundas

O meu primeiro passo na direção do equipamento mais leve na apicultura foi tentar usar colmeias horizontais, que eu gosto bastante. Mas eu ainda tinha muito equipamento velho, então comecei a cortar as caixas fundas para as tornar em caixas médias e parei de usar as fundas e as pouco fundas. Então eu cortei as caixas de dez quadros para as tornar em caixas de oito quadros. Se você quer entender o porquê, uma caixa de dez quadros das fundas cheia de mel pesa 41Kg. Enquanto uma caixa de dez quadros das médias pesa 27Kg. E por fim uma caixa média de oito quadros pesa 22Kg.

À esquerda está a "típica" configuração tal como é recomendada nos livros. De baixo para cima é: um estrado sólido, duas caixas fundas para a criação, um excluídor de rainha, duas alças pouco fundas, uma prancheta de agasalho

e uma tampa telescópica. A da direita é uma das minhas colmeias verticais. Esta tem quatro caixas médias para criação e
mel (sem excluídor) e uma tampa de transumância com uma
moldura dos dois lados para fazer uma entrada de topo e não
tem entrada no fundo. Usar apenas quadros do mesmo tamanho simplifica bastante a gestão pois todo o mel pode ser
usado como alimentação de inverno e qualquer criação encontrada nas alças pode ser mudada para baixo pois todos os
quadros e caixas são compatíveis. Deixar o excluídor de fora
ajuda a prevenir um ninho bloqueado com mel e não restringe
as abelhas que trabalham nas alças. Também não é preciso
ter entradas em baixo porque os zangões podem sair pela entrada de topo (sem excluídor que os pare).

Oito quadros em vez de dez

Eu estava cansado de lidar com caixas pesadas na
apicultura, então comecei a comprar caixas de oito quadros.
Mas eu ainda tinha muitas caixas de dez quadros. Nas imagens
seguintes pode ver algumas caixas de dez quadros desde o
chão, seguidas por caixas de oito por cima. A tábua de lado
cobre o espaço que ficava vazio. Na próxima imagem está uma
colmeia de dez quadros entre duas colmeias de oito quadros.
Da última vez que eu inspecionei as colmeias não levantei uma
única caixa porque todos os cachos de abelhas estavam no
topo e não conseguia descobrir porque é que as minhas costas
me doíam no fim da inspeção. Depois eu lembrei-me dos
blocos de cimento. Eu comecei a usar pedaços de arame feitos
como molas de pressão com arame de espessura 2.6mm para
segurar as tampas e para me livrar dos blocos de cimento.
(veja o capítulo *Vários Tipos de Equipamentos*) Mas os ventos
com 97Km/h têm tendência a remover as tampas sem eles e
soprar as colmeias para o chão e até por vezes separa as
caixas das colmeias.

Alça de Oito Quadros Sobre Ninho de Dez Quadros

Colmeia de Oito Quadros ao Lado de Colmeia de Dez Quadros

Eu corto todas as minhas caixas apícolas e respetivos quadros. A primeira imagem mostra o que eu fiz com as barras de baixo. A segunda imagem mostra o que eu fiz com as barras de baixo partidas e as barras de baixo divididas. Eu fiz uma nova barra de baixo a partir de um canto de um pedaço de madeira com a medida apropriada.

Quadro Fundo Cortado Com o Tamanho De Um Médio

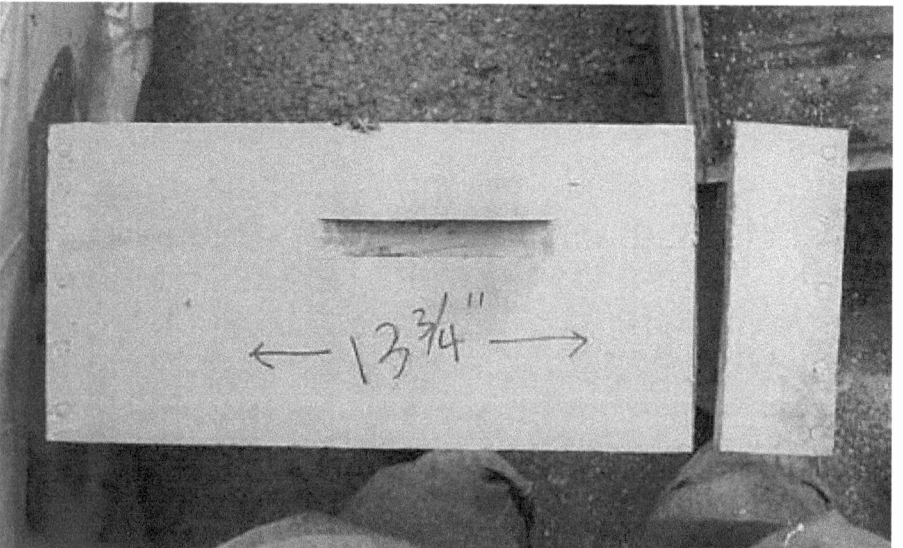

← 13¾" →

Cortando caixas de dez quadros e estrados para fazer caixas de oito quadros

Eu agora estou a cortar todas as minhas caixas apícolas de 10 quadros médios e estrados. As fotos anteriores mostram a sequência de eventos para fazer uma caixa de 10 quadros e transformar estrados sanitários da Brushy Mountain em caixas para 8 quadros. A serra manual faz um corte final para terminar o corte feito pela serra de mesa e ficar quadrado porque a curva do disco da serra de mesa faz umas pequenas "orelhas" nas pontas.

Mergulhar O Equipamento em Cera

Eu estava a expandir a minha apicultura, comprei muito equipamento novo e então decidi tentar mergulhar todo o equipamento novo em cera e resina para preservar a madeira do equipamento. Eu consegui o tanque de um amigo que o tinha mandado fazer de forma personalizada. Teria sido melhor se ele fosse mais alto, mas funciona bem e eu não tinha o tempo nem o dinheiro para obter um melhor. O método estandardizado é 2 partes de parafina e 1 parte de resina. Eu escolhi fazer com 2 partes de cera de abelha e uma 1 parte de resina. A resina foi comprada na empresa Mann Lake. A mistura de cera com resina foi derretida e aquecida até 110ºC e 121ºC. A 121ºC as caixas cozem bem (como se fosse a fritar gordura) em cerca de seis a oito minutos. A 111ºC, o processo demora cerca de 10 a 12 minutos. Você não pode deixar o processo abandonado ou sem ser monitorizado (e você precisa de um termómetro) pois o perigo de incêndio é enorme se não tem esses cuidados. Tenha um extintor pronto a ser usado perto de si. Eu uso um temporizador para não perder a noção do tempo. Isto não é como queimar o seu feijão. Se isto começa a arder você tem algumas dezenas de quilogramas de hidrocarbonetos como combustível.

Estrados no tanque

Algumas Caixas na Mistura de Cera e Resina quase a ferver. As caixas extra por cima servem para manter as de baixo emersas pois elas tendem a flutuar.

As caixas e estrados após estarem emersos na mistura de cera e resina. O equipamento apícola fica com boa aparência e cheira maravilhosamente e a água da chuva apenas forma gotas por cima do equipamento.

As abelhas parecem pensar que a resina e a cera é própolis. Aqui está uma a coletar a mistura nas minhas luvas.

Decisões da Colónia

Eu tenho pensado nisto já há algum tempo, mas uma apresentação feita por Tom Seeley em relação a enxames que procuram uma casa num encontro da *Kansas Honey Producers Association* e dois dias (e mais tarde durante a noite) ao falar com o Walt Wright, foi aí que estes meus pensamentos se "cristalizaram".

Na minha observação, uma das causas de abrandamento das abelhas acontece quando a colónia precisa de fazer uma decisão. Isto pode ser tão simples como por exemplo em que direção o cacho de abelhas quer ir, de encontro com as reservas, ou quando as abelhas pensam se querem puxar cera sobre algum plástico estampado, ou moverem-se através de um excluídor, ou ainda moverem-se para secções de favos com mel. Em muitas situações opostas as estratégias por parte do apicultor podem ter os mesmos resultados pois a decisão própria era clara, onde algo mais moderado pode ter resultados pobres por causa da indecisão.

Pegando em algo que a maioria das pessoas já viu, como tentar que as abelhas atravessem um excluídor. Se as abelhas têm espaço no fundo elas parecem não querer atravessá-lo. Mas se você lhes reduz o espaço e a caixa fica muito cheia de abelhas elas não têm outra escolha. Logo que elas decidam, elas atravessam o excluídor sem hesitar.

Eu vi o Dr. Thomas Seeley fazer uma apresentação sobre a forma como as abelhas decidem para onde ir quando enxameiam. É basicamente o processo de chegarem a um consenso e isso demora tempo.

Outro exemplo são as caixas fundas, as caixas fundas de Dadant e as médias. Com as médias as abelhas nunca parecem hesitar, subir ou descer uma caixa se precisarem de espaço. Com as fundas as abelhas muitas vezes ficam presas numa caixa e não querem mover-se para cima ou para baixo. Com as fundas de Dadant elas têm espaço suficiente e não *precisam* de se mover para cima ou para baixo. Eu descobri que tenho melhores resultados com a funda de Dadant, onde elas não precisam de decidir, ou as médias onde a decisão é basicamente necessária.

Eu penso que isto é a causa do entusiasmo (e velocidade) com que elas fazem os seus próprios favos comparado com a forma com que puxam favo sobre a cera estampada ou especialmente sobre o plástico estampado. Elas sabem o que querem fazer mas têm de chegar ao ponto de fazer a decisão sobre o que fazer com a cera estampada.

Eu penso que isto é muitas vezes o porquê das pessoas frequentemente fazerem as coisas da forma oposta mas depois obterem resultados similares. Logo que as abelhas decidam, elas fazem as coisas depressa. Se elas têm de chegar a um consenso, demora tempo. Um cacho de abelhas numa colmeia média e comprida tem apenas uma direção para onde ir, lateralmente. Um cacho de abelhas numa colmeia vertical de oito quadros tem apenas um lado para onde ir se está no fundo, para cima. Se ele está em cima, para baixo.

Eu penso que nós apicultores muitas vezes damos às abelhas demasiadas decisões para fazer. Quantos de nós já vimos um cacho de abelhas no meio das reservas com uma lacuna à volta dele e que não se moveu para as reservas? Eu penso que elas não conseguiram decidir.

Indecisão requer muita energia e perda de tempo por parte das abelhas. Por vezes isto atrasa-as e por vezes até as mata. Como apicultores nós precisamos de estar atentos a isto, usar isto como uma vantagem para nós e evitar que isto funcione como uma desvantagem para as abelhas.

Colmeias De Duas Rainhas

Vou introduzir este tema com o facto que já fiz isto e penso que é *usualmente* mais fácil apenas ter duas colmeias cada uma com a sua própria rainha. O maior problema para mim é que você tem uma colmeia como alça com alças empilhadas por cima "até às nuvens", com abelhas por todo o lado e para fazer alguma coisa com as rainhas é necessário mover e perturbar as abelhas de todas as caixas. Ter todas essas abelhas pode ser intimidante, especialmente para um principiante. Eu penso que para ser prático requer um sistema onde não seja necessário mover qualquer caixa para chegar a qualquer uma das rainhas.

Dito isso, o conceito é que duas rainhas põem duas vezes mais ovos e um enxame aumenta com o dobro da velocidade na primavera. Mais obreiras, mais mel.

Há algumas táticas diferentes para você conseguir isto. Uma envolve pouco equipamento, pouco trabalho, mas é também um método menos fiável de simplesmente obter alvéolos reais e coloca-los na caixa de cima para as rainhas emergirem. Isto resulta muitas vezes, mas não sempre, numa colmeia com duas rainhas com o mínimo de esforço. Você pode aumentar a probabilidade de sucesso colocando um excluídor de rainha algures entre o meio das caixas. É claro que ambas as colmeias têm de ter uma forma dos zangões e das rainhas virgens saírem. Isto funciona muita vez mas no pior caso os enxames trocam de rainha e no melhor caso os enxames acabam com duas rainhas em postura. Eu já fiz isto de forma acidental quando criava rainhas em diversas ocasiões. Para mais detalhes sobre criar uma rainha no topo da colmeia veja a informação de Doolittle em *Scientific Queen Rearing* (Criar Rainhas De Forma Cientifica).

Um tipo de método similar ao *Demaree* também funciona bastante bem para fazer uma. Apenas construa um divisor com duas redes (ou dois divisores cada um com uma rede) e coloque uma caixa com criação sobre esse divisor duplo. As abelhas criam uma nova rainha na parte sem rainha (não importa qual seja a parte) e quando se aproxima o fluxo de néctar principal, você pode fazer a combinação de enxames usando o método do jornal com ou sem excluídor de rainha.

Se você quer algo mais seguro, aqui fica o meu projeto para uma colmeia com duas rainhas que é fácil de gerir. Eu faria ou usaria uma colmeia horizontal com o comprimento equivalente a três caixas das de 1.2m. Com as entradas num dos lados mais longos. Faça com que possa abrir ou fechar uma entrada em qualquer das três partes da colmeia em qualquer dos lados longos que escolheu.

A caixa precisa de duas ranhuras onde um pedaço de excluídor de rainha encaixe para ficar dividida em três partes. Isto permite ter uma rainha em cada ponta e alças no meio.

Você pode usar qualquer de vários métodos para que um enxame aceite duas rainhas, mas elas ficam separadas o suficiente para não lutarem, você fica com dois ninhos e uma pilha de alças no meio. Você pode comprar rainhas, deixe o enxame órfão durante 24 horas, desdobre o ninho em duas caixas ninho com uma rainha em gaiola em cada uma delas e tente a introdução simultânea.

Se você cria as suas próprias rainhas, pode colocar uma rainha virgem em cada ponta e esperar que elas voltem para a caixa certa depois de acasalarem.

A melhor altura de obter duas rainhas em postura é na primavera. Quanto mais cedo melhor. Durante o fluxo de néctar você pode ter melhores resultados em desdobrar o enxame, colocar toda a criação aberta de um lado e a maioria das abelhas do outro lado para aumentar a produção desse enxame, porque muita criação *durante* o fluxo de néctar não ajuda a produção.

Snelgrove tinha um plano para usar um enxame como suporte de outro que era bastante engenhoso, consistia na manipulação de entradas no fundo e no topo de um divisor duplo. Talvez esse plano se possa de alguma forma adaptar à configuração da colmeia horizontal que falei.

Todo o sentido de usar uma colmeia com duas rainhas é de obter uma "super colmeia" com uma enorme população de abelhas. Outra forma de conseguir isto é com o método de "desdobramento de redução/combinação". Veja o capítulo sobre *Desdobramentos* para mais informação.

Colmeias Top Bar

Colmeia Top Bar Do Quénia (CTBQ)

Construção de uma colmeia Top Bar do Quénia. Os lados são de madeira com 25.4mm por 204.8mm por 1.2m. O fundo tem 25.4mm por 152.4mm por 1.2m.

As pontas têm 25.4mm por 204.8mm por 381mm. Nenhuma das peças de madeira é entalhada ou chanfrada. Elas são apenas cortadas pelas medidas indicadas e pregadas umas às outras.

Os lados são afastados até chegarem ao limite das pontas, são pregados e depois aparafusados com parafusos resistentes à corrosão. Eu acabei por ter de usar parafusos resistentes à corrosão porque quando tentava levantar as barras a ponta da colmeia também se levantava.

Com abelhas. As barras de topo são cortadas a partir de tábuas com grossura de 25.4mm e com um guia de favo chanfrado colado e pregado. Você pode ver na imagem uma barra no topo da colmeia do lado direito. O ninho tem barras de topo com a largura de 31.6mm e as barras de topo destinadas ao mel têm largura de 38.1mm, o comprimento de todas as barras é de 381mm.

Favo de uma CTBQ. Você consegue ver a rainha?

Uma fotografia de uma rainha no favo de uma CTBQ.

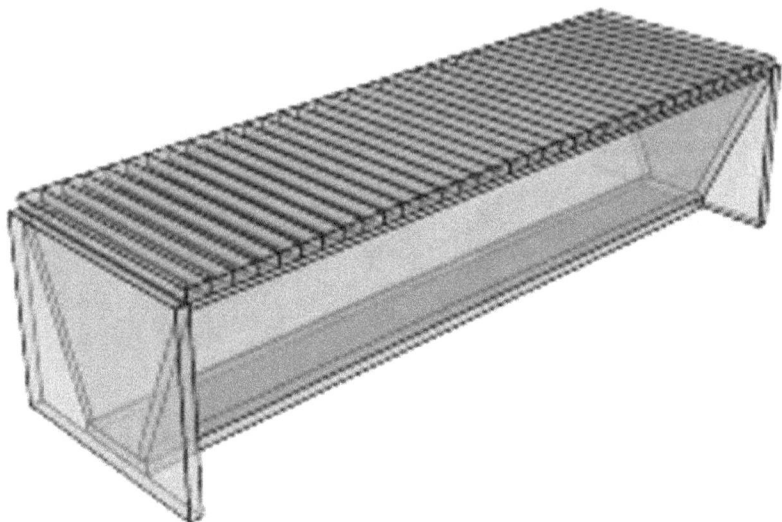

Desenho com transparência de uma CTBQ (obrigado ao Chris Somerlot).

O objetivo de uma Colmeia Top Bar (CTB) é ser fácil e barata de construir, fácil de trabalhar e de ter alvéolos do tamanho natural. A CTB do Quénia (lados inclinados) é para que os favos sejam mais fortes de forma natural e a probabilidade de partirem e colapsarem seja menor quando estão cheios de mel. Esta colmeia funcionou muito bem sem colapsos de favo. Os favos pequenos são fáceis de manipular e não são tão frágeis como os favos grandes quando pendurados livremente. As imagens estão ordenadas da seguinte forma:

A entrada da CTBQ é apenas uma barra da frente puxada para trás pelo menos 9.5mm. O topo fica sobre o topo de uma barra com 19mm para que a entrada fique mais alta 19mm e de largura tem os 9.5mm, por outras palavras, é apenas na verdade uma abertura na frente da primeira barra.

Lista de material necessário:

_ 2- Tábua com 25.4mm por 304.8mm por 1.2m.

_ 2- Tábua com 25.2mm por 304.8mm por 281mm.

_ 1- Tábua com 25.2mm por 152.4mm por 1.2m.

_ Qualquer tipo de tampa com 381mm por 1.2m.

_ 16- barras com 381mm por 31.8mm por 19mm.

_ 18- barras com 381mm por 38.1mm por 19mm.

_ 34- Guias de favo triangulares cortados a partir de uma moldura chanfrada ou os cantos de uma tábua com 25.4mm por 19mm por 330.2mm.

_ 2- 101.6mm por 101.6mm por 406.4mm, madeira de cedro ou outro tipo qualquer de madeira tratada como suporte da colmeia.

Todos os cortes são a direito a menos que você corte as suas próprias guias de favo usando madeira com espessura de 25.4mm.

Um dos assuntos mais difíceis de comunicar é sobre o projeto da entrada. Eu penso que é por você não ter de fazer uma para ter uma. Você simplesmente deixa uma barra numa das pontas puxada para trás (pois você tem sempre espaço que sobra) e as barras levantam a tampa através da sua espessura o que deixa uma entrada.

Entrada (Fotografia de Theresa Cassidy)

Entrada com a cobertura de topo puxada para trás
(Fotografia de Theresa Cassidy)

Colmeia Top Bar da Tanzânia (CTBT)

Colmeia Top Bar da Tanzânia

CTBT Aberta

Favo da CTBT

Aqui está uma colmeia longa de profundidade média. Esta tem barras de topo em vez de quadros. A entrada é apenas uma tampa migratória levantada e a barra da frente fica recuada 9.5mm da frente. A vantagem desta colmeia é que os quadros médios estandardizados cabem nela, assim se o enxame na colmeia precisar de recursos eu posso ir buscar um quadro de outro enxame que tenha esses recursos. Também, posso iniciar um enxame nela com alguns quadros de criação tirados de outra das minhas colmeias (que são todas médias). Não tenho visto mais favos com pontes de cera ou reforço do que nas colmeias com as paredes inclinadas (ex: CTBQ).

Lista de material necessário:
_ 2- Tábua com 25.4mm por 203mm por 1.2m com ranhura de 9.5mm por 19mm para apoiar o quadro ou barra.
_ 2- Tábua com 25.4mm por 203mm por 0.5m.
_ 1- Fundo (contraplacado, plástico de cartazes publicitários ou algo similar) com 1.2m por 0.5m.
_ Qualquer tipo de tampa com 0.5m por 1.2m (contraplacado, plástico de cartazes publicitários ou metal de colocar em telhados das casas) ou três tampas de transumância.
_ 16- Barra com 0.48m por 31.8mm por 9.5mm.
_ 18- Barra com 0.48m por 38.1mm por 9.5mm.
_ 34- Guia de favo triangular cortado a partir de um pedaço de moldura chanfrada ou um canto de uma tábua cortado em 25.4mm por 19mm por 25.4mm por 0.44m.
_ 2- Suporte feito com tábua de cedro com 102mm por 102mm e comprimento 0.4m ou então madeira tratada.

Medição dos Alvéolos dos Favos

A Medição obtida foi de 4.7m

Apenas para mostrar algumas medições de alvéolos. Aqui está um favo de criação da minha colmeia Top Bar do Quénia. Para medir, comece na marca de 10mm e conte até 10 alvéolos. Parece-me ser de 4.7cm para os dez alvéolos. O que dá 4.7mm. Tome nota que eu comecei nos 10cm porque é difícil dizer precisamente onde é o zero da fita métrica.

Perguntas Mais Frequentes
Invernar

P: Algumas pessoas dizem que os enxames nas colmeias top bar não invernam bem nos climas frios. Será?

R: Eu tenho-as no Nebrasca e outros têm-nas em lugares tão frios como Casper Wyoming. Eu raramente tenho ouvido alguém que tem abelhas em colmeias top bar dizer que as abelhas não invernam bem em climas frios. Eu tenho ouvido dizer isso usualmente de pessoas que não o tentaram fazer. É um bom plano colocar o cacho de abelhas numa ponta no início do inverno para que as abelhas possam trabalhar até à outra ponta durante o inverno. Se elas estão no meio podem trabalhar na direção de uma ponta e morrer com reservas na outra ponta. O maior problema é ter colmeias top bar em climas muito *quentes* e mesmo assim as pessoas parecem fazer isso na mesma com sucesso. Eu tenho os maiores problemas em dias com mais de 38ºC nos quais tenho favos que podem colapsar.

Clima Tropical?

P: As colmeias Top Bar foram criadas em África, certo? Então é uma colmeia de clima tropical?

R: Na verdade elas foram criadas na Grécia há centenas de anos atrás e depois foram usadas em muitos outros locais. Mas a verdadeira preocupação parece ser que existe uma crença que as abelhas não se movem horizontalmente. É óbvio que isto não é verdade. Eu já vi enxames em ramos ocos horizontais, já os vi no chão de casas, já invernei enxames em colmeias Horizontais, em ambas as versões de colmeia top bar e nas Langstroth com quadros. As abelhas tendem a só se moverem numa direção quando formam cacho e têm dificuldades em mudar de direção num cacho quando está frio. Mas elas não se parecem importar se essa direção é horizontal ou vertical. Colmeias gamela (colmeias arca, ou qualquer colmeia que você deseje chamar de colmeia horizontal) têm sido usadas nos países da Escandinávia durante séculos. De acordo com Eva Crane a maioria das colmeias do mundo hoje em dia e durante a história têm sido das horizontais, em qualquer zona desde muito a norte até aos trópicos.

Excluídor?

P: Sem um excluídor de rainha como é que você impede que a rainha vá até ao mel?

R: Eu nem nas colmeias vulgares uso excluídor de rainha. A rainha não tende a fazer postura por todo o lado. Quando você tem criação nas alças de uma colmeia Langstroth é devido a uma de duas coisas terem acontecido. Ou a rainha estava a procurar um lugar onde colocar ovos de zangão, que você não permitiu no ninho porque retirou os alvéolos de zangão ou usou cera estampada apenas de obreira; ou a rainha precisou expandir o ninho ou enxamear. Você preferia que elas enxameassem? As abelhas querem um ninho consolidado. Elas não querem criação por todo o lado. Algumas pessoas preferem ter algum mel selado como o seu "excluídor de rainha". Eu faço o contrário. Eu tento que elas expandam o ninho o máximo possível para que não enxameiem e para ter a maior quantidade de obreiras para recolherem néctar e fazerem mel. Então eu adiciono barras vazias no ninho durante a época onde a enxameação é mais provável.

Cresta

P: Como é que você tira o mel de uma colmeia top bar?

R: Você pode esborrachar e filtrar; ou você pode cortar os favos e fazer mel em favo. Se você quer mesmo, a empresa *Swienty* tem um extrator que funciona com favos de colmeia top bar. Mas se você tem apenas algumas colmeias, o dinheiro gasto num extrator raramente vale a pena.

Entrada de Topo?

P: Algumas pessoas dizem que a entrada de topo deixa sair o calor. Como é que você faz as suas entradas?

R: Em qualquer colmeia (top bar ou outro tipo) eu penso que uma entrada de topo no inverno é sempre um bom plano. Deixa sair a humidade e reduz a condensação. O calor é raramente um problema, a condensação é o verdadeiro problema no inverno. Uma entrada de topo vai deixá-la sair. As minhas colmeias *apenas* têm entradas de topo. A razão pela qual eu as comecei a usar foi o problema das doninhas. A minha primeira colmeia top bar tinha uma entrada no fundo e as doninhas eram um problema sério. Depois de usar entradas de topo as doninhas deixaram de ser um problema. As minhas entradas são simplesmente uma abertura na frente da colmeia entre a primeira barra e a parede da frente. Não há buracos para furar.

Lados Inclinados?

P: Será que uma CTBQ tem menos favos colados às paredes com cera de reforço do que uma CTBT?

R: Na minha experiência não. Eu apenas sei de um apicultor com colmeias top bar que pensa mesmo que seja verdade. A maioria teve a mesma experiência que eu, que as abelhas fazem poucos favos com cera de reforço em qualquer dos dois tipos de CTB.

Varroa?

P: Como é que você trata um enxame de uma colmeia top bar infestado com Varroa?

R: Eu não trato. Eu dependo dos alvéolos naturais que são mais pequenos. Mas você pode fazer um buraco na colmeia e usar a vaporização com ácido oxálico ou pode pingar ácido oxálico ou então pode aplicar açúcar em pó sobre as abelhas.

Alimentação?

P: Como é que você alimenta um enxame numa colmeia top bar?

R: Uma vez que eu usualmente apenas alimento em casos de emergência, com açúcar granulado no fundo (se a colmeia não tem estrado sanitário) funciona bem. Pulverize com um pouco de água para que as abelhas se interessem em o consumir e para que as abelhas amas não o atirem para fora da colmeia. Você pode usar um alimentador de saco no fundo ou, se você construiu a colmeia para suportar quadros Langstroth pode colocar alimentadores de quadro ou, se não, você pode fazer um que caiba na colmeia. As mais compridas e médias que eu uso podem usar quase tudo que possa ser usado numa colmeia normal. Nas colmeias longas e médias eu uso alimentadores de quadro com flutuadores lá dentro.

Gestão?

P: Quais são as diferenças na gestão de uma colmeia top bar ou uma colmeia longa?

R:
_ A coisa mais importante a entender é que as abelhas constroem favos paralelos. Por esse motivo um bom favo leva a outro bom favo da mesma forma como um favo mau leva a outro favo mau. Você não se pode dar ao luxo de não prestar atenção há forma como elas começam os favos. A causa mais comum dos favos mal construídos é deixar a gaiola da rainha dentro da colmeia pois as abelhas

começam sempre o primeiro favo a partir da gaiola e daí começa um favo mal construído. Eu não consigo acreditar na quantidade de pessoas que querem "jogar pelo seguro" e penduram a gaiola da rainha. Essas pessoas obviamente não conseguem entender que é quase uma garantia que o primeiro favo não vai ficar bem construído, que sem intervenção garante que todo o favo da colmeia vai ser mal construído. Logo que você tenha favos mal construídos a coisa mais importante é certificar-se que o *último* favo está bem construído pois é sempre o guia para o favo *seguinte*. Você não pode "ter esperança" que as abelhas voltem a acertar os favos. Elas não o farão. Você tem de as ajudar a acertar os favos. Isto não tem nada a ver com ter ou não arames. Nada a ver também com o uso ou não uso de quadros. Tem a ver com o último favo estar direito.

_ A necessidade de colher o mel de forma frequente para manter a zona do mel aberta.

_ A necessidade de ter barras vazias no ninho durante a época dos enxames "reprodutivos" para expandir mais o ninho e prevenir enxameação.

_ A necessidade de ter o cacho de abelhas numa ponta da colmeia no início do inverno (pelo menos nos climas do Norte) para que elas não trabalhem na direção de uma ponta e morram de seguida com fome deixando reservas na outra ponta oposta por causa da indecisão. Isto é fácil de fazer simplesmente movendo as barras que têm o cacho de abelhas para uma das pontas e colocando as barras que essas barras substituíram na outra ponta. Uma vez que o ninho está usualmente perto da entrada, ter a entrada numa ponta evita este problema. Ter a entrada no centro causa o problema.

_ A necessidade de lidar com os favos de forma mais cuidadosa. Você tem de ter em atenção o ângulo do favo com a terra. Sempre que deita um favo que seja muito pesado há grande probabilidade de ele partir. Mantenha os favos pendurados em "sintonia" com a gravidade. Você pode virá-los mas tem de os rodar com a parte plana vertical e não horizontal. Você também precisa de verificar se os favos estão colados às paredes da colmeia com cera de reforço, ao chão ou a outros favos antes de retirar cada favo. Corte essa cera de reforço primeiro antes de puxar o favo.

Produção?

P: Qual o tipo de colmeia que produz mais mel? Uma colmeia top bar ou uma colmeia Langstroth?

R: A diferença básica está nas formas de gestão. Se você tem uma CTB onde pode aceder facilmente e verifica-a semanalmente durante um fluxo de néctar forte e faz a gestão do seu espaço colhendo o mel de forma frequente, eu penso que a produção é igual. Se a CTB está num apiário longe e você não vai lá com frequência ou mesmo se está no seu jardim mas você não vai lá de forma frequente, a colmeia Langstroth vai provavelmente fazer mais mel.

Com a CTB terá de fazer manipulações mais *frequentes* mas não significa que terá mais trabalho pois você não terá de levantar caixas quando faz inspeções.

Estrado Sanitário?

P: Posso colocar um estrado sanitário numa CTB?

R: Você pode. Mas eu não deixaria tudo aberto pois terá demasiada ventilação. Na minha experiência um ES faz pouca diferença com a Varroa.

P: Como é que você pode ter demasiada ventilação? A ventilação não é uma coisa boa?

R: É claro que no inverno demasiada ventilação significa demasiada perda de calor. Mas mesmo no verão as abelhas arrefecem a colmeia através da evaporação, assim num dia quente o interior da colmeia pode estar mais frio que o ar exterior. Então demasiada ventilação pode resultar numa situação em que as abelhas não conseguem manter o interior mais frio. Quando a cera aquece mais do que a sua temperatura normal de funcionamento na colmeia (>34ºC) ela fica muito fraca e os favos colapsam. De acordo com as experiências de Huber sobre ventilação, mais ventilação resulta na verdade em menos ventilação.

Ventilação Cruzada

P: Nas colmeias Langstroth você muitas vezes tem uma ventilação no topo e no fundo para conseguir suficiente ventilação. Será que eu posso providenciar ventilação cruzada na minha CTB?

R: As abelhas parecem ter mais dificuldade a ventilar uma colmeia vertical sem ventilação no topo. Elas têm de forçar o ar seco (que quer ir para baixo) para o topo e o ar húmido no topo (que quer subir), para baixo e para sair no fundo. É tal como andar 32Km para a escola, a subir em ambos os sentidos. Então uma ventilação no topo ou uma entrada de topo numa colmeia vertical parece ser muito vantajoso pois permite que o ar húmido e quente saia enquanto o ar seco entra pelo fundo. Com uma colmeia horizontal, isto não é um problema. Elas apenas fazem o ar circular de uma forma circular, o ar entra por uma ponta, passa pela outra e sai pela entrada. Tipo uma caminhada por terreno direito e sem subidas. Isto parece funcionar bem. Com ventilação cruzada (tal como uma na frente e traseira ou entrada) o vento pode soprar através da colmeia e isso pode ser uma coisa má.

Rampa de Voo?

P: Será que eu preciso de uma rampa de voo na entrada?

R: Não. Você já viu um enxame numa árvore com uma rampa de voo? Rampas de voo apenas dão aos ratos um lugar para onde saltar e entrar na colmeia. Não é precisa de forma nenhuma e é, na minha opinião, contraprodutiva por causa dos ratos.

Comprimento?

P: Qual o comprimento ótimo para uma CTB?

R: Na minha experiência, algo com cerca de 1.2m parece ser bom. Menos é difícil de impedir que elas enxameiem. Mais é difícil de conseguir que as abelhas ocupem todo o comprimento. A pesquisa do Frei Adam sobre as abelhas e as colmeias mostrou que o máximo comprimento de uma colmeia longa que ele encontrou foi de 1.5m. Eu diria que 1.5m é o máximo de comprimento útil.

Largura das Barras

P: Porque é que eu não posso fazer todas as barras da mesma largura?

R: Você pode. Mas não importa o que você faça, as abelhas não constroem todos os favos da mesma largura, então torna-se difícil de os manter nas barras. Se você quer fazer todas as barras da mesma largura, eu faria todas com a largura de 31.8mm e faria também muitos espaçadores de 6.4mm para colocar entre as barras quando as abelhas decidem fazer favos mais gordos e assim ficar com os favos de novo no centro das barras.

Guia de Favo

P: Qual o melhor guia de favo?

R: Não há nada de errado com a maioria dos guias de favo que se usam mais vulgarmente com exceção do método da cera no entalhe. Que é uma pequena sugestão e não um bom guia de favo de forma nenhuma. Você precisa de algo que saia de forma significante no centro da barra. 6.4mm é bom. 12.7mm não tem problema. Qualquer coisa desde uma tira de cera até a um guia triangular funciona, mas há vantagens e desvantagens. Na minha opinião a que tem mais vantagens e menos desvantagens é o guia triangular de madeira. As abelhas seguem-no de forma muito segura e fixam a cera de forma muito sólida. Eu gosto menos da tira de cera porque é frágil e no tempo quente pode causar o colapso de favos. Eu penso que o método menos seguro é apenas pingar cera em fio ao longo do centro da barra. Não digo que não funcione, mas a segurança deste método está no fundo da lista.

Colocar Cera nos Guias de Favo

P: Será que eu preciso de colocar cera nos meus guias de favo de madeira?

R: Não. Eu não coloco cera nos guias de favo e também não recomendo que você o faça. A cera que você coloca no guia não fica tão segura à madeira como as abelhas seguram a sua própria cera. Então na verdade enfraquece a conexão se você mergulha a madeira da ponta do guia em cera de abelha líquida. Na minha experiência, as abelhas não seguem o guia melhor ou pior com ou sem a cera.

Slatted Rack **(estrado com ripas espaçadas)**

P: Posso construir um *slatted rack* na minha CTB (ou em qualquer outra peça de equipamento especial)?

R: Claro que sim. Mas para mim o que me atrai mais em uma colmeia top bar, para além de não ter de levantar caixas, é a sua simplicidade. Eu prefiro manter tudo simples e prático.

Colmeias Horizontais

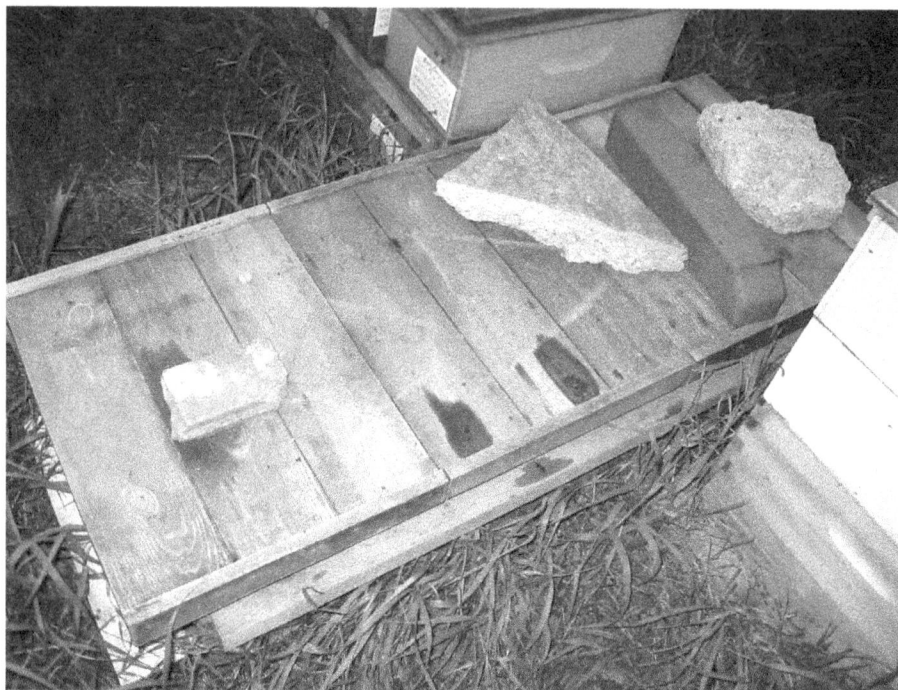

Colmeia Longa de profundidade média.

Uma das primeiras coisas que me lembrei quando queria parar de levantar tanta coisa na minha apicultura foi de uma colmeia longa. Eu inicialmente construi uma em 1975 mais ou menos para um amigo mas na verdade nunca a usei. A outra foi em 2002 mais ou menos. O conceito é simplesmente ter uma colmeia que funciona na horizontal para que você não tenha de levantar nada. Estas são populares em muitas partes do mundo. Outra variação destas colmeias são as colmeias top bar (veja o capítulo anterior para saber a lista de material e informação sobre as colmeias top bar) onde elas não só funcionam na horizontal mas também não usam quadros para os favos. Eu tenho, em uso neste momento, duas colmeias fundas de 12 quadros, uma colmeia funda de 22 quadros e cinco médias de 33 quadros. Eu espero conseguir fazer várias cada ano. As minhas entradas são apenas tampas de transumância levantadas. A vantagem é, não apenas que eu não preciso fazer buracos nem me tenha de preocupar com as doninhas mas também que a entrada se move com as alças e assim as abelhas tendem a trabalhar melhor nas alças quando eu as adiciono.

Colmeia Longa vista de frente. Esta tem quadros médios. Na sua maioria do tipo PermaComb

Gestão

Os problemas de gestão e questões são similares à gestão de colmeias top bar, então veja o capítulo das colmeias top bar para saber mais detalhes.

Colmeia Longa com alças. Esta tem na sua maioria quadros sem cera estampada.

Colmeias de Observação

Porquê uma colmeia de observação?

Eu amo as minhas colmeias de observação. Eu já aprendi muito mais com elas num ano do que muitos anos a ter abelhas em colmeias. Tenha uma, para além das suas colmeias, pois dá-lhe uma ideia do que está a acontecer lá fora nas outras colmeias. Você pode ver se há pólen a entrar, se há néctar a entrar, se está a acontecer uma pilhagem, etc. Você pode assistir à criação de uma rainha. Observar como ela age enquanto faz voos de acasalamento, observar as abelhas a enxamear. Você pode contar os dias ou horas que as abelhas demoram a selar alvéolos, tempo que demora uma nova abelha a emergir, etc. Vai poder ver as abelhas a dançar, etc. Você vai poder ouvir o barulho que as abelhas fazem quando estão órfãs, quanto estão a ser pilhadas, quando uma nova rainha emerge, etc. Eu comecei a construir uma várias vezes, mas nunca a terminei. Agora nem sei como passei tanto tempo sem uma.

Imagens de Diferentes Tipos de Colmeias de Observação

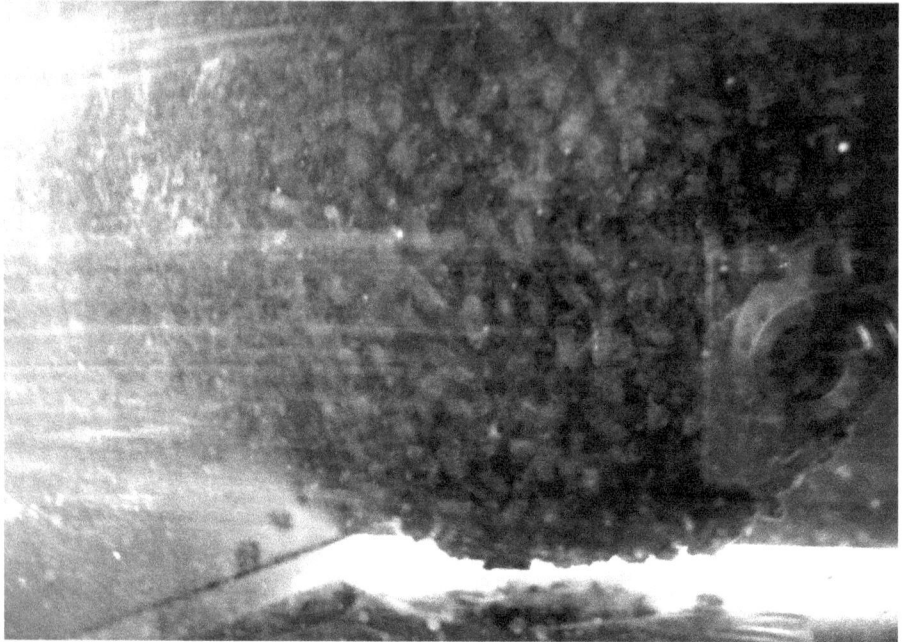

Colmeia de Observação do tipo Langstroth Funda
Com Barras de Topo e com 10 Quadros.

Isto funciona muito bem com quadros sem cera estampada. A vista é do lado da face dos favos, não das barras verticais (barras das pontas). Não é tão útil com quadros com cera estampada completa. Uma das imagens mostra as abelhas numa caixa funda de observação do tipo Langstroth. Estas estão em barras de topo em vez de quadros. São movidas para uma caixa funda com o dobro da largura normal (profundidade funda estandardizada e comprimento 0.83mm) que foi mantida à sombra. Os favos nas barras de topo eventualmente todos colapsaram como uma fila de dominós, então eu comecei a usar profundidade média nas colmeias top bar de tamanho Langstroth. A colmeia de observação ainda é boa. Eu tenho uma tábua que encaixa no lado e bloqueia o sol para que não se torne num aquecedor de cera solar.

Alimentador de quadro em vidro para uma colmeia de observação usada dentro de casa, que eu construí para caber no espaço que sobrou quando alterei a colmeia para suportar quatro quadros médios em vez de dois fundos e dois pouco fundos.

A cortina de privacidade

A fenda no vidro foi algo que eu coloquei para corrigir o espaço-abelha. O vidro de fora é vidro de segurança. Essa correção está do lado de dentro e é de vidro vulgar cortado para encaixar. Infelizmente eu bati com uma ferramenta de apicultor quando a estava a limpar e danifiquei-a. Com o passar do tempo tornou-se numa fenda que lentamente aumentou de um lado ao outro.

O tubo sai pela janela através de um buraco com 25.4mm por 101.6mm.

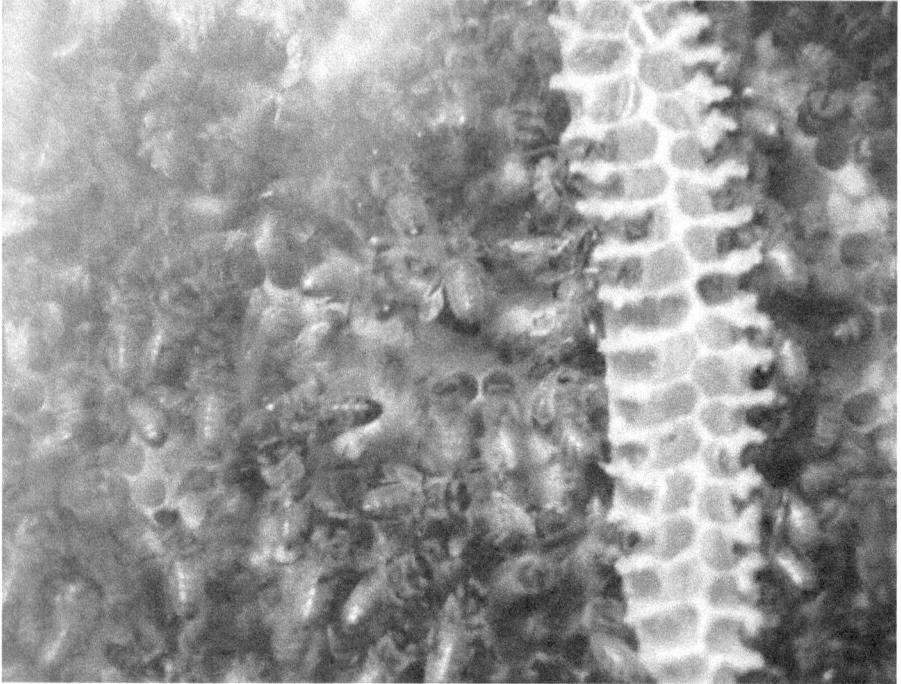

Favo de reforço no vidro com alvéolos de inclinação errada

As abelhas constroem a maioria dos alvéolos com as paredes inclinadas para que do fundo até à entrada do alvéolo seja uma subida com 15º de inclinação. Mas por vezes elas constroem ao contrário sozinhas, ou o apicultor coloca o favo com a parte de baixo virada para cima para que as abelhas o abandonem. Eu já tive abelhas que encheram estes alvéolos de favo com a parte de baixo virada para cima com mel. Mas a rainha não parece gostar de colocar ovos neles. Quem quiser ver alvéolos com a inclinação errada tem um bom exemplo na imagem anterior na cera de reforço. Você pode ver como o mel não segue a força da gravidade mas em vez disso segue o trabalho que as abelhas fizeram no favo de reforço. Veja como o mel não fica deitado no alvéolo e muitas vezes fica direito em cima e em baixo. Se você olhar para os alvéolos da imagem, eles estão muitas vezes completamente horizontais ou até um pouco inclinados para baixo.

Criação em favo do tipo PermaComb

Obter uma Colmeia de Observação
Você Pode Construir Uma ou Comprar Uma

Eu vou começar isto com um aviso. *Todas* as colmeias de observação que eu já vi ou medi ou usei, tinham o espaço abelha errado. Algumas têm-no demasiado pequeno. Algumas têm-no demasiado grande. Todas com exceção das da empresa Brushy Mountain que estavam disponíveis alguns anos atrás, não estavam bem construídas do ponto de vista de quem tem uma colmeia de observação e a tem de gerir. Isto pode encorajar você a construir a sua. Você pode descobrir que é melhor assim. Você pode também descobrir que comprar uma e fazer-lhe alterações é mais fácil. Mas vou dizer o que eu quero numa colmeia de observação.

Eu gosto de uma suficientemente grande que eu possa ter o ano todo e que tenha apenas a espessura de um quadro.

Dessa forma eu posso encontrar a rainha, ovos e criação, então vamos assumir que é esse o objetivo.

Também, a disponibilidade muda frequentemente, então parte do que eu vou dizer pode estar desatualizado quando o livro for publicado.

Vidro ou Acrílico

Eu gosto de ambos. Se você for comprar, o vidro de seguraça tem boa durabilidade. A minha colmeia *Draper* foi feita com esse tipo de vidro e os meus netos já bateram nela algumas vezes com brinquedos e ainda está inteira. O acrílico parte menos, é leve e mais fácil de trabalhar com ele quando constrói a sua própria colmeia. O vidro é mais fácil de limpar. Para limpar o vidro use apenas um raspador de lâmina muito afiada e raspe até ficar limpo. Depois use um produto de lavar os vidros das janelas. Para limpar o Acrílico você precisa de usar WD40 ou talvez OMA (Óleo Mineral Alimentar). Você pode obter o OMA numa farmácia com o nome de Óleo Mineral Laxante. Ambos os solventes que falei agora necessitam de ser absorvidos pela cera e própolis para ambas amolecerem.

Outras Características Agradáveis

Apesar do excesso de espaço na minha colmeia *Draper* eu adoro-a. Tem uma base rotativa para que eu possa rodar a colmeia para ver qualquer dos lados. Eu finalmente coloquei um pedaço extra de vidro por dentro para reparar o problema com o espaço-abelha.

Saída

Você precisa de uma saída na colmeia. Eu usei tubo feito para uma bomba submersível. Tem cerca de 31.8mm. Eu cortei madeira com 25.4mm por 101.6mm para caber na largura da minha janela e portada e usei uma broca craniana para fazer buracos em ambas as partes com 31.8mm com o cuidado dos buracos ficarem alinhados. Depois eu introduzi a mangueira através dos buracos e coloquei fita isoladora do lado de fora para que quando os meus netos puxam a mangueira ela não vem para dentro de casa. O tubo é apertado à saída da colmeia com uma braçadeira de automóvel. A colmeia da empresa Brushy Mountain necessitou de um pequeno bloco para encher o buraco quadrado na ponta e eu furei um buraco com 28.6mm nisso e enrosquei um tubo de 25.4mm (diâmetro interior) para essa saída apertar o tubo. É uma boa ajuda ter a colmeia perto de uma janela onde não incida sol diretamente (pode ser porque tem sombra de árvores ou outro motivo qualquer) para que não se torne num aquecedor de cera solar.

Privacidade

Eu tenho a maior sorte apenas comprando pano grosso de algodão preto e dobrando-o ao meio e colocando sobre a colmeia de observação dobrado de novo. Isto pode ser cortado para encaixar exatamente e você agora tem uma cortina que é fácil de remover, fácil de colocar e fácil de fazer. As abelhas preferem a escuridão quase sempre.

Problemas com as Colmeias de Observação
Tamanho do Quadro

A empresa Brushy Mountain parece ser a única empresa que compreende que de forma a manter uma colmeia de observação, ela deverá ter quadros de um só tamanho e que esse quadro deverá também ser igual aos das suas outras colmeias. Eles pararam de vender todas menos as do tipo *Ulster* neste momento. Eles costumavam vender uma que era só de quadros fundos (Colmeia de *Huber*) e uma que era só de quadros médios (*Von Frisch*). Eu alterei a do tipo *Draper* para suportar quatro quadros médios e um alimentador de quadro com os lados feitos de vidro para preencher o espaço que sobrou no topo.

Tamanho Total

Eu nunca tive muita sorte em criar abelhas com a pequena colmeia do tipo *Tew* (que nunca foi concebida para isso de qualquer forma), mesmo depois de alterar de forma extensiva (e falarei sobre isso mais tarde). As abelhas nunca prosperaram nela. É apenas pequena demais. Eu penso que o tamanho mínimo para uma colmeia de observação sustentável é de três quadros médios ou dois quadros fundos, mas quatro médios e três fundos é melhor. Uma vez que você a tem de transportar para fora de casa para trabalhar nela (pelo menos se você a tem na sala como eu tenho) você quere-a leve o suficiente para a mover. Eu descobri que os quatro quadros médios são o tamanho máximo que eu consigo gerir. Então eu diria que é o tamanho ideal. Quatro médios ou três fundos (depende dos quais usa para a criação nas suas colmeias). Você pode alterar os apoios para que suporte quadros de diferentes tamanhos, você pode preencher o espaço que sobra (onde não cabe um quadro) fazendo alimentadores ou apenas colocando uma barra de topo para encher esse espaço com um espaço-abelha por cima e outro por baixo.

Espaço Entre o Vidro

Por razões desconhecidas para mim, ninguém parece acertar no espaço correto. A colmeia *Draper* tem cerca de 57.2mm entre o vidro e as abelhas e as abelhas fazem escadas de cera ou cera de reforço no vidro com muita frequência. As colmeias da Brushy Mountain têm 38.1mm entre o vidro e os favos e quando eu coloco favos de criação de outras colmeias ficam demasiado apertados para caber, a criação não pode emergir e as abelhas emigraram (abandonam a colmeia). Eu alterei as colmeias da Brushy Mountain adicionando perfis de madeira (disponíveis em lojas de ferragens) de grossura 6.4mm. Eu coloco-os por detrás das dobradiças do lado das dobradiças e por detrás da porta como batente do lado oposto, adicionei também um perto da porta para ficar igual ao outro lado. Isto funcionou de forma perfeita pois tem o enxame mais próspero neste momento. 44.5mm é apenas a quantidade de espaço certo entre o vidro e os favos numa colmeia de observação. 47.6mm também dá.

Alimentador

Uma colmeia de observação está dentro de casa (usualmente) e por isso você precisa de conseguir alimentar o enxame sem o levar para fora de casa. A colmeia da Brushy Mountain do tipo *Van Frisch* tinha uma estação de alimentação com rede onde você colocava um frasco de um litro com buracos na tampa para alimentar as abelhas. Funciona bem. A do tipo *Draper* não tinha alimentador, por isso eu fiz um alimentador de quadro com os lados de vidro e coloquei no topo com um buraco para encher coberto com rede metálica de buracos com 3.6mm. Eu posso também colocar algum pólen se eu quiser pois passa bem nos buracos de 3.6mm. Mas eu tive problemas quando coloquei pólen sobre o xarope, porque causou a fermentação do xarope. Eu coloquei outro buraco mais longe para um dos lados para que o pólen não atingisse o buraco do xarope e assim eu posso colocar pólen por esse segundo buraco, mais uma vez com rede metálica de buracos com 3.6mm para tapar.

Ventilação

A ventilação parece ser mais difícil de acertar na quantidade para você e para as abelhas. O tubo longo que sai pela janela faz com que seja difícil para as abelhas ventilarem a colmeia através da entrada. Eu alterei a colmeia do tipo *Tew* várias vezes antes de *reduzir* a ventilação o suficiente que elas deixaram de conseguir criar mais abelhas. Eu tive de aumentar a ventilação na colmeia do tipo *Draper* para que a condensação no vidro desaparecesse e também para acabar com o problema da cria giz. Você precisa de prestar atenção às necessidades das abelhas. Se há condensação no vidro não há ventilação suficiente. Se há cria giz na colmeia, não há suficiente ventilação. Se elas estão com muita dificuldade em criar mais abelhas, há provavelmente demasiada ventilação.

Pilhagem

Uma colmeia de observação é por definição uma colmeia pequena e tem tendência a ser pilhada por enxames fortes de apiários próximos. Mais uma vez a colmeia do tipo *Von Frisch* tem um pedaço de Acrílico que desce na parte onde o tubo sai para fora e isso reduz a entrada. Você vira isso e deixa cair e assim bloqueia completamente a saída. A colmeia do tipo *Draper* não tem isso e a pilhagem tem sido um problema que acontece de vez em quando.

Desligar

Eu já tentei uma variedade de aparelhos invulgares para desligar a colmeia para a levar para fora de casa e bloquear a entrada e saída de abelhas. Nenhum funcionou bem. O que eu acabei por fazer foi pegar em três pedaços de pano de tamanho suficiente para tapar o tubo e três elásticos de cabelo. Desligo o tubo e rapidamente tapo as pontas com os panos e os elásticos. Eu apenas os separo o suficiente para enfiar o pano primeiro. Se alguém está disponível para ajudar eu peço que segurem o pano numa ponta enquanto eu coloco o elástico na outra. Depois do tubo que sai para a rua ficar bloqueado e o tubo da colmeia também estar bloqueado, eu vou à rua para que não haja engarrafamento de abelhas dentro do tubo quando o voltar a ligar. Depois eu levo a colmeia para a rua, faço as minhas manipulações e trago-a de volta para casa.

Trabalhar com a Colmeia

Parece que mal você abre a colmeia as abelhas começam a transbordar para cima da colmeia. Você precisa de um fumigador e de uma escova para fechar a porta de novo. Tente aplicar fumo para elas entrarem na colmeia e depois use a escova para retirar o máximo de abelhas que conseguir do caminho da porta para elas não ficarem esmagadas. Outra vantagem para a colmeia do tipo *Von Frisch depois* de eu colocar o espaço extra é que as abelhas não ficam esmagadas tanto como antes na dobradiça ou no lado da porta porque há uma abertura de 6.4mm em volta. Eu escovo as abelhas uma vez, movo a colmeia um pouco e escovo-as de novo. Depois eu levo a colmeia de volta a casa, coloco os dois tubos um contra o outro e removo os panos o mais depressa possível ao mesmo tempo que os ligo. Se eu faço isto no tempo mínimo em que o tubo está aberto, eu quase nunca tenho uma abelha a entrar na casa. Se elas fugirem pelo tubo você pode apanhá-las com um copo e um pedaço de papel. Coloque o copo sobre a abelha e deslize o pedaço de papel por baixo do copo. Você agora tem uma abelha dentro do copo. Leve-a para a rua e deixe-a sair.

Sempre que eu preciso de alterar a colmeia ou fazer uma limpeza completa, eu apenas coloco os quadros num núcleo com a entrada no mesmo local do tubo com o tubo ainda fechado. No meu caso o núcleo fica por cima de uma caixa ninho vazia para que fique na altura correta. Se a entrada está no mesmo lugar, elas encontram depressa o núcleo. Isto dá-me vários dias, se eu quiser, para limpar as escadas de cera, cera de reforço, a própolis, alterar qualquer coisa que me estava a frustrar, como fazer um alimentador, colocar algo para manter o espaçamento, um buraco para alimentar com pólen, mais ou menos ventilação, etc. Então quando eu terminar, apenas coloco os quadros de novo na colmeia de observação, removo o núcleo e ligo tudo de novo.

Caixa Guia

Eu estava a expandir a minha apicultura e comprei na altura bastante equipamento novo, então decidi construir uma caixa guia para montar as caixas das colmeias. Algumas fotografias de seguida.

Caixa guia sem as tábuas seguidoras

A colocar as tábuas seguidoras.

A colocar as pontas das caixas na caixa guia.

A colocar os lados das caixas.

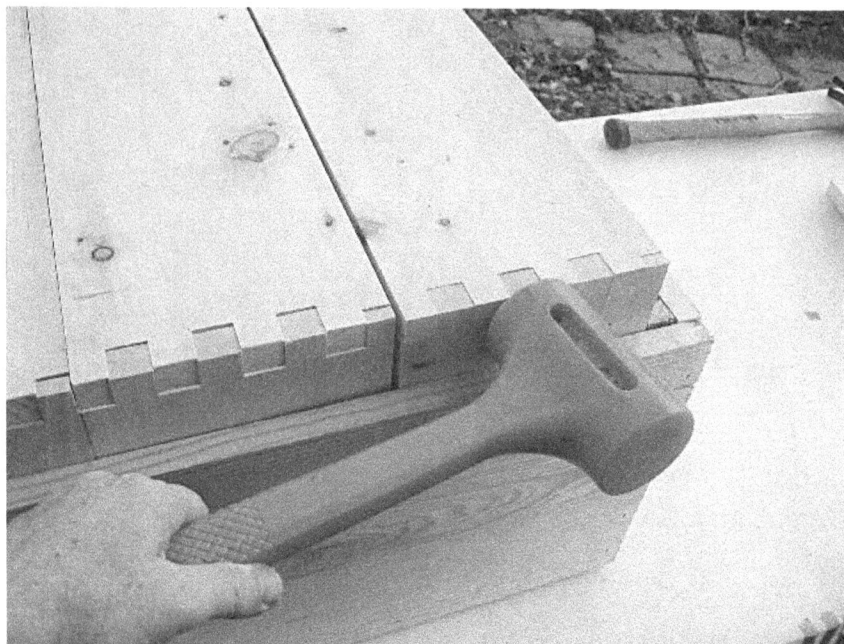

Os lados sendo batidos com um maço para encaixarem bem.

Os lados sendo pregados.

A caixa guia sendo virada para fazer o outro lado.

A caixa guia sendo removida após pregar o outro lado.

As tábuas seguidoras sendo removidas do meio das caixas.

Equipamento Variado

Aqui estão alguns equipamentos variados aos quais eu fiz modificações de uma forma ou outra e outras fotografias variadas.

Grampo de Topo

Grampo para segurar a tampa sobre a colmeia.

Este é um grampo para segurar a tampa no seu lugar. Eu vi um destes num vídeo e decidi fazer alguns para evitar levantar tijolos, blocos de cimento ou pedras. O grampo prende nas pegas da colmeia. É feito com aço galvanizado de espessura 3.7mm.

Suportes de Colmeias

Suportes de Colmeias

A intenção é ter um suporte que eu possa nivelar facilmente apenas uma vez e que pode suportar 14 colmeias, e onde se possa juntar todas as colmeias antes do inverno para as abelhas estarem mais agasalhadas. As partes mais compridas estão separadas 40.6cm com a frente colocada para que se as costas das colmeias estiverem voltadas para o centro (costas com costas) a ponta da frente de cada colmeia está na ponta da madeira com 5cm por 10cm. E a parte de trás está feita de forma que se a frente estiver certa com a frente das colmeias então a parte de trás das colmeias está ainda sobre a madeira com 5cm por 10cm de trás.

Plantago

Plantago

Isto não é exatamente um equipamento, mas se você for ferrado por uma abelha é a melhor coisa que eu encontrei até agora para tratar. Pegue apenas numa folha e mastigue-a para a esmagar e coloque sobre a zona que foi ferrado em forma de cataplasma (após você remover o ferrão claro).

Se você não consegue encontrar Plantago, vou indicar os meus remédios favoritos para ferrões em ordem de preferência:

1) Cataplasma de plantago.
2) Cataplasma de aspirina molhadas.
3) Cataplasma de tabaco.
4) Cataplasma de bicarbonato de sódio.
5) Cataplasma de glutamato monossódico.
6) Cataplasma de sulfato de magnésio.
7) Cataplasma de NaCl (Sal de cozinha).

Flutuador para Balde

Flutuador para Balde

Para usar em baldes de 19L como alimentadores ao ar livre. Feito com contraplacado de exterior colado com espessura de 6.4mm. Mesmo assim as abelhas parecem que se continuam a afogar nos alimentadores não importa o que eu faça. Se você fizer isto certifique-se que tem baldes suficientes para que as abelhas não se acumulem no fundo tentando alimentar-se. Eu perco muito menos abelhas com mais baldes do que com menos baldes. Se há mais apiários na zona a alimentação ao ar livre pode não ser prática. Se não encontra à venda baldes de 19L para apanhar enxames altos ou servirem de alimentadores compre baldes de 20L pois vendem-se em qualquer loja de apicultura.

Lata Inserida no Fumigador

Lata Inserida no Fumigador

Isto cria uma constante fonte de oxigénio para o fumigador para que não se apague. Corte e dobre uns pedaços de metal da lata no seu fundo para que ela fique em pé.

Ferramentas para colocar Arames nos Quadros

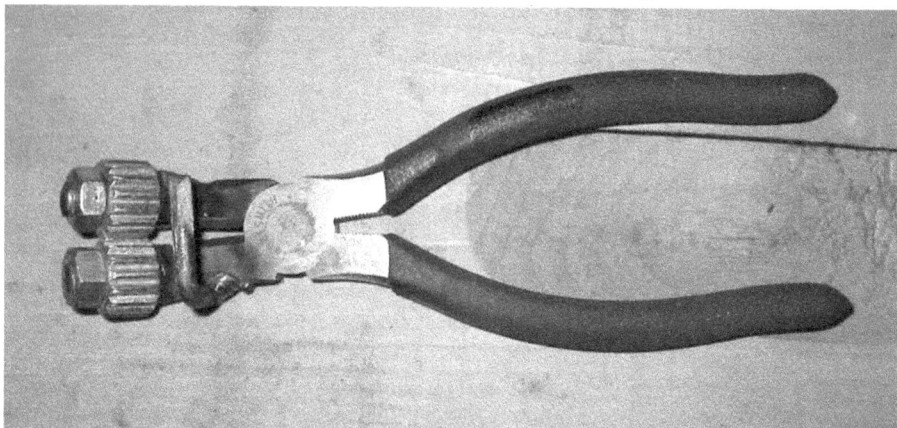

Alicante de Esticar Arame

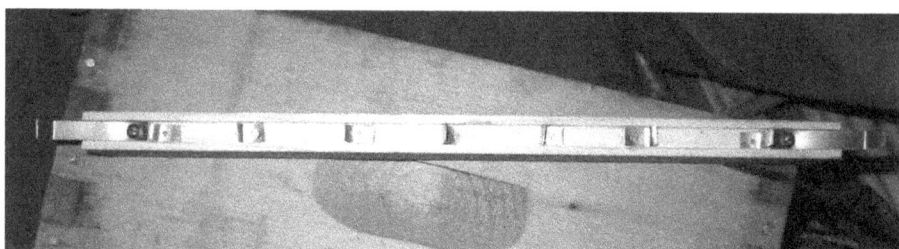

Colocador de Arame

Eu comprei um colocador de arame na empresa Walter T. Kelley mas não conseguia colocar as pontas de forma nenhuma e muitas vezes falhava também as partes do centro. Eu adicionei todas as peças prateadas entre as peças de bronze e agora funciona perfeitamente.

A Dee Lusby convenceu-me a tentar colocar arame. Eu fiquei frustrado com os alicates baratos de apertar arame feitos de plástico. De forma a apertar o arame bem apertado, as minhas mãos estavam a ficar magoadas. Então baseado nos que já tinha visto, pedi ao soldador mais próximo para soldar o alicate da fotografia. Ele cortou a ponta do alicate de *lineman* num ângulo de 45° e soldou dois parafusos como veios e um pedaço de haste de soldadura para servir de batente para o arame. Ele depois martelou a ponta dos parafusos para que as porcas fiquem sempre no mesmo lugar. Funciona lindamente. Tive de me habituar a não apertar com tanta força porque com o alicate fiquei com uma boa alavancagem.

Cera estampada funda com alvéolos de 4.9mm cortada ao meio para um quadro médio

Eu tenho usado um pouco de cera estampada com alvéolos de 4.9mm. Uma vez que tenho tudo em caixas médias e uma vez que a cera estampada vem toda para quadros fundos, corto-a ao meio, coloco metade num quadro médio e deixo um espaço no fundo. As abelhas precisam de um lugar onde construir o que elas querem de qualquer forma, então eu deixo-lhes um lugar onde o fazer. Esta tem dois arames horizontais e as barras das pontas cortadas à medida de 31.8mm.

Coisas que eu *não* inventei

"Cristóvão Colombo, tal como todos sabem, é homenageado pela posterioridade, porque ele foi o último a descobrir a América"— James Joyce

"A coisa que tem sido é a coisa que deverá ser; e o que está feito é o que será feito: e não há nada de novo debaixo do sol. Será que há alguma coisa da qual se possa dizer, veja, isto será novo? isso já é antigo, de tempos anteriores a nós."— Eclesiastes 1:9,10

Isto foi uma recapitulação de algumas coisas que nós cobrimos mas também de vez em quando alguém acusa-me de tentar obter crédito por alguma ideia. Então apenas para clarificar, eu não estou a tentar obter crédito por inventar nada e vou dar-lhe uma lista de seguida de algumas das coisas que alguém já me acusou de obter crédito por aquilo que eu *não* inventei:

Espaço-Abelha

Sim, eu fui mesmo acusado de tentar obter crédito na sua invenção. Não só eu não inventei o espaço-abelha (obviamente foi invenção das abelhas) e eu não o descobri (obviamente que tem sido usado durante muito tempo), nós provavelmente não sabemos quem foi que descobriu. Os Gregos descobriram como espaçar os favos de forma a manterem o espaço-abelha entre eles. Huber mediu-o com um pouco de exatidão. Nem Langstroth inventou a ideia de usar o espaço-abelha entre os quadros. Jan Dzierzon fez isso muito antes de Langstroth. Então provavelmente você pode dizer que a colmeia de Langstroth foi inventada por Jan Dzierzon.

Usar Tudo do Tamanho Médio

Eu não tenho a certeza de quem tentou primeiro convencer outros a tentar mas o Steve da empresa Brushy Mountain tem sugerido isso durante muito tempo. Tal como muitos outros. Eu na verdade converti-me recentemente (comecei a converter-me mais ou menos em 2003 após 31 anos de apicultura) eu penso apenas que é uma boa ideia.

Usar caixas de 8 quadros

Elas foram inventadas há mais de 100 anos atrás. Provavelmente cerca de 150 atrás. Kim Flottum tem sido o seu proponente durante muitíssimo tempo. C.C. Miller e Carl Killion também. Eu penso apenas que elas são uma boa ideia.

Colmeias Top Bar

Os Gregos inventaram-nas há vários milhares de anos atrás. Eles também inventaram a ideia dos guias de favo nas barras. Eu construi uma baseada na colmeia cesto dos Gregos com madeira nos anos 70 antes de eu ver uma colmeia moderna. Mas a ideia foi dos Gregos. A minha não era uma colmeia longa (Na altura ainda não tinha pensado nisso) então não era muito útil e quando eu vi um artigo no *American Bee Journal*, Agosto 1989 pág. 525 a 527 com uma fotografia da Colmeia Top Bar do Quénia eu descobri que eles já tinham aperfeiçoado o que eu tentei copiar dos Gregos.

Colmeia Top Bar

Quadros Sem Cera Estampada

Estes têm sido usados durante muitíssimo tempo. Jan Dzier-zon, Huber, Langstroth e muitos outros tinham quadros sem cera estampada. Todos eles baseados nas barras de topo das colmeias cesto Gregas. Algo parecido com o que eu agora faço está no livro de Langstroth, nas suas patentes e também nos livros de Kings. A.I. Root e outras empresas apícolas antigas que os fabricaram durante anos. Mais recentemente o agora falecido Charles Martin Simon tentou torna-los de novo popu-lares. Eu penso mesmo que eles são uma ótima ideia.

Quadros mais estreitos

Quadros Estreitos

Estes também têm sido usados durante muitíssimo tempo. Eu não consigo encontrar medidas exatas das colmeias cesto Gregas, mas Huber usou quadros com 31.8mm quase no final do século XVIII. Muitos proponentes ao longo dos anos usaram-os e também os têm sugerido. Koover, foi um proponente deles mais recentemente. Os Russos fizeram estudos sobre eles e concluíram que com eles têm menos Nosema e as abelhas criam maior quantidade de novas abelhas com os quadros mais estreitos. Eu penso apenas que eles são uma boa forma para obter alvéolos pequenos mais depressa e, também, para obter 9 quadros de criação bem direitos nas minhas caixas ninho de oito quadros.

Colmeias Longas

Eu tive a ideia de fazer estas colmeias quando ainda não tinha visto nenhuma, mas na altura foi uma tentativa de resolver os problemas de levantar caixas fundas cheias para uma velha senhora que adorava as abelhas mas tinha problemas na coluna vertebral. Mas outros inventaram estas colmeias muito antes de eu pensar nelas. É uma ideia óbvia se você está a tentar resolver o problema de levantar caixas. Existem há vários séculos. Mesmo assim não é a configuração de colmeia mais popular no mundo, mesmo hoje em dia e é popular no Norte da Europa até ao Médio Oriente, África e mais além.

Lata Inserida no Fumigador

A lata que inseri no fumigador é apenas uma cópia, com a exceção que é uma lata que não me custou nada, em relação à lata do fumigador de Rauchboy. Eu certamente não a inventei, mas eu gosto dela e simplesmente queria converter todos os meus fumigadores. Então eu fiz isso a partir de uma lata velha. Provavelmente alguém fez isso da mesma forma antes de Rauchboy.

Não Pintar as Colmeias

Isto não foi ideia minha. Foi sim, é claro, um passo óbvio para qualquer apicultor preguiçoso, mas C.C. Miller, G.M. Doolittle e Richard Taylor publicaram o conceito muito antes de eu o fazer.

"Seguindo os ensinamentos de G. M. Doolittle, cujas ideias eu confio bastante, eu penso que a humidade seca melhor nas colmeias não pintadas do que nas pintadas. Eu já vi uma colmeia pintada húmida e bolorenta na minha cave enquanto que todas as colmeias não pintadas estavam em melhores condições."—C.C. Miller

Apicultura em Alvéolo Pequeno

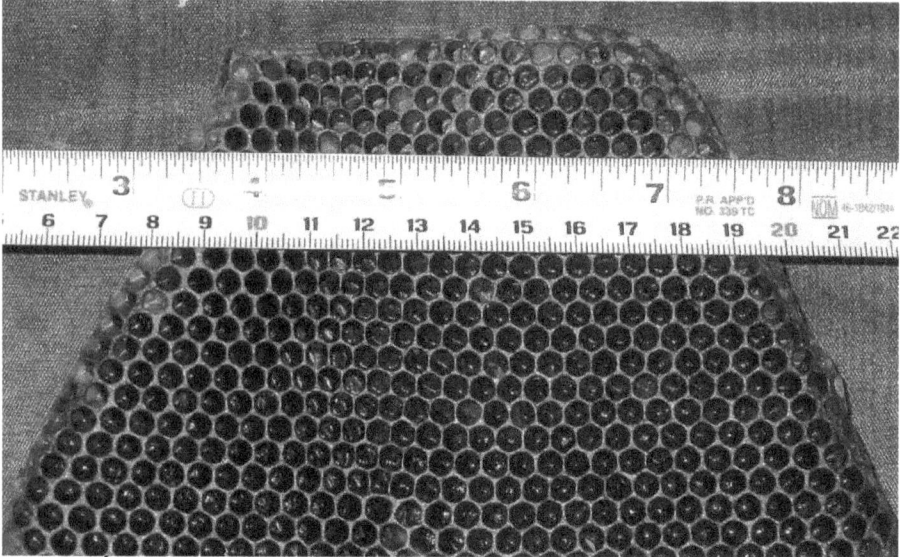

    É claro que foram as abelhas que inventaram o alvéolo de tamanho natural. O casal Lusby tanto quanto sei foram as primeiras pessoas a associar isso com a prevenção de doenças e saúde das abelhas. Eu cheguei tarde ao jogo do alvéolo pequeno. O casal Lusby começou em 1984. Eu comecei no final de 2001 baseado nas leituras e presença que tive em www.beesource.com.

Entradas de Topo

    Eu não tenho a certeza de todos os que tentaram isto ao longo dos anos ou a quem dar o crédito da sua invenção. Alguém estava a citar um apicultor da Europa Oriental, o qual atribuía uma série de benefícios que eu não observei, mas eu descobri que isto é uma forma simples de ter abelhas enquanto resolve vários problemas que eu tive com a ventilação. Lloyd Spears estava certamente a fazer isso e a ser um proponente disso muito antes de eu aparecer e foi através dele que eu obtive a ideia de usar telha como cunha para manter a tampa levantada.

Abrir o Ninho

Eu não tenho a certeza de quem tentou primeiro abrir o ninho como forma de prevenir enxameação. É outro mistério para mim. Eu tenho feito isso durante anos porque li em algum lado. Primeiro achei que estava apenas a ajudar as abelhas a manter o ninho aberto porque elas de alguma forma acidental o encheram com néctar, chamado de forma comum de "ninho bloqueado" nos velhos livros apícolas, o que causa a enxameação. Eventualmente eu comecei a perceber que era intenção das abelhas encher o ninho de forma a enxamearem. Mas independentemente da razão. Manter o ninho aberto evita a enxameação. Várias pessoas ao longo dos anos têm usado, encorajado, nomeado as várias coisas e feito variações da implementação. O resultado final é igual. Um ninho expandido que evita a enxameação.

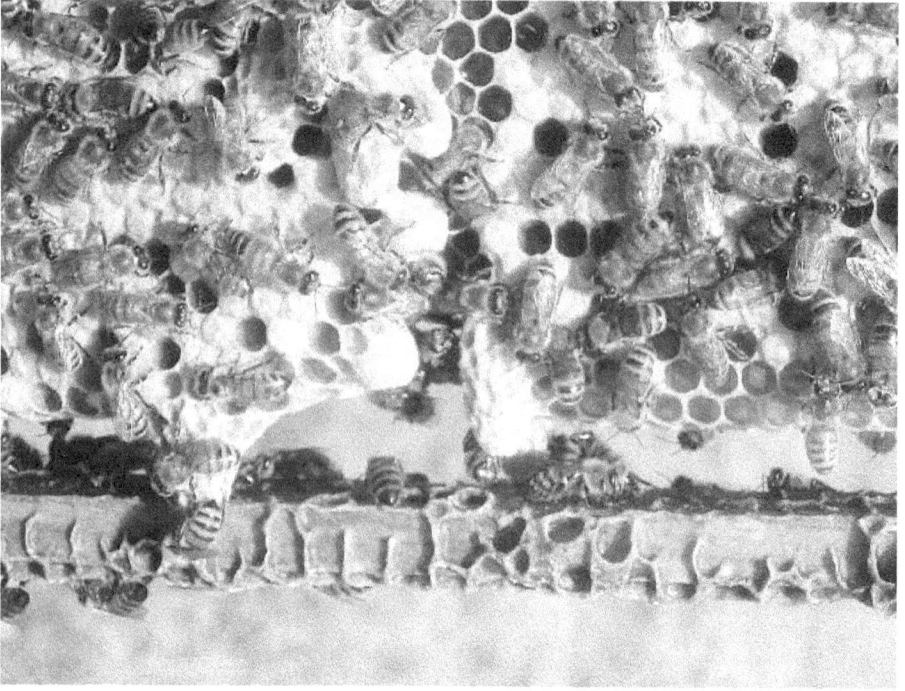

Coisas Não Naturais na Apicultura

Certamente que de algumas formas a apicultura é sempre natural porque, no fim, as abelhas tendem a fazer o que querem. Mas de algumas formas nunca é natural porque, no fim, nós mantemos as abelhas em situações que não ocorrem na natureza.

Coisas que mudámos em relação à natureza na forma como mantemos as abelhas:
Genética:
    Nós selecionamos para menos:
        Comportamento defensivo.
        Enxameação.
        Produção de própolis.
        Produção de favos (ou cera) escada e de reforço.
        Abelhas nervosas nos favos.
        Criação de zangões.
    Nós selecionamos para mais:
        Acumulação.
        Crescimento dos enxames na primavera e redução no outono.
    Nós estamos agora a selecionar para:
        Resistência à Loque Americana.
        Mais comportamento "higiénico" (significa que as abelhas destroem alvéolos infestados com ácaros ou que tenham outros problemas).
        Supressão da Reprodução dos Ácaros (Eu penso que nós não sabemos bem o que isto é excetuando que há menos ácaros).

Distúrbios:
    Fumigar.
    Abrir a colmeia.
    Trocar quadros de posição.
    Confinar a rainha com um excluídor.
    Forçar as abelhas através de um excluídor.
    Forçar as abelhas a atravessar um capta-pólen.

Roubar o mel das abelhas.
Alimento:
Substituto de pólen em vez de pólen verdadeiro.
Xarope de açúcar em vez de mel.
Venenos e químicos na colmeia:
Óleos essenciais.
Ácidos Orgânicos (fórmico, oxálico, etc.).
Acaricidas (Apistan e CheckMite).
Pesticidas (aplicados sobre culturas agrícolas e para controlo de pragas como os mosquitos).
Antibióticos (TM e Fumidil).
Por causa da cera estampada:
Organização da colmeia:
Tamanho do alvéolo.
Quantidade de alvéolos de zangão.
Orientação dos alvéolos.
Distribuição dos alvéolos por tamanho.
População na colmeia:
Nós tentamos ter menos zangões.
Nós obtemos menos subcastas de tamanhos diferentes.
Contaminantes acumulados que são solúveis na cera.

Por causa dos quadros ou barras:
Espaçamento entre favos.
Espessura dos favos.
Distribuição da espessura dos favos.
Acumulação de químicos e possíveis esporos na cera estampada.
Ventilação em volta dos favos. Os quadros têm lacunas no topo. Os favos naturais estão ligados no topo.
Por causa das alças, expandir e contrair o volume da colmeia para prevenir enxameação e para invernar.
As colmeias naturais variam de muitas formas de qualquer maneira, mas por causa das colmeias:
Ventilação.
Tamanho.

Comunicação dentro da colmeia por causa das lacunas entre as caixas e lacunas no topo.

Condensação, absorção e distribuição da condensação.

Espaço-abelha por cima e nos lados onde numa colmeia natural é usualmente sólido no topo sem comunicação e apenas com passagens aqui e ali como capricho para as abelhas talvez baseado na conveniência de movimento ou ventilação.

Localização da Entrada.

Resíduos no fundo (escamas de cera, abelhas mortas, traças da cera, etc.).

Diversos:

Alguns apicultores cortam as asas da rainha, o que a impede de fazer qualquer tipo de voo (e esperemos que esteja acasalada). Alguns de nós já observámos rainhas fora da colmeia em alguma ocasião. Por que razão eu apenas posso imaginar, mas e se for importante?

Nós marcamos a rainha com alguma tinta.

Nós trocamos a rainha com mais frequência do que é natural.

Nós interferimos frequentemente com a natureza trocando a rainha, não deixando que haja enxameamento ou troca natural de rainha.

Eu não estou a dizer que todas as coisas que nós mudamos sejam más, nem estou a dizer que todas as coisas que mudámos sejam boas, mas se nós queremos criar uma forma natural de ter abelhas, nós precisamos de entender a forma natural e sustentável que as abelhas têm de se manter. Eu gostaria de ver uma pesquisa sobre os efeitos, tanto maus como bons, que todas estas alterações que nós fizemos têm no balanço natural de uma colónia de abelhas e seus parasitas.

Estudos Científicos

Citações

Citações

"A maior parte do conhecimento do mundo é uma construção imaginária."—Helen Keller

"Uma pessoa não adivinha a forma como a natureza funciona, ela mostra métodos que confundem a nossa ciência, e é apenas através do seu estudo cuidadoso que nós podemos ter sucesso a desvendar alguns dos seus mistérios."- - François Huber, New Observations on Bees Volume II

"Vai ser prontamente apreciado que ao longo de muitos anos e contato diário com as abelhas, o apicultor profissional vai através da necessidade ganhar um conhecimento e uma compreensão sobre as misteriosas formas da abelha melífera, usualmente negada ao cientista no laboratório e ao amador que tenha na sua posse poucas colónias. Certamente, uma experiência prática limitada vai inevitavelmente levar a visualizações e conclusões, que muitas vezes estão completamente em desacordo com as descobertas da natureza prática e variada. O apicultor profissional está sempre obrigado a avaliar as coisas de forma realística e a ter uma mente aberta em relação a todo o problema que possa ser confrontado. Ele também é forçado a basear os seus métodos de gestão em resultados concretos e deve diferenciar nitidamente entre os essenciais e os não essenciais."—Beekeeping at Buckfast Abbey, Brother Adam

"Use apenas aquilo que funciona e leve isso de qualquer lugar onde você encontrou."—Bruce Lee

"Eu nunca aprendi nada com um homem que concordou comigo."— Robert A. Heinlein

Eu adoro estudos científicos. Eu tenho lido muitos deles sobre variados assuntos de uma ponta à outra. Há muito que aprender com eles. Apesar de eu frequentemente discordar das conclusões a que os pesquisadores chegaram.

Post hoc ergo proptor hoc (Depois disto portanto por causa disto) é o erro primário na lógica e é uma armadilha onde caem humanos e animais de forma idêntica. A tentação grande deste erro é que *Post hoc ergo proptor hoc* é uma boa base para uma teoria. O erro não é usá-la para uma teoria mas sim usá-la como prova.

Vamos examinar o erro disto, primeiro. Cada manhã na minha casa, após os galos cantarem, o sol nasce. Será que isto significa que os galos são a causa do sol nascer? Por nós não conseguirmos ver qualquer mecanismo para os ligar para além da sequência de eventos, a maioria de nós pode assumir que os galos não são a causa.

Cada cultura que eu conheço tem contos populares e/ou piadas para gozar com este erro. Uma dessas na nossa cultura é "puxe o meu dedo". Porque você puxa o dedo e imediatamente após fazer isso algo acontece, o seu cérebro faz a ligação e por um segundo você é vítima deste erro. Depois após um segundo ou dois o seu cérebro desvenda o processo, descobre que a ligação é absurda e você ri. Os Africanos contam muitas vezes a história de que "os galos causam o nascer do sol" e os Lakota contam isso enquanto os cavalos relincham. Os antropólogos mais tolos muitas vezes tomam nota destas histórias como se as pessoas que as contam acreditassem na ligação delas, mas a minha experiência com culturas primitivas é de que eles contam estas histórias para ensinar o erro contido nessa forma de pensar. É claro que eles observam para ver se os antropólogos acreditam na conclusão tonta e após os verem a escrever de forma diligente sem sequer fazerem um comentário, ou tendo um riso escondido, os nativos abanam a cabeça à sua tolice.

Eu já fiz coisas enquanto conduzia que foram imediatamente seguidas por algum barulho. A minha conclusão inicial é que eu causei o ruído e eu pergunto-me o que será que fiz. Após tentar mais algumas vezes e o ruído não ocorreu de seguida, eu descobri que foi um dos meus filhos que fez o ruído. Foi uma mera coincidência que as coisas aconteceram de forma simultânea.

Qualquer "prova estatística" realmente não constitui uma prova. Enquanto eu recolho uma amostra cada vez maior torna-se cada vez mais provável que o que eu estou a ver de forma estatística é uma ligação verdadeira e não uma coincidência, mas nunca constitui prova analítica. A menos que eu tenha o mecanismo e possa provar que esse mecanismo é a causa, de alguma forma para além da simples estatística, então eu só tenho uma probabilidade crescente.

Eu posso provar isto a alguém que entenda a probabilidade básica. Qual a probabilidade de eu lançar uma moeda e a face que fica para cima é cara? 50/50. Então eu lanço a moeda e sai cara. Qual a probabilidade de eu lançar a moeda de novo e sair mais uma vez a cara? 50/50 tal como anteriormente. Então eu lanço-a e sai cara. Eu pessoalmente já lancei uma moeda 27 vezes seguidas e saiu sempre cara. Será que isto prova que a probabilidade não é de 50/50? Não, provou apenas que a minha amostra é pequena demais para ser estatisticamente valida. Quantas vezes terei eu de lançar a moeda antes que os meus resultados sejam um facto absoluto? Não importa quantas vezes eu o faça, eu apenas me aproximo cada vez mais da resposta certa. Não é uma questão de prova absoluta mas uma questão de acumulação de uma amostra suficientemente grande. Quanto maior a amostra mais perto eu estarei da resposta, mas é como o velho problema matemático de ir a meio caminho e restar metade do caminho e depois metade disso e assim sucessivamente. Quando chegarei ao fim? Nunca. Eu apenas posso aproximar-me cada vez mais.

Isto foi apenas para tentar provar que lançar uma moeda tem probabilidade de 50/50. O ciclo de vida de qualquer organismo é infinitamente mais complexo do que lançar uma moeda e é afetado por mais coisas do que nós sabemos. Se eu faço alguma coisa e obtenho um certo resultado quantas vezes serão necessárias para provar de forma absoluta que o que eu fiz contribuiu para esse resultado? Se eu tenho uma amostra muito grande e eu tenho uma probabilidade de sucesso muito grande comparado com um grupo de controlo muito grande que tem uma probabilidade de sucesso muito pequena, é muito provável que a minha teoria esteja correta. Quanto menor a amostra, menor a diferença na taxa de sucesso e outras variáveis que podem contribuir mais para o sucesso ou insucesso, ou ainda pior, quanto mais distorcidas as variáveis estão a favor de qualquer dos grupos, menos válidos serão os meus resultados.

> *"...uma rosa não é necessariamente e irrestritamente uma rosa... é um sistema muito diferente biomecânicamente ao meio-dia e à meia-noite."—Colin Pittendrigh*

O outro problema com o tempo que dura um estudo é que as abelhas fazem uma coisa em Maio e não será o mesmo que fazem em Outubro.

> *"O menor movimento tem importância em toda a natureza. O oceano inteiro é afetado por um seixo." — Blaise Pascal*

Isto tudo assumindo a falta de preconceito por parte do pesquisador. Tal como um dos meus professores (ele era um carpinteiro com muita sabedoria, não era professor) uma vez disse, "toda a gente pensa que a sua ideia é melhor porque pensaram nela". Isto parece obvio de forma intuitiva, mas é importante. Eu tenho um preconceito natural às minhas ideias pois elas encaixam na minha forma de pensar. Se elas não o fizessem, eu não tinha pensado nelas! Isto é a razão pela qual na comunidade científica é importante conseguir repetir os resultados. A repetição é um bom teste, especialmente se alguém diferente está a fazer o segundo ou terceiro estudo sem ser quem fez o primeiro. Isto pode eliminar algum do preconceito e pode também mudar algumas das outras variáveis não medidas ou não levadas em conta.

O segundo problema com a pesquisa é a motivação que levou a fazê-la. A motivação para fazer uma pesquisa é quase sempre (mas não sempre) o ganho pessoal. Algumas pessoas verdadeiramente altruístas têm um amor por alguma criatura companheira, ou por humanos companheiros e estão na verdade envolvidos porque querem reduzir o sofrimento ou resolver o problema de alguém. Infelizmente estas pessoas não estão bem financiadas e a sua pesquisa não é usualmente bem recebida. Eu não estou a dizer que cada pesquisador tem preconceitos na sua consciência, mas mesmo um professor de universidade sem qualquer participação no resultado precisa de fazer publicações científicas de vez em quando.

Muita pesquisa é financiada e tem o preconceito de alguma entidade que tem na sua agenda a prova da sua solução e essa solução tem de ter valor no mercado e ser vendida, de preferência com uma patente e direitos autorais ou outra proteção qualquer para dar a essa entidade o monopólio. Quando não há lucro em algo não há dinheiro para pesquisar soluções simples para tal problema.

Eu tenho a certeza que algumas pessoas vão estar em desacordo comigo, mas eu penso que algumas entidades, tais como o DAEU, têm a sua própria agenda que tem sido revelada observando-o ao longo do tempo. A grande agenda de qualquer departamento do governo é obter mais dinheiro, mais poder e tentar dar a aparência que estão a servir o propósito para o qual foi criado. No caso do DAEU, é óbvio que está a favorecer as soluções químicas em relação às soluções naturais. Favorece qualquer coisa que aparenta ajudar o agronegócio. Isto não significa apenas o pequeno agricultor/apicultor, etc. Mas todo o agronegócio. Eles parecem gostar de ver o dinheiro a mudar de mãos porque isso ajuda a economia.

Apenas porque foi feita pesquisa em relação a um assunto e os pesquisadores chegaram a uma conclusão não significa que essa conclusão seja verdadeira.

Agora, enquanto falamos sobre factos, vamos falar sobre uma das razões pela qual as pessoas não gostam da ciência e preferem as suas próprias opiniões. Eu já falei de uma, a de gostarmos das nossas próprias ideias porque encaixam na nossa forma de pensar, mas a outra é que as pessoas apreciam dizer que algo não foi provado cientificamente como se isso significasse que *não* é verdade apenas porque *não* foi provado. Porque eu não provei algo não faz com que esse algo seja falso.

Em 1847 Dr. Ignaz Philipp Semmelwis instituiu a prática de lavar as mãos antes de fazer partos. Ele chegou a essa conclusão simplesmente através da evidência estatística que as mães e bebés que eram cuidados por médicos que levavavam as mãos antes tinham menos mortalidade que dos médicos não lavavam as mãos antes. Isto era *Post hoc ergo proptor hoc* — os médicos passaram a lavar as mãos e menos mães e menos bebés morreram. Isto não é prova científica e assim os seus colegas não consideraram isso uma prova científica. Porquê? Porque ele não podia mostrar o mecanismo que explicasse isso nem uma experiência que provasse a existência de tal mecanismo. Porque ele era proponente de algo, ele não podia provar absolutamente, ele foi expulso da comunidade médica como um charlatão. Isto é um exemplo de algo que não era provado cientificamente.

Em 1850 quando Louis Pasteur e Robert Koch criaram a ciência da microbiologia e a "teoria dos germes" das doenças, a teoria do Dr. Semmelwis foi finalmente provada cientificamente. Agora existia o mecanismo e eles puderam criar experiências que provaram a existência desse mecanismo. O meu ponto de vista é que era verdade antes de eles provarem isso e é verdade após eles provarem isso. A verdade não mudou porque eles provaram isso. Havia, antes desta prova, evidência que levaria à prática de lavar as mãos, mas não uma prova.

Nós vivemos as nossas vidas e fazemos decisões frequentes baseado na nossa visão do mundo. Esta visão não é verdadeira, mas é baseada na nossa experiência e na nossa aprendizagem. Por vezes alguma coisa aparece e muda essa visão e nós aceitamos porque a evidência é suficientemente forte. Ignorar a evidência que encaixa no padrão do que vemos em volta de nós porque não está provado é insensato. Para nos segurarmos de forma ignorante às coisas que estão provadas não serem verdade é também insensato. Mas apenas porque a maioria das pessoas acredita que algo está provado não significa que está mesmo provado. Apenas porque a maioria das pessoas acredita que algo é verdade não faz com que esse algo seja verdade.

Eu diria, leia a pesquisa de forma cética. Olhe para os métodos usados. Pense nos assuntos relacionados que eles podem ter negligenciado. Preste atenção a qualquer coisa que possa ter afetado a população que eles estudaram ou a população do grupo de controlo. Veja se o estudo foi ou não duplicado e se os resultados foram similares ou contrários. Qual foi o tamanho da população? Quais foram as diferenças no sucesso? Se apenas houve uma diferença pequena pode não ser estatisticamente importante. Mesmo se há uma grande diferença, foi duplicado mantendo essa grande diferença? Também quais são os preconceitos das pessoas que fizeram a pesquisa?

Não Provado Cientificamente.

De volta a isto. Eu oiço frequentemente isto citado como se provasse que algo não é verdadeiro: "não foi provado cientificamente" ou alguma variação. Isto é frequentemente citado como se a falta de prova de algo significa que está errado. Aparentemente eles não têm prestado muita atenção há história. O que é "conhecido" hoje e o que "não está provado" hoje muda dia a dia. Um "facto conhecido" hoje amanhã é "tolice". Uma "tolice" hoje é amanhã "facto conhecido". Eu descobri que é mais útil fazer as minhas próprias observações e chegar às minhas próprias conclusões. Mas vamos tentar um pequeno vislumbre da história e "esperar pela prova científica":

1604 "A Counterblaste to Tobacco" foi escrito pelo Rei James I da Inglaterra e ele queixa-se acerca do fumo que de forma passiva afeta as pessoas e avisa sobre os perigos para os pulmões. No entanto, é claro, não há base científica para as suas crenças.

1623-1640 Murad IV, sultão do Império Otomano tenta banir o tabaco reivindicando que é uma ameaça para a saúde pública. No entanto, é claro, não há base científica. Apenas a sua observação.

1798 Médico (e signatário da Declaração de Independência) Benjamin Rush reivindica que o uso do tabaco tem um impacto negativo na saúde da pessoa, incluindo que causa cancro baseando-se meramente na sua própria observação e, é claro, nenhum estudo científico suporta essa teoria.

1929 Fritz Lickint de Dresden, Alemanha, publicou um documento formal que mostra evidência estatística de uma ligação entre o cancro e o tabaco mas é claro que isto é apenas uma correlação estatística e não é considerado prova cientifica pois é meramente "*post hoc ergo proptor hoc*".

1948 O fisiólogo Inglês Richard Doll publicou os primeiros estudos principais que "provaram" que fumar pode causar danos sérios à saúde. É claro que a indústria do tabaco insistiu que isso não era prova através do "método científico" porque não foi mostrado o mecanismo de como isso acontece.

1950 O "Journal of the American Medical Association" publica o seu estudo principal onde liga definitivamente o ato de fumar com o cancro do pulmão. É, claro, apenas uma ligação estatística mas é um número estatisticamente significante.

1953 Dr. Ernst L. Wynder descobre a primeira ligação biológica definitiva entre fumar e o cancro.

1957 O Cirurgião Geral Leroy E. Burney publica "Joint Report of Study Group on Smoking and Health," a primeira afirmação oficial sobre fumar pelo "Public Health Service".

1965 O Congresso aprova o "Federal Cigarette Labeling and Advertising Act" que requer a colocação de avisos nos pacotes de cigarros com textos escolhidos pelos cirurgiões gerais.

Em que ponto você pararia de fumar?

Diferenças nas observações no geral e como exemplo, diferenças nas observações do tamanho dos alvéolos.

"Contradição não é um sinal de falsidade, nem a falta de contradição um sinal de verdade." — Blaise Pascal

"As pessoas ficam usualmente mais convencidas por razões que descobriram elas mesmas do que por razões descobertas por outras."— Blaise Pascal

---

Eu fico sempre um pouco maravilhado e divertido quando toda a gente parece pensar sempre que em qualquer assunto uma pessoa está errada e a outra certa. Especialmente quando essa diferença é baseada nas observações de cada pessoa e mais especialmente quando está relacionado com algo tão complexo como as abelhas. Eu ficaria muito mais surpreendido se as observações de todos estivessem sempre de acordo.

As abelhas são animais complexos e o que elas fazem depende não apenas das próprias abelhas mas também no estado de desenvolvimento das próprias abelhas, o estado de desenvolvimento do enxame, a parte da época do ano e o estado de desenvolvimento da vegetação. Em outras palavras, em quase tudo relacionado com a apicultura os resultados de quase qualquer medição ou qualquer manipulação vai depender de tudo o resto. Poderão existir algumas generalizações que você pode fazer mas é surpreendente a quantidade de vezes que você pensa que tem algo que é mesmo certo mas isso não se vai aplicar a circunstâncias diferentes. O que acontece no crescimento primaveril, um fluxo de néctar, uma redução de outono, uma falta de pastagem, uma colmeia com criação, sem criação, com rainha poedeira, rainha virgem, sem rainha, etc. Varia bastante. Eu não estou a dizer que posso explicar qualquer diferença na minha observação, mas eu não tenho dúvidas que as pessoas envolvidas não têm motivação para me mentir nesses assuntos.

É claro que se nós queremos comparar as observações precisamos de tentar equilibrar algumas destas coisas como também ter a certeza que estamos a medir a mesma coisa. Por exemplo, se estamos a medir o tamanho dos alvéolos, estaremos nós a fazer a média a qualquer coisa mais pequena que o alvéolo de zangão? Ou estamos a fazer média a qualquer coisa que tem mesmo criação lá dentro? Ou estamos apenas a medir o centro do ninho? Estamos a tentar estabelecer um intervalo? Ou a média? Estamos a fazer as medições da mesma maneira, i.e. estamos a medir através dos planos ou entre os pontos? Mas mesmo assim nós teremos diferenças nas observações.

No caso do tamanho dos alvéolos em favo natural nós temos as observações da Dee Lusby que o alvéolo de obreira é muito uniforme em tamanho, e as observações do Dennis Murrel que as abelhas seguem um padrão de alvéolos pequenos no centro e maiores nas pontas, com os maiores ao longo do topo. Nós temos as minhas observações, que são similares, mas não idênticas às do Dennis. Nós temos o que o Tom Seeley diz:

> *"A organização básica do ninho é armazenamento de mel por cima, criação por baixo, e armazenamento de pólen no meio. Associadas a esta disposição existem diferenças na estrutura do favo. Comparando a favos usados para armazenamento de mel, os favos de criação são geralmente mais escuros e mais uniformes na largura e na forma dos alvéolos. O favo de zangão está localizado na periferia do ninho." Seeley,T., Morse,R., The nest of the honey bee (Apis mellifera L.. Insectes Sociaux, 23, 4, 1976, 495-512*

Isto parece muito similar às observações do Dennis e às minhas, que há alvéolos para guardar mel e que eles não são os mesmos da criação.

Langstroth disse:

> *"O tamanho dos alvéolos nos quais as obreiras são criadas nunca varia"*

Será que isto significa que a Dee está enganada? Estará a ser desonesta? Eu penso que não. Eu fui até ao Arizona e olhei para favo de enxames ferozes removidos que ela fez com as abelhas ainda no favo, favo colocado em quadros de remoção de enxames e os tamanhos são muito uniformes. Então porque é que os dela são diferentes? Não faço ideia. Mas o meu ponto de vista é que ela está a reportar de forma precisa o que vê. O Dennis tem feito, no passado, fotografias e mapas das medições e o tamanho dos alvéolos no seu sítio da internet, então ou ele é um perito a criar fotografias ou está a partilhar honestamente o que vê. Uma vez que é mais similar ao que eu vejo, uma vez que eu o conheço e ele é um tipo simples, eu acredito que é apenas o que ele vê. Eu pedi a pessoas que removem enxames, sempre, para reportar o que eles encontram no que respeita ao tamanho do alvéolo e nós conseguimos ver alvéolos muito perto dos 5.2mm e alvéolos muito perto dos 4.9mm. Estará um deles mal e um deles certo? Eu penso que não. Eu penso que eles estão apenas a reportar o que encontram.

No que respeita à variação do tamanho do alvéolo:

"...uma gama contínua de comportamentos e medições de tamanho de alvéolos foi registada entre colónias consideradas "fortemente Europeias" e "fortemente Africanizadas". "

"Devido ao alto grau de variação dentro e entre populações ferozes e geridas de abelhas Africanizadas, é enfatizado que a solução mais efetiva para o "problema" da abelha Africanizada, em áreas onde as abelhas Africanizadas estabeleceram populações permanentes, é selecionar de forma consistente pelas colónias mais mansas e produtivas entre a população existente de abelhas melíferas"—Marla Spivak — Identification and relative success of Africanized and European honey bees in Costa Rica. Spivak, M—Do measurements of worker cell size reliably distinguish Africanized from European honey bees (Apis mellifera L.)?. Spivak, M; Erickson, E.H., Jr.

Descontando os estudos científicos

"É como os nossos julgamentos e como os nossos relógios, nenhum é igual, no entanto cada um acredita no seu próprio." — Alexander Pope
"Quando nós queremos corrigir com vantagem e mostrar a outra pessoa que está errada, nós devemos notar qual o lado que essa pessoa vê o assunto, pois por esse lado é usualmente verdade, e admitir que é verdade para ela, mas revelar para ela o lado no qual é falso. Ela fica satisfeita com isso, pois ela vê que não estava enganada e que apenas não viu ambos os lados. Agora, ninguém fica ofendido por não ver tudo; mas uma pessoa não gosta de estar enganada, mas talvez tem origem no facto de que o Homem

naturalmente não consegue ver tudo, e que naturalmente ele não consegue errar no lado em que olha, uma vez que as perceções dos nossos sentidos são sempre verdadeiras." — Blaise Pascal

"Há algo fascinante acerca da ciência. Uma pessoa obtém um retorno por grosso na conjuntura de tal investimento insignificante de facto."—Mark Twain

Parece haver muita gente que acusa as pessoas de simplesmente tentarem retirar valor a um estudo porque não concordam com ele. Talvez para alguém que não fez nada relacionado com a tentativa de medir a coisa que estava no estudo, isto poderá ser uma acusação válida. No entanto, eu descobri que *todos* fazem isto quando o estudo está em desacordo com as suas experiências pessoais. *Tal como deveriam!*

Mesmo as pessoas "com pensamento científico" entre nós parecem retirar valor a mais estudos do que os estudos que aceitam em qualquer argumento que apareça. Elas pensam que a conclusão foi injustificável, ou os números foram insignificantes ou a experiência foi mal projetada, a maior retira valor a qualquer estudo onde os resultados sejam contrários às suas próprias experiências. O facto é que a sua própria experiência foi no contexto da sua atual aplicação (*i.e.* o seu clima, o seu apiário, a sua raça de abelhas, o seu sistema de apicultura) onde o estudo foi uma tentativa de controlar tudo o que foi possível e provavelmente foi feito num clima diferente do seu ou outra circunstância diferente da sua. Então a sua honesta e sincera resposta a isto é tentar encontrar essa diferença e apontá-la de forma a explicar as diferenças nos resultados.

Se alguém tem prestado qualquer atenção aos estudos científicos feitos nos últimos anos, muito menos aos das últimas décadas, muito menos aos dos últimos séculos, você vai ver muitas vezes que os resultados vacilam entre duas conclusões opostas a cada dois anos ou algo similar. Quantas medicações já foram provadas como seguras num estudo científico apenas para depois serem retiradas do mercado após menos de um ano de uso? Quantas vezes foi a cafeína provada como segura para si, má para si e boa para si de novo? Ou o chocolate? Alguém se lembra quando os médicos quase de forma uniforme aconselhavam contra o seu consumo? Agora é considerado um antioxidante que, de acordo com um estudo científico na Holanda, vai reduzir para metade a probabilidade de morte de um homem adulto com mais de 50 anos.

Apenas um tolo segue os resultados dos estudos científicos sem os questionar. A pessoa prudente compara-os com a sua experiência e senso comum.

Visão Geral

Uma vez que a Visão Geral tem muito a ver com isto, eu partilho um pouco mais sobre a minha visão geral do mundo.

Eu penso que o mundo é demasiado complexo para alguém alguma vez o entender. É por isso que nós criamos a nossa própria "visão geral do mundo". Dá-nos uma estrutura básica onde podemos fazer decisões e resolver problemas. Nenhum de nós pode compreender tudo completamente, então todos nós temos, pelo menos uma visão geral do mundo muito incompleta e no pior caso bastante errónea.

Empírica contra Estatística

Eu estou muito a favor do "método científico". Especialmente quando é mesmo seguido. Houve um tempo no "mundo científico" que qualquer coisa menor do que a verdade empírica era ignorada. Mas, parcialmente porque o que foi mencionado anteriormente, onde médicos embaraçados expulsaram um médico brilhante por propor algo baseado em evidência estatística (lavar as mãos antes de fazer partos ou executar uma cirurgia), a tendência corrente na ciência e medicina é dar mesmo algum crédito à evidência estatística. Por vezes a um tal grau que não é inteiramente razoável.

Tal como eu mencionei no exemplo do "lançamento da moeda", por vezes a estatística que nós reunimos está distorcida simplesmente pelo acaso. Por vezes os resultados estão distorcidos por outros fatores também. É uma das razões pela qual os cientistas no passado descontaram o valor da evidência estatística e insistiam na evidência empírica.

No caso de alguns problemas estatísticos, a amostra é grande (por vezes um país inteiro ou continente), a média dos outros fatores está bem-feita e as diferenças nos resultados são grandes. Por exemplo, as mulheres que fumam têm doze vezes maior probabilidade de morrer de cancro do pulmão do que as mulheres que não fumam. Isto não é um número insignificante. Se fosse o dobro da probabilidade seria algo significante, mas doze vezes mais é muito significante. Quando estes números são provenientes de uma amostra muito grande torna-se ainda mais significante.

Por outro lado isto não é evidência empírica. Se tudo o que nós fizéssemos fosse obter as estatísticas teríamos então apenas situações de *"post hoc ergo proptor hoc"*. Mesmo assim é demasiado grande para ser ignorado. Mas depois há estudos em como os constituintes do fumo do tabaco causam mudanças celulares e eventualmente cancro. Este estudo tem mais evidência empírica pelo facto de que nós podemos expor células às substâncias do tabaco e podemos ver as mudanças. E nós temos estudado isso ao ponto de saber como alguns desses químicos causam algumas dessas mudanças.

Não há tempo na minha vida para fazer experiências extensivas como nos estudos sobre o cancro em todos os aspetos de tudo que eu estou envolvido. De facto nem deve haver tempo para ler cada estudo que já foi feito. O que eu (e toda a gente) tem feito enquanto processo as experiências que já tive, é procurar por padrões. Os padrões são a razão que nos leva aos caminhos da experimentação. Eles são o motivo pelo qual um cientista chega a uma teoria. Nós observamos um padrão de que isto é a forma geral em que a maioria das coisas funciona e chegamos a uma teoria baseada na continuação do padrão até ao assunto que estamos a estudar. Por vezes a diferença entre uma forma de fazer as coisas e outra forma é de tal forma insignificante que não merece demasiado trabalho e investigação. Por vezes, especialmente quando aparecem dificuldades, vale a pena tentar descobrir a causa dessas dificuldades. Este é o tempo de estudar algo e aplicar os métodos científicos para descobrir a solução.

Vamos tentar isto através de uma simples visão pessoal. Se eu tocar em algum metal incandescente a ferver e o meu dedo dói e fica com uma bolha, será que a evidência empírica indica que tocar em metal incandescente a ferver queima o meu dedo? Se tudo o que eu sei é "Eu toquei naquele metal e o meu dedo dói" então não, ela não indica isso. Mas eu tenho algumas outras coisas em consideração. Uma é que eu sei um pouco sobre metais. Eu sei que foi aquecido e sei que podia sentir o calor a emanar dele. Também sei que quando aplico calor a outras coisas elas entram em combustão ou derretem ou ficam danificadas de outras formas. Assim, é razoável para mim acreditar que o metal causou a queimadura porque eu não tenho apenas a ligação cronológica (uma seguiu a outra) mas tenho sim o mecanismo. Eu observei outras coisas a queimarem quando estavam quentes, então é razoável assumir que é o calor (não o metal) que causou a minha dor. Será razoável para mim não tocar de novo no metal quando está quente. Por outro lado, se eu não estou a prestar atenção aos detalhes e cheguei à conclusão errónea que tocar em metal queima o meu dedo e não tenho em atenção o mecanismo (o calor no metal) eu posso passar a minha vida sem voltar a tocar em metais. Isto pode parecer tolice, mas outras situações são muita vez mais complexas que a situação do metal e do dedo, um aspeto significante desta outra situação passa despercebido e nós passamos a vida com uma crença errónea.

Muitas vezes não há tempo suficiente para ser mesmo científico. Quando as suas abelhas estão a morrer, por exemplo, você pode, por desespero, tentar várias coisas ao mesmo tempo e elas podem melhorar. Se você fizer isso, você nunca vai saber com certeza do que ajudou a resolver o problem, se é que algumas dessas coisas fizeram mesmo alguma diferença. Mesmo se você tentar só uma coisa, você na verdade nunca vai saber se fez diferença ou elas recuperavam de qualquer maneira.

Uma mulher que eu conheço gosta de dizer "o método de treinar uma criança a usar o bacio que você tentou, mesmo antes da sua criança o começar a usar, é o método que você jura resultar". O ponto que ela faz é que a criança começa a usar o bacio com ou sem a sua ajuda, mas você vai dizer que está certo que o seu método foi a causa *("post hoc")*. Quando você vai ao médico e recebe medicação apropriada, depois você fica melhor, você vai provavelmente pensar que foi devido à medicação. Estatisticamente houve, com ou sem medicação, uma probabilidade de 99% que você ficaria bom, mas você vai dar crédito ao que fez mesmo antes como a causa da sua recuperação. Reciprocamente se você toma medicação e fica pior vai culpar essa medicação. Estatisticamente isto é mais provável. De acordo com um estudo recente da "National Academy Institute of Medicine", cada ano mais pessoas morrem de erros médicos do que de acidentes com veículos a motor (43,458), cancro do peito (42,297), ou SIDA (16,516). Então a probabilidade é que *tenha sido* a medicação. Mas não é um facto conhecido a menos que façamos mais pesquisa. Estes tipos de conclusões simples, não baseadas em suficiente evidência para serem científicas, são muitas vezes as nossas bases porque nós nunca temos tempo, energia ou a oportunidade de fazer uma amostra suficientemente grande para chegar a qualquer conclusão significante. Estas conclusões não são científicas, e por vezes estão erradas, mas muitas vezes elas estão corretas também.

Coisas Naturais

Eu admito ser preconceituoso na direção das coisas que são naturais. Isto não é apenas uma crença fanática sem base, é baseada na minha experiência e observação. É um dos padrões que tenho observado. Ao longo do tempo muitas soluções não naturais para problemas falharem de forma miserável. Por vezes com consequências catastróficas.

Quando eu era jovem, a ciência ia resolver todos os nossos problemas. Curar todas as doenças, dar-nos vacinas para tudo. Ela ia erradicar (será que isto lhe parece familiar?) moscas, mosquitos, ratos e cães da pradaria. Os Humanos tiveram bom sucesso a erradicar ursos e lobos (é claro que não foi a ciência mas sim jovens com 14 nos de idade a receber recompensas pelas orelhas). O resultado deste pensamento foi a pulverização de DDT por todo o lado, envenenamento de ratos de forma extensiva e a quase aniquilação das aves de rapina no continente, sem mencionar todos os predadores dos cães da pradaria. É claro que não houve impacto significativo nas populações de mosquitos, ratos ou moscas. Isto foram apenas alguns dos muitos fiascos "científicos".

Eu descobri não só que os médicos e cientistas muitas vezes estão equivocados mas também que muitas vezes fazem o oposto do que deveriam fazer. Eu sei que isto vai abrir mais uma "lata de vermes", mas eu sou um "Lakota Sundancer". Passo quatro dias e noites sem comida e sem água a dançar do nascer do sol ao pôr-do-sol em tempo que muita vez passa os 37.8ºC, eu já vi muitos casos de exaustão por calor e eu próprio já tive um caso severo disso em duas ocasiões. Isto acontece a pessoas com pele quente e seca, com náuseas, a vomitar e confusas. Há apenas uma cura que eu já vi a funcionar mas nunca a falhar. Isto em pessoas que mesmo assim não bebem nada e se viram e dançam por dois dias mais. Isto são pessoas que param de suar pelo menos um dia antes pois já não têm nada que suar. Se eu levasse alguma destas pessoas a um médico ele imediatamente tentaria arrefecer essa pessoa. Quando você tem uma insolação o seu corpo fica confuso e você não sabe o que fazer. O corpo começa-lhe a aquecer porque não está certo sobre o que fazer. A coisa óbvia e intuitiva a fazer é arrefecer o corpo. Isto falha de forma frequente. Quando os médicos usam o método "do tratamento por arrefecimento" as pessoas morrem de forma frequente. Literalmente centenas de pessoas morrem numa cidade grande quando há uma onda de calor e estas pessoas têm acesso a água, acesso a tratamento médico e os seus corpos têm suficiente humidade para suar. A primeira vez que tive exaustão por causa do calor sentei-me no Rio Niobrara durante algum tempo sem qualquer alívio.

O tratamento que eu nunca vi falhar, é colocar a pessoa num local bem quente e muito húmido. Isto significa que você leva a pessoa para uma pequena cabana com pedras quentes e incandescentes, fecha-a e atira água para cima das pedras, fazendo muito vapor, até ficar tão quente que não consegue estar lá dentro. Os efeitos no corpo são imediatos. Primeiro o corpo imediatamente descobre que está quente. Como pode estar confuso quando o ar está próximo do ponto de ebulição? A segunda coisa que acontece é a pele ficar coberta de condensação. Quando ele aquece, o corpo fica convencido a aceitar o arrefecimento e a água está lá para ajudar nesse processo. Eu penso que nunca verei um estudo científico sobre a eficácia deste tratamento, porque vai contra as opiniões científicas do mundo.

Os Médicos pensam que qualquer coisa que o corpo faça e que eles não querem, basta tentar então forçar o corpo a parar de fazer essa coisa. Eu penso que qualquer coisa que o meu corpo tente fazer eu ajudo-o a fazer até ele decidir parar. Quando eu tenho febre entro numa banheira com água quente, o mais quente que eu conseguir suportar ou vou suar para uma cabana ou sauna. Se o corpo quer ter uma febre eu ajudo-o a ter uma febre. Eu não tomo aspirina ou outra coisa qualquer a menos que a febre persista após suar na cabana ou sauna, que no meu caso, nunca aconteceu.

Seguindo a natureza e trabalhando com ela é a minha maneira de ver o mundo. É baseada nas minhas experiências. É verdade que por vezes as nossas experiências nos levam na direção errada e também nos levam a conclusões erróneas, mas mais frequentemente elas ajudam-nos a aprender sobre os padrões do que nos rodeia.

Paradigmas.

"Todos os modelos estão errados, mas alguns são úteis" —George E.P. Box

Parte do problema com isto tudo é que qualquer modelo está incompleto. Uma nova palavra entrou na nossa linguagem. Já deve estar lá há algum tempo, mas agora está a ser mais usada. Nós programadores de computadores usamos muito essa palavra. É a palavra "paradigma" (pronunciada "para digma" usualmente). Dizendo isto de forma simples, um paradigma é um ponto de vista, um modelo, uma forma simplificada de ver um problema particular que nos permite a sua resolução.

Um exemplo seria a Física Newtoniana. A Física Newtoniana é um conjunto de regras matemáticas que permitem que nós consigamos prever coisas como a trajetória de uma bala, a quantidade de energia num acidente de automóvel ou o movimento dos planetas. Resumindo, soluciona a maioria dos problemas que tenham a ver com movimento e energia a velocidades muito menores que a da luz. É um paradigma útil. É ainda usado diariamente e ensinado no Secundário e Universidade, por causa da sua utilidade.

O problema com isto é que não é verdade. Durante anos foi aceite como uma incontestável verdade, até alguma prova surgir, para contradizer. A prova estava usualmente a nível do átomo, e perto da velocidade da luz, mas era difícil de refutar. Estes problemas a níveis do átomo e à velocidade da luz continuaram sem solução até Einstein, um matemático (que chumbou a matemática na escola), sem grau académico a física, "deitou fora" o paradigma Newtoniano e propôs o paradigma da Relatividade. Isto depois surgiu como verdade (apesar da maioria dos problemas ainda serem mais fáceis de resolver segundo o paradigma Newtoniano e ainda hoje são resolvidos dessa forma) até que outras contradições forçaram outra mudança para um novo paradigma, Física Quântica.

Einstein foi muito criticado por ter "deitado fora" a física Newtoniana. Era aceite como verdade absoluta até ele a ter questionado. Mas ninguém podia resolver estes problemas da velocidade da luz até ele ter "deitado fora" o paradigma velho e ter descoberto um novo que funcionou.

> *"Ouça sempre os especialistas. Eles dizem-lhe o que não se pode fazer. Depois faça-o."— Robert A. Heinlein*
>
> *"O que precisamos descobrir é muitas vezes bloqueado eficazmente pelo que já sabemos."— Paul Mace*

Este método de resolver os problemas é chamado de mudança de paradigma. O maior bloqueio ao próximo paradigma é segurar, com demasiada força, ao anterior.

É este o propósito da mudança de paradigma. Para "deitar fora" (pelo menos de forma temporária) o que já sabemos para que não nos bloqueie do que precisamos descobrir.

O paradigma clássico sobre a nossa relação com o sol é que o sol nasce no Este e põe-se no Oeste. Este paradigma é bastante útil para descobrir em que direção eu estou a andar e em que direção orientar o meu celeiro, casa, colmeia ou tenda. De facto para praticamente tudo o que é terrestre funciona bem. No entanto falha de forma miserável quando se tenta explicar o que acontece no nosso sistema solar.

Para isso nós tentamos depender no paradigma de Galileu, Copérnico, que dizem que o sol é o centro do nosso sistema solar e que está fixo e nós circulamos em volta dele e rodamos. É o facto de rodarmos que causa a ilusão do sol nascer a Este e que se põe a Oeste. É claro que na verdade isso não acontece, e mesmo assim nós muitas vezes dizemos isso como um facto absoluto que o sol nasce a Este. Você vê as coisas do seu ponto de vista, aqui na terra, que isso acontece.

Então será que o modelo clássico de que o sol nasce a Este é verdade? Não. É útil? Sim. Será verdadeiro o modelo de Galileu? Não. O sol não está fixo, ele na verdade anda pelo espaço, mas do ponto de vista do nosso sistema solar parece ser verdade e quando lidamos com coisas apenas dentro do nosso sistema solar é um modelo bastante útil.

A nossa visão do mundo é uma série de paradigmas que nós adotámos. Nós confundimos muitas vezes esta forma geral de ver o mundo e estes paradigmas com a verdade. Mas para que seja verdade teria de ser o próprio universo. O objetivo completo do paradigma é fazer um modelo simples e abstrato. Para isolar os elementos essenciais para fazer uma solução possível de alcançar. Então pela sua natureza um paradigma nunca será completamente verdadeiro, porque a verdade completa é infinita e nós seriamos sobrecarregados.

O perigo dos paradigmas é que são confundidos por nós com a verdade. Eles não o são. Quando o paradigma que temos não funciona é tempo de uma mudança de paradigma. Pedindo emprestada mais uma visão geral do mundo. Faça um a partir do nada, mas esteja disposto a pôr de lado o que não funciona.

Um paradigma (feito de muitos mais pequenos) é a filosofia. É boa para as "Grandes Questões" como "Porque estou aqui?", "Para onde vou?", mas não ajuda em nada quando você precisa de arranjar o seu carro.

Outro paradigma no "Método Cientifico". Bom para ajudar a arranjar o seu carro, inútil para ajudar a criar relações entre pessoas.

Numeração científica em sistemas complexos
Não é assim tão fácil

Eu descobri que todos gostariam de pensar que o que estão a medir é feito de forma científica. Coisas como o peso, temperatura, volume são simples de quantificar e assim parecem muito científicos quando tentamos provar algo de uma forma ou de outra. O problema é que mesmo os sistemas relativamente simples são mais complicados do que uma simples medição. Nós expressamos frequentemente estas coisas mais complexas com frases vagas como "não é pesado, é apenas estranho". Isto é uma forma de expressar que apesar de sabermos (de um ponto de vista científico) que se colocarmos algo numa balança ela não vai indicar que pesa muito mais que objetos que nós podemos facilmente levantar, este objeto é muito difícil de levantar. Nós sentimos que o peso deve ser traduzido na dificuldade que algo é de levantar, mas nós sabemos que na realidade não é assim.

O peso como exemplo

O peso é apenas um aspeto em como algo é difícil de levantar. Qualquer objeto onde acabamos por ter muito peso longe do nosso corpo é "estranho". O equilíbrio do peso está contra nós de tal forma que aumenta o esforço nas nossas costas do que o peso que o objeto parece indicar. Isso deve-se à dificuldade que temos em levantar algo ou mover, não é apenas sobre o peso. É sobre o equilíbrio e a vantagem e desvantagem mecânica. É também sobre quão depressa podemos pousar o objeto ou o cuidado que temos em pousar ao objeto.

Eu movo sacos de cereais com 23Kg que posso deixar cair ou posso atirar para um monte, é muito mais fácil do que lidar com caixas de abelhas e mel com 23Kg que têm de ser pousadas suavemente. Também tem a ver com a distância que nos temos de dobrar para pegar nos objetos e para os voltar a colocar em baixo. O peso é apenas um pequeno aspeto de todo o problema.

Uma caixa de oito quadros é muito mais fácil de lidar do que o seu peso poderia indicar. É verdade que pesa menos do que uma caixa de dez quadros em circunstâncias iguais (cheia de mel, com a mesma profundidade, etc.), mas o peso que eliminou foi o dos quadros que ficam mais longe do seu corpo, o que significa que a desvantagem mecânica desses dois quadros era muito maior do que o resto dos quadros. Então olhar para isso a partir de uma simples medição (peso) é enganador. Nós precisamos ter em conta muitas outras coisas. Estas são coisas que provavelmente podem ser quantificadas, mas fazer isso é muito mais complexo. Tentar descobrir "o peso mecânico" (o que significa o peso vezes a vantagem mecânica ou desvantagem) é muito mais complicado do que apenas colocar sobre uma balança para pesar o objeto.

A invernação como outro exemplo

Eu volto a este tema, não só para falar acerca de caixas, mas sobre coisas no geral e sobre outras coisas como a termodinâmica de uma colmeia com enxame em invernação. Eu não vou tentar aqui explicar a resposta para a termodinâmica de uma colmeia com enxame, mas meramente tentar contornar a questão e mostrar que as medições são mais complicadas do que parecem à primeira vista. Vamos ver quantos aspetos significantes da termodinâmica de uma colmeia podemos colocar numa lista:

• **Temperatura**. Esta é simples. É fácil medir a temperatura colocando um termómetro onde a quer medir. Meça a temperatura em pontos distantes na colmeia, no cacho de abelhas, nos extremos do cacho de abelhas e fora da colmeia. Estes são os "factos" usualmente usados para tentar explicar a termodinâmica de uma colmeia no inverno. Estes factos são um pedaço muito pequeno de toda a imagem.

• **Produção de calor.** O cacho de abelhas está a produzir calor. Você pode argumentar o dia todo de que elas não aquecem a colmeia, e obviamente não é essa a intenção delas, mas elas produzem calor na colmeia e esse calor dissipa-se dentro da colmeia e, dependendo de outros fatores, para o exterior, com algum rácio. Isto é controlado de forma "termostática" em que as abelhas produzem mais calor com o baixar das temperaturas para compensar a perda de calor, ou baixam a produção de calor caso as temperaturas subam. A temperatura na sua casa é igual com a porta das traseiras aberta ou fechada, mas isso não significa que deixar a porta aberta não interessa. Um ambiente controlado por termóstato pode ser enganador quando nós tentamos medir a temperatura e não temos em conta as perdas de calor.

- **Respiração.** Há uma mudança na humidade do interior da colmeia causada pelos processos metabólicos das abelhas. Esta água é colocada no ar da colmeia pela respiração das abelhas. É ar quente e húmido. Isto muda a humidade e a humidade muda outros aspetos.

- **Humidade.** A humidade no ar muda muitos outros aspetos da termodinâmica pois causa um aumento na transferência do calor por convecção, mais calor que é armazenado pelo ar, mais condensação e menos evaporação. Nós expressamos esta diferença quando nos referimos ao tempo da forma "estava calor mas era um calor seco" ou "não estava frio, mas estava húmido".

- **Condensação.** A condensação da água liberta calor. Há água a condensar nas paredes frias e na tampa da colmeia durante todo o inverno e isso afeta a temperatura. A condensação é causada por uma diferença de temperatura entre a superfície e o ar que está em contacto com essa superfície. Ocorre quando a humidade do ar está suficientemente alta e quando esse ar arrefece sobre uma superfície, o ar (agora frio) deixa de conseguir suportar essa quantidade de humidade.

- **Evaporação.** A água que condensou e escorreu nas paredes até ao fundo ou pingou sobre as abelhas evapora. Isto absorve calor enquanto se dá a evaporação. Abelhas molhadas têm de gastar muita energia a evaporar a água que pingou sobre elas. Poças de água no fundo continuam a absorver calor até evaporarem completamente.

- **Massa Térmica.** A massa de todo o mel da colmeia armazena calor e dissipa esse calor ao longo do tempo. Muda o período de tempo ao longo do qual as mudanças de temperatura ocorrem. Ele armazena muito do calor que está na colmeia. Muito mel frio pode manter uma colmeia fria mesmo se o ar estiver quente fora da colmeia. Muito mel quente pode manter uma colmeia quente mesmo quando está frio fora da colmeia. Ele modera os efeitos das mudanças de temperatura armazenando e perdendo calor. Isto está mais relacionado com a quantidade de calor no sistema do que com a temperatura. Uma grande massa com temperatura moderada pode na verdade armazenar mais calor do que uma pequena massa com temperatura mais alta.

• **Troca de Ar.** Eu separei isto da convecção, apesar de a convecção estar envolvida, porque eu estou a diferenciar uma troca de ar com o exterior em oposição à convecção que acontece dentro da colmeia. O ar exterior que entra na colmeia é essencial para as abelhas terem oxigénio suficiente para o seu metabolismo aeróbico, mas quanto mais for mais afeta as temperaturas na colmeia. Se isto for minimizado durante o inverno, a temperatura na colmeia vai exceder a temperatura exterior. Se for minimizado demais as abelhas vão sufocar. Se for demasiado maximizado as abelhas terão de trabalhar muito mais para manter o calor do cacho de abelhas. Mesmo se você aumentasse isto gradualmente ao ponto das temperaturas interiores e exteriores serem iguais, uma maior troca de ar a partir desse ponto não mudaria as temperaturas, por dentro, por fora ou no cacho de abelhas mas *causaria* uma maior perda de calor do cacho de abelhas e assim as abelhas têm de gerar mais calor para compensar. Se você depende da medição da temperatura você não vai ver esta diferença.

• **Convecção** dentro da colmeia. A convecção é a forma com que um objeto com alguma massa térmica e dessa forma calor cinético perde o seu calor para o ar. O ar na superfície retira ou fornece calor (depende da direção da diferença de calor) e se o ar aquece ele sobe trazendo mais ar frio para o substituir. Se ele arrefece desce trazendo mais ar quente para o substituir. Coisas que bloqueiam o ar ou dividem em camadas vão ajudar a aquecer. É dessa forma que cobertores e coberturas funcionam. Eles criam "espaço morto" onde o ar não se consegue mover de forma tão fácil. As garrafas térmicas de vácuo funcionam usando o princípio que se não há ar, o calor não pode ser retirado por convecção. Quanto mais espaço livre há numa colmeia, mais convecção acontecerá. Quanto mais você limita as coisas por camadas menos convecção acontecerá. Nós por vezes referimos um excesso de convecção nas nossas casas da forma "estavam 21 graus na casa mas havia correntes de ar".

• **Condução.** Condução é a forma como o calor se move através de um objeto. Pense na parede de fora de uma colmeia. À noite se está mais fria do lado de fora, absorve calor do interior que vem por convecção (ar mais quente contra a superfície) e calor por radiação (calor que irradia do cacho de abelhas) e esse calor aquece a madeira. O rácio a que esse calor se move através da madeira para o exterior é a sua condutividade. O calor é conduzido para o exterior onde a convecção o leva para longe da superfície. Num dia de sol do lado Sul, o sol vai aquecer a parede, o calor vai mover-se por condução através da parede para dentro da colmeia onde a convecção vai transferir esse calor para o ar da colmeia. Colmeias com Isolamento ou Isopor reduzem essa condução.

• **Radiação.** Radiação é o processo no qual a energia é emitida por um corpo, transmitida através de um meio ou espaço sem alterar significativamente a temperatura desse meio, e é absorvida por outro corpo. Uma lâmpada de calor ou o calor de uma fogueira são exemplos tangíveis disto. No caso de um enxame a invernar numa colmeia as duas fontes principais de calor irradiante são o cacho de abelhas e o sol. Durante um dia de sol o calor irradiante do sol atinge as paredes da colmeia e torna-se em calor cinético e é transferido por condução para o interior da colmeia. O calor irradiante do cacho de abelhas atinge os favos de mel em sua volta e as paredes, prancheta e fundo. Algum dele é absorvido pelo mel e paredes e algum é refletido de volta. A quantidade depende da proximidade do cacho de abelhas e quão refletiva é a superfície. Experiência na vida real com calor irradiante seria estar ao sol num dia frio ou colocando um termómetro ao sol e obtendo uma leitura muito diferente do que um termómetro colocado na sombra.

• **Diferenças de Temperatura.** A diferença nas temperaturas entre o cacho de abelhas e o exterior é um fator significante. Se as suas temperaturas no inverno são em média 0ºC e as mais baixas são raramente -18ºC, a significância de algumas destas coisas pode ser mínima. Por outro lado se os seus invernos têm frequentemente temperaturas abaixo de zero, -29ºC a -40ºC, durante longos períodos de tempo então estes assuntos são muito mais significantes.

A questão real é: "Como é que todos estes fatores interagem numa colmeia com enxame a invernar?".

Uma pista para entender parte disto é observar as abelhas. Elas ajustam-se baseando-se no que estão a sentir no que respeita à perda de calor, em vez do que diz no termómetro. O cacho de abelhas é atraído para o local onde as abelhas perdem menos calor. Isto deve ser uma pista para nós acerca de onde e como elas estão a perder calor.

O meu ponto de vista é, se você observa a maioria das coisas, elas são muito mais complicadas do que uma simples medição e mesmo assim nós temos uma tendência a tentar reduzi-las a isso.

Trocar a Rainha de um Enxame Demasiado Agressivo

Um enxame demasiado agressivo precisa desesperadamente que a sua rainha seja trocada, mas é também o enxame mais difícil de encontrar a rainha. Entre a distração de ter milhares de abelhas a tentarem matá-lo e abelhas a correr pelos favos, a rainha de genética agressiva é usualmente muito móvel e difícil de encontrar. Também, apesar disso, tenha em atenção que um enxame sem rainha pode tornar-se demasiado agressivo, então certifique-se que encontra ovos ou sinais da presença de uma rainha antes de você perder muito tempo a tentar encontra-la. Procure também por sinais de enxame órfão como um rugido dissonante quando a colmeia nem sequer está a ser aberta. Quando eu preciso de trocar a rainha, vou dizer de seguida o que faço nestas circunstâncias.

Primeiro, esteja preparado para ser ferrado. Esteja preparado para se afastar durante algum tempo. Esteja preparado para fugir durante algum tempo. Eu descobri que correr através de algum arbusto é uma boa forma de me livrar das abelhas que estão pousadas no meu fato e as que me perseguem.

Dividir e conquistar.

O objetivo disto é dividir a colmeia em partes que se possam gerir. Uma parte vai ser uma caixa vazia na localização antiga para as abelhas campeiras habitarem, que são usualmente as mais difíceis de lidar e saberemos que não há rainha nesse local. Se você tem um carrinho com apoio lateral e alguma ajuda, você pode conseguir mover a colmeia inteira ao mesmo tempo para uma distância de 9m mais ou menos e coloca uma caixa vazia na localização antiga para separar as abelhas campeiras antes de lidar com o enxame da colmeia. Eu nunca tenho muita ajuda, então eu apenas transporto uma caixa de cada vez. Nós queremos todas as caixas da colmeia sobre o seu próprio estrado e com a sua própria prancheta ou tampa. Cada caixa precisará de uma rainha, então se você quer encomendar rainhas, encomende mais uma rainha do que o número total de caixas da colmeia. Agora coloque no chão tantos estrados como caixas, a dez passos da localização antiga. Certifique-se que tem vestido um fato de apicultor completo, tenha elásticos nos tornozelos e mantenha-os fora das suas calças, tenha um fecho na máscara e luvas de cabedal com manga comprida. Coloque tantas tampas como o número de caixas próximo da colmeia e um estrado extra. Acenda o fumigador muito bem e fumigue a colmeia até sair fumo pelo topo. Você apenas se quer certificar que as abelhas estão a cheirar o fumo em vez das feromonas. Não sopre chamas para dentro da colmeia até as abelhas ficarem zangadas, apenas fumo. Espere pelo menos 60 segundos. Agora separe a caixa de cima das outras deixando a tampa em cima dela. Coloque-a sobre o estrado e coloque uma das tampas por cima da colmeia principal. Leve a caixa removida para cima de um dos estrados. Tome nota da caixa que parece ter a maior quantidade de abelhas e o menor peso (terá a maior probabilidade de ter criação ou uma rainha) e marque-a com uma pedra ou outro sinal. Repita isto até *não* haver mais caixas sobre o estrado original. Se você não moveu a colmeia toda, agora coloque uma caixa vazia com quadros sobre o estrado e tape-a. Isto serve para apanhar as abelhas campeiras que regressam. Agora vá-se embora e regresse ao fim de uma hora ou um dia.

Quando você regressa comece pelas caixas mais povoadas de abelhas pois são as mais prováveis de terem uma rainha. Coloque outro estrado e uma caixa vazia (sem quadros) sobre esse estrado. Fumigue menos desta vez. Você não quer que a rainha corra demasiado. Espere um minuto. Abra a caixa e veja o quadro com o maior número de abelhas, retire-o e procure pela rainha. Se você a encontrar, mate-a. Se não coloque esse quadro na caixa vazia e continue à procura em todos os quadros. Se você não consegue lidar com elas devido à quantidade de abelhas então divida os 10 quadros em dois núcleos de cinco quadros. Deixe as abelhas acalmarem dentro dos núcleos e depois procure a rainha neles. Encontre a rainha e mate-a. Saia de perto das abelhas as vezes que você quiser para que as abelhas acalmem, mas continue o trabalho até você o terminar. Procure por pistas. A caixa com a maioria das abelhas é provavelmente a que tem a rainha. Após a morte da rainha qualquer caixa que está sem rainha pelo menos há 24 horas está pronta a receber nova rainha. Introduza a rainha em gaiola. Não abra o doce, ponha apenas a rainha com a rede virada para baixo para que as abelhas a possam alimentar. Algumas abelhas demasiado agressivas não aceitam uma nova rainha. Não se preocupe com isso agora. Quaisquer abelhas que aceitem a rainha podem ser juntas com as que não aceitam. Após três ou quatro dias eu retiro a rolha e faço um buraco no doce ou, se as abelhas parecem ansiosas por ter a rainha fora da gaiola, não estão a morder nem em formação na rede, eu posso apenas abrir a rede e deixá-la sair.

Quatro ou cinco enxames fracos demasiado agressivos são mesmo assim muito menos agressivos que um grande enxame demasiado agressivo, então imediatamente eles devem ficar um pouco calmos. Ao fim de seis semanas mais ou menos eles devem ficar muito mais calmos. Ao fim de 12 semanas mais ou menos eles devem voltar ao estado normal.

Se você quer poupar tempo à procura da rainha pode esperar durante a noite depois de separar a colmeia por caixas e colocar uma rainha numa gaiola com doce em cada caixa. Volte no dia seguinte após fazer isso e veja se há uma rainha morta ou uma gaiola onde as abelhas estão a morder a rede. A gaiola que está a ser mordida ou tenha uma rainha morta é provavelmente aquela que tem a rainha. Procure aí. Você pode ter de colocar metade dos quadros noutra caixa, deixar as abelhas acalmarem-se de novo e procurar a rainha com ainda menos abelhas. Depois disso tudo você pode puxar a rolha do lado do doce e deixar as abelhas libertarem a rainha de cada gaiola. Se a rainha nova da gaiola está morta pois havia uma rainha nesse enxame, você pode combinar de novo com uma das caixas que tem ainda rainha dentro de gaiola ou rainha de gaiola já aceite por um enxame. Você pode também dar uma rainha às abelhas campeiras, mas essas serão mais difíceis de aceitar uma nova rainha. Você pode também combinar as abelhas usando o método do jornal depois da nova rainha ser aceite numa das caixas.

SCC

Este assunto aparece muito e já me citaram de forma errada muita vez. Aqui fica a única coisa que eu já disse realmente sobre o assunto.

Após vários anos do SCC (Síndroma do Colapso das Colónias) ainda existe muito estudo sobre os micróbios nas abelhas e na colmeia, eu cheguei a uma teoria. É, claro, apenas uma teoria e eu não sei tudo em que os cientistas estão a trabalhar. Mas parece-me a mim que a razão pela qual eles não conseguem encontrar um micróbio que seja a causa ou eles continuam a mudar de ideias em relação a qual seja o micróbio causador, é porque a causa não está aí. Nem nos micróbios que devem existir numa colmeia. Há mais de 8000 micróbios que já foram isolados e que vivem numa colmeia com enxame saudável e também no intestino das abelhas melíferas. Muitos micróbios sabemos que são necessários para a fermentação do pão de abelha (pólen, néctar, várias bactérias, algumas leveduras e outros fungos). Se o pólen não for fermentado ele não é digerido corretamente pelas abelhas. Também as bactérias que vivem no intestino das abelhas afastam muitos organismos patogénicos. Também tenha em atenção que esta ecologia de 8000 ou mais micróbios vive em equilíbrio. Até os organismos patogénicos previnem o aparecimento de outros organismos patogénicos. Nós sabemos que o fungo que causa a cria giz previne a LE e o fungo da cria petrificada previne a Nosema. Há muitos equilíbrios deste tipo num enxame saudável.

Então vamos introduzir a Terramicina na mistura. Os apicultores começaram a usá-la décadas atrás e esses micróbios tiveram muitos anos para desenvolverem uma resistência. E enquanto eu tenho a certeza que a Terramicina perturba esse equilíbrio natural, outro equilíbrio foi alcançado.

Agora introduzimos a Tilosina (que era suposto ser apenas usada para LA resistente à Terramicina mas é agora usada por todo o lado e é mais forte, mata uma diversidade maior de micróbios e mantem-se ativa mais tempo) e nós passamos a usar Apistan e Coumaphos, que não causam problemas aos micróbios mas causam problemas graves às abelhas e matam outros insetos e ácaros que fazem parte da ecologia da colmeia, e nós começamos a usar ácido oxálico e fórmico que mudam drasticamente o pH da colmeia, mudam que micróbios vivem e que micróbios morrem tal como matam a maioria dos micróbios mal entram na colmeia. Então agora entre a Tilosina e os ácidos orgânicos nós limpámos e reestruturámos o ecossistema completo dos micróbios e outras criaturas na colmeia. O que você espera ter como resultado? Entre outras coisas, eu espero encontrar sinais de má nutrição porque o pólen é agora indigesto, no meio de uma abundância de comida. Eu espero um colapso sério da infraestrutura da colmeia.

Então essa é a minha teoria.

Sobre o Autor

"A sua escrita é como as suas palestras, com mais conteúdo, detalhe, e profundidade do que uma pessoa pensava ser possível com apenas essas palavras ...o seu sítio na internet e apresentações em formato PowerPoint são o padrão dourado para as diversas práticas apícolas baseadas no senso comum."—Dean Stiglitz

Michael Bush é um dos principais proponentes da apicultura sem tratamentos. Ele tem tido um conjunto eclético de carreiras profissionais desde a impressão e artes gráficas, construção, programação de computadores e mais algumas pelo meio. Neste momento ele trabalha com computadores. Ele tem mantido abelhas desde o meio dos anos 70, usualmente desde duas a sete colmeias até o ano 2000. A Varroa forçou uma maior experimentação que necessitou de mais colmeias e o número de colmeias cresceu de forma contínua ao longo dos anos. Em 2008 ele tinha cerca de 200 colmeias. Ele está ativo em muitos dos fóruns de Apicultura na internet, na última contagem ele tinha cerca de 60000 mensagens entre eles todos. Ele tem um sítio na internet sobre apicultura localizado em: bushfarms.com/bees.htm

Index

www.ingramcontent.com/pod-product-compliance
Lightning Source LLC
Chambersburg PA
CBHW021427180326
41458CB00001B/160